高等职业学校电类专业教材

工厂供配电技术

（第三版）

屈安山 主编

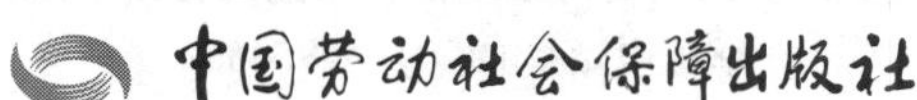

中国劳动社会保障出版社

简介

本书是高等职业学校电类专业教材，主要内容包括电力系统基本知识，工厂电力负荷及其确定，电力线路的结构与敷设，工厂变配电所的电气设备及一次系统，工厂变配电所的操作电源、控制及信号回路，工厂供电系统的继电保护及自动装置，电气安全，工厂变配电所的防雷保护和工厂的电气照明系统等。

本书由屈安山任主编，程厚强任副主编，秦婧文、孙国栋参加编写；刘涛任主审。

图书在版编目（CIP）数据

工厂供配电技术 / 屈安山主编. --3 版. --北京：中国劳动社会保障出版社，2024. --（高等职业学校电类专业教材）. --ISBN 978-7-5167-6329-2

Ⅰ. TM727. 3

中国国家版本馆 CIP 数据核字第 2024HE4391 号

中国劳动社会保障出版社出版发行

（北京市惠新东街 1 号　邮政编码：100029）

*

北京市科星印刷有限责任公司印刷装订　　新华书店经销

787 毫米× 1092 毫米　16 开本　19. 75 印张　433 千字

2024 年 12 月第 3 版　　2025 年 6 月第 2 次印刷

定价：39. 00 元

营销中心电话：400-606-6496

出版社网址：https://www.class.com.cn

https://jg.class.com.cn

前言

为了更好地适应高等职业学校电类专业教学要求，全面提升教学质量，我们组织有关学校的一线教师和行业、企业专家，充分调研企业生产和学校教学情况，广泛听取各职业院校对教材使用情况的反馈意见，对高等职业学校电类专业基础课教材和电气自动化技术专业教材进行了修订，并做了适当的补充开发。

本次教材修订（新编）工作的重点主要体现在以下几个方面。

更新教材内容

以《电工》（2018 年版）等国家职业技能标准为依据，根据电类专业毕业生所从事职业的实际需要和教学实际情况的变化，合理确定学生应具备的能力与知识结构，适当调整部分教材的内容及其深度、难度；根据相关工种及专业领域的最新发展，在教材中充实“四新”内容，更新设备型号和软件版本；根据最新的国家标准、行业标准编写教材，保证教材的科学性和规范性。

创新教材形式

在专业课教材中融入工学一体化课改理念，以代表性工作任务为载体，按照工作过程设计和安排教学活动，实现理论与实践的统一，使学生在贴近生产实际的具体情境中学习，从而提高在工作过程中分析问题和解决问题的综合职业能力。

在部分专业课中，配套开发学生用书，按照“资讯、计划、决策、实施、检查、评价”六个步骤进行教学设计，通过引导问题和课堂活动设计体现，贯彻以学生为中心、以能力为本位的教学理念，引导学生自主学习。

增强表现效果

尽可能使用图片、实物照片和表格等形式将知识点生动地展示出来，达到提高学生学习兴趣、提升教学效果的目的，并在《数字电子技术》（第三版）等教材中采用双色印刷方式，在《机械基础（非机械类）》（第二版）等教材中采用彩色印刷方式，使内容更加清晰明了，进一步增强表现效果。

提升教学服务

为方便教师教学和学生学习，在传统纸质资源基础上，充分利用信息技术，构建

"1+3"的教学资源体系，即 1 本学生用书或习题册，加上视频动画资源、电子课件、习题册参考答案 3 种互联网资源。其中，视频动画资源主要为针对重点、难点内容制作的微视频或演示动画；电子课件依据教材内容制作，为教师教学提供帮助；习题册参考答案则针对教材配套习题册编写，为教师指导学生练习提供方便。

视频动画资源、电子课件和习题册参考答案均可通过技工教育网（https://jg.class.com.cn）在线观看或下载使用。

编者

2024 年 10 月

目录

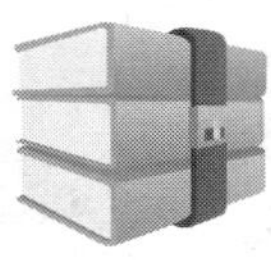

模块一　工厂供配电系统一次部分

课题一　电力系统基本知识

电能是现代社会最重要、最便捷的能源。由于电能不仅便于输送、分配，易于转换为其他形式的能源，而且便于控制、使用方便，因此，它在现代工业生产及人们生活诸方面，应用十分广泛。

工厂是电力系统最大的电能用户，其用电量约占总用电量的70%，且其供配电系统具有典型性和普遍性，因此，学习工厂供配电相关知识非常有必要。在此之前，有必要先了解一些有关电力系统方面的知识。

任务1　电力系统的组成

任务目标

◆ 了解电力系统的基本组成，了解发电厂、变配电所、电力网、电能用户的基本概念。

◆ 掌握电力网的分类及特点。

◆ 掌握电力负荷的分类及特点。

◆ 了解电力负荷对电能质量的要求。

任务引入

工厂及其他电能用户所需的电能是由发电厂生产的，但发电厂往往建在能源基地附近或城市周边，离用电负荷很远，当电流在线路中流过时，会造成电压降落（$\Delta U=IR$）、功率损耗（$P=I^2R$）。为了减少这些电压降落和功率损耗，发电厂发出的电一定要经过发电厂内的升压变压器将电压升高然后远距离输送，由 $P=IU$ 可知，当输送功率一定时，电压越高电流越小。而电能用户的用电电压一般是低压，因此高压输送的电能必须经降压变压器降压，再分配到电能用户，如图 1-1 所示。本任务将学习电力系统的组成及相关概念。

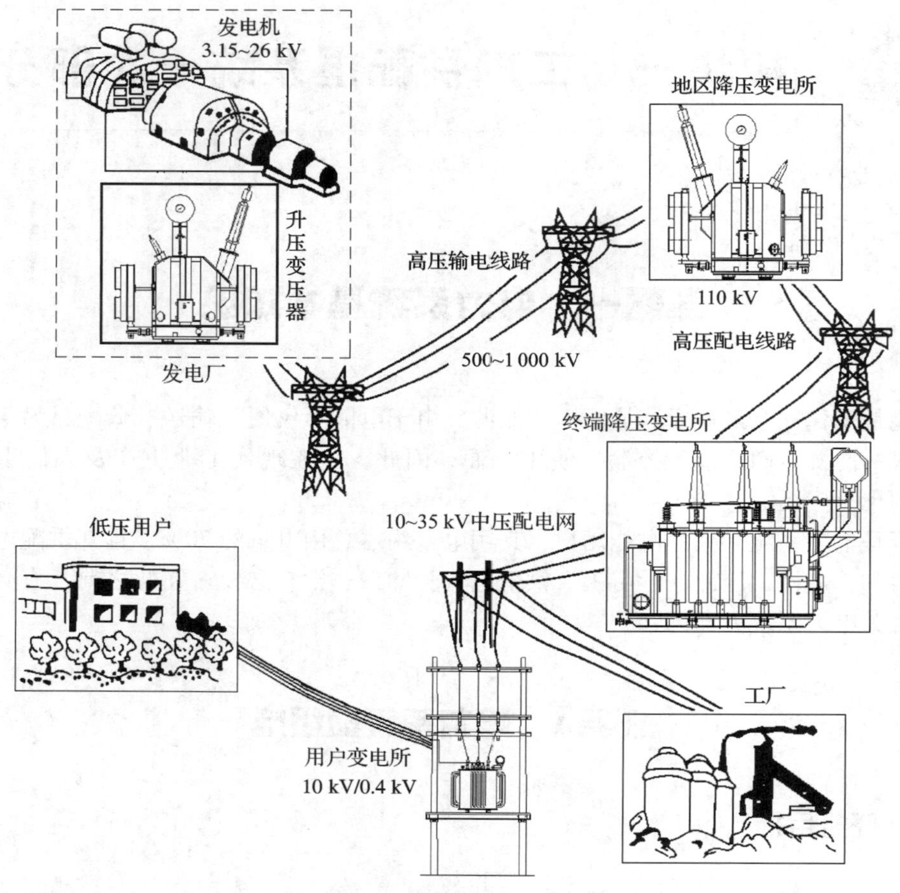

图 1-1　电能的传输与分配过程

任务分析

从图 1-1 中可以看到，电能产生的源头是发电厂的发电机，但发电机的输出电压目前最高也只有 26 kV，无法进行远距离输电，因此要经发电厂的升压变压器将电压升高，然后进行远距离输送至某一用电地区。此段线路的功能主要是输电，所以称为高压输电线路，其特点是高电压、大功率、远距离，同时能联络其他供电片区，其电压等级一般为 500 kV 及以上。输送的电能到达某个地区后，由地区降压变电所将接受的高压电能根据需要降至一定的电压等级，比如 110 kV，然后对本地区的用电区域进行输送和分配，其特点是电压相对降低，输送距离较近，但出线回路较多。此时线路的功能主要是分配电能，所以称为高压配电线路，其分配的电压等级可根据用电需求和配送距离适当选择。从终端降压变电所分配输出的配电电压等级一般以 10~35 kV 为主，其中 10 kV 的配电电压最为普遍，是大多数电能用户的首选。10 kV 的配电线路大部分深入负荷中心，为中、小电能用户供电。同时地方电网公司还在某些适当的地区敷设低压配电线路作为低压公用区，为较小的电能用户（如一些小的学校、商店、居民住宅）供电。

电能不能真正意义上的储存，其生产、输送、分配及使用过程，几乎是在同一瞬间完成的。为了提高供电的可靠性及经济性，通常把分散在各地区的发电厂及电能用户通过电力网连接起来，组成高电压、大电流、联网式的电力系统。

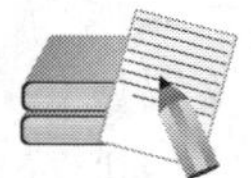

相关知识

一、基本概念

结合图 1-1、图 1-2 可了解到电力系统的基本概念。

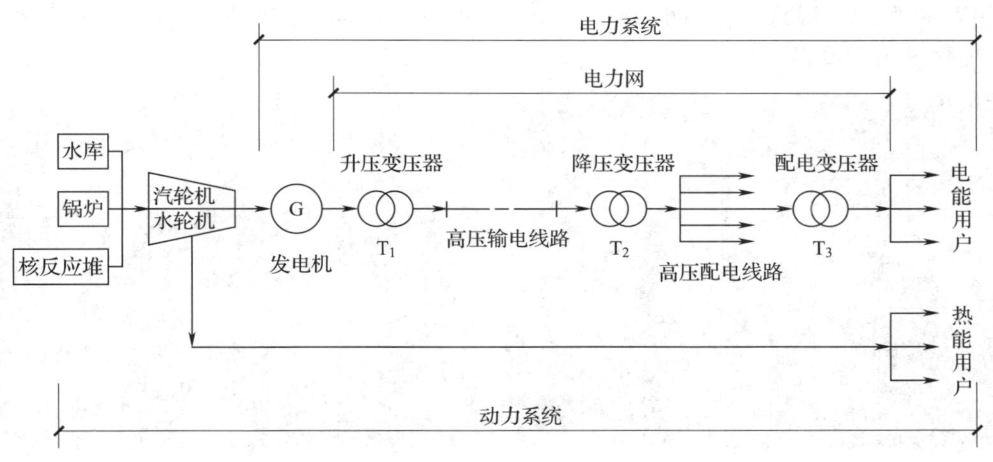

图 1-2　电力系统、动力系统、电力网示意图

1. 电力系统

由发电厂、变配电所、电力线路与电能用户等环节组成的电能生产与消费系统称为电力系统。

2. 电力网

电力系统中各种电压等级的输配电线路和变配电所所组成的部分，即电力系统中除发电厂及电能用户以外的中间环节，称为电力网。

3. 动力系统

电力系统加上发电厂的动力部分（如锅炉、汽轮机、核反应堆、水库、水轮机及热力装置等）所构成的整体称为动力系统。

二、电力系统的组成

1. 发电厂

发电厂是将自然界蕴藏的各种一次能源如水力、煤炭、石油、天然气、风力、地热、太阳能和核能等，转换为电能（二次能源）的特殊工厂。按其所用一次能源形式不同，发电厂可分为火力发电厂、水力发电站、核能发电站、风力发电场、潮汐发电站、地热发电站、太阳能发电站等。根据发电厂的规模和供电范围又可分为区域性发电厂、地方性发电厂以及热电厂和企业自备发电厂等。

（1）火力发电厂。火力发电厂简称火电厂，它是将煤、石油、天然气等燃料储存的化学能转化为电能的电厂，图 1-3 所示为火力发电厂外景，图 1-4 所示为凝汽式火力发电厂生产过程。燃料在锅炉中燃烧释放出热能将水加热，变成具有一定压力及温度的蒸汽，蒸汽又推动汽轮机旋转，将热能转化为机械能，带动同轴的发电机，将机械能转化为电能。迄今为止，世界上大多数国家的发电厂都以火力发电厂为主。我国火电厂发电量约占全部发电量的 70%，其中燃煤的约占 70%，燃油的约占 25%，利用其他能源的约占 5%。为节能减排，我国从 2007 年开始淘汰低效落后发电产能，关停了单机容量 300 MW 以下的燃煤机组，目前主流火力发电单机容量都在 300 MW 以上，最大火力发电单机容量为 600 MW。

a）

b）

图 1-3　火力发电厂外景

a）建在城市附近的电厂　b）建在煤矿附近的坑口电厂

火力发电厂可分为仅向用户供电的凝汽式电厂（一般建在燃料基地附近或远离城市，又称为坑口电厂或区域电厂）和不仅向用户供电，还向用户供蒸汽及热水的热电厂（一般建在城市或用户附近）。目前，我国火力发电厂主要是以煤炭为燃料的凝汽式电厂。

（2）水力发电站。水力发电站简称水电站，它是将江河水从上游流到下游时形成的位能（落差）转化为电能的电厂。由于水轮发电机组的控制和调节灵活，与火电厂相比，机组的启动和停止非常迅速，频率增加和减少以及水电站的发电量输出调整较容易实现。因此，水力发电站，特别是具有较大调蓄能力的水电站，通常是承担电力系统的尖峰负荷或腰荷，并且执行电力系统频率控制任务的主厂，也是电力系统出现故障时的后备电源。

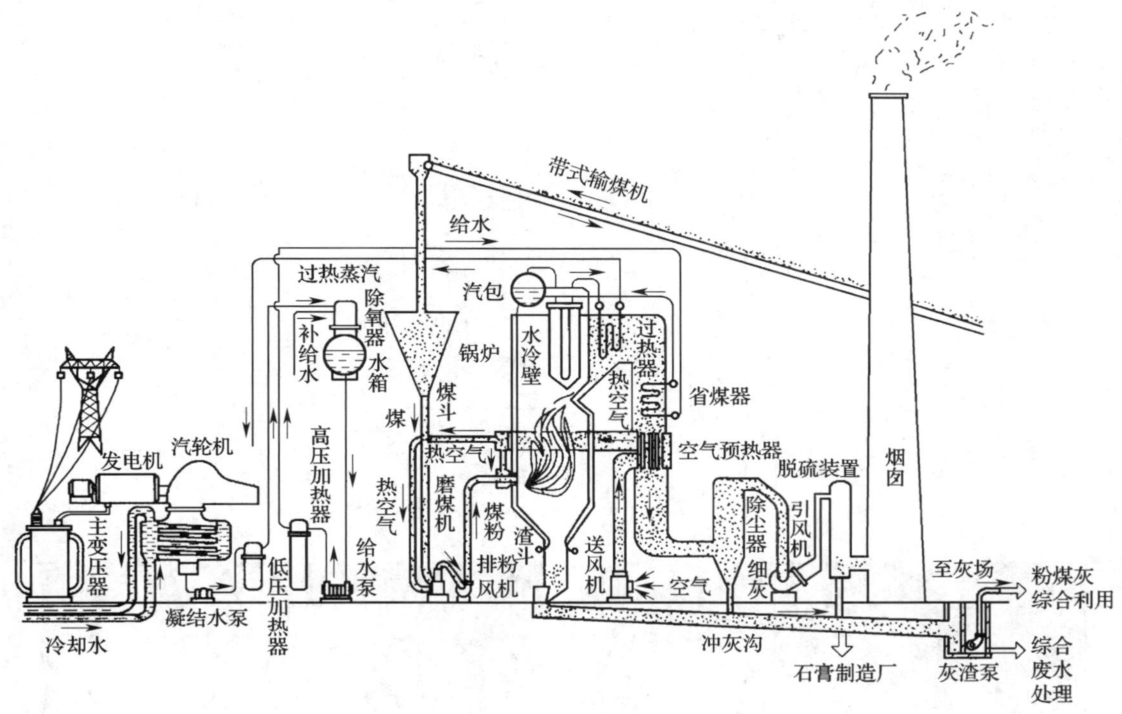

图 1-4 凝汽式火力发电厂生产过程

图 1-5 所示为水力发电站生产过程。水电站水库中的高水位蓄水通过引水隧道形成强大水流，将水的位能转化为机械能，冲击水轮机旋转，带动同轴的发电机发电，将机械能转化为电能。我国目前最大的水电站是三峡水电站，装机容量 2 240 万千瓦，共安装 32 台 70 万千瓦机组，2020 年全年累计生产清洁电能 1 118 亿千瓦时。从三峡大坝往上，又规划了 20 座不同大小的水电站，全部建成以后，金沙江水电基地将成为我国西电东送的主力，相当于 8 个三峡水电站，成为全球最大的绿色能源基地。其中的白鹤滩水电站单台装机容量已突破百万千瓦大关，共安装 16 台 100 万千瓦机组，预计 2023 年全部建成，将成为仅次于三峡水电站的我国第二大水电站。

三峡水电站水力发电代替火力发电，每年可减少煤耗 4 000 万~5 000 万吨，少排放二氧化硫 200 万吨、一氧化碳 1 万吨、氮氧化合物 37 万吨和大量工业废水。

图 1-6 所示为三峡水电站引水隧道，图 1-7 所示为正在发电中的举世瞩目的三峡水电站全景。

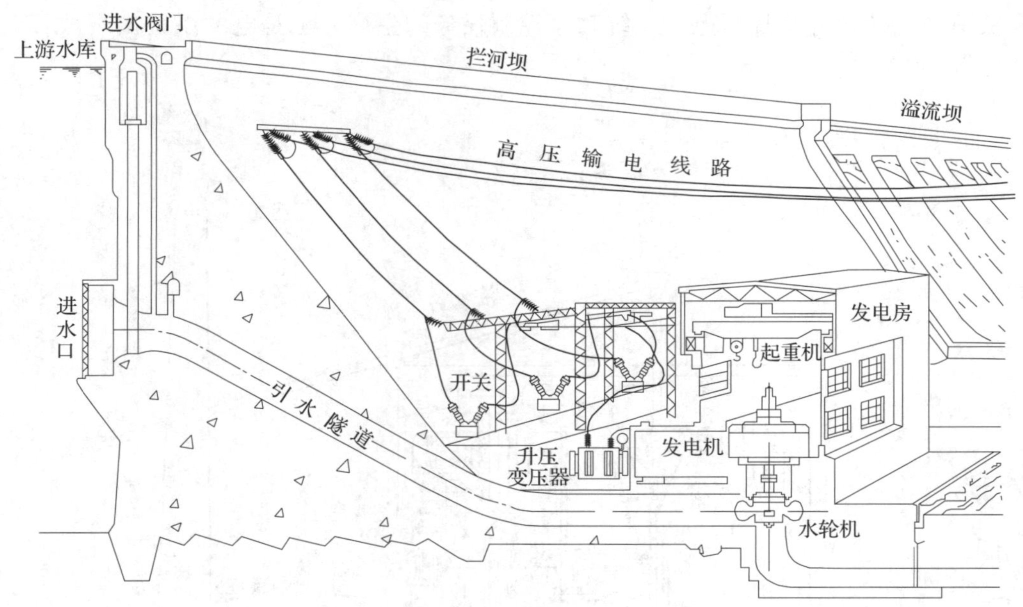

图 1-5　水力发电站生产过程

图 1-6　三峡水电站引水隧道

图 1-7　三峡水电站全景

（3）核能发电站。核能发电站简称核电站，它是将原子核裂变产生的原子能转化为电能的电厂。图 1-8 所示为核电站生产过程。它的生产过程与火电厂基本原理相同，不同的是以核反应堆代替了锅炉。其原理是把原子核裂变所产生的原子能转化为热能，将水加热成蒸汽，推动汽轮机发电。

由于煤、石油、天然气等燃料储存有限，从 20 世纪 40 年代原子弹研制成功起，原子能就逐渐被人们所掌握，并陆续被应用到工业及交通等许多部门，许多国家，特别是一些资源贫乏的发达国家，越来越多地把目光投向核电建设，核电发电量的比重在逐年增加。我国在这方面也有可喜的成果，特别是近几年核电发展尤为迅速，截至 2020 年末，在运核电机组达到 49 台，装机容量 5 102.7 万千瓦，位列世界第三。从总量上看，目前在运核电装机规模仅占全国总发电装机规模的 2.2%，核电发电量仅占全国总发电量的 4.9%，远低于 10.3%的世界平均水平，我国的核电发展仍有很大

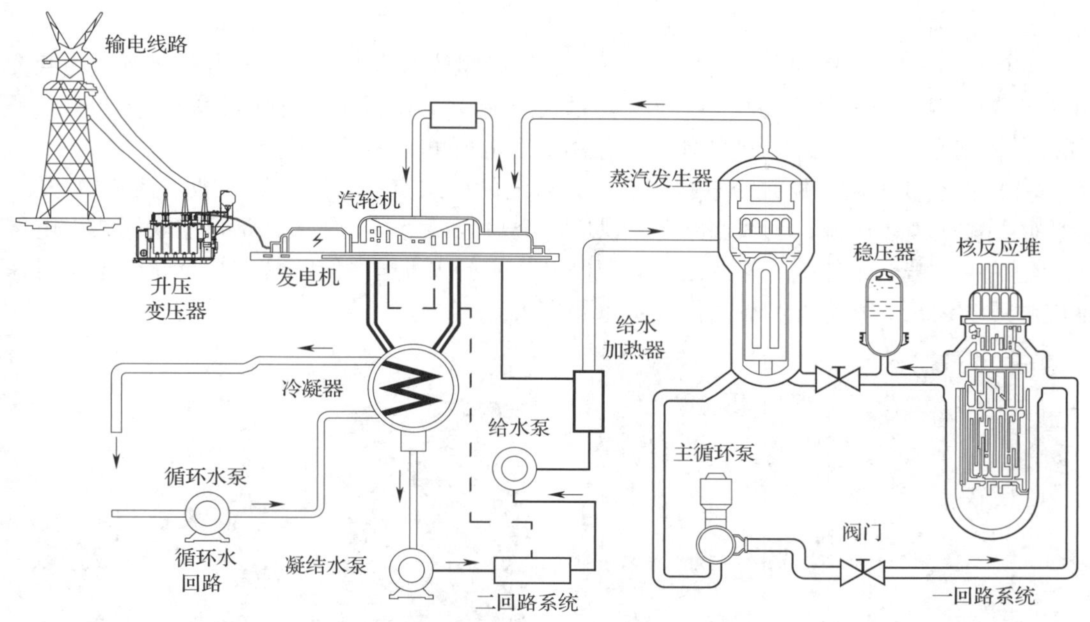

图 1-8　核电站生产过程

空间。另外，我国的核燃料循环利用技术近年来也有重大突破，在这项技术支持下，我国核燃料的使用时间可达 3 000 年，已成为替代矿物质燃料发电的一个主要方向。但是核电站一旦出现核泄漏事故，就会对周围的环境造成灾难性影响，如苏联切尔诺贝利核电站事故以及 2011 年日本福岛第一核电站的泄漏事故，给核电的应用蒙上了一层阴影。图 1-9 所示为秦山第三核电站外景，图 1-10 所示为核电站汽机房内部汽轮机与发电机机组。

除以上三种主要能源外，其他一次能源也逐步得到开发或利用，如风力发电（见图 1-11）、潮汐发电、地热发电、太阳能发电、垃圾发电和沼气发电等。其中风力发电发展迅速，截至 2020 年，我国风电装机容量 22 009 万千瓦，其中，海上风电装机容量 50 万千瓦以上，开工容量 100 万千瓦以上。

图 1-9　秦山第三核电站外景

图 1-10　核电站汽机房内部汽轮机与发电机机组

2. 变电所

变电所又称变电站，其作用是接受电能、变换电压和分配电能，图 1-12 所示为某变电所外景。用于升高电压的称为升压变电所（站），用于降低电压的称为降压变电所（站）。根据在电力系统中所处的地位和作用，变电所可分为以下几类。

（1）枢纽变电站。枢纽变电站位于电力系统的枢纽点，电压等级一般为 500 kV 及以上，联系多个发电电源，出线回路多，供应多个片区，变电容量大，是目前联网式大电网运行的关键。若全站停电，将造成大面积停电，或造成供电系统瓦解。故枢纽变电站对保证电力系统运行的稳定性和可靠性起着重要作用。

图 1-11　风力发电外景

图 1-12　某变电所外景

（2）中间变电所。中间变电所位于系统主干环线或系统主要干线的接口处，电压等级一般为 220~330 kV，汇集 2~3 个电源和若干线路，高压侧以穿越功率为主，同时降压向地区用户供电。

（3）地区变电所。地区变电所是一个地区和一个中、小城市的主要变电所，电压等级一般为 220 kV，通过变压器降成 110 kV，向整个地区供电。

（4）终端变电所。终端变电所是乡、镇、区级用电范围的主要变电所，电压等级一般为 110 kV，通过变压器降成 35 kV、20 kV 和 10 kV 等，向用户变电所供电。

（5）工厂变电所。工厂变电所是大、中型工厂的专用变电所，电压等级一般为 35~110 kV，1~2 个电源进线。工厂变电所包括工厂总降压变电所和车间变电所，如图 1-13 中虚线框内部分所示。

（6）用户变电所。用户变电所位于配电线路的终端接近电能用户负荷处，高压侧多为 10 kV，经降压后直接向用户供电。

3. 电力网

电力网由变电站和不同电压等级的输电线路组成，其作用是输送和分配电能。其类型有以下几种。

（1）按供电范围、输送功率和电压等级可将电力网分为输电网和配电网。

1）输电网。输电网是以超高压或特高压的电压等级将发电厂、枢纽变电站连接起来的高压输电网络，所以又可称为电力网中的主网架，电压等级一般为 500 kV 及以上，输送功率大，供电范围广，主要作用为远距离输电和电网互联，输电线路长度可达几百千米乃至上千千米。

2）配电网。通常把电力系统中地区降压变电所以后的部分，直接向用户供电的网络称为配电网。配电网电压为 110 kV 及以下，输送功率较小，线路距离较短，主要担负各用电区域内部的电能分配，如城市之间以及城市与其所属及相邻区、县的电能分配。配电网的电压因用户的不同需要又分为以下几种。

①高压配电网（110 kV 电压）是指连接上游高压输电网和城市及区、县之间的配电网络。

②中压配电网（10~35 kV 电压）是指连接高压配电网和工厂、用户变电所的配电网络。

③低压配电网（交流 1.2 kV 及直流 1.5 kV 以下电压）是指直接连接用户和用电设备的配电网络。

（2）按接线方式可将电力网分为以下两种。

1）开式电网。用户只能从单方向得到供电。

2）闭式电网。用户可从两个或两个以上方向得到供电。

（3）按电压高低可将电力网分为低压网（1.2 kV 及以下）、中压网（10~35 kV）、高压网（110~220 kV）、超高压网（330~750 kV）和特高压网（交流 1 000 kV、直流 800 kV 以上）几种。从目前国家电力事业发展的基本趋势来看，省际的输电电压将要普及 1 000 kV 特高压，省内输电电压以 750/500/220 kV 为主。图 1-13 为变电所及电力网类型示意图。

三、电力负荷

电力负荷是指发电厂或电力系统中，在某一时刻所承担的各类用电设备消耗电功率的总和，单位为“kW”或“MW”。虽然电力负荷的标准单位为“kW”，但在实际运行中很少用“kW”来描述负荷大小，而是用电流来表征负荷，因为负荷变化实际上就是电流的变化。目前运行的高、低压开关柜上多数也只有电流表，基本没有功率表配置。

1. 电力负荷的类型

电力负荷可按运行特性和供电可靠性进行分类。

（1）按照电力负荷自身的运行特性可分为动力类负荷和照明类负荷两类。

1）动力类负荷。主要指工厂类负荷，其特点为三相、大功率、连续负荷，其用电总量目前仍是用电负荷的主流，约占总发电量的 70%，广泛地分布在各种工业企业和其他用电方式中。其运行及敷设方式追求实用性、可维护性和高可靠性，保护方式在注重灵敏性和可靠性的同时兼顾良好的选择性，因为随意地中断供电，可能会带来较大的经济损失与人身伤害，其用电负荷以三相平衡负荷为主。

2）照明类负荷。一般是指办公、教育、商住、娱乐以及居民生活等用电负荷。照明类负荷与动力类负荷应当说无本质上的区别，在照明类负荷的前端也更多地采用三相配电。特别是近年来，随着经济活动的繁荣和居民用电水平的提高以及政府对居民用电的重

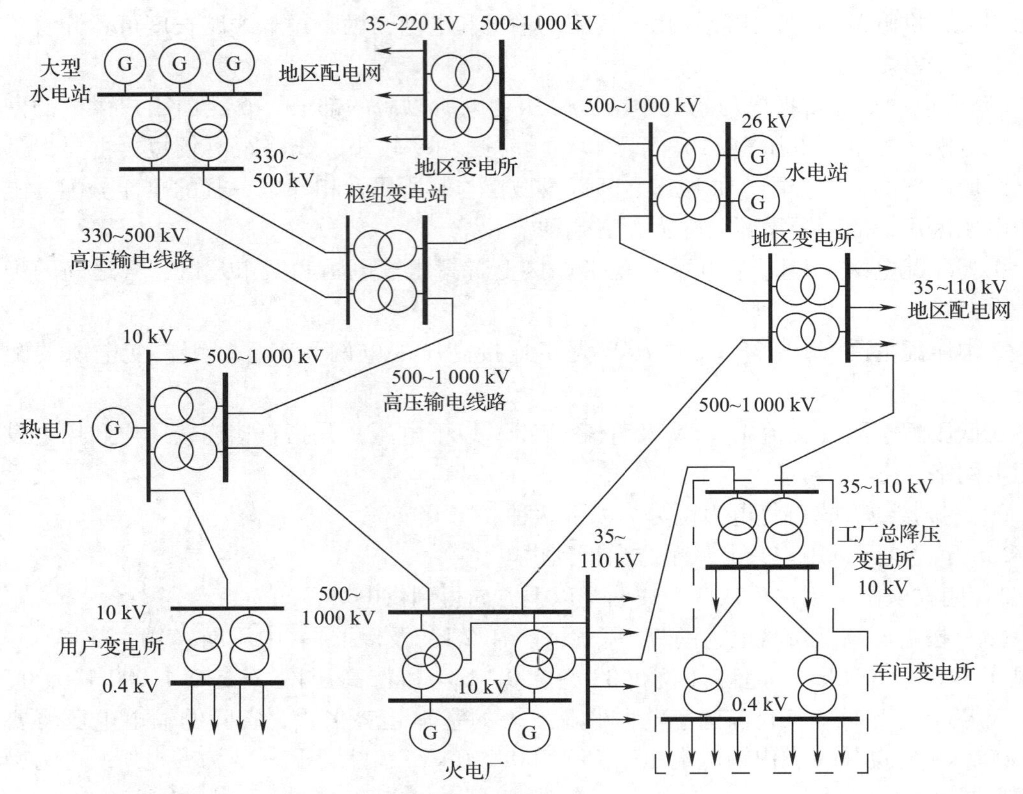

图 1-13　变电所及电力网类型示意图

视，照明类用电负荷也在逐年增大，如全国的空调用电量已经占到了总用电量的 15%以上。在北京、上海、广州、深圳，夏季空调用电量已经达到城市用电量的四分之一到三分之一。

但照明类负荷也有其自身的特点：在用电总量上，目前还是小于动力类负荷，其运行及敷设方式一般比较注重安全、美观、隐蔽等；其保护方式以注重灵敏、安全为主，运行中需配置大量漏电断路器作为保护元件；虽然在配电方式上也基本上以三相电源配电，但其用电负荷多以单相负荷为主，运行中容易产生三相负荷的不平衡，其用电负荷随时间和季节变化较大且呈现规律性，如所谓的“灯峰”负荷（指晚间的集中照明）、夏季空调负荷以及旅游季节负荷等。

（2）按电力负荷对供电可靠性的要求，通常分为三级。

1）一级负荷。中断对这类负荷的供电，就会造成人身伤亡事故、重大设备损坏、大量产品报废、生产秩序被打乱且不能恢复，将在政治、经济上造成重大影响及巨大损失。如重要交通枢纽、重要通信枢纽、重要宾馆、大型医院以及大型体育场馆等。

此类负荷很重要，为保证其供电的可靠性，通常设置两路及以上相互独立的电源供电。其中每一路电源的容量均应保证在此电源单独供电的情况下能满足用户的用电要求，确保当任何一路电源发生故障或检修时，都不会中断对用户的供电。

2）二级负荷。对这类负荷中断供电，会造成大量减产、主要设备损坏、连续生产过程被打乱且需较长时间才能恢复、人民生活及公用事业受到影响，将在政治、经济上造成较大损失。属于二级负荷的有交通枢纽、通信枢纽等用电单位中的重要电力负荷，以及中断供电将会引起秩序混乱的大型影剧院、大型商场等人员较集中的重要公共场所。

此类负荷也较重要，其重要程度次于一级负荷，二级负荷宜由双回路电源进线供电。

3）三级负荷。一般所有不属于一、二级负荷者均为三级负荷。此类负荷短时停电不会造成严重后果，如工厂附属车间、小城镇、小加工厂以及一些机关、学校、住宅小区等。

三级负荷属不重要负荷，对供电电源无特殊要求，通常采用单回路电源进线供电。

负荷等级不同，与其相对应的配电方案和运行方案也不同，在配电设计时，应当根据实际需求，提高一、二级负荷的供电可靠性；当系统发生事故出现电力不足时，应首先切除三级负荷，以保证一、二级负荷的供电。

2. 电力负荷对电能质量的要求

所谓电能质量是表示电能品质优劣的程度。衡量电能质量的指标包括三个方面：频率、波形和电压。

（1）频率。《电能质量　电力系统频率偏差》（GB/T 15945—2008）中规定：电力系统正常运行条件下频率偏差限值为±0. 2 Hz，当系统容量较小时，偏差限值可放宽到±0. 5 Hz。在目前大电网电力系统的运行模式下，全国参与联网的发电机必须保持同步，如果某个发电机因为过载而不同步，大电网控制系统会将其解列，加之三峡水电站的调相稳频作用，全国电网频率是有保障的。目前我国各跨省电力系统频率偏差都保持在±0. 1 Hz 的范围内，而且频率主要由发电厂调节、保证，因此对绝大多数电能用户来说，一般不用考虑频率的问题。

（2）波形。交流电的标准波形是正弦波，随着电力电子技术的广泛应用与发展，用电设备中增加了大量的非线性负载，从低压小容量家用电器到高压大容量工业交、直流变换装置，特别是静止变流器。静止变流器是以开关方式工作的，会引起电网电流、电压波形发生畸变，引起电网的谐波“污染”（2~25 次谐波）。此外，冲击性、波动性负载（如电弧炉、大型轧钢机、电力机车等）在运行中不仅会产生大量的高次谐波，而且会使电压波动、闪变、三相不平衡，这些对电网的不利影响不仅会导致供用电设备本身的安全性降低，而且会严重削弱和干扰电网的经济运行，造成对电网的“公害”。高次谐波会导致大量运行的三相交流电动机的涡流损耗增加，引起电动机的过热。另外，在三相四线供电的网络中，中性线中的三次谐波电流是每相三次谐波电流的代数和，从而有引起中性线过载的风险，而在波形正常的三相四线供电回路中无论三相负荷是否平衡都不会出现中性线电流超过相线的情况。因此，有较多变流设备、交流变频设备以及冲击性负载的电能用户就会面临电源波形畸变的问题。这样的用电单位有责任在电源端和大设备端安装滤波装置，以减少高次谐波对电网及自身的影响。但其他多数电能用户一般不必考虑波形的问题。

（3）电压。在某一时段内，电压幅值缓慢变化而偏离额定值的程度，称为“供电电压偏差”，以电压实际值与额定值之差 ΔU 或 $\Delta U\%$ 来表示，即

$$\Delta U = U - U_N \tag{1-1}$$

$$\Delta U\% = \frac{U - U_N}{U_N} \times 100\% \tag{1-2}$$

式中 U——检测点电网电压实际值，V；

U_N——检测点电网电压额定值，V。

电压偏差的大小，主要取决于电力系统的运行方式、线路阻抗以及有功与无功负荷的变化。用电设备的运行指标和额定寿命是对其额定电压而言的，当其端子上出现电压偏差时，其运行参数和寿命将受到影响，影响程度视偏差的大小、持续的时间和设备状况而异。电压偏差对用电设备性能的影响见表 1-1。

表 1-1 电压偏差对用电设备性能的影响

设备性能	与电压的关系	在下列偏差下对性能的影响程度	
		−10%时	+10%时
异步电动机 最大启动转矩	U^2	−19%	+21%
异步电动机 启动电流	U	−(10~12)%	+(10~12)%
异步电动机 满载电流		+11%	−7%
异步电动机 温升		+(6~7)%	−(3~4)%
移相电容器 输出无功功率	U^2	−19%	+21%

供电电压偏差是衡量电能质量的一项基本指标。允许的电压偏差较小，有利于用电设备的安全和经济运行，但为此要改进电网结构，增加无功电源和调压装置，同时要尽量调整用户的负荷。允许的电压偏差大，就要求设备对电压波动的适应性强，这需要提高产品性能，也就造成了产品成本的提高。因此，电压允许偏差值的确定是一个综合的技术、经济问题。

为规范电压质量要求，国家标准规定了不同等级电压的允许变化范围。电压的允许变化范围见表 1-2。变化范围超过允许值时，往往会影响设备的正常工作，造成振动、损耗增加，使设备绝缘加速老化甚至损坏，影响用户的产品质量，危及人身安全，甚至对电力系统的运行也会造成影响。因此，要求系统所提供电能的频率、电压和波形必须符合规定要求，可通过调频、调压和无功补偿等措施来保证电压的稳定。

表 1-2　电压的允许变化范围

线路额定电压	正常运行电压允许变化范围
35 kV 及以上三相供电电压	$\pm5\%U_N$
20 kV 及以下三相供电电压	$\pm7\%U_N$
220 V 单相供电电压	$(-10\%\sim+7\%)\ U_N$

任务 2　工厂供配电系统

任务目标

- 了解工厂供配电系统的基本组成。
- 掌握工厂供配电系统的接线方式及特点。

任务引入

从电力系统的概念可知，电力系统是指从发电到用电的所有组成部分，作为电力系统其中一部分的工厂是目前电力系统最大的电能用户，对电力系统的安全运行有着重要影响，故了解和掌握工厂供配电系统的相关知识意义重大。本任务将学习工厂供配电系统的基本组成和典型接线方式。

任务分析

工厂供配电系统是指工厂所需的电力电源从进厂起到所有用电设备输入端止的整个线路。所有没有进入设备内部的动力和照明电路均属于供配电系统，进入设备内部后则属于控制系统，所以电气柜可分为配电柜和控制柜两种。从这个意义上说，工厂供配电系统其实很具体也无处不在。它的基本功能首先是受电，即将电能从配电网引入工厂，受电的电压等级与工厂的用电负荷大小和规模有关；然后是变换，即降低电压等级，这包括一次降压和二次降压；最后是分配，分配也分为高压分配和低压分配。图 1-14 中虚线内部部分所示就是典型大型工厂的供配电系统，它同时也表达了工厂在电力系统中的位置和与电力系统的关系。

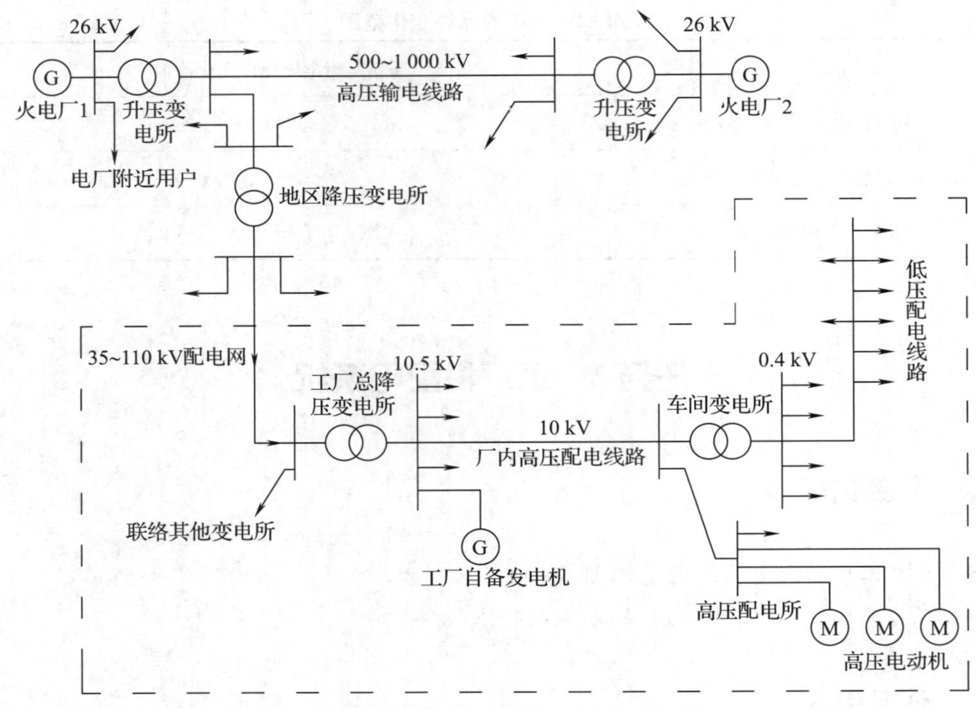

图 1-14　典型大型工厂的供配电系统

相关知识

一、工厂供配电系统的组成

一个大、中型工厂供配电系统通常由工厂总降压变电所、高压配电线路、车间变配电所、低压配电线路和配电装置组成。应当指出的是，对于某个具体的工厂供配电系统，可能只有其中的一部分，这主要取决于工厂电力负荷的大小和规模。

工厂供配电系统中变电所的作用是接受、变换和分配电能，而配电所的作用是接受和分配电能。二者的区别主要是变电所设置主变压器。在实际中为了节约占地面积和投资，把变、配电设备装设在同一设施内，故称为变配电所。

工厂降压变电所的作用是把电力系统供给的高压电能，经过变电所的各级降压，变成用电设备所需要的较低电压的电能，然后经过配电装置和配电线路将电能送到各车间的用电设备。工厂的用电设备既有 3 kV、6 kV、10 kV 的高压电器，也有占绝大多数的 220 V、380 V 的低压电器，而工厂总降压变电所从电力系统接受的是 35～110 kV 的高压电能，为了把高压电能降压并分配到用电车间或设备，要求每个工厂应有一个合理的供配电系统。降压变电所可分为一次降压和二次降压两种。

二、工厂供配电系统的受电配电接线方式

1. 大型工厂供配电系统的受电配电接线方式

大型工厂往往采用35~110 kV 电源进线，先经总降压变电所进行一次降压降至 10 kV，然后经厂内的高压配电线路送到各车间变电所进行二次降压，将 10 kV 降至0.4 kV，图 1-15 所示的就是大型工厂受电配电系统简图的局部。这种受电配电接线方式应用不多，只存在于少数大型企业，其受电配电系统图看起来像个小城镇。

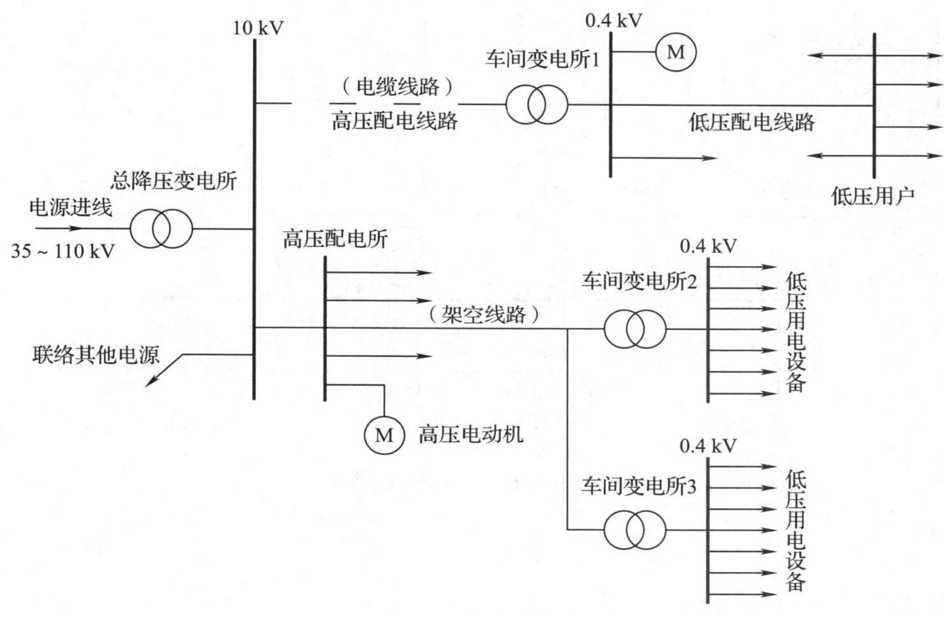

图 1-15　大型工厂受电配电系统简图的局部

2. 中型工厂供配电系统的受电配电接线方式

中型工厂的电源进线一般采用 10 kV，经变电所一次降压降至 0.4 kV，如图 1-16、图 1-17 所示。这种接线方式是绝大多数企业和用电单位的首选，其中规模较大的企业有厂区内部的高压配电线路，而中型工厂只有低压配电线路。

3. 小型工厂供配电系统的受电配电接线方式

对于一些小型工厂，若所需容量不大于 100 kV · A，可直接采用380/220 V 低压进线，如图 1-18 所示。

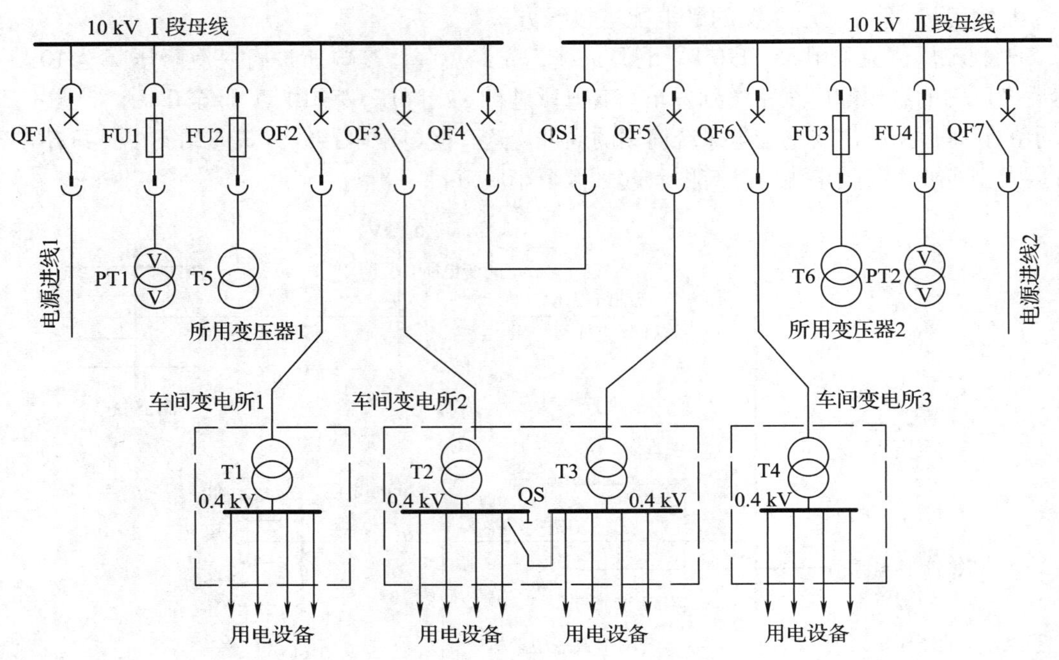

图 1-16　中型工厂受电配电系统简图 1

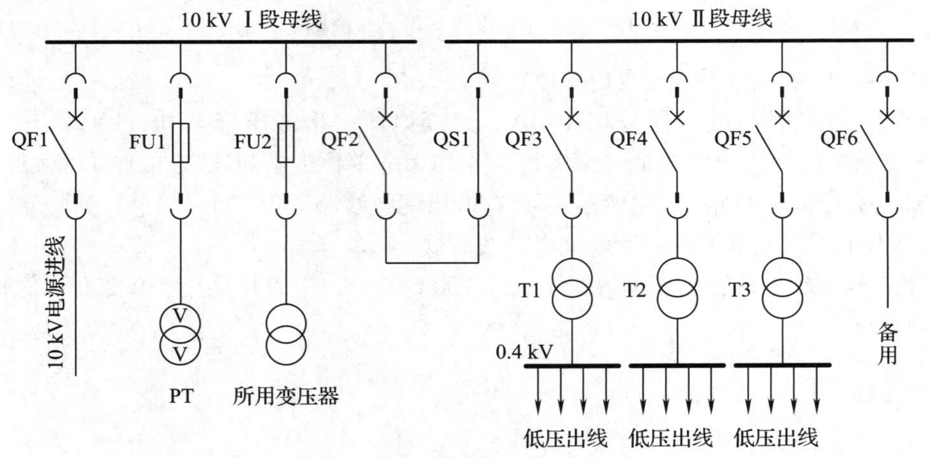

图 1-17　中型工厂受电配电系统简图 2

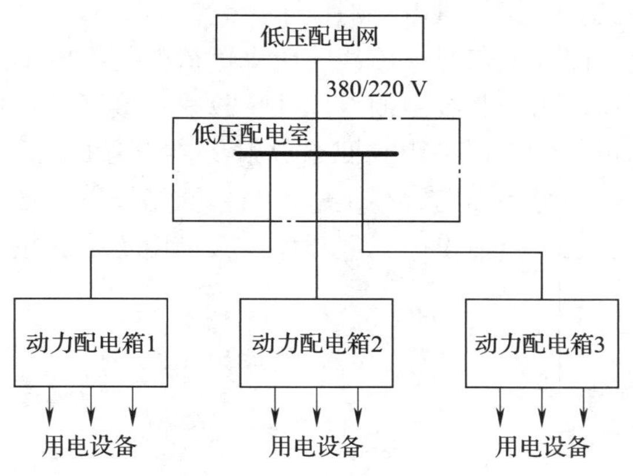

图 1-18　小型工厂受电配电系统简图

三、工厂配电系统的接线方式

工厂配电系统是指工厂受电以后的厂区内部分配方式，基本接线方式主要有三种：放射式、树干式及环式。下面主要介绍高压配电系统的基本接线方式。

1. 放射式接线方式

图 1-19 所示为单回路放射式接线方式，这种接线方式是由工厂总变电所（或总配电所）10 kV 母线上引出的线路直接向车间变电所或高压设备供电，沿线无其他分支。其特点是线路敷设简单，操作、维护方便，容易进行继电保护的整定，并易于实现自动化，且

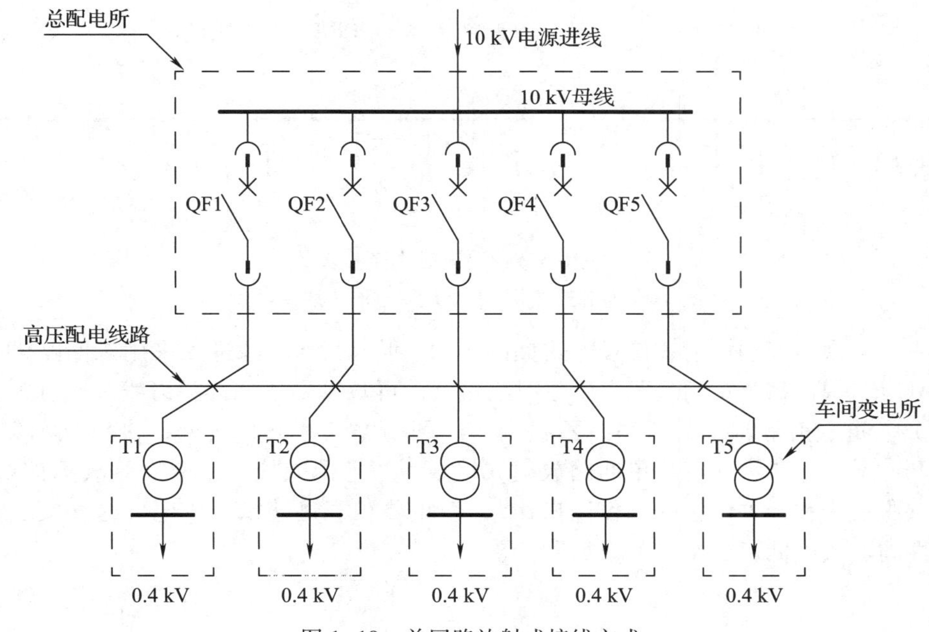

图 1-19　单回路放射式接线方式

本回路的故障不会影响其他回路的供电。但由于出线较多，开关设备使用也较多，所以投资大，并且在线路发生故障或检修时，该线路所供负荷就要停电。这种接线方式供电可靠性不高，适用于三级负荷。由于其线路的专用性，放射式接线方式的线路敷设一般为电缆线路。为了提高供电的可靠性，可采用双回路放射式接线方式，如图 1-20 所示。如果一回路发生故障或检修，可由另一回路继续供电，与单回路放射式接线方式相比，其供电可靠性提高了，可用于一、二级负荷供电，但开关设备使用更多，投资也更大，同时也增加了操作的难度。

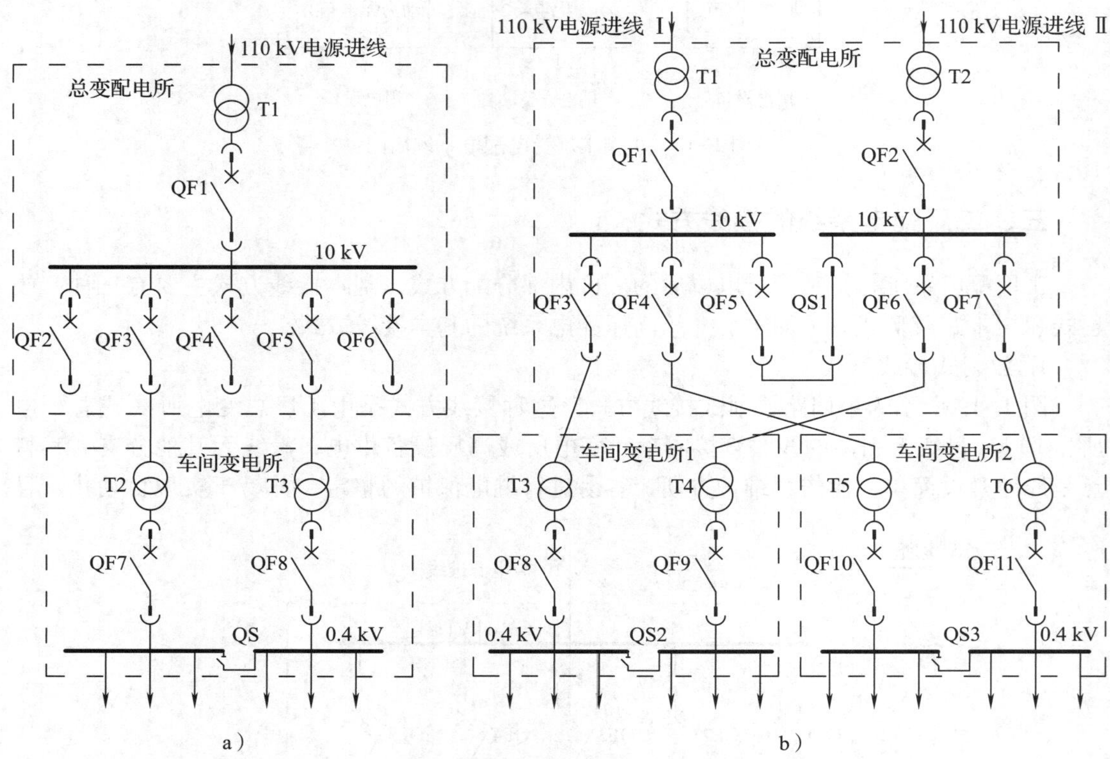

图 1-20　双回路放射式接线方式

a）单电源进线供电　b）双电源进线供电

具有公共联络线的放射式接线方式如图 1-21 所示。其电源进线采用双回路供电，两段母线分段结构，每个车间除了主供放射线路外，再敷设一条公共联络线，通过开关设备连接各个车间。正常时公共联络线不投入，即图中 QS2、QS4、QS6、QS8、QS10、QS12 全部断开，运行方式为双电源单回路放射式接线。当电源或任一线路发生故障被切除后，通过公共联络线和开关设备的“倒闸操作”，使重要负载迅速恢复供电。这种接线方式供电可靠性高、成本低，适用于各级负荷。

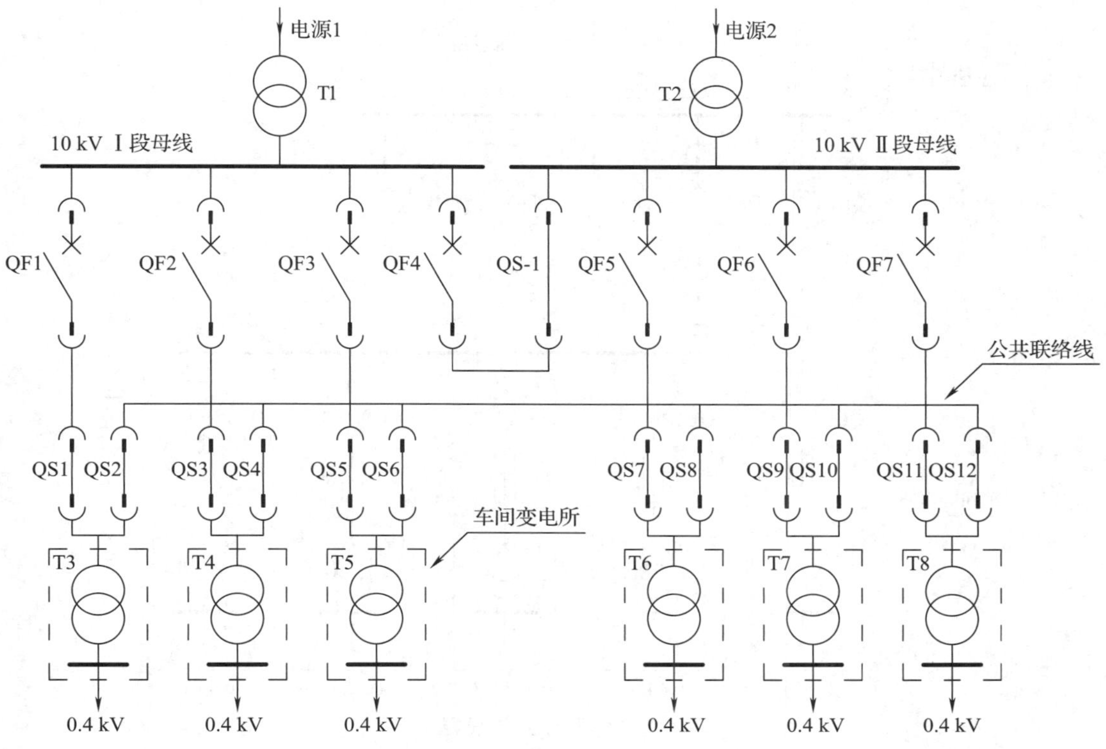

图 1-21　具有公共联络线的放射式接线方式

2. 树干式接线方式

在这种接线方式中，线路的分布有主干，有分支，其结构像树一样，如图 1-22 所示。其特点是线路有色金属消耗量小，使用的开关设备少，投资省。工厂内的架空线路多采用这种接线方式，架设一条公共架空线路作为主干线路，沿线的车间可以就近下火。另外，地方电网公司的 10 kV 出线也多采用这种接线方式。但干线发生故障或检修时，停电范围广，当分支线路的某一负荷发生严重过电流事故时，又可能引起干线总开关越级跳闸，用户之间相互干扰较大，因此供电可靠性差，适用于三级负荷的供电。为改善越级跳闸的问题，分支保护可以采取负荷开关加熔断器的保护方式，利用高分辨率速断熔断器实现良好的选择性。

3. 环形接线方式

环形接线方式如图 1-23 所示，此种接线方式实质上是双回路供电的树干式或放射式接线方式，特点是运行灵活，供电可靠性高，但继电保护整定及配合比较复杂。正常运行时，若环状干线有一个开关断开点，称为开环运行，没有断开点的称为闭环运行。当干线任意一处发生故障时，经过“倒闸操作”断开故障点两侧的隔离开关，便可对其余的变配电所恢复供电。为了避免环形线路上发生故障时影响整个电网，以及便于实现继电保护的选择性，线路大多采用开环运行方式，只有在事故应急时闭环运行。此接线方式供电可靠性高，适用于一、二级负荷供电。

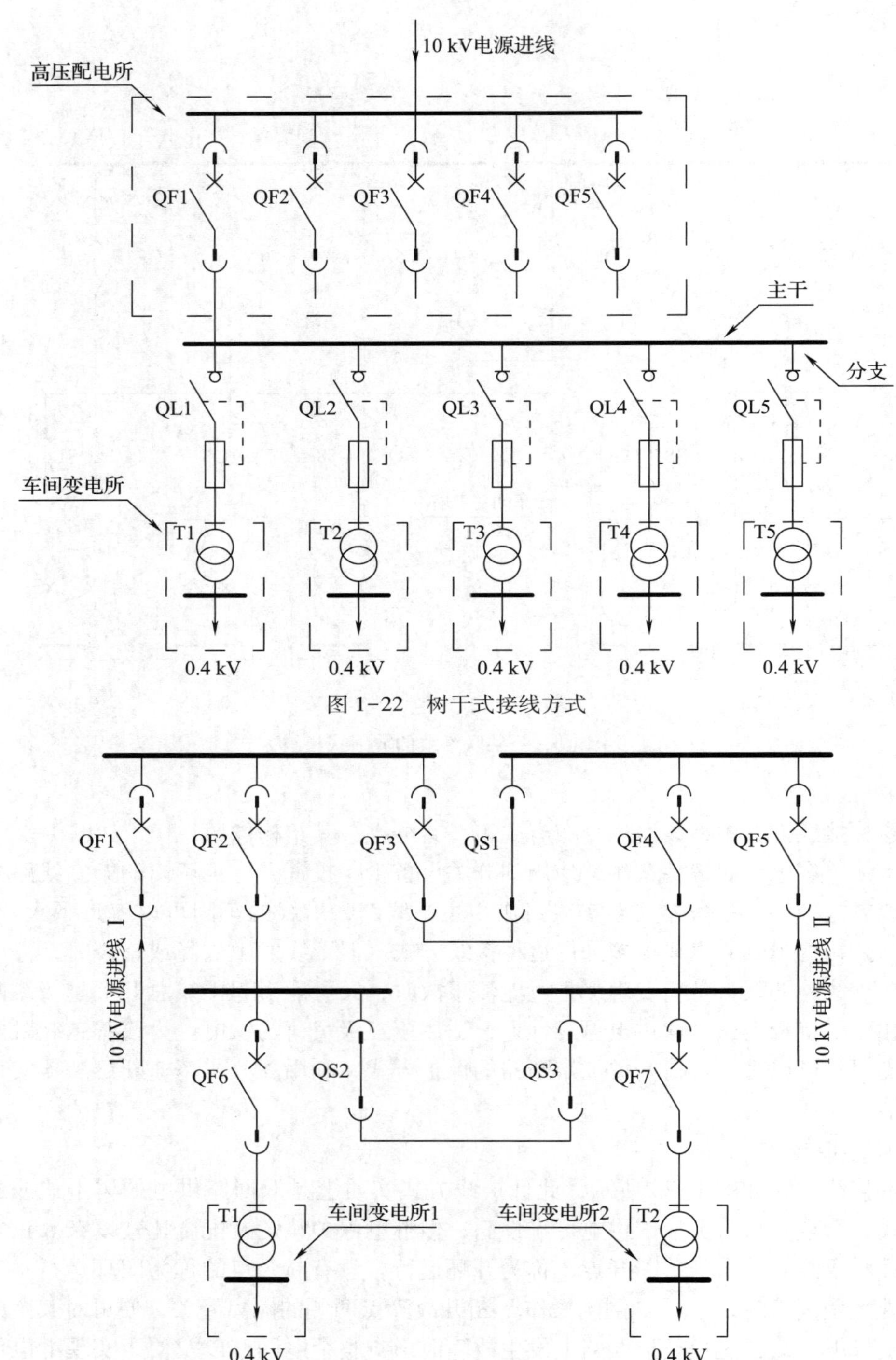

图 1-22　树干式接线方式

图 1-23　环形接线方式

对于 380/220 V 低压配电系统，其接线方式如图 1-24 所示。

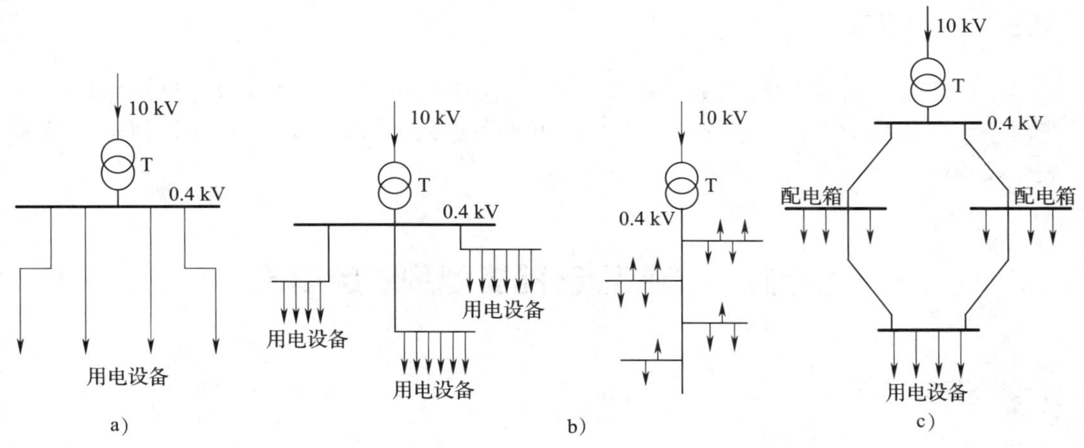

图 1-24　低压配电系统的接线方式
a）放射式　b）树干式　c）环形

以上三种接线方式，具体采用哪种，应根据负荷的重要性、投资的多少、运行维护方便及长远规划等综合考虑。

实习参观

参观本院变配电所

一、参观目的

组织参观你所在院校的变配电所，了解变配电所的结构、布置及接线方式，辨识变配电所电气设备的外形和名称，形成初步感性认识。

二、参观内容

由电气工程师或电工班长介绍变配电所的整体布置情况及一次单线系统图，讲解有关的注意事项。

由电气工程师或电工班长带领同学参观高压开关室、低压开关室、变压器室。基本目的及要求：

（1）识别本变配电所一次单线系统图的基本接线方式。

（2）了解高压电源的进线方式，高、低压开关柜的作用。

（3）辨识变配电所各类高、低压电气设备的外形和名称，形成初步认识。

（4）了解变压器室的构造，高压电源的进线方式，低压线路的出线方式，变压器的台数及容量等。

三、注意事项

学生应按规定穿着工作服和绝缘鞋，由本变配电所负责人和授课教师共同组织实施。参观时一定要服从指挥，注意安全，未经许可不得进入禁区，更不许触碰任何操作开关、仪表以及柜体，以防发生意外。

任务3　电气设备的类型及额定电压

任务目标

- ◆ 了解工厂供配电系统中电气设备的分类。
- ◆ 掌握工厂供配电系统中电气设备的额定电压及其选择方式。

任务引入

在工厂供配电系统中，供配电设备按其作用和功能可分为不同的类型。为了使供配电设备的生产实现标准化和系列化，各种电气设备都规定有额定电压。本任务将学习电气设备的类型及其额定电压。

任务分析

在工厂供配电系统的实际运行和维护实践中，经常要识读或分析该系统的电气原理图，因为它是从事供配电运行和维护工作的基本依据。原理图又可分为一次系统原理图和二次系统原理图，图 1-25 所示为某供配电系统的一、二次系统原理图局部。

从图 1-25 中可看到，该系统原理图明显地分为两个部分，即竖着画的部分和横着画的部分。竖着画的部分称为一次系统原理图，横着画的部分称为二次系统原理图。一次系统原理图由一次设备组成，二次系统原理图则由二次设备组成。

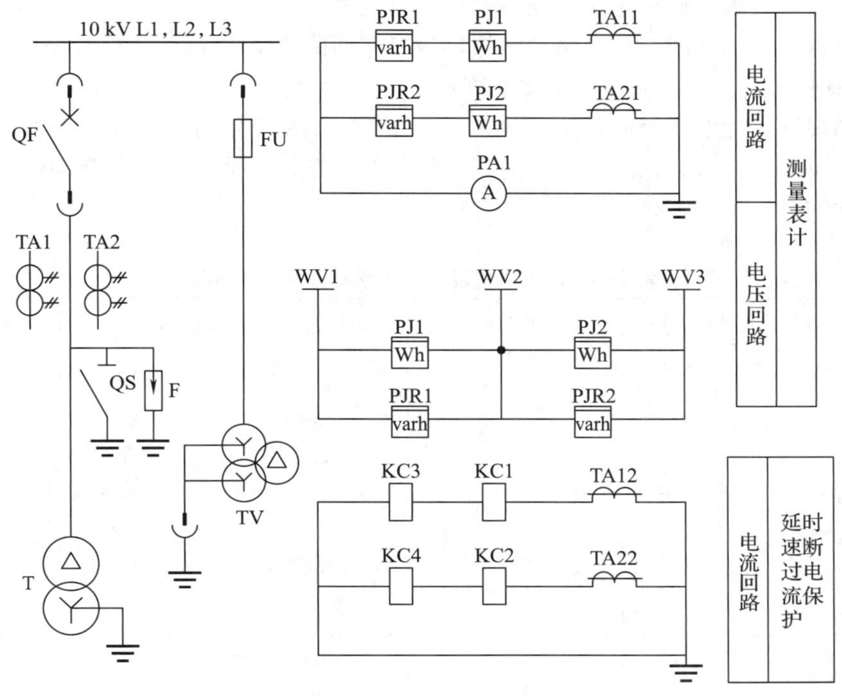

图 1-25　某供配电系统的一、二次系统原理图局部

相关知识

一、电气设备的类型

电力系统的电气设备按其作用不同，可分为一次设备和二次设备。

1. 一次设备

一次设备是指直接参与生产、输送和分配电能的设备。按其作用可分为以下几类。

（1）生产和变换电能的设备。如发电机、电力变压器、电动机等。

（2）切断和接通电路的开关电器。如断路器、隔离开关、接触器、熔断器等。

（3）限制短路电流和过电压的设备。如限制短路电流的电抗器、限制过电压的避雷器等。

（4）接地装置。如防雷设备的接地、电力系统中性点的接地及保护人身安全的保护接地等，均采用埋入地中的金属接地体。

（5）载流导体。如母线、电缆及架空线等。

一次设备及其相互间连接电路的整体称为一次回路或一次系统。

2. 二次设备

二次设备是指对一次设备起监察、测量、控制和保护作用的电气设备。如测量表计、继电保护及自动装置、操作电源、信号及控制电缆等设备。

二次设备及其相互间连接电路的整体称为二次回路或二次系统。

3. 常用电气设备的图形符号及文字符号

绘制和识读供配电系统原理图必须首先认知其规定的图形符号与文字符号。电气设备的图形符号及文字符号是以国家规定的图形符号及文字符号来表示的，常用电气设备的图形符号及文字符号见表 1-3。

表 1-3　常用电气设备的图形符号及文字符号

电气设备名称	文字符号	图形符号	电气设备名称	文字符号	图形符号
刀开关	QK		母线	W	
断路器	QF		导线、线路	W	
隔离开关	QS		三相线路		
负荷开关	QL		端子	X	
熔断器	FU		电缆及终端头		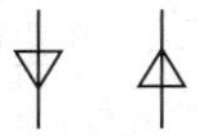
熔断器式隔离开关	QFS		交流接触器	KM	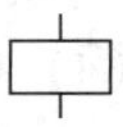
跌落式熔断器	QDF		电流继电器	KA	
			分闸电磁铁	YR	
变压器	T	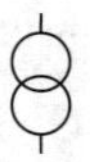	合闸电磁铁	YC	

续表

电气设备名称	文字符号	图形符号	电气设备名称	文字符号	图形符号
电压互感器	TV		三绕组变压器	T	
电流互感器 （单铁心双绕组）	TA		三绕组 电压互感器	TV	
电流互感器 （双铁心双绕组）	TA		避雷器	F	
插接式母线	WIB		接地装置	E	
有功电度表	PJ	Wh	无功电度表	PJR	varh

二、电气设备的额定电压

各种电气设备在额定电压下运行时，其技术性能和经济性最好。我国三相交流电力网和电气设备的额定电压见表 1-4。

1. 电力网及用电设备的额定电压

由表 1-4 可发现，在同一电压等级下电气设备的位置不同，其额定电压并不相同，原因如下。

表 1-4　我国三相交流电力网和电气设备的额定电压　　kV

用电设备的额定电压与电力网的额定电压	发电机的额定电压	变压器的额定电压		
		一次绕组		二次绕组
		接电力网	接发电机	
0. 22	0. 23	0. 22	0. 23	0. 23
0. 38	0. 4	0. 38	0. 4	0. 4
3	3. 15	3	3. 15	3. 15 及 3. 3
6	6. 3	6	6. 3	6. 3 及 6. 6
10	10~26	10	10. 5	10. 5 及 11

续表

用电设备的额定电压与电力网的额定电压	发电机的额定电压	变压器的额定电压		
		一次绕组		二次绕组
		接电力网	接发电机	
35	—	35	—	38.5
60	—	60	—	66
110	—	110	—	121
220	—	220	—	242
330	—	330	—	363
500	—	500	—	550
750	—	750	—	825

注：表中所列均为线电压。

当线路输送功率时，电流流过线路会在线路上产生电压降，即 $\Delta U = IR$，且线路首端电压往往高于末端电压。由电压质量要求可知，电压值并不是要求始终保持在额定值的，它可以在一定的范围内变化，而且这种变化既可以是降低，也可以是升高。如果在线路首端 A 端把电压值升高 5%，那么电压在线路末端 B 端的降落就不会超过规定值，如规定电压降落不超过 5%。因此，当线路敷设完成后并通过规定的负载电流时，其电压分布如图 1-26 所示。当负荷变化时，电压降落的曲线斜率也会随着负荷的变化而变化，因此，线路各点的电压不是恒定不变的。线路首、末端均可能接有用电设备，用电设备的额定电压不可能按上述斜率变化的电压制造，所以用电设备的额定电压只能力求接近于实际工作电压。

为使设备生产标准化，通常取线路首、末端电压的算术平均值 $\frac{1}{2}(U_a+U_b)$ 作为用电设备的额定电压，此电压也就是电力网的额定电压，即用电设备的额定电压等于电力网的额定电压。

2. 发电机的额定电压

用电设备的工作电压一般允许在额定电压的±5%范围内变化，即整个线路有 10%的电压偏差，所以线路首端电压最好比额定电压高 5%，当线路通过规定负载电流时，线路末端电压降落才不超过 5%。而发电机总是处于线路首端，所以它的额定电压比线路的额定电压高 5%，即 $1.05U_N$，如图 1-26 所示。发电机的单机容量越大，采用的额定电压越高，其额定电压等级见表 1-4。

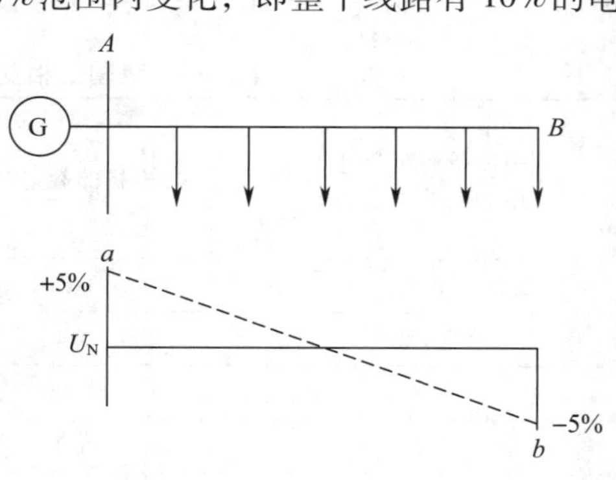

图 1-26　线路的电压分布

3. 变压器的额定电压

变压器的额定电压可用图 1-27 来说明。变压器的一次绕组是从电力网接受电能的，故相当于用电设备。因此，当变压器连接在线路上时（如图中 T2），其一次绕组的额定电压等于线路额定电压；当变压器直接与发电机相连接时（如图中 T1），其一次绕组的额定电压应等于发电机的额定电压。

变压器 T1 的二次绕组是输出电能的，故相当于发电机或电源。又由于此处的 T1 其主要功能是体现输配电而不是用电，即面对的是线路而非用电负荷，其主要目标是为 T2 输送电能，其前端可能没有用电负荷，其输送的距离也会更远，所以其额定电压一般要比所接线路的额定电压高 10%。另外，变压器二次绕组的额定电压是指空载情况下的电压，当变压器满负荷运行时，其绕组的内部将产生压降，约为额定电压的 5%，为使正常运行时变压器二次绕组额定电压比线路的额定电压高 5%，其二次绕组的额定电压应比线路额定电压高 10%（如图中 T1）。但对于高压侧电压在 35 kV 及以下，短路电压 7.5%及以下的变压器，其二次绕组的额定电压只需比线路额定电压高 5%；此外，变压器二次侧所接线路较短时，如为中压配电网或直接接用电设备（如图中 T2），线路上的电压降可忽略不计，其二次绕组额定电压只需比线路额定电压高 5%即可。

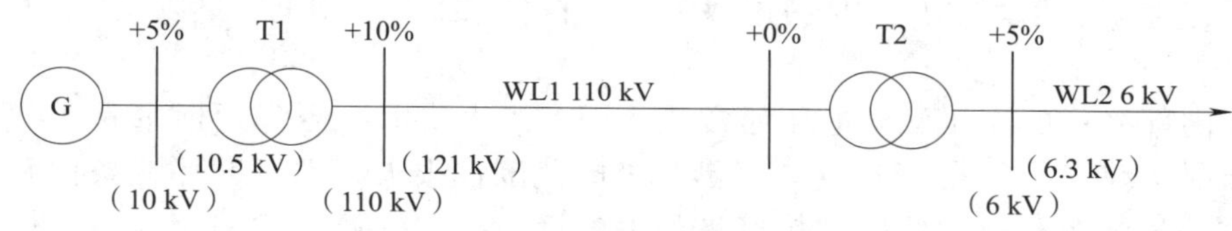

图 1-27　发电机、变压器的额定电压

三、工厂电气设备额定电压的选择

一般来说，提高供电电压能减少线路电能损耗，提高电压质量，节约有色金属，但却增加了线路及设备的投资费用。

负荷大小和距离电源远近对供电电压的选择有很大关系，输送距离越远，其电压等级就越高，同时输送功率也提高。即便在相同电压等级下，不同的敷设方式其输送功率和输送距离也不同，比如架空敷设时，其单根导线的截面由于拉力的原因不能选得太小。各级电压电力线路合理的输送功率和输送距离见表 1-5。

表 1-5　各级电压电力线路合理的输送功率和输送距离

线路电压/kV	线路结构	输送功率/kW	输送距离/km
0.38	架空线	≤100	≤0.25
0.38	电缆线	≤175	≤0.35
6	架空线	≤2 000	3~10
6	电缆线	≤3 000	≤8
10	架空线	≤3 000	5~15
10	电缆线	≤5 000	≤10

续表

线路电压/kV	线路结构	输送功率/kW	输送距离/km
35	架空线	2 000~15 000	20~50
60	架空线	3 500~30 000	30~100
110	架空线	10 000~50 000	50~150
220	架空线	100 000~500 000	100~300
330	架空线	200 000~800 000	200~600
500	架空线	1 000 000~1 500 000	150~850
750	架空线	2 000 000~2 500 000	500 以上

工厂供配电系统的高压受电电压，首先取决于当地供电电压的等级，一般情况下，一个工厂没有为自己架设供电专用线的能力；然后再根据工厂的用电容量以及厂区面积等因素确定。

工厂内部采用的高压配电电压通常是 10 kV，从技术、经济指标来看，其最为合理。如果是大型工厂，由于其供电容量和供电范围都很大，而厂区环境条件和设备条件又允许采用 35 kV 架空线路和较经济的电气设备时，则可考虑采用 35 kV 作为高压配电电压，直接深入企业各车间负荷中心，并经车间变电所直接降为低压用电设备所需的电压。

工业企业的低压配电电压一般采用 380/220 V，其中线电压 380 V 接三相动力设备及 380 V 的单相设备，相电压 220 V 接一般照明灯具及其他 220 V 的单相设备。但在采矿、石油和化工等少数部门，因负荷中心往往离变电所较远，为保证负荷端的电压质量，常采用 660 V，甚至 1 140 V 或更高电压等级的配电电压。

课题二　工厂电力负荷及其确定

学会计算或估算工厂电力负荷的大小是很重要的，它是人们对供配电系统中导线、开关、各种电气设备和变压器等进行正确选择和分析其运行的基础。工厂的电气设备是由各种类型的用电设备所组成的，因此其运行规律也不相同。工厂供配电系统中电气设备的选择及运行，不仅要考虑正常工作情况，还要考虑发生故障时的情况，特别是发生短路故障时的情况。

任务1　电力负荷及负荷曲线

任务目标

- 掌握用电负荷的类型及分类方式。
- 掌握用电设备组的设备容量的确定方式。
- 了解负荷曲线及其作用。

任务引入

电力负荷在不同的场合可以有不同的含义，它可以指用电设备或用电单位，也可以指用电设备或用电单位的功率或电流的大小。本课题任务中电力负荷指的是工厂的用电设备组或用电单位所发生的负荷电流。因为工厂供配电系统的负荷计算，主要目的是选择导线与开关及其保护整定，而导线的规格为截面积，参数为电流载流量，开关的主要参数也是额定电流值，所以，负荷计算其实就是电流的计算。工厂中的用电设备和用电单位由于功能和用途不同，其运行方式和负荷电流的大小也不同。然而运行方式决定着负荷电流的大小，因此在确定负荷电流之前必须学会分析用电设备的运行规律。本任务就是要学习用电设备按工作制分类以及负荷曲线的知识。

任务分析

工厂电力负荷是由各种用电设备所构成的。工厂中的用电设备种类很多，包括各种用途的电动机、工业用电炉、电焊类设备以及工厂照明设备等。工厂的这些用电设备运行时由于其用途、运行特性各不相同，不像其铭牌数据所标出的数值那样始终满负荷运行，而是遵循其自身的运行规律呈现不同的运行方式。有的运行于额定负荷，有的则可能轻载，有的甚至可能过载。工业设计的一般理念是只要不连续运行的设备和线路都可以设计成过载工作方式，这样做可以降低成本，减少有色金属的浪费。电气设备的基本运行原则是在运行中可以过载，但不能过热。如三相异步电动机的启动过程就是过载的，但只要不频繁的启动，就是安全的。另外，用电设备组的运行也不全都是连续的，而是随着生产情况和工艺要求而变化，有连续运行的，也有时而工作时而停止的。因此，用电设备组运行时存在用电负荷值大小的不统一和运行时间长短的不统一。所以，分析和掌握用电负荷的类型及其运行规律，对于正确确定计算负荷有重要意义。

相关知识

一、用电设备组的设备容量

图 2-1 所示为三相交流异步电动机的铭牌，用电设备的铭牌上都有一个“额定功率” P_N，它是指电气设备正常运行条件下的最大有效输出功率，即电气设备可以长时间在额定功率运行而不会过热。额定功率一般标注在设备的铭牌上，是正确运行设备的基本电气参数，运行中只要不超过额定功率就视为正常，超过这个值就是过负荷运行。

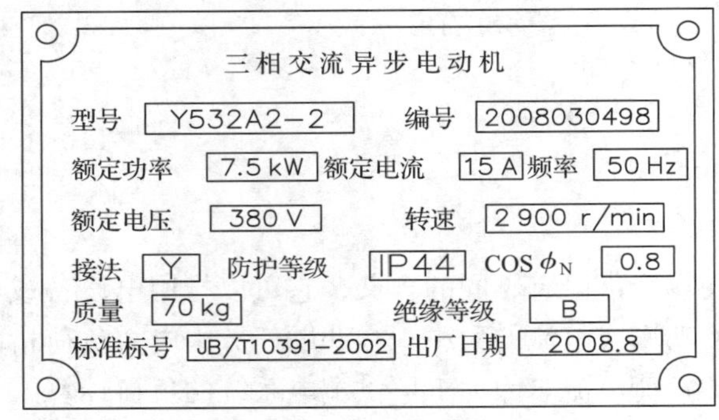

图 2-1　三相交流异步电动机的铭牌

从任务分析中可知，由于各用电设备组的额定工作条件不同，这些铭牌上标出的额定功率不一定与实际运行的负荷值相一致。如对于工作于额定功率且连续运行的设备组，其铭牌数据跟实际运行的负荷值就基本一致；但对于不连续运行或不工作在额定状态下的设备就不同了。因此，有必要引入一个新的量来表达这种不同，然后根据不同运行规律把铭牌数据转换成能代表其运行规律的新的量，这个量称为设备容量，即 P_e——设备容量。

同时，人们也明确铭牌数据的额定功率有时不等于设备容量，即 $P_N \neq P_e$。因此，不同类型用电设备组的设备容量转换方式不同，其转换值也不同。

二、工厂用电设备按工作制的分类及设备容量计算

不同用途的用电设备其工作制是不同的，工厂的用电设备按工作制可分为三类。

1. 连续运行工作制

这类用电设备的特点是长时间连续运行，其负荷基本上均匀稳定，如恒定流量的水泵、通风机，照明灯具，电炉等。但也有波动较大的，如机床主电动机，多数也是长期连续运行，但其用电负荷一般变动较大，大多数时间工作在轻载状态。而机床上的辅助电动机，由于其工作时间短，往往一旦运行就处于过载状态。连续运行工作制设备的温升曲线如图 2-2 所示。

从其温升曲线可以看出，当用电设备加上负载后，其温度由起始温度升高，但在开始时温度上升得很快，然后逐渐趋缓，最后稳定在允许的最高温度值，再也不升温了，这就

是一个连续运行的电气设备正常的温升曲线。下面以工作于额定功率且恒定流量的水泵为例，说明上述温升曲线的变化过程。当水泵刚开始运行时，由于其自身的起始温度较低，一般会低于环境温度，因此它基本没有热辐射，开始以额定负载运行后，产生的热量基本都用于升温，所以温度升得很快。但随着温度的升高，其自身就开始有了热辐射，也就有了热量损失，温度越高，热辐射能力越强，所以升温趋缓。随着时间的延续和温度的升高，当负载电流引起的升温和热辐射带来的降温达到一个平衡时，温度就会稳定在一个值上，即图中的最大值。但当环境温度变化时，此最大值会发生变化，如在冬季，环境温度降低，电气设备开始热辐射的温度降低，在负载和电损耗不变的情况下，该温度的稳定值会降低；当夏季环境温度提高后，该温度的稳定值就会随着升高，如图 2-3 所示。

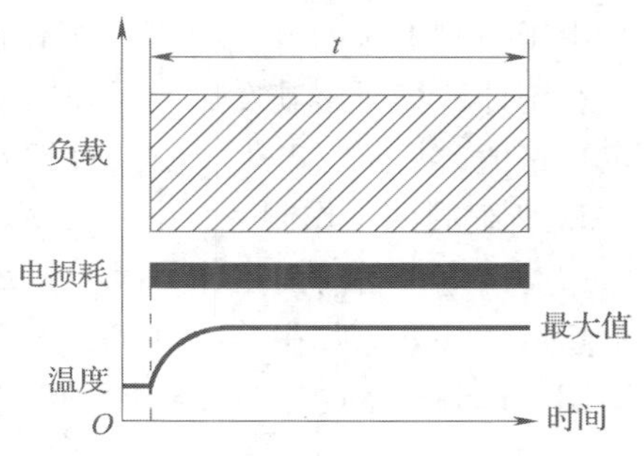

图 2-2　连续运行工作制设备的温升曲线

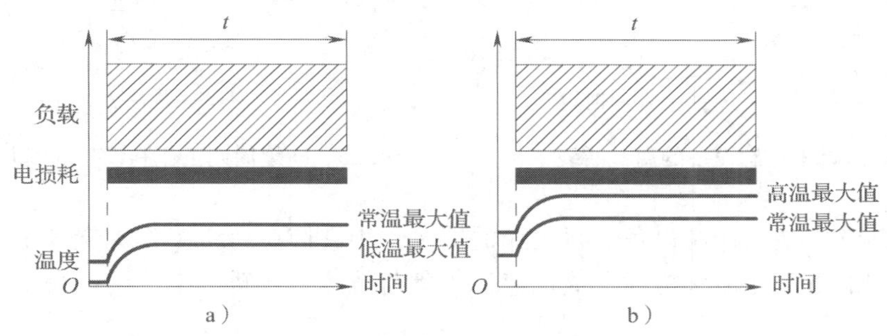

图 2-3　环境温度变化后的温升变化比较

a）环境温度较低时　b）环境温度较高时

在高温的环境和季节里，要想使电气设备温度的稳定值不超过允许值，应当适当控制其输出功率和运行的时间。必须连续运行的，可考虑采取降容运行方式，减少其功率输出，以防止设备过热。同样的做法也适用于配电开关和导线。

经过上面的分析可知：连续运行工作制的电气设备，由于一直以额定功率连续运行，所以它的设备容量就等于其铭牌上的额定功率，即

$$P_e = P_N \tag{2-1}$$

$$\sum P_e = \sum P_N \tag{2-2}$$

2. 短时工作制

这类用电设备的特点是工作时间很短，而停歇时间相当长。如水闸用电动机，机床上某些辅助电动机等。短时工作制设备的温升曲线如图 2-4 所示。

根据一般工业设计理念，短时工作的电气设备一般都会工作在过载状态下，有时甚至过载 1~2 倍，但由于其工作时间很短，过载状态下也不会产生很高的温升。反过来说，绝对不允许将这类设备长时间运行或在较短时间内多次运行，否则会因温度过高而烧坏，如机床上的夹紧、放松电动机以及快速移动电动机等。

由于短时工作的电气设备一工作就要过载，因此在对一组这样的设备进行分析计算时，经统计计算得出其发热效果等同于连续运行的设备组，其设备容量也等于其铭牌上的额定功率值，见式（2-1）、式（2-2）。

3. 断续周期工作制

这类用电设备时而工作，时而停歇，如此反复运行，呈现一定周期性，而工作周期一般不超过 10 min。如吊车电动机和电焊变压器等，家电中的冰箱也属于这种运行方式。断续周期工作制设备的温升曲线如图 2-5 所示。

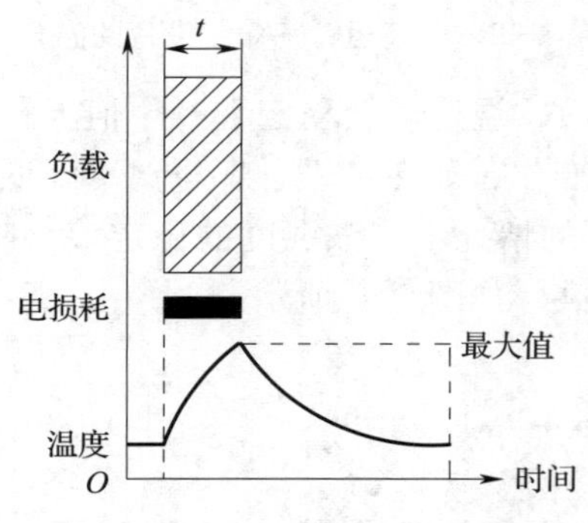

图 2-4　短时工作制设备的温升曲线

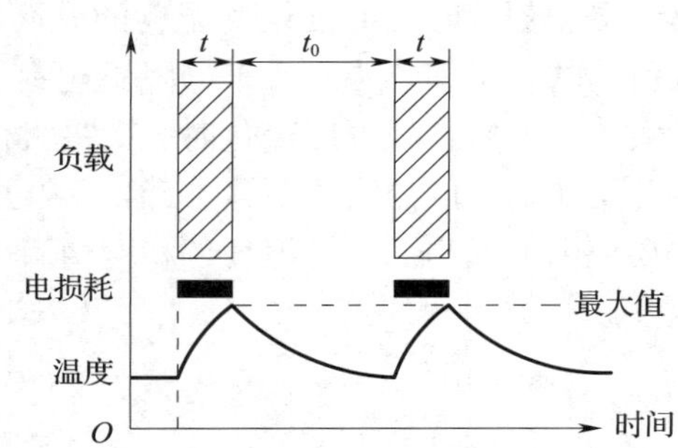

图 2-5　断续周期工作制设备的温升曲线

为表示断续周期工作制设备运行工作的情况，用它们在一个工作周期里的工作时间与整个周期时间的百分比值来描述，这比值称为负荷持续率或暂载率，用 ε 表示，即

$$\varepsilon=\frac{t}{T}\times 100\%=\frac{t}{t+t_0}\times 100\% \tag{2-3}$$

式中　T——工作周期；

t——工作周期内的工作时间；

t_0——工作周期内的停歇时间。

从温升曲线看到，断续周期工作制运行的用电设备，确定的工作周期只适合预定的负载状态或工作状态，如果改变工作周期，可能会出现过高的温升，工作频度增加后的温升曲线如图 2-6 所示。在图 2-6 中看到，由于工作频度增加，电气设备运行后没有足够的散热时间，使得发热量累积，其最高温度可能会超过允许值而损坏。不同的工作周期其过载倍数也不同，比如同样是起重量 15 t 的起重机，ε 值大的其电气设备的容量也应选大些，以减小过载倍数从而适应频繁的工作节奏；相反，ε 值小的其电气设备的容量就可以选小些，以减少浪费。因此，由于过载倍数的不同，断续周期工作制电气设备的设备容量的计算就不能简单相加，而是对不同负荷持续率的断续周期工作制设备的容量，按规定进行换算。

断续周期工作制设备的额定功率（铭牌功率）P_N，是对应于某一标准负荷持续率 ε_N 的。根据国家技术标准规定，起重机电动机的标准负荷持续率有 15%、25%、40%、60% 四种，电焊设备的标准负荷持续率有 50%、65%、75%、100%四种，其中 100%为自动电焊机的负荷持续率。如实际运行的负荷持续率 $\varepsilon \neq \varepsilon_N$，则设备容量 P_e 应按同一周期内等效发热条件进行换算。数学推导证明，设备容量与负荷持续率的平方根成反比，即

$$P_e = P_N\sqrt{\frac{\varepsilon_N}{\varepsilon}} \tag{2-4}$$

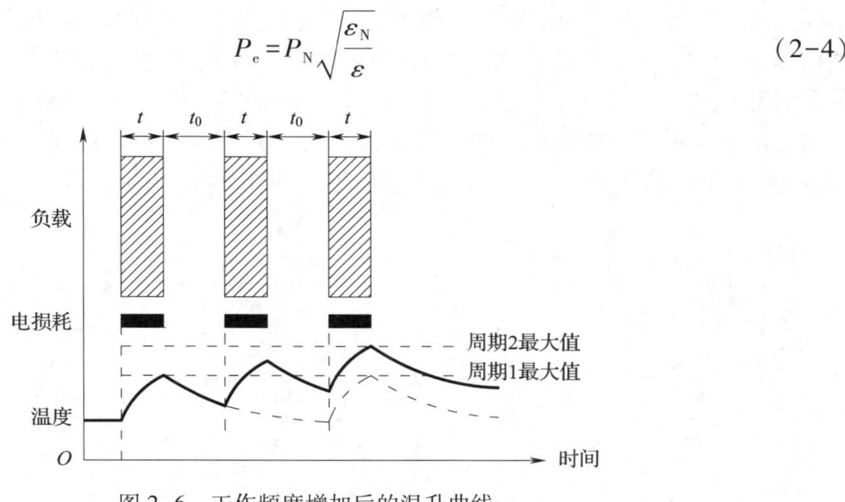

图 2-6　工作频度增加后的温升曲线

同一设备在不同的暂载率下工作时，其输出功率是不同的。在计算其设备容量时，必须先转换到一个统一的 ε 下。对于起重机电动机，应统一换算到 $\varepsilon = 25\%$，换算公式为

$$P_e = P_N\sqrt{\frac{\varepsilon_N}{\varepsilon_{25}}} = 2P_N\sqrt{\varepsilon_N} \tag{2-5}$$

式中　P_N——设备铭牌上的额定功率；

P_e——换算后的设备容量；

ε_N——设备铭牌上的额定暂载率；

ε_{25}——统一换算暂载率（式中为 0. 25）。

对于电焊变压器，应统一换算到 $\varepsilon = 100\%$，换算公式为

$$P_e = P_N\sqrt{\frac{\varepsilon_N}{\varepsilon_{100}}} = P_N\sqrt{\varepsilon_N} = S_N \cos\varphi_N\sqrt{\varepsilon_N} \tag{2-6}$$

式中　ε_{100}——统一换算暂载率（式中为 1）；

S_N——电焊变压器的额定容量；

$\cos\varphi_N$——设备铭牌上的额定功率因数。

三、工厂的负荷曲线

负荷曲线是表示电力负荷随时间变动情况的曲线。

一个工厂的电力负荷由该厂所有用电设备组成。这些用电设备的容量、开停时间、功率因数、负荷变化规律都不相同。因此，描述工厂用电负荷变化的情况就很难用一个简单的公式来表示。实际上大都采用负荷曲线来表示。从负荷曲线可以直观地了解到工厂负荷变动的情况，而且，相同类型的用电设备，其负荷曲线比较类似。

负荷曲线将日常记录和积累的数据绘制在直角坐标系上，通常用纵坐标表示负荷的大小，一般以电流值来绘制，横坐标表示对应负荷变动的时间。负荷曲线可根据需要绘制成不同的类型。如按负荷范围可分为全厂的、车间的或某设备的负荷曲线；按负荷的功率性质可分为有功和无功负荷曲线；按所表示负荷变动的时间可分为年、月、日或工作班的负荷曲线等。图 2-7 所示为某工厂 24 h 的日负荷曲线，图 2-7a 中所示各点，就是在一天时间内每隔 1 h 所测得的低压总电流的读数。为计算方便，负荷曲线多绘成阶梯形的，即假定在每个时间间隔中负荷是保持其平均值不变的，如图 2-7b 所示。

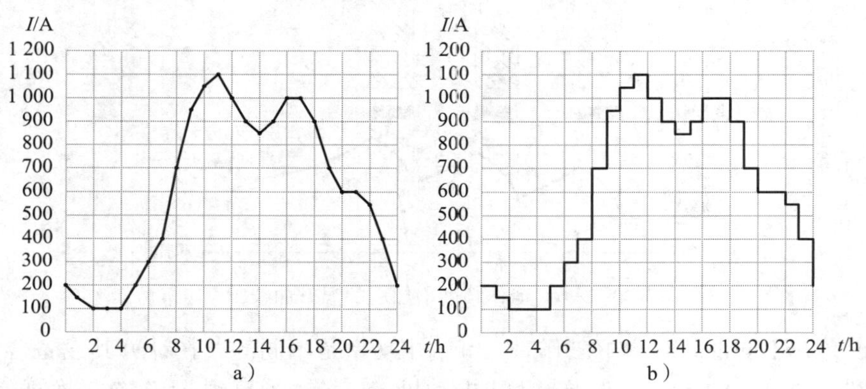

图 2-7　某工厂 24 h 的日负荷曲线

在一个用电单位中的受电变电所，应当绘制 24 h 日负荷曲线，以便分析本单位用电负荷的变化规律和峰、谷值。通过负荷曲线，可以看到在过去的 24 h 中最大负荷值是多少，发生在哪些时段，持续了多长时间；低谷负荷是多少，发生在什么时刻。这些运行参数将作为分析设备运行情况、安全用电以及削峰填谷经济运行的基本依据。

知识应用

某重型机械厂金工车间的车工工段，共有各种车床设备 23 台，其中 CW61100 车床 3 台，每台额定功率 22 kW；CW6163 车床 5 台，每台额定功率 11 kW；CA6140 车床 15 台，每台额定功率 7.5 kW，试确定该工段的设备容量。

金属加工机床属于长期连续运行的设备组，根据式（2-2），该用电设备组的设备容量等于各个设备额定功率的和，即

$$\sum P_e = 22\times3+11\times5+7.5\times15=233.5(\mathrm{kW})$$

任务 2　低压断路器的功能及选用

任务目标

- 掌握低压断路器的种类及功能。
- 掌握低压断路器的选用知识。

任务引入

在低压供配电系统中，广泛地使用着各种类型的低压断路器，它们是完成低压配电网络电能的分配、控制、保护的重要环节。近年来，由于低压断路器功能的进一步完善与提高，以及价格的优势和使用的便利性，低压断路器已经基本取代熔断器，成为低压供配电系统的主要选择。因此，正确地认知和选用低压断路器就尤为重要，本任务将学习和掌握低压断路器的基本功能和选用知识。

图 2-8 所示为某办公楼某楼层配电箱电气系统图，下面将分析该图中不同位置开关的种类、电流的大小以及开关的保护功能，并选择合适的低压断路器。

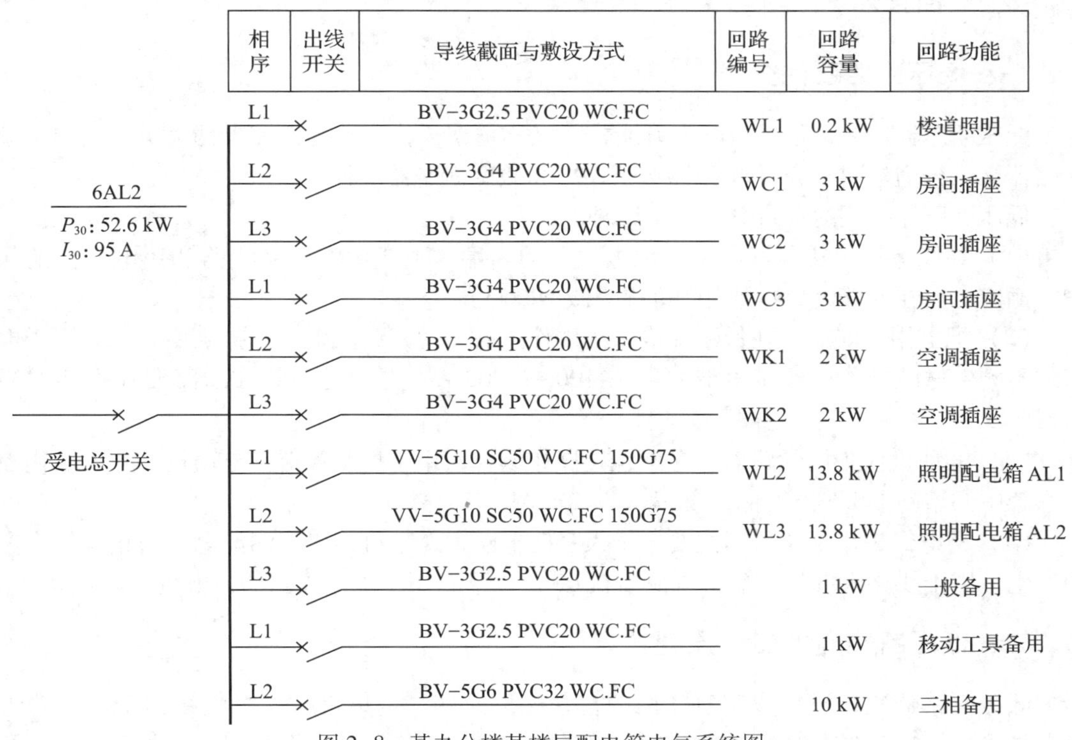

图 2-8　某办公楼某楼层配电箱电气系统图

任务分析

低压断路器是低压配电网络和电气传动系统中最常用的一种配电电器，属于保护器件的一种，它集控制和多种保护功能于一体，在正常情况下可用于不频繁地接通和断开电路以及控制电动机的运行。当线路中发生短路、过载、失压、漏电等故障时，它能自动切断故障线路，保护线路和电气设备以及操作者的安全。低压断路器的使用对电力的传输与分配、配电线路的控制与保护作用重大，是一种使用量大、面广的产品。

我国第一代低压断路器开发于 20 世纪 60 年代，代表型号为 DW10、DZ10 等，性能指标低，体积大，保护功能单一，规格品种少，除少量改进型产品外基本淘汰。第二代开发于 20 世纪 80 年代，以 DW15、DZ20 等型号为代表，指标比第一代明显提高，保护特性较为完善，体积明显缩小，结构上适应成套装置的要求。第三代开发于 20 世纪 90 年代，以 DW45、S 系列等产品为代表，特点为高性能、小型化、电子化、模块化、多功能化等。第四代为目前正在开发完善的产品，特征是现代计算机控制技术和通信技术介入，使低压断路器产品具有智能化的功能。其中现场总线技术成为第四代产品的生命线。今后我国低压断路器产品发展的基本方向为不断跟踪国内外先进技术和发展趋势，应用和发展现场通信技术，向智能化、可通信、网络化、高分断、无飞弧和高可靠性发展。

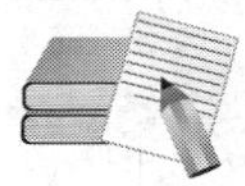

相关知识

一、低压断路器的分类

低压断路器按结构形式可分为万能式（又称框架式）和小型断路器两大类，其中小型断路器又可分为塑料外壳式（简称塑壳式）和微型断路器两种。

低压断路器按用途又可分为以下四种。

（1）导线保护用断路器。位于配电线路的末端，主要用于照明线路和用电器具的保护，额定电流在 6~60 A 范围内，也称为微型断路器。

（2）配电用断路器。在低压配电系统中作过载、短路、欠电压保护之用，也可用于电路的不频繁通断操作，额定电流一般为 100~6 000 A，也就是塑壳式断路器和框架式断路器。

（3）电动机保护用断路器。在不频繁操作场合，用于控制和保护电动机，并可取代控制系统中的熔断器，额定电流一般为 16~400 A。

（4）漏电保护用断路器。主要用于人身触电防护，也可用于检测漏电和防止电气火灾的发生。用于线路末端的，额定电流多在 63 A 以下；用于配电支路的，电流可以较大。

二、低压断路器的工作原理

低压断路器是一种可以重复使用的自动保护元件，是集机械、电气结构于一体的组合电气元件，电气结构主要由参数整定部分，电流、电压检测部分，跳闸执行部分以及脱扣器等组成。与一般电气开关一样，低压断路器也必须有接通电路的触点及进线端和出线端，因为其基本属性为保护元件，所以低压断路器电气触点在检测到运行异常时的保护跳闸动作必须迅速，这样才能在应对超过额定电流几十倍或几百倍的异常事故时有效分断而不被烧毁。这就要求低压断路器必须还得有一个能量迅速释放的储能机械装置和良好的灭弧装置与其配合，从而使低压断路器的触点在保护动作发生时可以迅速地有效分断且不被烧毁，这个机械装置就是弹簧，而且从低压断路器的诞生之日起一直没有其他方式取代，这就意味着低压断路器的合闸过程也是弹簧被有效拉伸的储能过程，因此需要一定的操作力矩。发生事故跳闸时，待事故隐患消除后可以将低压断路器重新合闸。

低压断路器的结构原理如图 2-9 所示。

低压断路器的分、合闸操作方式目前一般有手动操作、电动机或电磁铁操作和储能弹簧操作三种方式。小型断路器大多采用手动操作方式，框架式断路器由于操作力矩较大，一般采用电动机操作、电磁铁操作或储能弹簧操作方式。

（1）电动机操作：由电动机驱动机械装置完成断路器的分、合闸操作。

（2）电磁铁操作：由电磁铁完成断路器的分、合闸操作。

电动机与电磁铁不作为短路跳闸动作的执行装置，仅作为分、合闸操作动作的执行装置。

（3）储能弹簧操作：一般应用于框架式断路器，利用储能弹簧迅速释放能量进行分、合闸操作。

对于电动机操作和电磁铁操作方式，由于操作功率较大，目前应用较少。储能弹簧操作方式中，用于执行的电磁线圈触发机构动作后只是完成触发储能弹簧动作，因此操作功率小，目前在框架式断路器中应用较为广泛。

储能弹簧操作方式中，用于合闸的储能弹簧，其力度必须远远大于跳闸弹簧的力度，才能完成断路器合闸的同时为跳闸弹簧储能。断路器合闸后靠机械闭锁装置锁定断路器的合闸状态，但这个机械闭锁状态必须是相对稳定且又容易触发释放的，在机械结构上必须满足断路器保护要求的小力矩可靠触发释放和无触发动作时保持可靠稳定连接状态的基本要求。

根据图 2-9 中所示，低压断路器的脱扣器一般有过电流脱扣器、热脱扣器、失压脱扣器和分励脱扣器四种。对于小型断路器，一般必须有过电流脱扣器和热脱扣器两种基本保护脱扣器配置，以应对低压配电系统短路保护和过负荷保护的基本需求；对于框架式断路器，则一般还需要配置失压脱扣器和分励脱扣器。以下分别对脱扣器工作原理及现状进行说明。

（1）过电流脱扣器。过电流脱扣器是断路器的最基本保护配置，也是断路器诞生时的唯一设计需求，也就是说，只要是断路器，就必须有过电流脱扣器，取代之前的熔断器保护，完成可重复操作的短路保护需求。过电流保护一般为速断保护动作方式。传统断路器的过电流保护采用电磁方式，用与负荷串联的取样电流绕组进行电流测量取样，取样电流绕组的内部配置衔铁，衔铁被具有一定张力的弹簧施加一定的力矩。正常情况下，负荷电

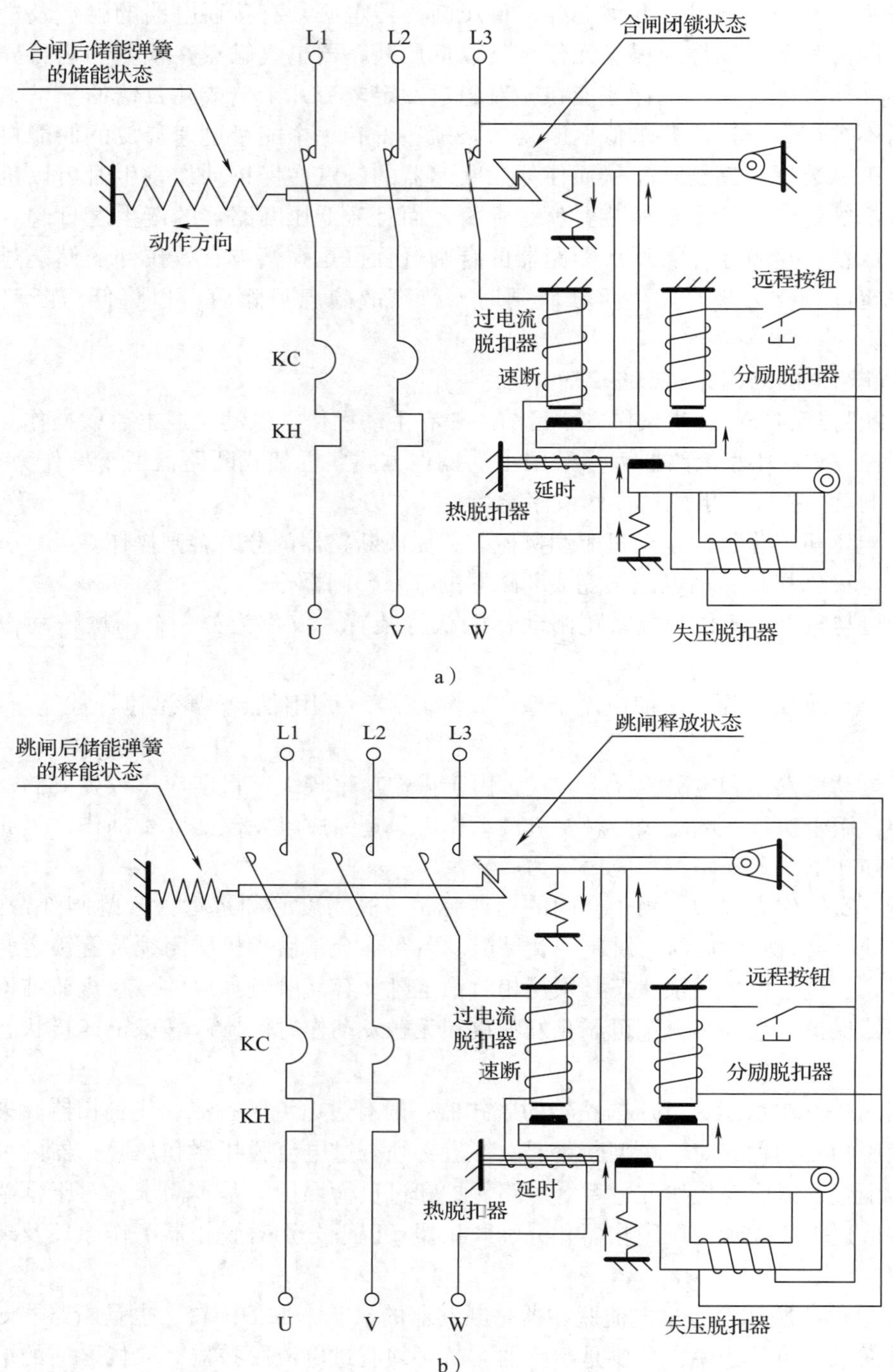

图 2-9　低压断路器的结构原理
a）合闸状态　b）跳闸状态

流形成的电磁力不足以克服弹簧的张力，衔铁不动。一旦被保护回路的电流超过设定值，电磁系统产生的电磁力大于弹簧张力时，衔铁动作，触发跳闸保护。因其动作时高度依赖弹簧的张力精度和衔铁系统的摩擦力离散性，因此动作整定精度不高，难以完成准确的选择性保护要求。目前较为先进的是电子式过电流脱扣器，经电流采样后通过逻辑判断与算法完成保护动作，因此整定精度高，动作可靠，可以完成高精度选择性保护要求，是今后发展的方向。

（2）热脱扣器。热脱扣器完成保护对象的过负荷保护需求。传统热脱扣器使用的测量元件采用双金属片结构受热后的曲张变形原理设计，利用负荷电流流过缠绕在双金属片上的电热丝感知负荷是否正常。当过负荷发生时，电热丝发热增强，经过一定时间后达到一定的温度，与电热丝紧密结合的双金属片就会因热膨胀系数的不同而发生弯曲，进而推动脱扣器跳闸。从其结构和工作原理看，其过负荷保护的精度也不高。电子式热脱扣器经判断过负荷后，可以根据不同的过负荷状况启动不同时间的定时器来监护这个过负荷状况，一旦允许的时间一到，而过负荷仍然持续，则立刻跳闸，所以，也是今后发展的方向。其过负荷后允许延时动作的时间长短与发生过负荷的程度成负相关性，即过负荷越严重，热量越大，则动作时间越短，因此，电子式热脱扣器也称为反时限保护。

（3）失压脱扣器。其测量电压的电磁线圈并联在断路器的电源侧，可起到欠压及零压保护的作用。电源电压正常时电磁铁得电，衔铁被电磁铁吸住，自由脱扣机构才能将主触头锁定在合闸位置，断路器投入运行。当电源侧停电或电源电压过低时，电磁铁所产生的电磁力不足以克服反作用弹簧的拉力，衔铁被向上拉，通过传动机构推动自由脱扣机构，使断路器跳闸，起到欠压及零压保护作用。

当电源电压为额定电压的75%~105%时，失压脱扣器保证吸合，使断路器顺利合闸；当电源电压低于额定电压的40%时，失压脱扣器保证脱开，使断路器跳闸分断。

（4）分励脱扣器。分励脱扣器用于远距离控制低压断路器分闸。它的电磁线圈并联在低压断路器的电源侧。需要进行分闸操作时，按远程按钮，使分励脱扣器的电磁铁得电吸动衔铁，通过传动机构推动自由脱扣机构，使低压断路器跳闸。

从图2-9可以看出，就失压脱扣器和分励脱扣器来说，传统的脱扣器均为电磁脱扣器，但是也可以做到动作可靠，因为它本质上就是一个“0”和“1”的状态切换，没有对电磁元件自身参数进行离散性的判断问题。比如失压脱扣器，一旦系统电压失去，或电压值降低到一定程度，电磁线圈肯定释放，从而带动脱扣器可靠跳闸。分励脱扣器也是一样，一旦按下远程按钮，脱扣器线圈得电，脱扣器可以可靠跳闸。然而，过电流脱扣器不同，必须应对负荷电流变化的连续性和动作参数的离散性，所以，许多框架式断路器只对过电流和过负荷保护采用电子式脱扣器，以达到高精度动作参数整定，因为这是断路器的主保护，必须可靠。而失压脱扣器和分励脱扣器则仍然利用电磁系统完成。

图2-10所示为断路器的图形符号及文字符号。

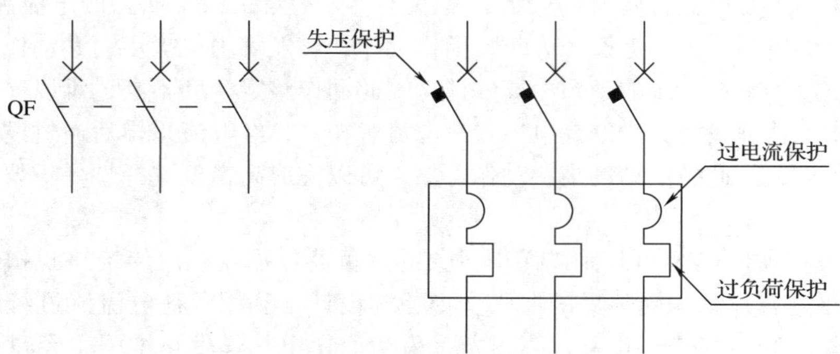

图 2-10　断路器的图形符号及文字符号

三、目前常用的断路器

1. 框架式断路器

框架式断路器，工程上简称 ACB（Air Circuit Breaker），是低压配电系统中最早使用的一种触点在空气中分断与接通的保护器件，也称为空气开关。其所有结构元件都装在同一框架或底板上，体积较大但结构合理，一般有较规范的组件结构和较多类型脱扣器，所以也称为万能式断路器，其功能完备，电流整定值较准确，动作灵敏度高。目前，高端产品内部嵌入计算机控制模块，可进行高精度的时间整定和电流整定，通过辅助触点和通信接口可实现远程遥控和智能化控制，以及高精度上、下级动作配合控制，使低压配电系统的继电保护得以实现高可靠性、高选择性、高灵敏性，其额定电流为 400~6 000 A。一般大容量断路器多采用框架式，通常安装在低压配电系统的前端低压开关柜内，组成成套柜，主要用于变压器 400 V 侧出线总开关、母线联络开关或大容量馈线开关和大型电动机控制开关。早期的框架式断路器都是开放式结构，目前主流的框架式断路器则由于防护需要增加了挡板。框架式断路器型号的含义如下：

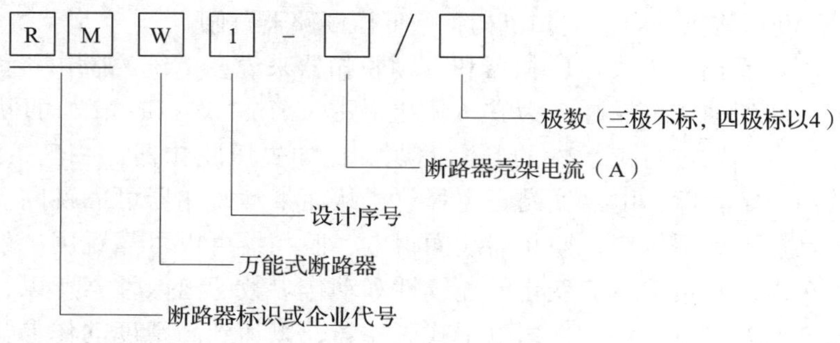

图 2-11 所示为 RMW1 框架式断路器。

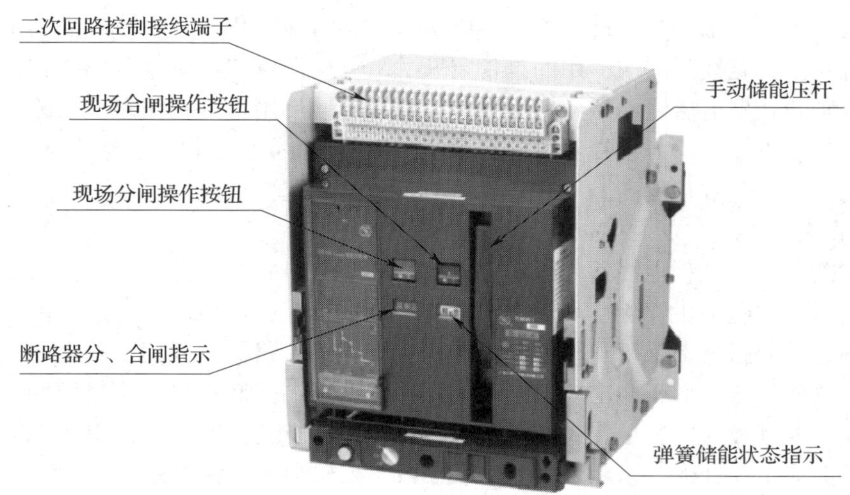

图 2-11　RMW1 框架式断路器

图 2-12 为某品牌框架式断路器电气控制原理图，其主保护配置为电子式过电流脱扣器，可实现过电流保护和过负荷保护的高精度整定，并可使用通信接口实现远距离遥控与工作状态显示。断路器配置电动储能功能，系统一通电便可以自动启动储能，储能完成后利用位置开关自动停止并显示储能状态完成。断路器配置的众多辅助触点可以进行多种辅助控制与显示，是目前框架式断路器的主流选择。该断路器的合闸方式为储能弹簧合闸，在储能的情况下可以在现场操作开关上的合闸按钮，利用储能弹簧直接合闸，也可以利用自动触点进行远程合闸操作，还可进行正常断开状态显示和过电流保护后的故障跳闸显示。

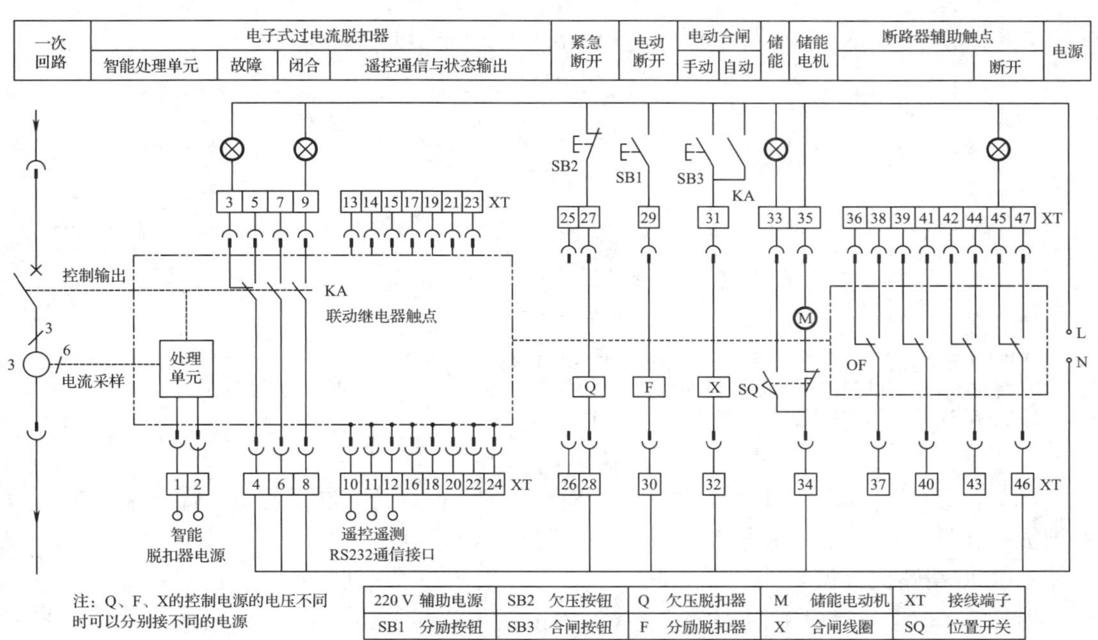

图 2-12　某品牌框架式断路器电气控制原理图

合闸操作无论自动还是手动，合闸线圈 X 都触发储能弹簧释能。本断路器的急停操作利用分励脱扣器电磁线圈完成，用的是常闭开关，一碰即可完成紧急分闸操作。普通断开操作利用分励脱扣器电磁线圈触发分断弹簧动作完成，使用常开按钮触点，分断操作时需可靠按压到位。以上操作，仅针对电磁线圈 F、X、Q，因此，本断路器的操作功率不大，但机械结构复杂，配合精度高。

2. 塑壳式断路器

塑壳式断路器，工程上简称 MCCB（Moulded case Circuit Breaker），在形成渊源上属于框架式断路器小型化后的产品，所有结构元件都装在一个塑料外壳内，结构紧凑、体积小，一般小容量断路器多采用塑料外壳式结构。塑壳式断路器一般用于配电馈线控制和保护、小型配电变压器的低压侧出线总开关、动力配电终端控制和保护、住宅配电建筑物进线处和支线的控制和保护，也普遍地用于各种生产机械电气控制系统的电源总开关，其额定电流值一般为 100~600 A。我国自行开发的塑壳式断路器系列有 DZ20 系列、DZ25 系列、DZ15 系列，以及生产厂以各自产品命名的高新技术塑壳式断路器。目前引进技术的以及国产高端塑壳式断路器有智能脱扣器部件，如天津百利的 TM40H 系列以及施耐德的 Compact NS 产品，可实现高精度电流与时间整定、通信和信息显示等功能。图 2-13 所示为目前市场上主流的塑壳式断路器外形。

下面以国产 TM 系列为例说明塑壳式断路器型号的含义。

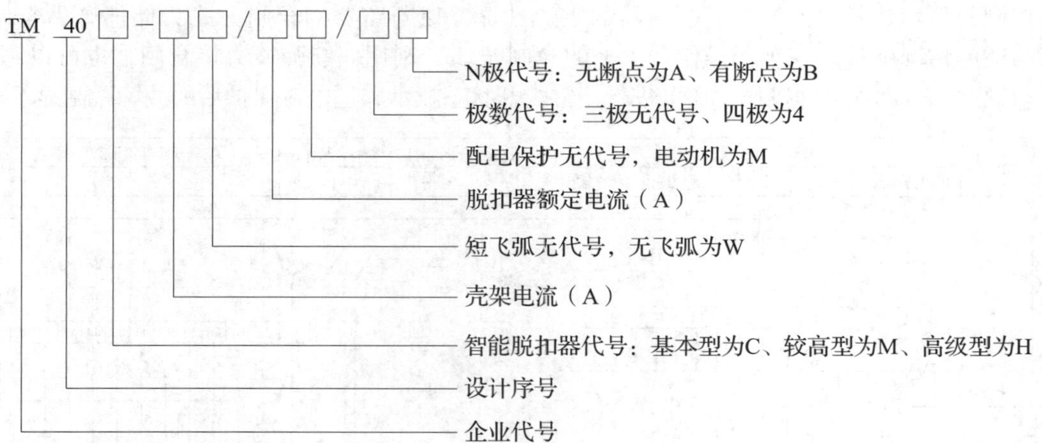

C型脱扣器具有过载保护、短路延时保护、短路瞬时保护的功能。
M型脱扣器具有过载保护、短路延时保护、短路瞬时保护、单相接地保护的功能。
H型脱扣器在C型、M型基础上增加了通信功能。

比如，TM40H-250W/125/A 表示是 TM40 系列，壳架电流为 250 A，无飞弧，配高级型智能脱扣器，脱扣器额定电流为 125 A，三极，N 极无断点。

3. 微型断路器

微型断路器，工程上简称 MCB（Miniature Circuit Breaker）。一般壳架电流小于 100 A 的小型断路器称为微型断路器，包括单极（1P）、二极（2P）、三极（3P）、四极

图 2-13　目前市场上主流的塑壳式断路器外形

（4P）四种，在实际应用中多以 63 A 以下为主，是低压配电网络终端配电装置中使用最广泛的一种终端保护电器，所以也称为终端保护。微型断路器采用标准的卡槽安装方式，安装简单方便，便于维护。图 2-14 所示为常见微型断路器外形。

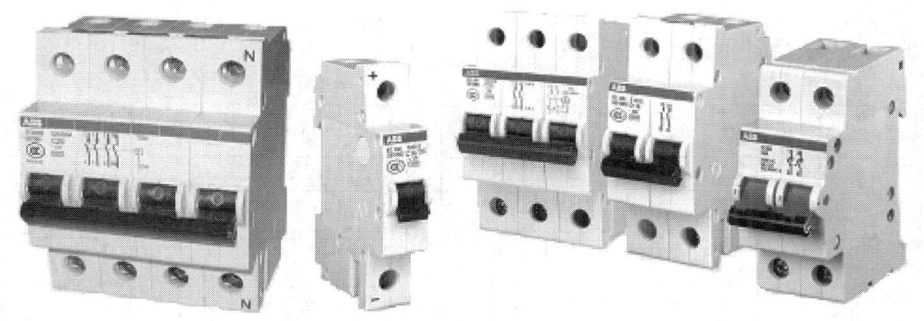

图 2-14　常见微型断路器外形

微型断路器的一个单极开关位在行业里称为一个“模”，一个标准位的尺寸基本上是准确的，一般为 18 mm，图 2-15 所示为各种微型断路器的外形及尺寸。

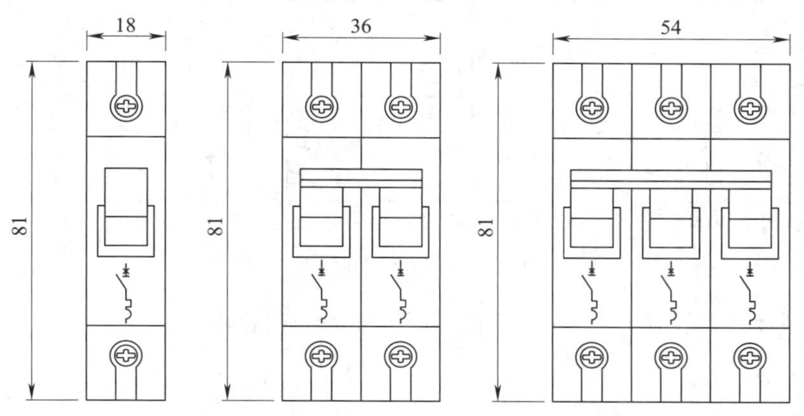

图 2-15　各种微型断路器的外形及尺寸

下面是比较有代表性的施耐德 C65 微型断路器的型号含义。

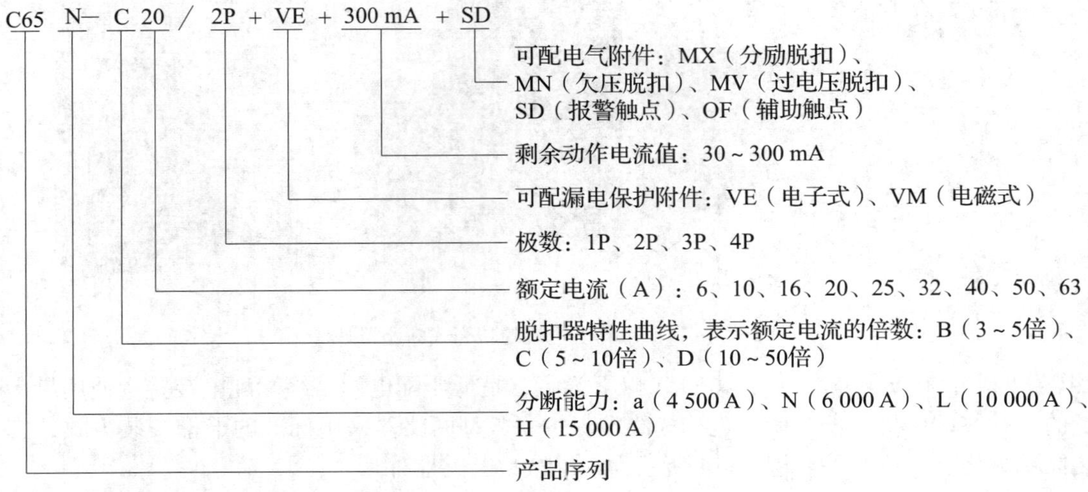

图 2–16 所示为各种微型断路器外形。

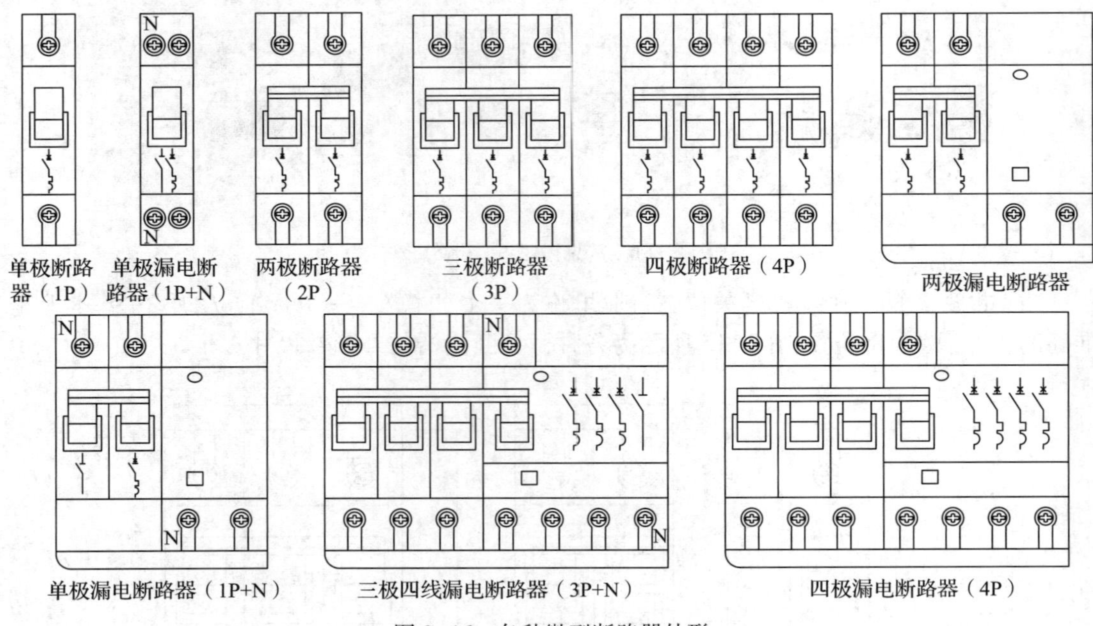

图 2–16　各种微型断路器外形

图 2–17 所示为微型断路器应用于低压配电箱时的安装样例。

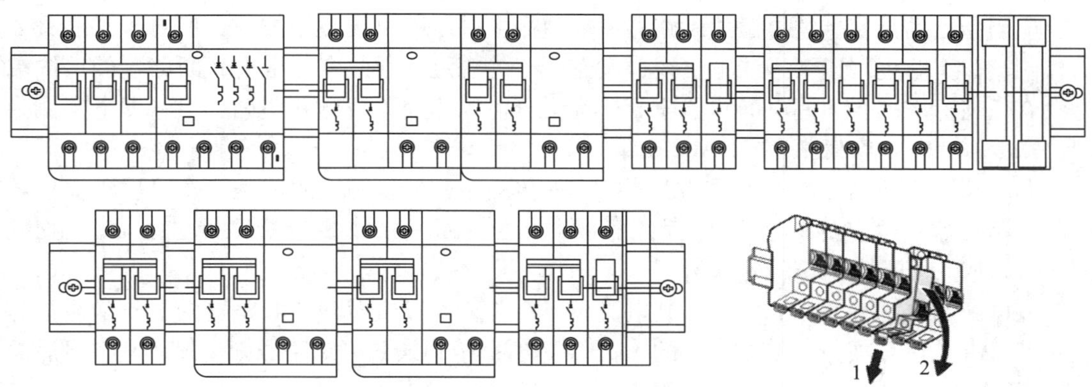

图 2-17　微型断路器应用于低压配电箱时的安装样例

4. 漏电断路器

漏电断路器，工程上简称 RCD（Residual Current Devices）。目前广泛使用的是一种电流动作型漏电断路器，其准确的名称应当为“剩余电流动作保护器”，是指在指定条件下被保护电路中发生了漏电或接线错误，使得穿过漏电断路器中检测元件剩余电流互感器的电流矢量和不为零而产生了剩余，进而产生了剩余磁场，其二次侧输出的电流达到设定值时能自动断开电路的装置。随着电气技术（包括电子技术和电气制造技术）的不断发展进步和防护要求的提高，RCD 在供配电系统中已得到普遍应用，成为终端防护中防止电击伤害事故十分有效的安全保护装置，同时也成为供配电支线段防止漏电引起电气火灾事故的重要技术手段。漏电断路器的动作原理如图 2-18 所示。

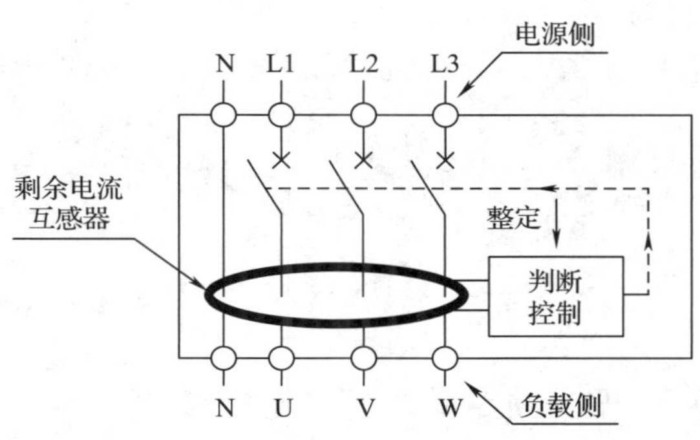

图 2-18　漏电断路器的动作原理

漏电断路器一般分为两极、三极和四极三种。图 2-19 所示为不同漏电断路器的应用方式。

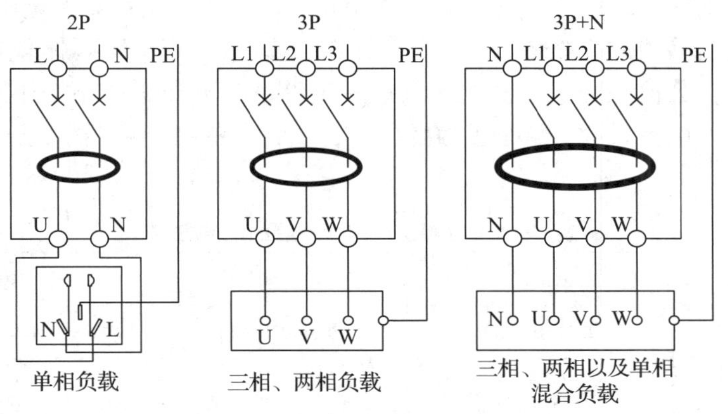

图 2-19　不同漏电断路器的应用方式

应当指出的是，传统电磁式断路器一般遵循上进线下出线应用方式，但对于某些具体的控制箱，有时也可以下进线上出线，没有严格的规定，因此有些电磁式断路器的接线端是没有任何标识的。但漏电断路器应当严格区分电源侧和负载侧并明确标出，即电源侧为L1、L2、L3、N；负载侧为U、V、W、N。

漏电断路器在结构上有不同的形式，有一体式结构的，制成后就是一个可以独立使用的漏电断路器；也有的做成漏电模块，可以与本系列单极或多极断路器进线自由组合。图2-20所示为漏电断路器外形。

漏电断路器的型号标志方式跟其电流大小有关，一般微型漏电断路器的漏电功能标志在其型号有关信息项内，如施耐德的VE、VM项；塑壳式漏电断路器则一般在其型号后面加“L”标志，如德力西的DZ20L等。

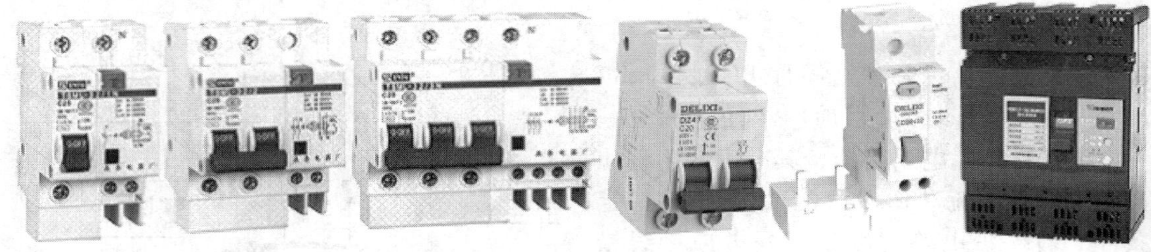

图2-20　漏电断路器外形

四、断路器的基本电气参数

1. 壳架电流（I_{Nm}）

无论是哪一种类型的断路器，都有一个壳架电流值，它表达的是该等级的断路器能通过的最大安全电流值，也是本等级断路器的电流上限。

2. 额定电流（I_N）

额定电流也称脱扣器整定电流，是指该断路器脱扣器整定过电流动作倍数时的依据电流，也就是它所带负载的额定电流值。如某断路器脱扣器整定电流值为80 A，整定动作倍数为5倍，则5×80 A就是该断路器的过电流动作值。脱扣器整定电流一般会小于、最大等于该等级断路器的壳架电流，断路器额定电流值的意义主要体现在断路器过电流保护的动作精度，其值在壳架电流之下会以一定的系列分布，应用中不可选择过大，否则会直接导致动作电流过大，影响保护效果甚至保护失败。TM40H系列断路器的电流数据见表2-1。

表2-1　**TM40H**系列断路器的电流数据

壳架电流 I_{Nm}/A	160	250	400（630）
型号	TM40H-160	TM40H-250	TM40H-400（630）
额定电流 I_N/A （脱扣器整定电流）	32、50、80、100、160	100、125、160、200、250	250、315、400（315、400、630）

3. 最大遮断电流（I_{cu}）

最大遮断电流是指断路器能有效分断的最大极限电流。在供配电系统中不同位置发生故障时的故障电流值是不同的，它主要由供电电压值和短路点的实际并联阻抗值决定，也称为最大预期电流值。断路器也因此规定了不同的极限电流值，以满足不同的保护动作需求，此电流值属于断路器分断的极限参数，有效分断后不考虑能继续承载线路的额定电流，同时对断路器来说也是破坏性试验参数。

为了满足不同用户需要，现在国内许多断路器生产厂家，对于同一壳架电流的短路分断能力分为不同级别，比如分为 C 基本型（25~35 kA）、L 标准型（35~50 kA）、M 较高分断型（50~75 kA）、H 高分断型（85~100 kA），且分断能力越强，价格越贵。因此在具体选用时，只要断路器的极限短路分断能力大于线路预期短路电流就能满足要求，不必人为地加上保险系数，以免造成浪费。

4. 额定运行短路分断能力（I_{cs}）

该值可以小于最大遮断电流（I_{cu}），一般可为最大遮断电流（I_{cu}）的 25%、50%、75%、100%，大多数断路器是 50%~75%，在此电流以下有效保护分断后，断路器可以继续承载线路的负载电流。目前许多高端产品为了简化参数和试验，其 I_{cu} 和 I_{cs} 是相同的。

5. 断路器脱扣器种类

（1）过电流脱扣器。断路器必配的脱扣器，用于过电流保护，当线路发生短路故障，短路电流超过过电流脱扣器的瞬时脱扣整定电流时，过电流脱扣器动作，从而切断电路，实现短路保护。只要是断路器就至少配有过电流脱扣器。

（2）热脱扣器。用于过负荷保护，当线路发生过负荷时，其串联在一次回路中的加热电阻加热，使双金属片受热发生弯曲，通过杠杆推动搭钩与锁扣脱开，在反作用弹簧的推动下，动、静触头分开，从而切断电路。各种断路器中大多配有热脱扣器。

（3）失压脱扣器。用于检测电压值的电磁线圈常态为通电状态，线圈得电吸合，此状态也是断路器合闸的必要条件。当线路上的电压消失或下降到确定的下限数值时，失压脱扣器线圈释放，其衔铁在弹簧作用下启动跳闸动作，使触头迅速分断。配有失压脱扣器的断路器在失压脱扣器两端无电压或电压过低时，断路器不能合闸。一般框架式断路器均配有失压脱扣器，而普通塑壳式及微型断路器一般无失压脱扣器，属于选择配置选项。

（4）分励脱扣器。通过分励脱扣线圈与电磁铁可实现远距离跳闸，分励脱扣器线圈常态不得电，跳闸动作时瞬时接通并带动衔铁动作，带动脱扣器启动跳闸。一般框架式和塑壳式断路器可配置分励脱扣器，微型断路器一般不配置。

除了以上传统脱扣器外，目前高端的断路器通常还配备有智能脱扣器，这是一种由微处理器作为控制单元的脱扣控制器，具有较高的电流和时间整定精度以及高可靠性的动作控制，从根本上避免了传统电磁式脱扣器动作不可靠、整定精度不高的弊病。可以说，智能脱扣器的出现，改变了以往低压配电线路大电流短路动作时选择性不可靠而出现越级跳闸，使供电可靠性不高的不利状况。如图 2-21 所示，当图中的车间分路开关 QF6 负载端严重短路时，总开关 QF 和分开关 QF6 都能检测到这个短路电流，按照正常的动作状况，只能 QF6 跳闸，而车间总开关 QF 不能跳闸，但在传统电磁式断路器保护方式下，这种保护结果很难实现。因为在车间配电线路的前端导线截面很大，短路时引起的电流也很大，所以当时间和电流整定不能很准确时，一般会引起 QF 的越级跳闸，有时甚至引起更前端变电所低压馈出线开关跳闸，这就大大降低了供电的可靠性，但智能脱扣器的出现使这种状况得到了根本改变。

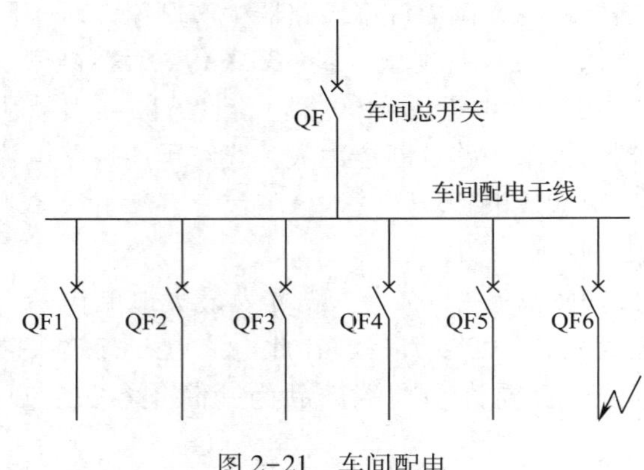

图 2-21　车间配电

一台断路器可根据需要装设不同类型的脱扣器，可以根据保护要求进行适当的选择。

6. 电磁式断路器脱扣器的特性曲线

电磁式断路器脱扣器的特性曲线是指当保护线路或负载发生过电流或短路时，脱扣器电流值与动作时间的运行曲线。根据 IEC 898 和 GB/T 10963，特性曲线可分为 A、B、C、D 四种类型。

（1）A 型。特别适用于测量回路中的互感器保护、具有特长导线的回路保护和有限的半导体保护（它的过载长延时保护范围与 B、C、D 三类相同）。短路保护范围是 $2\sim3I_N$，即 $\leqslant 2I_N$ 时不动作（不动作时间应大于 0.1 s）；$>3I_N$ 时必须动作（动作时间 $t<0.1$ s）。但 A 型的用户极少，MCB 的短路保护类型一般不提 A 类，而规定为 B、C、D 三类（型）。

（2）B 型。用于住宅和插座回路。短路保护范围是 $3\sim5I_N$，即 $\leqslant 3I_N$ 时不动作（不动作时间应大于 0.1 s）；$>5I_N$ 时必须动作（动作时间 $t<0.1$ s）。

（3）C 型。优先用于接通大电流的电气设备和具有启动电流的设备，如白炽灯和电动机等。短路保护范围是 $5\sim10I_N$，即 $\leqslant 5I_N$ 时不动作（不动作时间应大于 0.1 s）；$>10I_N$ 时必须动作（动作时间 $t<0.1$ s）。

（4）D 型。适用于产生脉冲电流的电气设备、电磁阀和电容器。短路保护范围是 $10\sim50I_N$，即 $\leqslant 10I_N$ 时不动作（不动作时间应大于 0.1 s）；$>50I_N$ 时必须动作（动作时间 $t<0.1$ s）。但目前在低压配电系统中大多为 $10\sim30I_N$。

对于每种运行曲线的整定范围内（A 型的 $>2I_N$，$<3I_N$；B 型的 $>3I_N$，$<5I_N$；C 型的 $>5I_N$，$<10I_N$；D 型的 $>10I_N$，$<50I_N$），可理解为动作正常，不动作也正常。

由于传统的电磁式脱扣器无法做到准确整定，所以只能给出一个动作值的范围。

目前看来，选用 B、C 两种类型的较多，其中以 C 型的最多。D 型的也有用于中、小型电动机的短路保护的，例如 C45AD 和 PX200CAD 等型号产品，它们的瞬动电流整定值为 $10\ I_N \sim 14\ I_N$（出厂时调在 $14I_N$）。这种 D 型产品不设过载长延时保护，主要为了躲过电动机的启动电流，过电流保护由电动机保护线路中的热继电器承担。电动机的启动和停止，由接触器执行，断路器仅起短路保护作用。图 2-22 所示为 D 型断路器典型应用电路。

图 2-23 所示为某断路器 C 型曲线脱扣器电流与时间运行曲线。

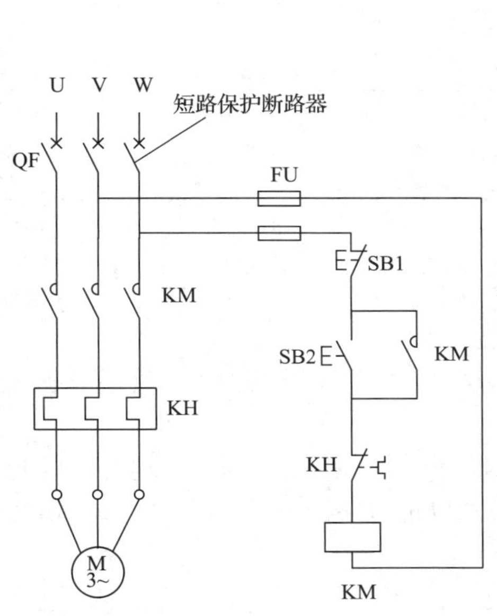

图 2-22　D 型断路器典型应用电路

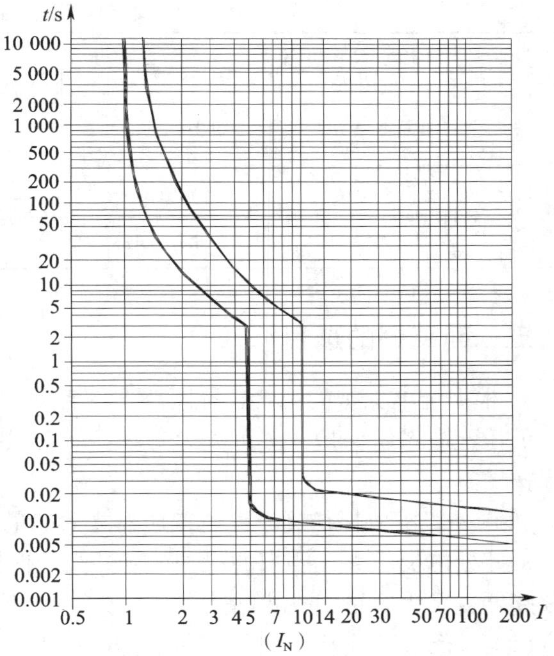

图 2-23　某断路器 C 型曲线脱扣器电流与时间运行曲线

7. 漏电断路器的主要电气参数

作为漏电断路器，主要电气参数就是动作电流和分断时间。

（1）额定剩余动作电流（$I_{\Delta n}$）。它是指在规定条件下，漏电断路器必须可靠动作的漏电动作电流值。国家标准（GB/T 13955—2017）规定为 0.006 A、0.01 A、0.03 A、0.05 A、0.1 A、0.2 A、0.3 A、0.5 A、0.8 A、1 A、3 A、5 A、10 A、20 A、30 A，共计 15 个等级，在 0.03 A（30 mA）以下为高灵敏度，0.03~1 A 为中灵敏度，1 A 以上为低灵敏度。

（2）额定剩余不动作电流（$I_{\Delta no}$）。这是为防止漏电断路器误动作所必需的技术参数，即在电网正常运行时允许的三相不平衡漏电电流以及较小漏电电流。国家标准规定 $I_{\Delta no}$ 不得低于 $I_{\Delta n}$ 的$\frac{1}{2}$。

（3）分断时间。分断时间是从突然施加漏电动作电流开始到被保护主电路完全被切断为止的时间。为起到人身触电时的安全保护作用和适应分级保护的需要，漏电断路器分快速型、延时型及反时限型三种。

1）快速型。也称瞬动型，分断时间<0. 2 s。

2）延时型。用于上、下级之间的选择性分断。

3）反时限型。动作时间与漏电程度成反比，即漏电越严重，动作时间越短。

某品牌漏电断路器的动作参数见表 2-2。

表 2-2　某品牌漏电断路器的动作参数

额定剩余动作电流 $I_{\Delta n}$/mA		可调：30/50/100/200/300；100/200/300/500
额定剩余不动作电流 $I_{\Delta no}$/mA		$\frac{1}{2}I_{\Delta n}$
分断时间/s	延时型	可调：0. 2、0. 4、0. 8
	非延时型	<0. 15

五、断路器的选用

1. 根据配电保护的位置选择断路器的类型

低压配电系统保护一般可分为三级：一级配电保护、二级配电分配保护、终端设备运行保护。

（1）一级配电保护用于配电变压器之后的最前级保护与控制，或为某个用电环节的受电端，此处电流较大，要求的保护可靠性高，保护方式以短路保护为主，所以多选用框架式断路器以及大容量塑壳式断路器。

（2）二级配电分配保护用于低压配电的干线或支线，为本用电环节的支路分配，电流相对较大，保护方式以短路保护和检测系统漏电为主。如建筑物的进户总开关或分开关以及车间电源总开关，一般选择塑壳式断路器，其中机关、学校、娱乐场所、住宅等地点的进线总开关还应当选用漏电断路器。

（3）终端设备运行保护则以微型断路器为主，其中的插座回路应当选择微型漏电断路器。保护方式为短路、过载、漏电。

不同保护位置断路器的选用如图 2-24 所示。

图 2-25 所示为不同保护位置断路器的选用实例，是某工厂综合楼动力配电箱编号为 AP-1-Z1 的受电配电箱，电源进线引自厂区车间变电所，AP 为动力配电箱，Z 为总进线柜，编号为 1。

从整个厂区的供配电系统来看，该处配电箱属于二级配电分配保护，总开关配置了较大容量的塑壳式断路器，为漏电断路器，动作电流值为 300 mA，主要功能不是触电伤害保护，而是检测系统漏电，防止电气火灾的发生。但同时，该配电箱也属于该建筑物的受电配电箱，从该建筑物的配电系统来说，也可以认为该受电总开关为该建筑物的一级配电

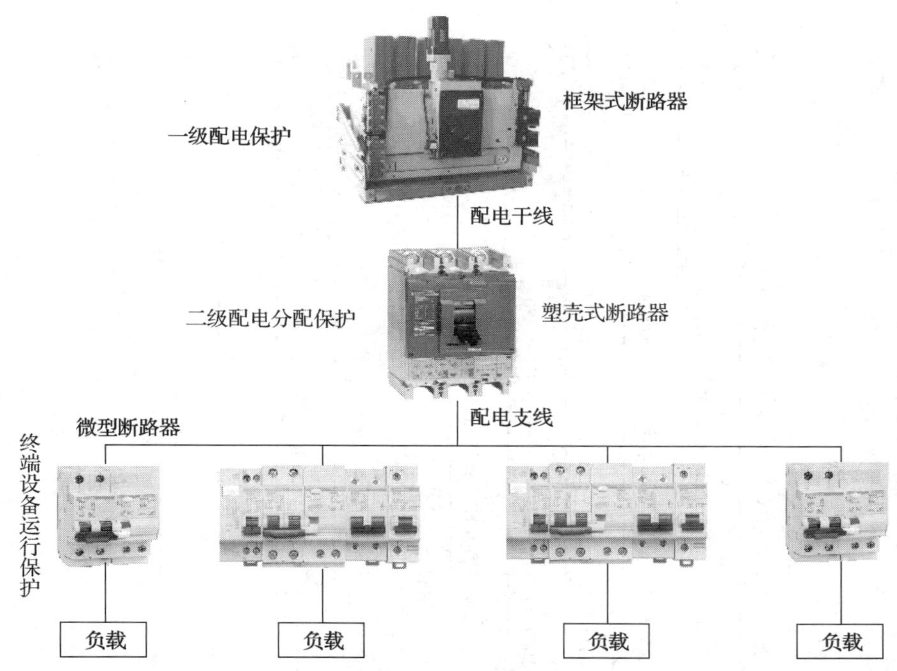

图 2-24　不同保护位置断路器的选用

开关。该建筑物的使用功能为生产与办公综合楼，所以，总开关为漏电断路器并同时配置了剩余电流检测功能。如果是一般工厂的生产车间，该处的受电总开关就一般不选择漏电断路器，而选择剩余电流互感器进行剩余电流采样，根据需要，可以动作于信号，以提高供电可靠性，图中的总开关后面的第一个电流检测元件即同时穿过三根相线和中性线的剩余电流互感器，其检测信号通过一个变送器连接建筑物的消防报警控制系统，作为系统的电气火灾的输入信号。该配电箱的二次分配输出都是各个分配电箱，而这些分配电箱可以认为是本用电环节的二级配电分配保护，比如，分配出去的 AP-1-1，为动力配电箱的支路受电箱，其后分开关的出线才是具体的负荷。因此，一个较大规模或者范围的配电系统有时候不止三级，有的可以是四级或者五级。

2. 根据实际负载选择适当的壳架电流值

由上面的分类可知，框架式、塑壳式、微型断路器都有自己的壳架电流值的取值范围。但是不同品牌的断路器，其壳架电流值的具体序列值的分布也会不同。所以选择前应当首先确定一种断路器品牌，然后根据负载的实际额定电流值确定壳架电流的等级。现在以 TM40 系列断路器为例进行选择，如某三相用电设备的额定电流值为 60 A，参看表 2-1，符合这个额定电流值的只有壳架电流为 160 A 的一种，因此选用壳架电流为 160 A 的断路器。断路器额定电流值也就是脱扣器整定电流值，有 32 A、50 A、80 A、100 A、160 A 几个规格，故脱扣器整定电流值选用 80 A，具体型号选用 TM40H-160W/80/A。如果是高精度动作保护，而产品序列的电流值不能保证的话，可以向厂家进行定做。

3. 根据实际负载性质选择适当的脱扣器特性曲线

从特性曲线的分类可看到，不同的特性曲线有不同的过电流整定倍数，如果选择的倍

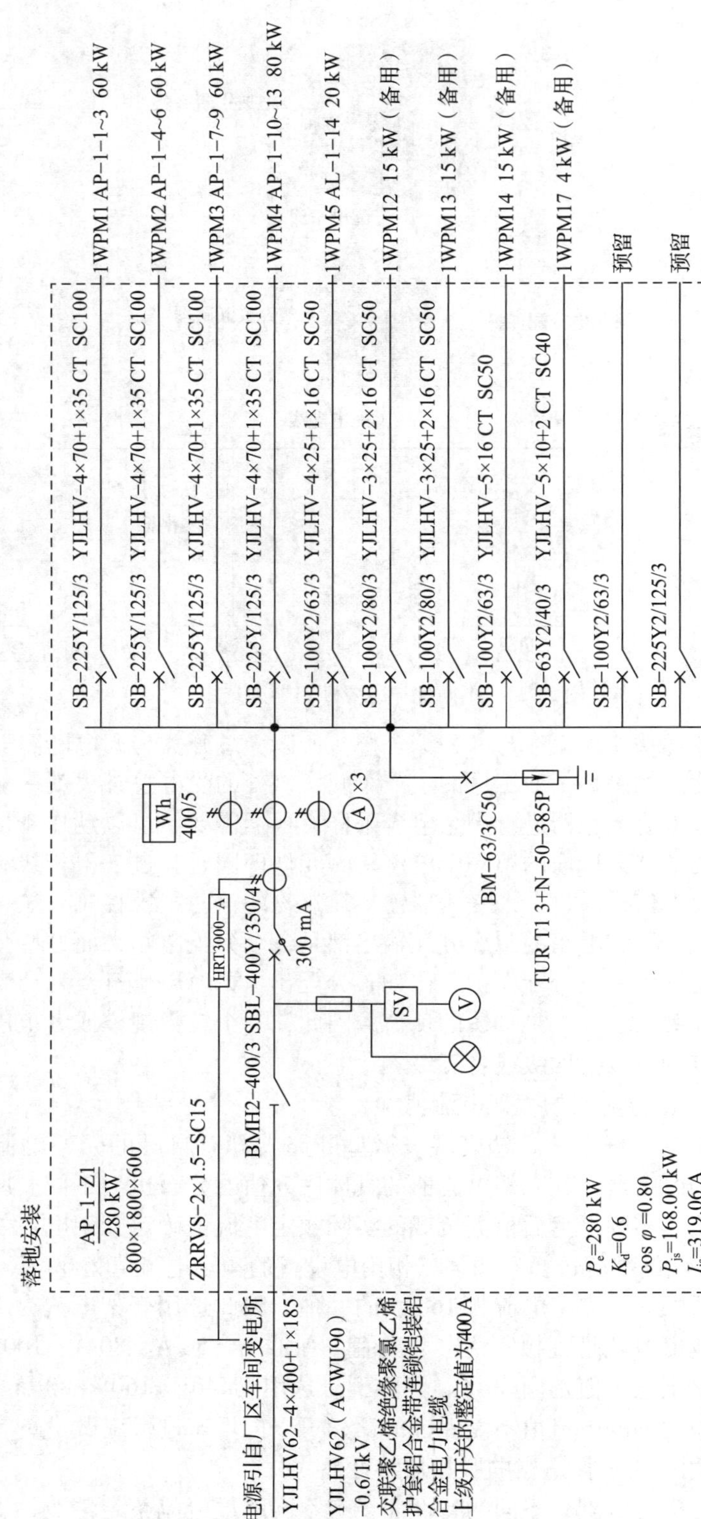

图2-25 不同保护位置断路器的选用实例

数过小，会造成一些正常的大电流短时间波动时（如三相异步电动机的启动电流）无谓跳闸，影响供电可靠性；反过来，如果选得过大也会使保护灵敏度降低，使一些短路、过载事故不能迅速跳闸，影响供电安全。因此，正确、恰当地选择脱扣器的特性曲线尤为重要，在工厂供配电系统中比较简单和恰当的选择原则是首选 C 型曲线，部分选择 B 型曲线，慎选 D 型曲线，不考虑 A 型曲线。

4. 漏电断路器的选用

（1）终端保护漏电断路器的选用。作为终端保护，主要目的就是人身触电伤害的防护，所以应选择高灵敏度、快速型的漏电断路器，基本参数是额定剩余动作电流值 $I_{\Delta n} \leq 30$ mA，分断时间 $t<0.2$ s。

（2）一、二级保护漏电断路器的选用。作为一、二级保护，选择漏电断路器主要为了检测系统漏电和防止电气火灾的发生，因此其剩余动作电流值不可选的过小，否则会造成无序的停电；分断时间也应当与终端保护分出层次，选择延时型。

比如，住宅楼的进线总开关应当选用漏电断路器，其 $I_{\Delta n}$ 可以选择 100 mA，分断时间为 0.4 s；每户的进线总开关和房间内的分开关，其 $I_{\Delta n}$ 就一定要选择小于或等于 30 mA，分断时间选择快速型。

任务实施

任务引入中的图 2-8 为某办公楼某楼层配电箱电气系统图，下面根据该图中不同的位置、电流的大小以及开关的保护功能选择该图中的断路器。

从图中可以看到，该配电箱的名称为 6AL2，表示为该建筑 6 层、编号为 2 的照明配电箱。工程上 AP 表示动力配电箱；AL 表示照明配电箱。其计算负荷为 52.6 kW，计算电流为 95 A，同时，一个供配电系统一般都要有一个总开关，这里选择型号为 TM40H-160/100A 的断路器，主要用于受电控制、短路保护，当发生事故应急停电时，可使操作目标明确单一，操作迅速而准确。该总开关的负载端是配电线路，因此它应当属于配电型断路器；同时由于其壳架电流为 160 A，因此选用一只塑壳式断路器。在总开关后面的所有馈出线分开关容量都不大，从其壳架电流来说均应属于微型断路器，这里选用施耐德的 C65 系列产品。从保护功能来讲，用于照明控制的，如图中的回路 WL1 楼道照明控制，一般只控制相线，所以选择单极断路器；回路编号为 WL2、WL3 的两条支路，用途为 AL1、AL2，表示是两个照明配电箱，用于整个楼层房间的照明控制，一般为了三相平衡，在分配时会将负载均匀地分到三相中，所以选择三极微型断路器。房间的插座回路，如图中的回路 WC1、WC2、WC3，应当选择漏电断路器，这里选用施耐德的 DPNvigi 系列，是一种一体型漏电断路器。对于图中的空调插座，一般壁挂空调的插座回路的开关可以选用普通断路器，而柜式空调则一定要选择漏电断路器，这里选用漏电断路器。另外设置三个备用开关，其中一个选漏电断路器，用于移动工具备用；一个选单极断路器，用于一般备用；一个选三极断路器，用于三相备用。选择完成的供配电系统图如图 2-26 所示。

相序	出线开关	导线截面与敷设方式	回路编号	回路容量	回路功能
L1	C65N−1P/16 A	BV−3G2.5 PVC20 WC.FC	WL1	0.2 kW	楼道照明
L2	DPNvigi16 A	BV−3G4 PVC20 WC.FC	WC1	3 kW	房间插座
L3	DPNvigi16 A	BV−3G4 PVC20 WC.FC	WC2	3 kW	房间插座
L1	DPNvigi16 A	BV−3G4 PVC20 WC.FC	WC3	3 kW	房间插座
L2	DPNvigi16 A	BV−3G4 PVC20 WC.FC	WK1	2 kW	空调插座
L3	DPNvigi16 A	BV−3G4 PVC20 WC.FC	WK2	2 kW	空调插座
	C65N−3P/40 A	VV−5G10 SC50 WC.FC 150G75	WL2	13.8 kW	照明配电箱 AL1
	C65N−3P/40 A	VV−5G10 SC50 WC.FC 150G75	WL3	13.8 kW	照明配电箱 AL2
L1	C65N−1P/20 A	BV−3G2.5 PVC20 WC.FC		1 kW	一般备用
L2	DPNvigi16 A	BV−3G2.5 PVC20 WC.FC		1 kW	移动工具备用
	C65N−3P/32 A	BV−5G6 PVC32 WC.FC		10 kW	三相备用

6AL2
P_{30}: 52.6 kW
I_{30}: 95 A

TM40H−160/100A
受电总开关

图 2−26　选择完成的供配电系统图

知识应用与拓展：断路器在小型配电箱中的配置与接线应用

1. 单相负荷小型配电单元的应用

单相负荷的配电箱，受电开关可以为两极断路器，也可以为三极断路器。其相线一般直接接开关上口接线端，配置的 PE 线一般连接到配电箱的 PE 排，即行业所谓的“地排”。而配置的中性线 N，则由于受电开关的不同，连接方式也不同。

图 2−27 所示为受电开关为三极漏电断路器的应用模式，根据漏电断路器的基本原理，其引入的中性线必须直接接到开关上口的 N 接线端，即其所有的带电线必须被受电开关内剩余电流互感器测量，开关出线的中性线接入本配电箱的 N 排，供其他单相负荷公用，出线的单相负荷均匀分配到三相。

如果受电开关是普通三极断路器，则开关上口的三个接线端子可以直接连接引入的三根相线，引入的中性线 N 和保护线 PE 则引入各自的汇流排，如图 2−28 所示。

2. 三相负荷型配电单元的应用

（1）三相负荷配电箱在工厂中应用较多，因为工厂类负荷多数都是三相负荷。受电开关与出线开关均为普通三极断路器的应用模式如图 2−29 所示。

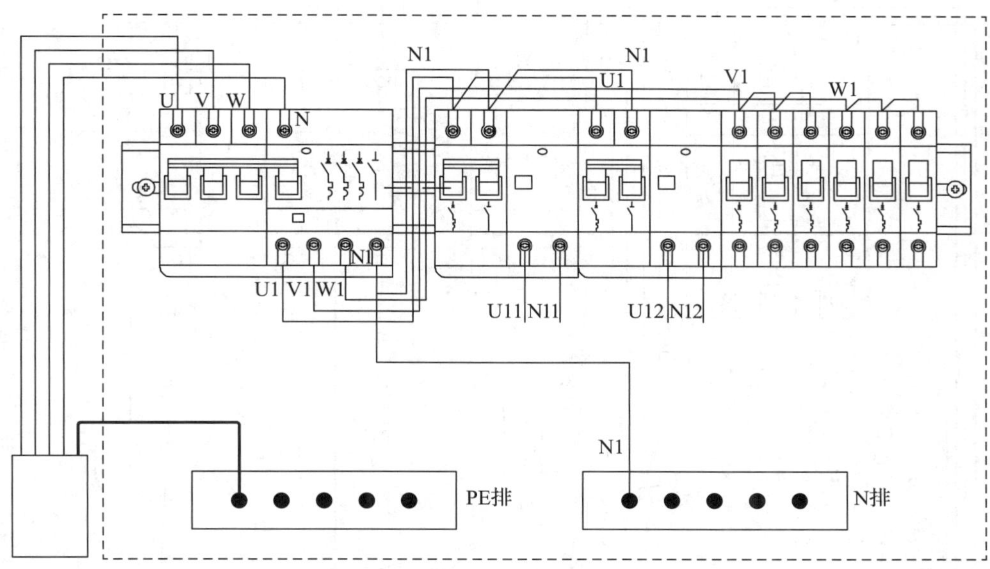

图 2-27 受电开关为三极漏电断路器的应用模式

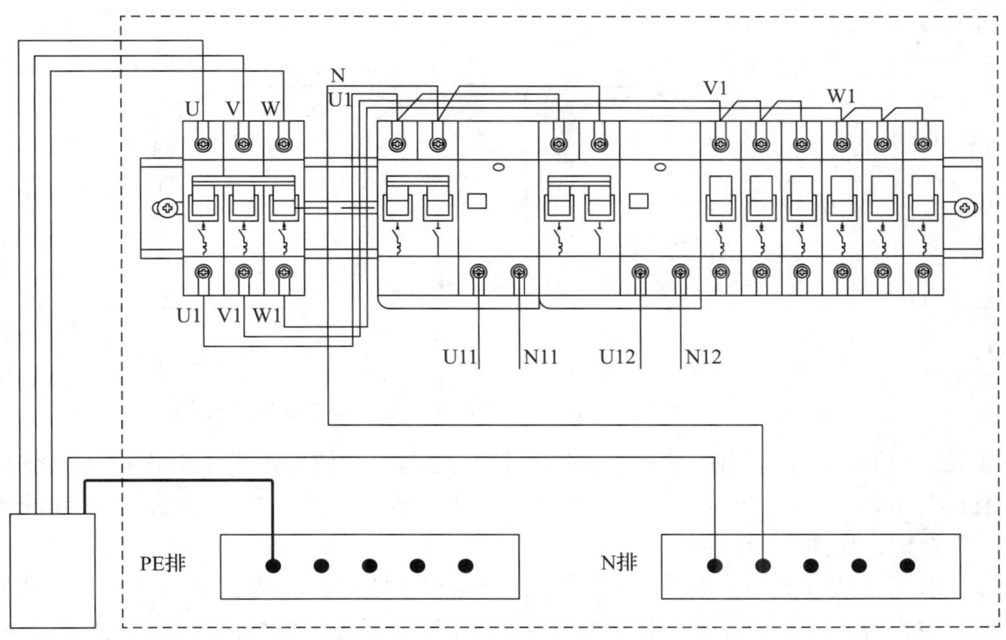

图 2-28 受电开关为普通三极断路器的应用模式

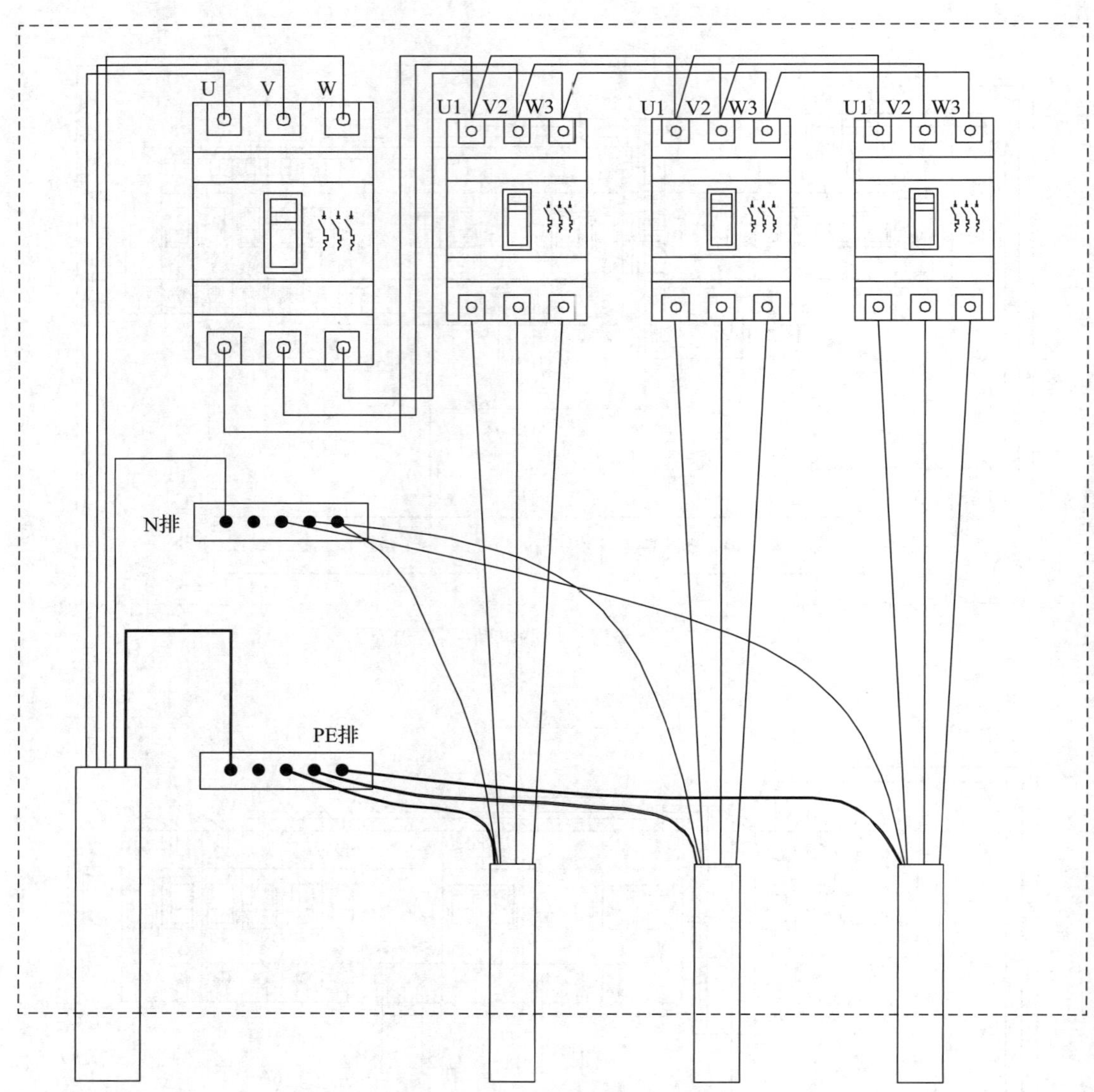

图 2-29　受电开关与出线开关均为普通三极断路器的应用模式

如果使用的是普通电磁式断路器，断路器在结构上和使用上是不分电源侧和负载侧的，通常大功率的动力配电箱也可以采取总开关下进线上出线的方式配线，在接线的便利性上更为合理，如图 2-30 所示。

（2）如果进线开关为三极漏电断路器，其相线和中性线必须都经过进线开关的剩余电流互感器的测量，所以，引入的中性线先接到漏电断路器的中性线接线端，然后再引向出线中性线排，其应用模式如图 2-31 所示。

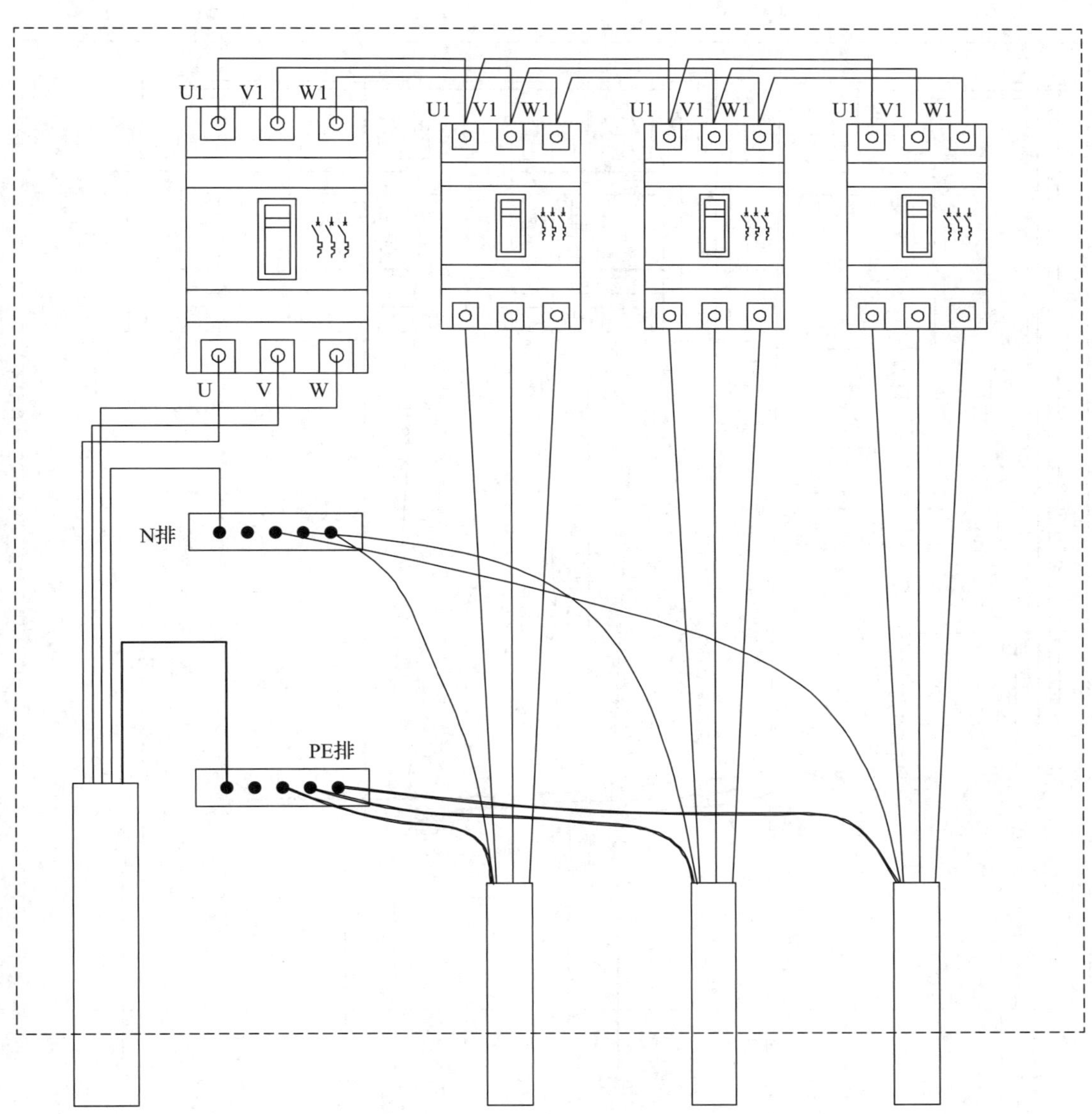

图 2-30　总开关采取下进线上出线的应用模式

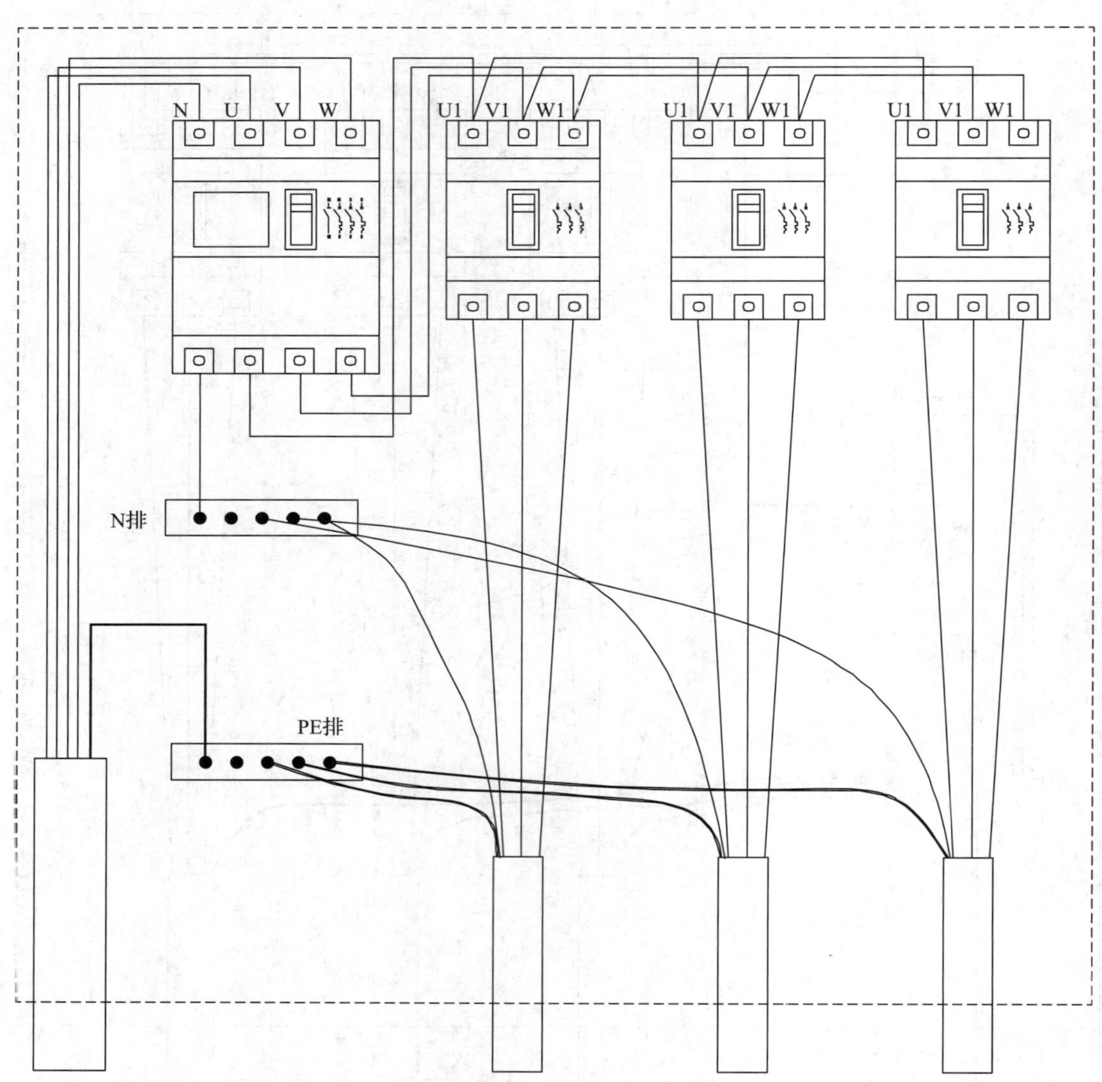

图 2-31　进线开关为三极漏电断路器的应用模式

任务3　电力负荷的确定

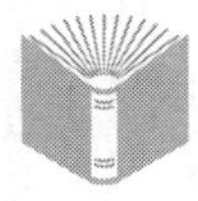

任务目标

◆ 掌握采用需要系数法确定用电设备组电力负荷的方法。

任务引入

在工厂供配电系统中，选择配电装置和设备的容量或导线截面时，首先必须正确确定设备或导线所承担的最大负荷。图2-32所示为某机械制造厂金工车间的供配电系统。

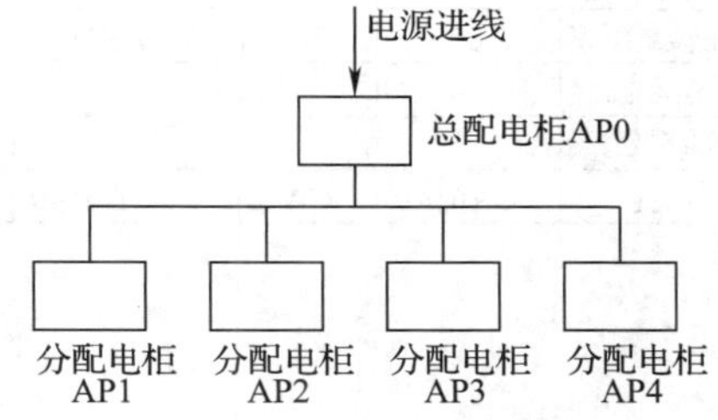

图2-32　某机械制造厂金工车间供配电系统

该车间采用低压配电方式，由车间降压变电所提供低压电源，进入车间后设车间低压进线总配电柜AP0。再由AP0引出一路低压配电线路贯穿车间全长，向设在车间不同位置的四个低压分配电柜供电，四个分配电柜分别为AP1、AP2、AP3、AP4，接线方式为树干式接线方式，最后由四个低压分配电柜采用放射式接线方式向各机械设备供电。

图2-33所示为各个配电柜供配电系统（方案），其中图2-33a所示为总配电柜AP0的系统，图2-33b、图2-33c、图2-33d、图2-33e所示分别为分配电柜AP1～AP4的系统。

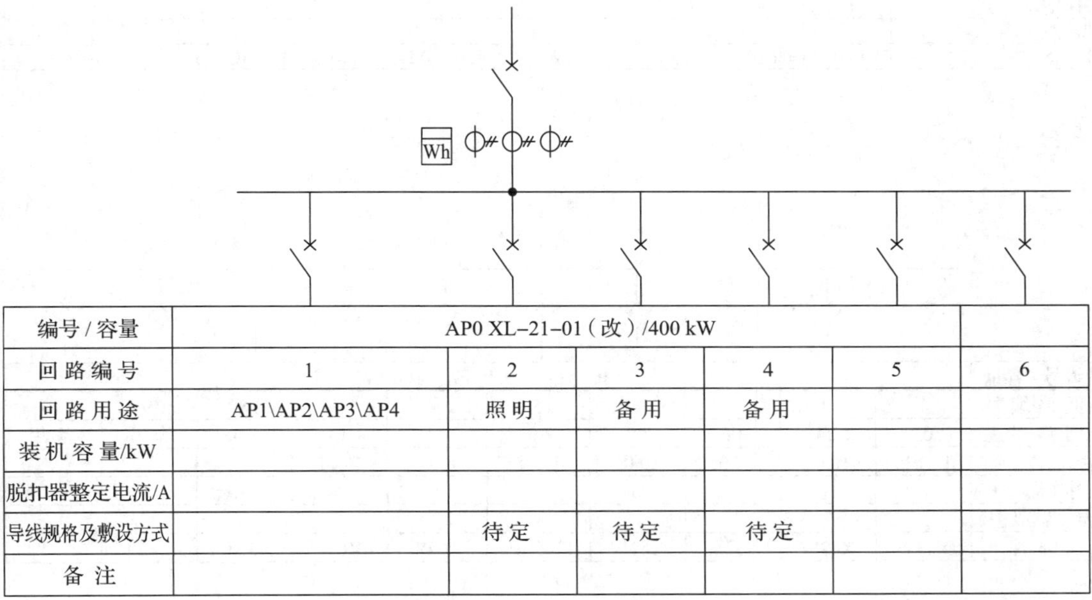

编号 / 容量	AP0 XL-21-01（改）/400 kW				
回路编号	1	2	3	4	5	6
回路用途	AP1\AP2\AP3\AP4	照明	备用	备用		
装机容量/kW						
脱扣器整定电流/A						
导线规格及敷设方式		待定	待定	待定		
备注						

a）

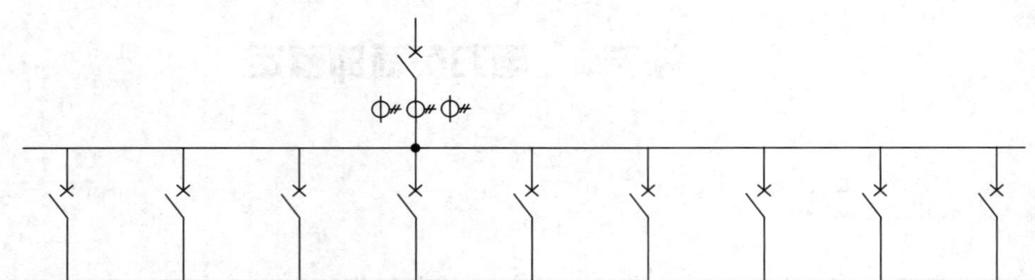

编号 / 容量	AP1 XL–21–01（改）								
回路编号	1	2	3	4	5	6	7	8	9
回路用途	17	22	18	23	24	19	30	备用	备用
装机容量/kW	7.625	7.125	7.625	7.125	7.625	7.625	17.65		
脱扣器整定电流/A									
导线规格及管径									
备注	CA6140	CA20-1	CA6140	CA20-1	CA6140	CA6140	M1350		

b）

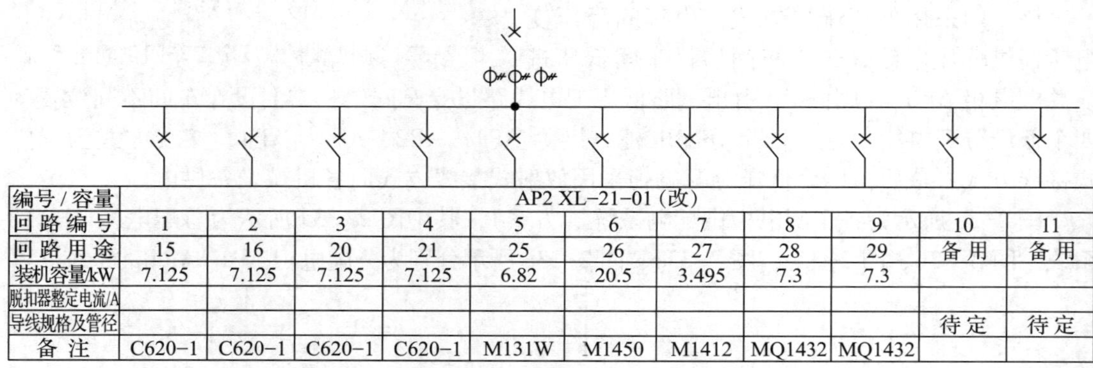

编号 / 容量	AP2 XL–21–01 (改)										
回路编号	1	2	3	4	5	6	7	8	9	10	11
回路用途	15	16	20	21	25	26	27	28	29	备用	备用
装机容量/kW	7.125	7.125	7.125	7.125	6.82	20.5	3.495	7.3	7.3		
脱扣器整定电流/A											
导线规格及管径										待定	待定
备注	C620–1	C620–1	C620–1	C620–1	M131W	M1450	M1412	MQ1432	MQ1432		

c）

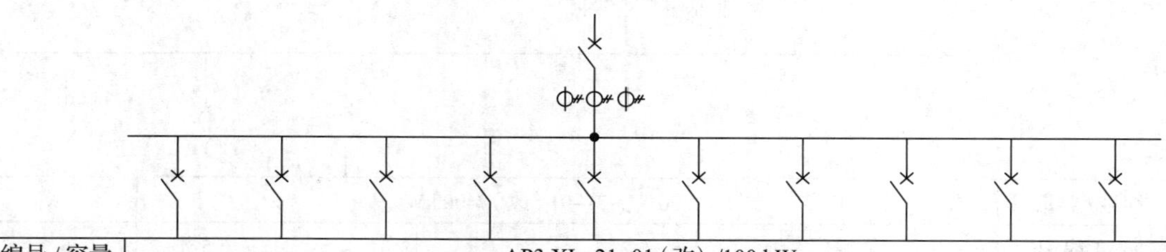

编号 / 容量	AP3 XL–21–01（改）/100 kW									
回路编号	1	2	3	4	5	6	7	8	9	10
回路用途	03	04	06	07	10	11	13	14	备用	备用
装机容量/kW	14.125	10.05	10.05	10.05	17.55	10.05	17.55	5.45		
脱扣器整定电流/A										
导线规格及管径										
备注	X63W	X62W	X62W	X62W	FX6145	X62W	FX6145	X5030		

d）

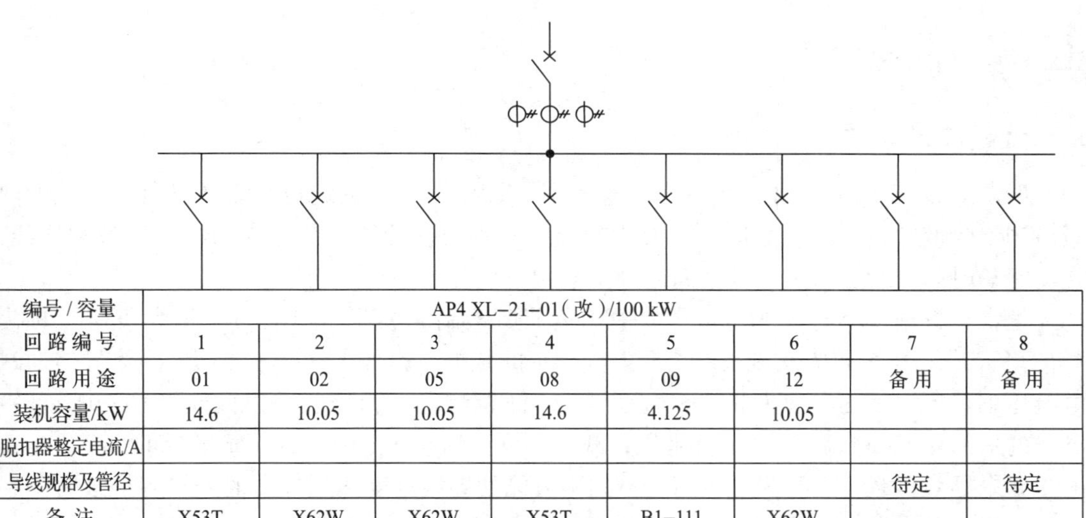

编号 / 容量	AP4 XL–21–01（改）/100 kW							
回路编号	1	2	3	4	5	6	7	8
回路用途	01	02	05	08	09	12	备用	备用
装机容量/kW	14.6	10.05	10.05	14.6	4.125	10.05		
脱扣器整定电流/A								
导线规格及管径							待定	待定
备注	X53T	X62W	X62W	X53T	B1–111	X62W		

e）

图 2–33　各个配电柜供配电系统（方案）

a）AP0　b）AP1　c）AP2　d）AP3　e）AP4

从图中看出，所有的开关、导线型号规格均没有填入数据，有的只是设备铭牌上能获得的额定功率或额定容量以及回路编号和回路用途编号，所以该图只是根据该车间设备安装情况进行供配电设计的初步方案。本任务就要根据各个系统图中配电柜实际所带负载的情况，确定各个分配电柜的电力负荷以及总配电柜的电力负荷，然后根据所确定的负荷大小，选择系统图中每一路负荷的开关、导线的型号和规格，再将所确定的数据填在系统图中相应的表格内，从而完成该车间的供配电设计。

任务分析

如何确定该车间的电力负荷？是不是仅简单地将每个分配电柜馈出回路的设备容量相加就算该车间的电力负荷？回答是否定的。因为馈出回路的用电设备，不一定同时工作，即使同时工作的设备，也不一定都始终处于满负荷状态。所以线路实际的最大负荷总是比所承担的各种用电设备额定容量总和要小。如果根据设备装机容量总和来选择开关设备和导线，则选择偏大，会造成投资和有色金属的浪费，并会造成保护失效。反之，若负荷计算过小，会使开关设备和导线选择得过小，易造成运行中元器件过热，并加速绝缘老化，甚至导致其损坏。因此必须合理、正确地进行负荷计算，但由于工厂用电设备是一些有各种各样变化规律的用电负荷，要准确算出负荷的大小是很困难的。在进行负荷计算时，也只能力求接近实际。通常用“计算负荷”来作为选择设备及导线的依据。在本任务中将要了解什么是“计算负荷”，并学会用需要系数法确定计算负荷。

相关知识

一、计算负荷

所谓“计算负荷”，是按发热条件选择电气设备的一个假定负荷。计算负荷产生的热效应和实际变动负荷产生的最大热效应相等。所以根据计算负荷选择的电气设备和导线，在实际长时间连续运行中，其最高温度不会超过允许值。

通常把根据半小时（30 min）的平均负荷所绘制的负荷曲线上的“最大负荷”称为“计算负荷”，并作为按发热条件选择电气设备的依据。为什么这样考虑呢？因为导体通过电流达到稳定温度的时间为 $3\sim4\tau$（τ 为发热时间常数），而一般中小截面（$16\sim95\ \mathrm{mm}^2$）导线的 τ 都在 10 min 以上，也就是说，载流导体大约经半小时（30 min）后可达到稳定温度。如果导线负载为短暂尖峰负荷，显然不可能使导线温度达到最高值，只有持续时间在 30 min 以上的负荷，才有可能使导线达到稳定温度。

所以“计算负荷”实际上与从负荷曲线上测得的半小时“最大负荷”是基本相当的。因此最大负荷 $P_{\max}$ 便称为计算负荷。

有功计算负荷用半小时（30 min）最大负荷 P_{30} 来表示，无功计算负荷、视在计算负荷和计算电流分别用 Q_{30}、S_{30}、I_{30} 表示。

二、需要系数

由任务分析已知，一个用电设备组运行时，其供电线路上的最大负荷总是比设备容量总和要小。确定计算负荷的方法很多，其中，需要系数法最为常用。影响需要系数的主要因素有以下四个。

1. 同时使用系数（K_0）

用电设备组的所有设备不可能同时工作，此系数的值为该设备组运行着的用电设备容量与该设备组全部用电设备总额定容量之比，对于单台设备，其值为 1，最大值也为 1，对于不同的设备组，其值变化较大。

2. 负荷系数（K）

运行的用电设备不一定满负荷运行，此系数表示运行着的用电设备实际所需功率与其额定容量之比，其值最大为 1，对于工厂的多数设备，此系数小于 1，且随不同类型的负载变动较大。

3. 线路供电效率（η_c）

如果负荷离电源较远，计算负荷时需考虑线路的损耗，此值小于 1，但是比较接近于 1 且随负载的大小变化不大。

4. 用电设备组在实际运行时的平均效率（η）

此值小于 1，且对不同类型的负载变化很小。

将上述四个因素组成一个决定用电负荷大小的综合系数，即需要系数

$$\frac{K_0 K}{\eta\eta_c}=K_d \tag{2-7}$$

根据计算思路得出

$$K_d=\frac{负荷曲线上最大有功负荷}{设备容量}=\frac{P_{max}}{P_e}=\frac{P_{30}}{P_e} \tag{2-8}$$

即

$$P_{30}=K_d P_e \tag{2-9}$$

或

$$P_{30}=K_d \sum P_e \tag{2-10}$$

同类型用电设备、车间、工厂的负荷曲线相似，所以需要系数也相近。我国设计部门通过长期实践和调查研究，统计出的一些典型用电设备组的需要系数及功率因数见表2-3，可供负荷计算时参考。

表2-3　一些典型用电设备组的需要系数及功率因数

用电设备组	需要系数	功率因数 $\cos\varphi$	$\tan\varphi$
小批量生产的金属冷加工机床	0. 16~0. 2	0. 5	1. 73
大批量生产的金属冷加工机床	0. 18~0. 25	0. 5	1. 73
小批量生产的金属热加工机床	0. 25~0. 3	0. 6	1. 33
大批量生产的金属热加工机床	0. 3~0. 35	0. 65	1. 17
通风机、水泵、空压机	0. 7~0. 8	0. 8	0. 75
非联锁的连续生产的运输机械	0. 5~0. 6	0. 75	0. 88
联锁的连续生产的运输机械	0. 65~0. 7	0. 75	0. 88
锅炉房和机加、机修、装配车间的起重机	0. 10~0. 15	0. 5	1. 73
铸造车间的起重机	0. 15~0. 25	0. 5	1. 73
自动装料电阻炉	0. 75~0. 8	0. 95	0. 33
非自动装料电阻炉	0. 65~0. 75	0. 95	0. 33
小型电阻炉、干燥箱	0. 7	1. 0	0
高频感应炉（不带补偿）	0. 8	0. 6	1. 33
工频感应炉（不带补偿）	0. 8	0. 35	2. 67
电弧熔炉	0. 9	0. 87	0. 57
点焊机、缝焊机	0. 35	0. 6	1. 33
对焊机	0. 35	0. 7	1. 02
自动弧焊变压器	0. 5	0. 4	2. 29
多头手动弧焊变压器	0. 4	0. 35	2. 68
单头手动弧焊变压器	0. 35	0. 35	2. 68
生产厂房、办公室、实验室照明	0. 8~1. 0	1. 0	0
变配电室、仓库照明	0. 5~0. 7	1. 0	0
生活照明	0. 6~0. 8	1. 0	0
室外照明	1	1. 0	0

表 2-3 分析说明如下。

（1）表 2-3 所列的需要系数值是按车间范围内设备台数较多的情况来确定的，因此系数值一般偏低，计算分支或分路负荷时宜适当取得大一些。只有 1～2 台时，可取 K_d 为 1。

（2）表中照明负载的功率因数值为白炽灯电光源的数据，如为荧光灯，则取 $\cos\varphi=0.9$，$\tan\varphi=0.48$；如为高压汞灯、钠灯，则取 $\cos\varphi=0.5$，$\tan\varphi=1.73$。

（3）影响需要系数的因素主要是需要系数中分子的两个量 K_0 和 K，受分母的效率参数影响不大。如金属冷加工机床属于连续运行方式，但其负荷系数大多较低，即需要系数中的 K 较低，因此功率因数也较低，仅为 0.5 左右，小批量生产时，由于其同时使用系数 K_0 较低，所以其需要系数 K_d 就较低；大批量生产时，由于同时使用系数增大，所以其 K_d 有所增加。

（4）通风机大多工作在额定状态下，因为三相异步电动机的额定功率因数 $\cos\varphi_N$ 为 0.8～0.85，所以通风机的功率因数为 0.8。

三、求计算负荷的一般方法

计算负荷的确定分几种情况考虑，现介绍如下。

1. 单台用电设备计算负荷的确定

当供电线路上只连接有一台用电设备时，线路的计算负荷可按设备容量来确定。此时求计算负荷的公式如下

对电动机
$$P_{30}=\frac{P_N}{\eta_N} \tag{2-11}$$

或
$$P_{30}\approx P_N \tag{2-12}$$

对白炽灯、电热设备、电炉变压器等
$$P_{30}=P_N \tag{2-13}$$

式中 P_N——用电设备的额定功率，kW；

η_N——额定状态时用电设备的效率。

2. 用电设备组计算负荷的确定

对于用电设备组的计算负荷，按下列步骤确定。

（1）分析用电设备组的负荷类型，分为连续、短时和断续周期三种类型，然后按照不同的类型将用电设备组铭牌的额定功率 P_N 转换成代表其运行规律的设备容量 P_e。

（2）查目标用电设备组的需要系数值，本教材中为表 2-3。

（3）按式（2-9）、式（2-10）求出计算负荷。

有功计算负荷
$$P_{30}=K_dP_e\text{、}P_{30}=K_d\sum P_e$$

无功计算负荷
$$Q_{30}=P_{30}\tan\varphi \tag{2-14}$$

视在计算负荷
$$S_{30}=\sqrt{P_{30}^2+Q_{30}^2}=\frac{P_{30}}{\cos\varphi} \tag{2-15}$$

计算电流
$$I_{30}=\frac{S_{30}}{\sqrt{3}\,U_N} \tag{2-16}$$

式中　P_{30}、Q_{30}、S_{30}、I_{30}——该用电设备组的有功、无功、视在计算负荷和计算电流（单位分别为 kW、kvar、kV・A、A）。

负荷计算的最终结果应当是计算电流，这是选择导线、开关的依据。

3. 多组用电设备总计算负荷的确定

对多组不同类型的用电设备进行计算，应将各组的计算结果相加。考虑到各组用电设备的最大负荷不同时出现的因素，求车间干线上或车间变电所低压母线上的计算负荷时，应将干线上或低压母线上各用电设备组的计算负荷相加后再乘以一个相应的最大负荷同时系数（也称残差系数）$K_{\Sigma P}$、$K_{\Sigma Q}$。

有功残差系数可取　$K_{\Sigma P}=0.85\sim0.95$　(2-17)

无功残差系数可取　$K_{\Sigma Q}=0.9\sim0.97$　(2-18)

总的有功计算负荷　$P_{30}=K_{\Sigma P}\sum_{i=1}^{n}P_{30i}$　(2-19)

总的无功计算负荷　$Q_{30}=K_{\Sigma Q}\sum_{i=1}^{n}Q_{30i}$　(2-20)

知识应用

在任务 1 的知识应用中，求出了某重型机械厂金工车间车工工段用电设备组的设备容量，现在可以根据任务 3 讲述的知识，确定该金工车间车工工段用电设备组的计算负荷。

已计算出的设备容量为

$$\sum P_e=22\times3+11\times5+7.5\times15=233.5(\text{kW})$$

通过查表 2-3 得出，大批量生产的金属冷加工机床的需要系数 $K_d=0.25$，$\cos\varphi=0.5$，$\tan\varphi=1.73$。根据式（2-10），得出其计算负荷为

$$P_{30}=K_d\sum P_e=0.25\times233.5\approx58.38(\text{kW})$$

根据式（2-14），其无功计算负荷为

$$Q_{30}=P_{30}\tan\varphi=58.38\times1.73\approx101(\text{kvar})$$

根据式（2-15），其视在计算负荷为

$$S_{30}=\sqrt{P_{30}^2+Q_{30}^2}=\frac{P_{30}}{\cos\varphi}=\frac{58.38}{0.5}=116.76(\text{kV}\cdot\text{A})$$

根据式（2-16），得出其计算电流为

$$I_{30}=\frac{S_{30}}{\sqrt{3}U_N}=\frac{116.76}{\sqrt{3}\times0.38}\approx177.4(\text{A})$$

确定了计算电流，就可以据此选择导线、开关的规格、型号。

下面再举例说明。

【例 2-1】 某小批量生产车间 380 V 线路上接有金属切削机床共 25 台（其中，额定功率为 10.5 kW 的 5 台，7.5 kW 的 12 台，5 kW 的 8 台），车间有 380 V 电焊机 2 台（每台容量为 20 kV・A，$\varepsilon_N=65\%$，$\cos\varphi_N=0.35$），车间有起重机 1 台（15 kW，$\varepsilon_N=25\%$），试计算此车间的设备容量，并用需要系数法确定该车间的计算负荷。

解:（1）首先计算车间的设备容量。

1）金属切削机床的设备容量。金属切削机床属于连续运行工作制设备，所以其总容量为

$$P_{e1}=\sum P_{ei}=10.5\times5+7.5\times12+5\times8=182.5(\mathrm{kW})$$

2）电焊机的设备容量。电焊机属于断续周期工作制设备，它的设备容量应统一换算到$\varepsilon=100\%$，所以 2 台电焊机的设备容量为

$$P_{e2}=2S_N\sqrt{\varepsilon_N}\cos\varphi_N=2\times20\times\sqrt{0.65}\times0.35\approx11.29(\mathrm{kW})$$

3）起重机的设备容量。起重机属于断续周期工作制设备，它的设备容量应统一换算到$\varepsilon=25\%$，所以 1 台起重机的容量为

$$P_{e3}=P_N\sqrt{\frac{\varepsilon_N}{\varepsilon_{25}}}=P_N=15(\mathrm{kW})$$

（2）然后用需要系数法计算该车间的计算负荷。

1）金属切削机床的计算负荷。查表 2-3，取需要系数和功率因数为 $K_{d1}=0.2$，$\cos\varphi_1=0.5$，$\tan\varphi_1=1.73$，则有

$$P_{30(1)}=K_{d1}P_{e1}=0.2\times182.5=36.5(\mathrm{kW})$$

$$Q_{30(1)}=P_{30(1)}\tan\varphi_1=36.5\times1.73\approx63.15(\mathrm{kvar})$$

$$S_{30(1)}=\sqrt{P_{30(1)}^2+Q_{30(1)}^2}=\sqrt{36.5^2+63.15^2}\approx72.94(\mathrm{kV\cdot A})$$

$$I_{30(1)}=\frac{S_{30(1)}}{\sqrt3U_N}=\frac{72.94}{\sqrt3\times0.38}\approx110.82(\mathrm{A})$$

计算电流在工程上还可根据 $P_{30}=\sqrt3U_NI_{30}\cos\varphi$ 进行计算。

即
$$I_{30(1)}=\frac{P_{30(1)}}{\sqrt3U_N\cos\varphi_1}=\frac{36.5}{\sqrt3\times0.38\times0.5}\approx110.91(\mathrm{A})$$

但是注意：这种计算法只适合相同组设备，因为不同的设备组，其功率因数不同，所以不能这样计算。

2）电焊机的计算负荷。查表 2-3，取需要系数和功率因数为 $K_{d2}=0.35$，$\cos\varphi_2=0.35$，$\tan\varphi_2=2.68$，则有

$$P_{30(2)}=K_{d2}P_{e2}=0.35\times11.29\approx3.95(\mathrm{kW})$$

$$Q_{30(2)}=P_{30(2)}\tan\varphi_2=3.95\times2.68\approx10.59(\mathrm{kvar})$$

$$S_{30(2)}=\sqrt{P_{30(2)}^2+Q_{30(2)}^2}=\sqrt{3.95^2+10.59^2}\approx11.3(\mathrm{kV\cdot A})$$

$$I_{30(2)}=\frac{S_{30(2)}}{\sqrt3U_N}=\frac{11.3}{\sqrt3\times0.38}\approx17.17(\mathrm{A})$$

计算电流的另一种算法：根据 $P_{30}=\sqrt3U_NI_{30}\cos\varphi$，得出

$$I_{30(2)}=\frac{P_{30(2)}}{\sqrt3U_N\cos\varphi_2}=\frac{3.95}{\sqrt3\times0.38\times0.35}\approx17.15(\mathrm{A})$$

3）起重机的计算负荷。查表 2-3，取需要系数和功率因数为 $K_{d3}=0.15$，$\cos\varphi_3=0.5$，

$\tan\varphi_3=1.73$，则有

$$P_{30(3)}=K_{d3}P_{e3}=0.15\times15=2.25(\text{kW})$$

$$Q_{30(3)}=P_{30(3)}\tan\varphi_3=2.25\times1.73\approx3.89(\text{kvar})$$

$$S_{30(3)}=\sqrt{P_{30(3)}^2+Q_{30(3)}^2}=\sqrt{2.25^2+3.89^2}\approx4.49(\text{kV}\cdot\text{A})$$

$$I_{30(3)}=\frac{S_{30(3)}}{\sqrt{3}U_N}=\frac{4.49}{\sqrt{3}\times0.38}\approx6.82(\text{A})$$

另一种算法：

$$I_{30(3)}=\frac{P_{30(3)}}{\sqrt{3}U_N\cos\varphi_3}=\frac{2.25}{\sqrt{3}\times0.38\times0.5}\approx6.75(\text{A})$$

4）全车间的总计算负荷。根据式（2-17）、式（2-18），取有功残差系数 $K_{\Sigma P}=0.9$，无功残差系数 $K_{\Sigma Q}=0.95$，再根据式（2-19）、式（2-20），全车间的计算负荷为

$$P_{30}=K_{\Sigma P}\sum_{i=1}^{n}P_{30i}=0.9\times(36.5+3.95+2.25)=38.43(\text{kW})$$

$$Q_{30}=K_{\Sigma Q}\sum_{i=1}^{n}Q_{30i}=0.95\times(63.15+10.59+3.89)\approx73.75(\text{kW})$$

$$S_{30}=\sqrt{P_{30}^2+Q_{30}^2}=\sqrt{38.43^2+73.75^2}\approx83.16(\text{kV}\cdot\text{A})$$

$$I_{30}=\frac{S_{30}}{\sqrt{3}U_N}=\frac{83.16}{\sqrt{3}\times0.38}\approx126.35(\text{A})$$

注意：因为各用电设备组的功率因数不同，不能将各用电设备组的分组计算电流相加作为总计算电流。因为此时电流是矢量，只能是矢量和而不是代数和。如果将各用电设备组的计算电流代数相加，则计算结果会偏大。请看下面的计算：

$$I_{30}=I_{30(1)}+I_{30(2)}+I_{30(3)}=110.82+17.17+6.82=134.81(\text{A})$$

结果是错的，这一点请读者切记。

任务实施

经过以上的学习，对任务引入时所确定的任务进行实施。

在电气计算上有一个基本的方法，即很多时候是从后往前算的。所以在本任务中先计算分配电柜的计算负荷，完成分配电柜的参数选择，然后再计算总配电柜的总计算负荷，最后完成总配电柜的参数选择，即完成本任务。

一、分配电柜负荷计算

先计算分配电柜 AP1，从 AP1 的供配电系统图看到，总共有 7 台设备，分别由 7 只断路器进行配电控制，且成放射式接线。因此就形成了单设备控制方式，可以遵循式（2-12）进行计算。由于车床的电气控制比较简单，就是一台主电动机连续运行，另有一台冷却泵电动机只有 125 W，还经常不用，所以 $P_{30}\approx P_N$。但供电给外圆磨床 M1350 的馈电回路，

其总装机容量为 17.65 kW，主电动机为 13 kW、液压电动机为 1.5 kW、头架电动机为 3 kW，另外还有冷却泵电动机 150 W。多台电动机组合运行时，根据需要系数的原则，该容量应当打一个折，即要考虑同时使用系数和负荷系数。所以根据计算经验应当乘以 0.5~0.7 的系数，取 0.6，其 $P_{30}=17.65\times0.6=10.59$（kW）。因此可以计算出 AP1 回路 1~7 的计算负荷值，见表 2-4。

表 2-4 AP1 设备容量及计算负荷

回路编号	设备名称	设备型号	设备容量 P_N/kW	计算负荷 P_{30}/kW
1	普通车床	CA6140	7.625	7.625
2	普通车床	CA20-1	7.125	7.125
3	普通车床	CA6140	7.625	7.625
4	普通车床	CA20-1	7.125	7.125
5	普通车床	CA6140	7.625	7.625
6	普通车床	CA6140	7.625	7.625
7	外圆磨床	M1350	17.65	10.59

根据 $P_{30}=\sqrt{3}\,U_N I_{30}\cos\varphi$，分别计算表中三种机床的计算电流值，即 $I_{30(1)}$、$I_{30(2)}$、$I_{30(3)}$，分别表示 CA6140、CA20-1、M1350 的计算电流值：

$$I_{30(1)}=\frac{P_{30}}{\sqrt{3}U_N\cos\varphi}\approx\frac{7.625}{1.73\times0.38\times0.5}\approx23.2(\text{A})$$

$$I_{30(2)}=\frac{P_{30}}{\sqrt{3}U_N\cos\varphi}\approx\frac{7.125}{1.73\times0.38\times0.5}\approx21.68(\text{A})$$

$$I_{30(3)}=\frac{P_{30}}{\sqrt{3}U_N\cos\varphi}\approx\frac{10.59}{1.73\times0.38\times0.5}\approx32.22(\text{A})$$

以上电流值用于选择每台设备的配电开关断路器的规格和导线截面。接下来，要计算整个 AP1 的计算负荷值，用于选择总开关和 AP1 的电源进线导线截面。

由于机床设备属于连续运行负载，所以其总设备容量为

$$P_e=7.625\times4+7.125\times2+17.65=62.4(\text{kW})$$

按大批量生产的金属冷加工机床计算，取 $K_d=0.25$，则其计算负荷为

$$P_{30}=K_dP_e=0.25\times62.4=15.6(\text{kW})$$

$$I_{30}=\frac{P_{30}}{\sqrt{3}U_N\cos\varphi}\approx\frac{15.6}{1.73\times0.38\times0.5}\approx47.46(\text{A})$$

二、分配电柜参数选择

电气设计一般要遵循一个基本规则，即“计算是计算，选择是选择”，就是计算完成后就必须做出一个正确、合理的选择。因为选择使用的电气元件、材料及设备的规格参数是不连续的，如导线的截面和开关的额定电流值等，它们的主要参数或规格只能有一个产

品序列而非连续分布。因此选择必须符合实际，简单地说就是选择的结果既要满足应用要求，又要是可以买得到的，而不仅仅是一个计算值。另外，选择时还应当考虑所控制的设备的实际负荷运行规律等因素。

根据以上规则，本任务具体选择如下。

1. 开关的选择

本任务中的配电开关均选用 TM 系列塑壳式低压断路器，TM30 系列低压断路器的电流规格参数见表 2-5。

表 2-5　TM30 系列低压断路器的电流规格参数

产品系列	分断电流（有效值）/kA				操作总次数 通电/不通电	额定电流/A
	S	H	R	U		
TM30-63W	25	50	—	—	6 000/8 500	6、10、16、20、32、40、50、63
TM30-100W	35	50	85	100	6 000/8 500	16、20、32、40、50、63、80、100
TM30-225W	35	50	85	100	3 000/7 000	100、125、140、160、180、200、225
TM30-400W	50	65	—	—	2 000/4 000	200、250、315、350、400
TM30-630W TM30-800W	50	65	—	100	1 500/2 500	250、315、350、400、500 630、700、800
TM30-1250	65	—	—	100	1 500/2 500	630、700、800、1 000、1 250
TM30-1600	65	—	—	100	1 500/2 500	1 000、1 250、1 600、1 800、2 000

各分路开关的运行方式简单明了，就是一个开关控制一台设备，根据所选择的实际开关型号的规格参数，在 TM30 系列中，壳架电流为 63 A 的断路器其额定电流有 6 A、10 A、16 A、20 A、32 A、40 A、50 A、63 A 等规格。本任务中车床的计算电流虽然均大于 20 A，但考虑到车床主电动机启动时为轻载启动，且实际运行大多处于轻载状态，所以可以选择 20 A，特性曲线为 C 型曲线；磨床的计算电流为 32. 22 A，其主电动机和液压电动机均为轻载启动方式，其头架电动机有时会重载启动，但本身功率不大，所以综合考虑，选用 32 A，特性曲线也为 C 型曲线。另外，作为配电柜，一般会考虑一定的备用容量，在此考虑一大、一小两只，以满足临时增加的大负载和小容量的临时负载，如电动工具的控制、保护需求。

根据以上原则，选择后的 AP1 分配电柜供配电系统图如图 2-34 所示。

对于 AP1 总开关的选择较为复杂，虽然其计算电流为 47. 46 A，近似考虑为 50 A，但作为总开关，主要功能是本回路的短路保护，而非设备保护。因此就要考虑到其所带的分路负载有同时启动的可能性，其保护元件的整定值应当能躲过该启动电流；另外还要考虑一定负载裕度、备用容量和远期负载增加量等因素。在这种情况下，作为总开关，一般会增加 2~3 倍的电流裕度。同时考虑到 TM30 系列的壳架电流有 63 A、100 A、225 A、400 A、630 A 等规格，选择壳架电流为 225 A 的。在 225 A 系列中，额定电流有 100 A、125 A、140 A、160 A、180 A、200 A、225 A 几种规格。根据以上原则，总开关的选择电流值为壳架电流 225 A，额定电流 125 A，选择结果如图 2-34 所示。

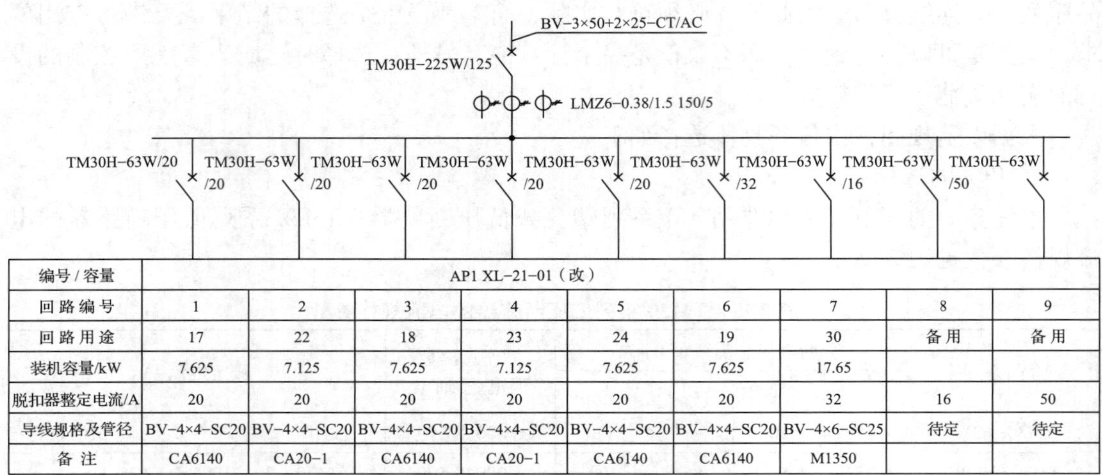

编号 / 容量	AP1 XL-21-01（改）								
回路编号	1	2	3	4	5	6	7	8	9
回路用途	17	22	18	23	24	19	30	备用	备用
装机容量/kW	7.625	7.125	7.625	7.125	7.625	7.625	17.65		
脱扣器整定电流/A	20	20	20	20	20	20	32	16	50
导线规格及管径	BV-4×4-SC20	BV-4×4-SC20	BV-4×4-SC20	BV-4×4-SC20	BV-4×4-SC20	BV-4×4-SC20	BV-4×6-SC25	待定	待定
备 注	CA6140	CA20-1	CA6140	CA20-1	CA6140	CA6140	M1350		

图 2-34　AP1 分配电柜供配电系统图

工厂中用于机床设备的配电开关一般很少选择漏电断路器，因为在工厂的设备中较强烈的干扰可使漏电断路器出现误动作，从而造成无序停电，影响供电可靠性，有的甚至带来一定损失。但一些配电柜的插座回路必须装漏电断路器。

2. 导线的选择

在供配电系统中，大多数情况下会选用 BV 导线，即一种使用非常普遍的铜芯聚氯乙烯绝缘导线，工程上简称“BV 线”，表 2-6 为铜芯聚氯乙烯绝缘导线（BV）安全载流量及电压降参数表。

表 2-6　铜芯聚氯乙烯绝缘导线（BV）安全载流量及电压降参数表

导线型号 BV（30 ℃）	单载流量/A	四根穿钢管及线槽载流量/A	三根穿管管径/mm	四根穿管管径/mm	电压降/(mV·m^{-1})
1.0 mm^2/c	10	8	15	20	
1.5 mm^2/c	15	12	15	20	30.86
2.5 mm^2/c	20	16	20	20	18.9
4 mm^2/c	25	22	20	20	11.76
6 mm^2/c	40	29	20	25	7.86
10 mm^2/c	50	39	25	32	4.67
16 mm^2/c	70	53	32	32	2.95
25 mm^2/c	90	70	40	40	1.87
35 mm^2/c	110	100	40	50	1.35
50 mm^2/c	175	127	50	65	1.01
70 mm^2/c	220	162	50	65	0.71

续表

导线型号 BV（30 ℃）	单载流量/A	四根穿钢管及 线槽载流量/A	三根穿管管径/mm	四根穿管管径/mm	电压降/($mV\cdot m^{-1}$)
95 mm^2/c	280	195	65	75	0. 52
120 mm^2/c	300	230	65	75	0. 43
150 mm^2/c	380	266	75	80	0. 36
185 mm^2/c	450	302	75	90	0. 3

根据表中的参数，车床的导线截面确定为 4 mm^2，选用直径为 20 mm 的焊接钢管；磨床的导线截面确定为 6 mm^2，选用直径为 25 mm 的焊接钢管。AP1 总开关额定电流值为 125 A，根据表 2-6，进线截面选为 50 mm^2。对于相线截面大于 25 mm^2 的导线，其中性线和保护线的截面选择原则为不能小于相线的一半，选择结果如图 2-34 所示。

AP2～AP4 分配电柜的计算、选择过程从略，计算、选择完成的供配电系统图如图 2-35～图 2-37 所示。

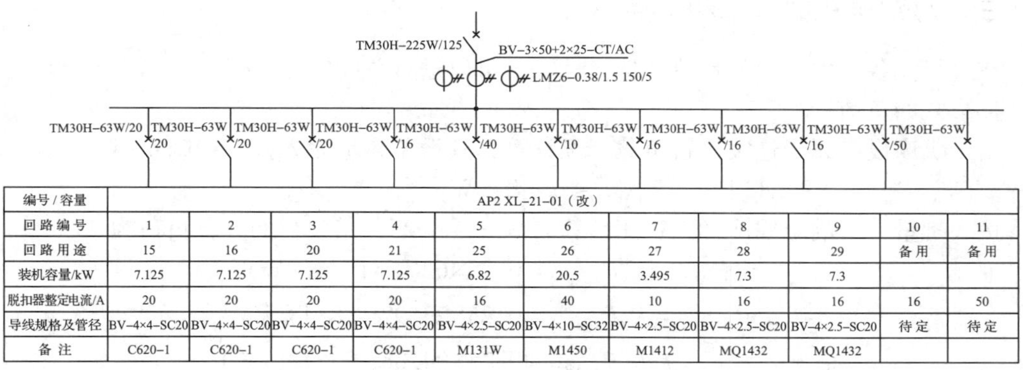

编号 / 容量	AP2 XL-21-01（改）									
回路编号	1	2	3	4	5	6	7	8	9	10	11
回路用途	15	16	20	21	25	26	27	28	29	备用	备用
装机容量/kW	7.125	7.125	7.125	7.125	6.82	20.5	3.495	7.3	7.3		
脱扣器整定电流/A	20	20	20	20	16	40	10	16	16	16	50
导线规格及管径	BV-4×4-SC20	BV-4×4-SC20	BV-4×4-SC20	BV-4×4-SC20	BV-4×2.5-SC20	BV-4×10-SC32	BV-4×2.5-SC20	BV-4×2.5-SC20	BV-4×2.5-SC20	待定	待定
备注	C620-1	C620-1	C620-1	C620-1	M131W	M1450	M1412	MQ1432	MQ1432		

图 2-35　AP2 供配电系统图

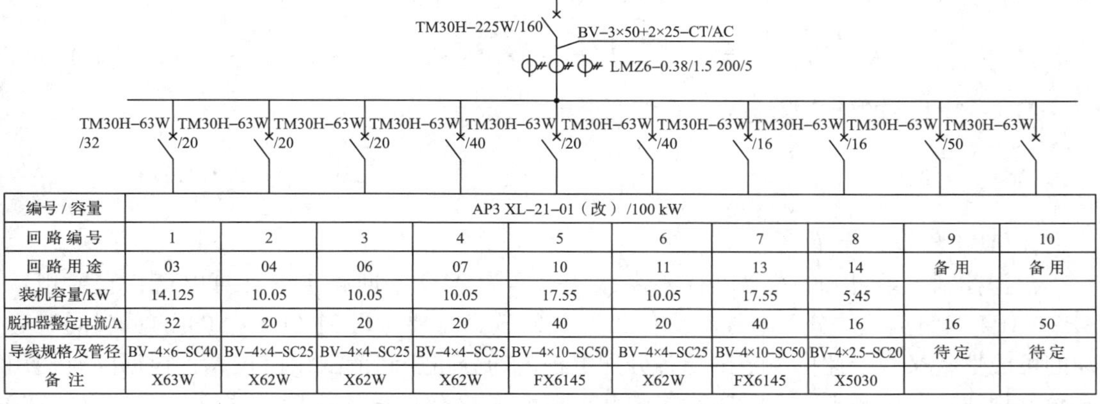

编号 / 容量	AP3 XL-21-01（改）/100 kW								
回路编号	1	2	3	4	5	6	7	8	9	10
回路用途	03	04	06	07	10	11	13	14	备用	备用
装机容量/kW	14.125	10.05	10.05	10.05	17.55	10.05	17.55	5.45		
脱扣器整定电流/A	32	20	20	20	40	20	40	16	16	50
导线规格及管径	BV-4×6-SC40	BV-4×4-SC25	BV-4×4-SC25	BV-4×4-SC25	BV-4×10-SC50	BV-4×4-SC25	BV-4×10-SC50	BV-4×2.5-SC20	待定	待定
备注	X63W	X62W	X62W	X62W	FX6145	X62W	FX6145	X5030		

图 2-36　AP3 供配电系统图

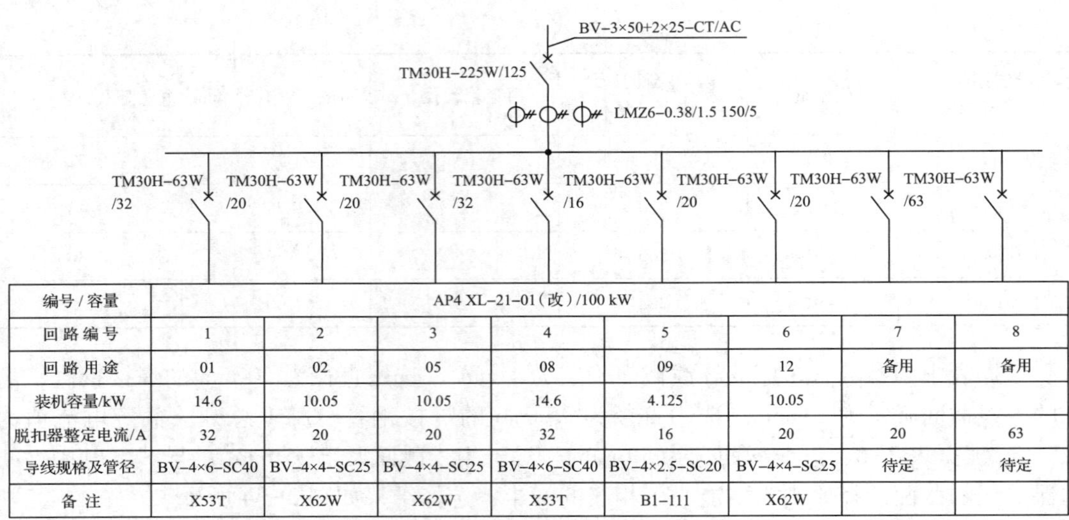

编号/容量	AP4 XL-21-01（改）/100 kW							
回路编号	1	2	3	4	5	6	7	8
回路用途	01	02	05	08	09	12	备用	备用
装机容量/kW	14.6	10.05	10.05	14.6	4.125	10.05		
脱扣器整定电流/A	32	20	20	32	16	20	20	63
导线规格及管径	BV-4×6-SC40	BV-4×4-SC25	BV-4×4-SC25	BV-4×6-SC40	BV-4×2.5-SC20	BV-4×4-SC25	待定	待定
备 注	X53T	X62W	X62W	X53T	B1-111	X62W		

图 2-37 AP4 供配电系统图

三、总配电柜的计算和选择

在进行完各分配电柜的计算和选择后，就可以进行总配电柜 AP0 的计算与选择了。

1. AP0 的负荷计算

由于机床设备属于连续运行负载，经计算，其设备容量为 $P_{e(AP1)}=62.4$ kW，$P_{e(AP2)}\approx 73.92$ kW，$P_{e(AP3)}\approx 94.88$ kW，$P_{e(AP4)}\approx 63.48$ kW。

按大批量生产的金属冷加工机床计算，取 $K_d=0.25$，其各自的计算负荷为

$$P_{30(AP1)}=K_dP_{e(AP1)}=0.25\times62.4=15.6(\text{kW})$$

$$P_{30(AP2)}=K_dP_{e(AP2)}=0.25\times73.92=18.48(\text{kW})$$

$$P_{30(AP3)}=K_dP_{e(AP3)}=0.25\times94.88=23.72(\text{kW})$$

$$P_{30(AP4)}=K_dP_{e(AP4)}=0.25\times63.48=15.87(\text{kW})$$

取有功残差系数 $K_{\sum P}=0.9$，则 AP1～AP4 总的计算负荷为

$$P_{30(AP1\sim AP4)}=K_{\sum P}\sum_{i=1}^{n}P_{30i}=0.9\times(15.6+18.48+23.72+15.87)\approx66.3(\text{kW})$$

AP1～AP4 总的计算电流为

$$I_{30(AP1\sim AP4)}=\frac{P_{30(AP1\sim AP4)}}{\sqrt{3}U_N\cos\varphi}\approx\frac{66.3}{1.73\times0.38\times0.5}\approx201.7\approx200(\text{A})$$

2. AP0 开关的选择

根据控制关系可知，电流值 $I_{30(AP1\sim AP4)}$ 应当为 AP0 中回路 1 的计算电流，它要担负 AP1～AP4 四路负载的分配与控制。保护开关的选择，要考虑到 AP1～AP4 的负载同时启动的可能性，又由于此供电范围与各分配电柜内的分路控制范围相比较大，根据同时使用系数的规律，范围越大，系数越小，因此一般取 1～2 倍的电流裕度，这里取 1.5 倍，AP0 回路 1 的整定电流值取 200×1.5＝300（A）。根据 TM 系列断路器的规格参数，参看表 2-5，

壳架电流为 400 A 的开关中有 315 A 的额定电流规格，略大于计算值，因此额定电流就确定为 315 A。在 AP0 中，通常还要考虑照明控制的功能，因为设计时会把全车间的照明控制放在总配电柜，这里选择 20 kW 的照明容量，至于照明的分相、分路控制在此不做表述；另外同样也要考虑一定的备用容量，因此选择出回路 2、3、4、5 的开关参数。根据这些要求，再确定出 AP0 总开关的容量。

考虑到选择回路 1 的开关时已经留出了一定的裕度，又由于五个回路间存在不同时的可能性，根据一般上、下级的保护原则，总开关的电流值只需稍大于回路 1 的电流值即可。在综合上述因素以后，通过查看表 2-5，壳架电流为 400 A 的开关中，额定电流大于 315 A 的有 350 A 和 400 A 两个规格，这里选择 350 A。计算、选择完成的 AP0 供配电系统图如图 2-38 所示。

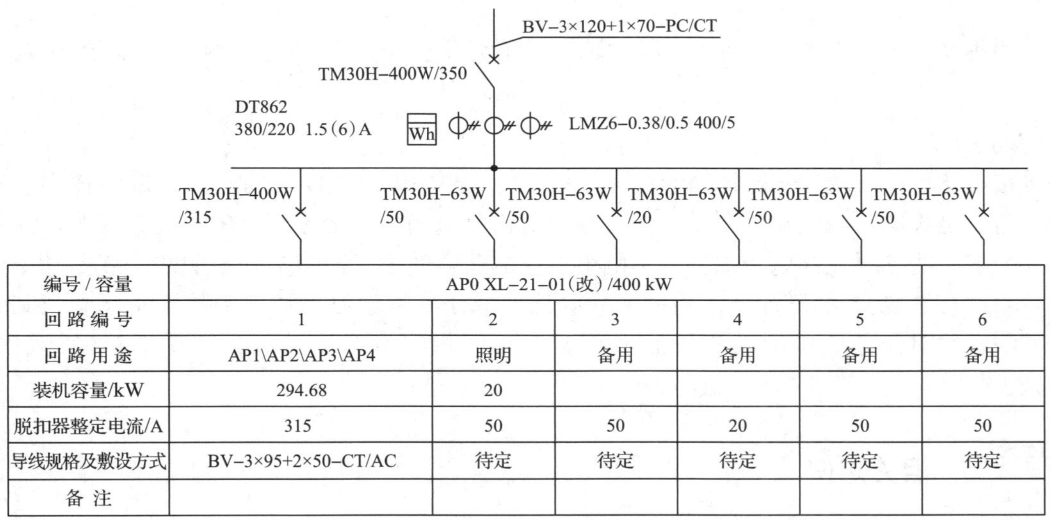

编号 / 容量	AP0 XL-21-01(改)/400 kW					
回路编号	1	2	3	4	5	6
回路用途	AP1\AP2\AP3\AP4	照明	备用	备用	备用	备用
装机容量/kW	294.68	20				
脱扣器整定电流/A	315	50	50	20	50	50
导线规格及敷设方式	BV-3×95+2×50-CT/AC	待定	待定	待定	待定	待定
备注						

图 2-38　AP0 供配电系统图

3. 导线截面的选择

（1）AP0 回路 1 出线截面的选择。回路 1 的计算电流值为 200 A，查看表 2-6，接近或满足该要求的有 95 mm^2 和 120 mm^2 两种，应当说两种均可，选择 95 mm^2 更经济一些，因为机床大多工作在轻载状态，且本车间供电距离也不是很长，所以这里选择 95 mm^2。

（2）AP0 电源进线截面的选择。在回路 1 的基础上，再加上照明负荷及备用负荷，参看表 2-6，能满足这个要求的有 120 mm^2 和 150 mm^2 两个规格，综合考虑后选择 120 mm^2，如图 2-38 所示。

由于本车间全长为 62 m，所以在选择导线时省略电压降的验证，至此，本任务所提出的要求已经全部实施完成。

在图 2-38 中有电流互感器和电能表，AP1～AP4 中的电流互感器主要用于电流值的显示，而 AP0 中的电流互感器则除了电流显示，还用于电能计量，一般设计时会在每个用户的总配电柜里设置电能计量装置。

任务4　工厂的无功功率及其补偿

任务目标

◆ 熟悉无功功率的基本成因和危害。

◆ 掌握无功功率补偿的基本方式。

任务引入

根据 $P_{30}=\sqrt{3}U_NI_{30}\cos\varphi$ 可以看出，计算负荷受 $\cos\varphi$ 值的影响，而电流值 $I_{30}=\frac{P_{30}}{\sqrt{3}U_N\cos\varphi}$。

很显然，$\cos\varphi$ 影响着计算电流值，经分析，当 $\cos\varphi$ 比较小的时候，做同样多的有功，需要更大的负载电流。这是一个必须面对而且应当引起足够重视的问题，因为电流的增大会带来线路损耗和电压损失，影响着电网的运行效率，而影响的根源之一就是功率因数 $\cos\varphi$，无功功率的增加会使功率因数降低。本任务将学习无功功率的基本概念及其补偿方法，并对任务 3 中的某机械制造厂金工车间供配电系统进行无功功率补偿计算与实施。

相关知识

一、无功功率及无功电流

由任务引入可知，在计算电力负荷的公式中有 $\cos\varphi$，即功率因数，而且功率因数影响着电力系统负荷的大小和运行效率，因此有必要先学习功率因数的概念，分析影响功率因数大小的无功功率及无功电流。下面以图 2-39 所示电路的工作状态进行阐述。

图 2-39 所示电路是一个交流电源通过变压器降压，点亮一盏白炽灯的控制电路，当S1、S2 均未接通时，变压器 T 的一次侧和二次侧均没有电流流过。当 S1 闭合 S2 断开时，在变压器的一次侧就会流过一次电流，如图 2-40a 中的虚线所表示的部分。但此时由于 S2 并没有闭合，所以变压器并未做功。流过变压器一次侧的电流不是用于做功，那又是用于做什么呢？答案是用来建立磁场。只是在建立磁场的同时，在一次绕组上也形成了少量铜损，由于量小，一般分析时忽略不计，因此建立磁场的电流就是无功电流，即 I_Q，此无功电流形成

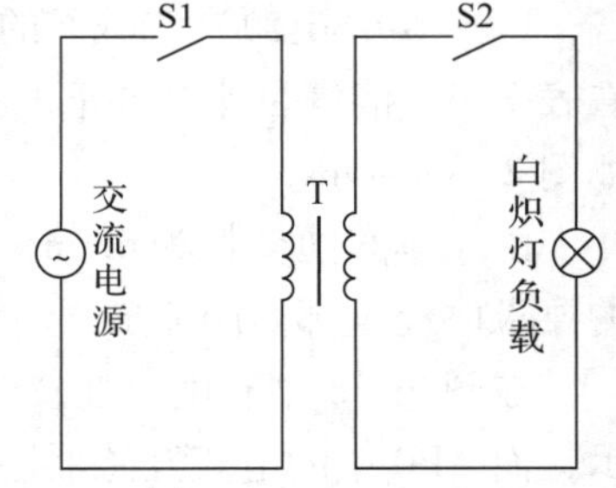

图 2-39　有功、无功示意图 1

的功率称为无功功率 Q。

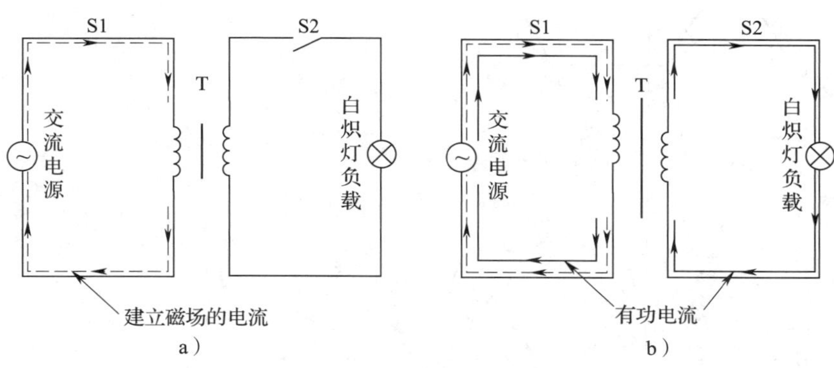

图 2-40　有功、无功示意图 2

但无功绝非无用，电动机、变压器在传递功率过程中，必须建立磁场。建立磁场的电流会在铁心中形成一定的铁损，也称空载损耗，也叫做不变损耗，之所以不变是因为变压器做好以后其电感量及铁心大小就不变了，如果忽略变压器空载时少量的铜损，就认为建立磁场的电流只跟电感量和铁心大小有关。所以分析上认为该损耗只跟变压器的容量有关，跟输出电流无关。相同的概念也可以扩展到电动机，其空载损耗也是不变损耗，跟输出电流无关，只跟电动机容量有关。跟变压器一样，当一个电动机做好以后，其无功功率就确定了，且只跟其容量有关，跟其输出电流大小无关，只是变压器空载损耗中主要是铁损，而电动机空载时需要转起来，所以其空载损耗中除了铁损 P_{Fe} 外，还有少量的有功损耗，但分析中也认为是不变的，且只跟电动机的容量有关。当开关 S2 闭合后，白炽灯点亮，就形成有功功率，如图 2-40b 所示。

二、不同电路元件在交流电路中的有功和无功

1. 纯电阻负载

在电路原理中已知，交流电路中有功功率的定义为平均功率，以纯电阻负载为例进行说明，如图 2-41 所示。纯电阻负载在工厂中并不是主要的负载形式，较常见的如白炽灯、小型电阻炉、电加热管等。由于纯电阻负载上的电压和电流永远保持同相位，因此无论是在正半周期还是在负半周期，其电压与电流相乘均为正值，平均功率值只有相加。因此，在任何情况下，有功功率都只能消耗在电阻上，而纯电阻负载只能产生有功功率。

2. 感性负载

感性负载是工厂电气负载中最主要的负载形式，如交流电动机、各种变压器以及各种电磁线圈和接触器线圈等。由于电路中存在电感元件，因此负载呈现感性，其基本特征就是当加上交流电压后，其负载电流是滞后电压一定角度的，而不是像纯电阻负载那样始终保持同相位，如图 2-42 所示。

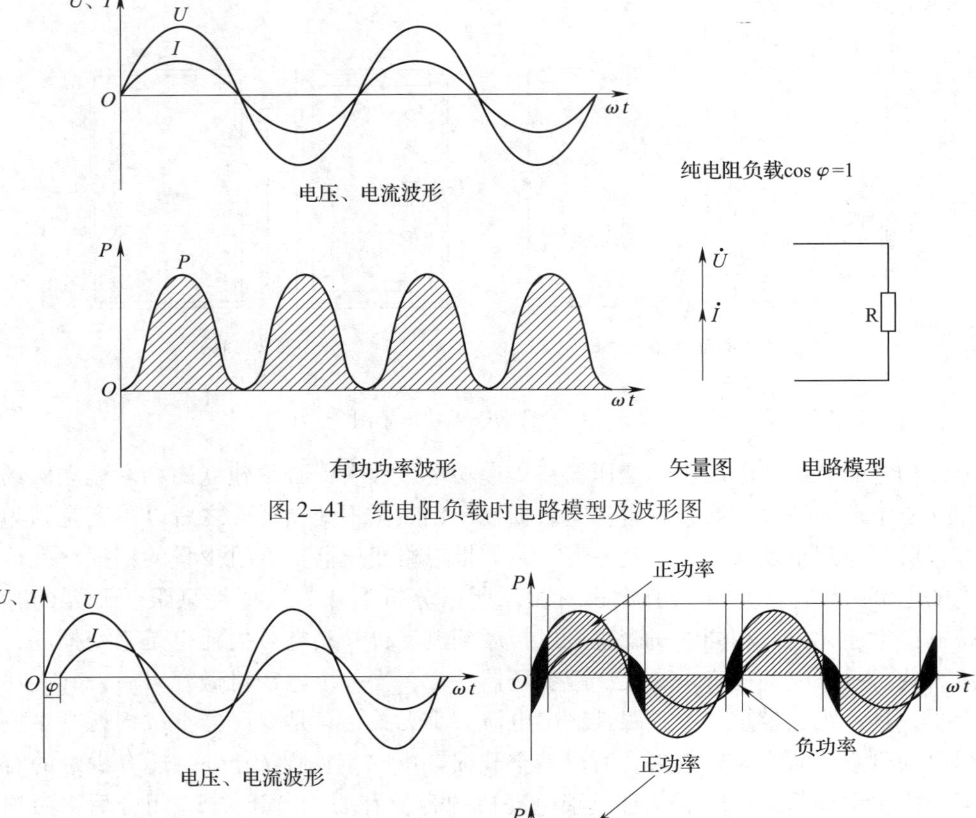

图 2-41　纯电阻负载时电路模型及波形图

图 2-42　感性负载时电路模型及波形图

由于电流相位的滞后，在一个变化周期内就出现了电压极性和电流极性不统一的时段，相乘以后就会出现负功率。当电压变化一个周期后，平均功率即有功功率因此而减少。但是实际上负载的有功功率输出是不能减少的，它只跟所带的负载大小有关，跟负载性质无关，在图 2-42 中，就只跟电阻值有关，如果电阻没有变化，有功功率就不变，因为有功功率只能消耗在电阻上，而无功功率却只能消耗在电感上。由于无功电流的增加，电源就要提供更大的容量以满足有功功率的输出，这就使得电源运行效率降低。而且，电路中的电感分量越大，电流的滞后就越大，电网效率就越低，因此必须予以足够重视。

3. 纯电感负载

交流电路中只有纯电感负载的情况下，由电路原理可知，此时流过电感的电流要滞后电压 90°角，如图 2-43 所示。

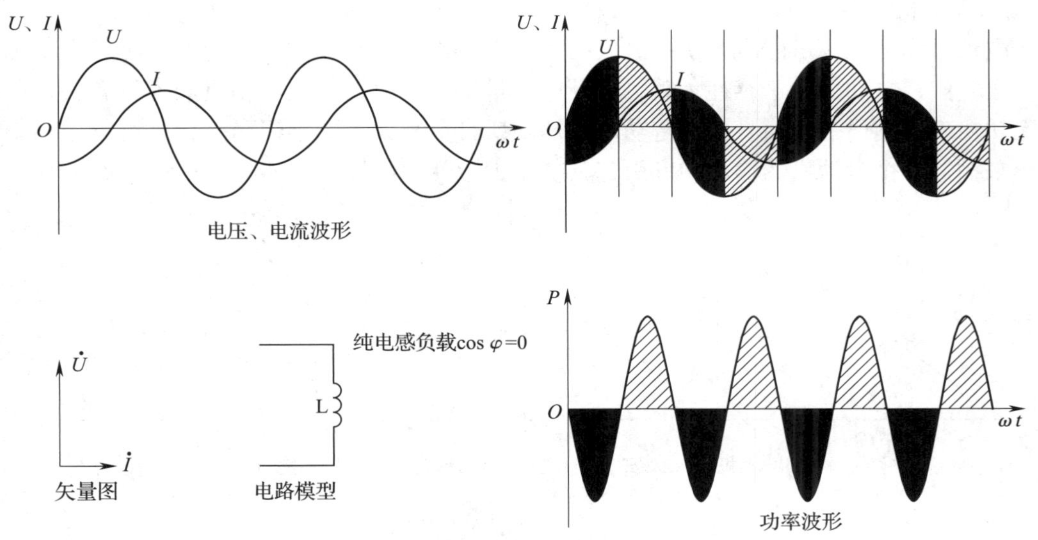

图 2-43　纯电感负载时电路模型及波形图

由于电流滞后了 90°角，从功率波形图可以看到，电压变化一个周期后，平均功率为零。也就是说，电感元件属于储能元件，不消耗有功功率，因而不做功。它只会产生无功功率，即在任何情况下无功功率只会消耗在电感、电容上，它们接在电源上只是不停地和电源做能量交换，即不断地吸收和释放功率。但它们在不断地吸收和释放功率的同时，要占用变压器的容量和导线的截面，因此会降低变压器的出力，即做功能力，同时也使得电网输电能力降低。实际上，变压器空载运行时的状态跟纯电感负载相类似，如图 2-44 所示的那样。

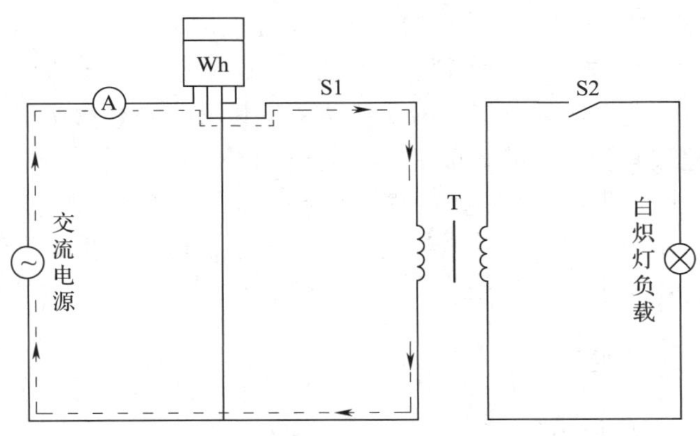

图 2-44　接电度表的空载运行的变压器

例如，把一只空载的变压器接到交流电源上且接在有功电度表的后面，并同时串上一只电流表。当 S1 接通后，尽管也会测量出有电流流过，但那大多是无功电流，它的大小只跟变压器的容量大小有关。当观察电度表时，如果使用的电度表是机械转盘式电度表，会发现这时表盘并不转动，因此不会引起有功功率的计量。相类似的负载还有空载的电焊变压器等。

4. 电动机负载

电动机作为工厂供配电系统中最大的用电设备，讨论其无功、有功的状况很有实际意义。很显然，电动机属于感性负载，且其电感量是个定值，只跟电动机的容量有关，所以其无功功率也同样是定值。但其有功功率却随所带负载大小的不同而变化。可以用功率三角形来描述一个电动机的输出功率引起其功率因数变化的情况，如图 2-45 所示。

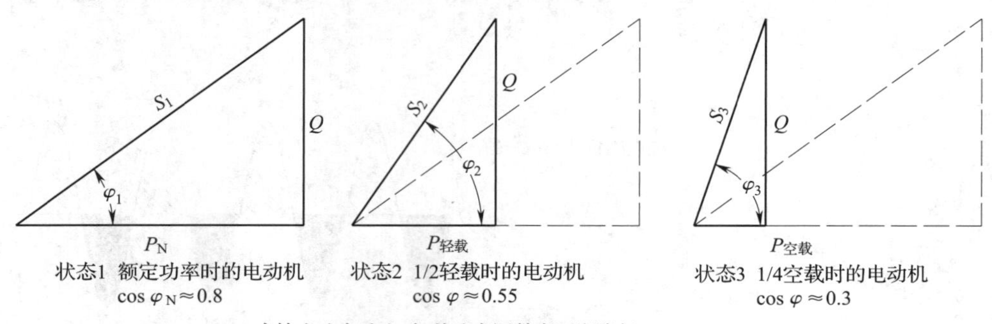

图 2-45　电动机的功率三角形

图 2-45 中的状态 1 是电动机工作于额定状态下的功率三角形，其输出功率为额定值 P_N，且额定输出时电动机的功率因数最高，一般为 0.8~0.85，这时电动机消耗的有功功率比无功功率多，电网运行效率较高，虽仍有待提高，但至少其自然功率因数较高；如果电动机工作于轻载的状态下，如图 2-45 中的状态 2，输出一半有功功率时，由于无功功率是不变的，其自然功率因数 $\cos\varphi$ 由 0.8 降为 0.55 左右，功率因数由于输出功率的减少而降低。状态 2 的功率三角形表达的物理意义：要保证电动机输出功率为 P_2，供电系统就要提供 S_2 的容量，此时的 S_2 几乎为 P_2 的两倍，因此电网的运行效率很低。当电动机空载时，一般分析时认为，其输出功率为额定功率的 1/4，也是因为无功功率不变，所以其功率因数降为 0.3 左右，此时电动机消耗的无功功率是其消耗的有功功率的 3 倍，而电源为此提供的容量已经超过有功功率的 3 倍多，因此电网的运行效率就更低，如图 2-45 中的状态 3。由于机床主电动机大多工作于轻载状态下，如同图 2-45 中的状态 2，因此其功率因数多为 0.5 左右。就像在表 2-3 中看到的金属冷加工机床，无论大批量生产或小批量生产，其功率因数均为 0.5。

三、无功功率的补偿

1. 无功功率补偿的必要性

由以上分析可知，当交流电路中存在感性负载时，就会产生无功功率，使功率因数降低。功率因数 $\cos\varphi$ 在电力行业里也称为力率，即出力的效率。如果考核一个用电单位一个月的力率水平的话，就称为平均力率，也就是一个月的平均功率因数，而过低的功率因数使电网的运行效率降低，会导致两个方面的问题。

（1）使电力线路的输电能力降低。导线中流动的不仅有用于做功的有功电流，还有用于建立磁场的励磁电流，也就是无功电流。无功电流不做功，却占用着导线的输电能力，如果电网的功率因数过低，使得导线中流过无功电流过大的话，可直接导致系统供电能力降低、线路损耗增大，末端电压质量不能保证，如图 2-46 所示。

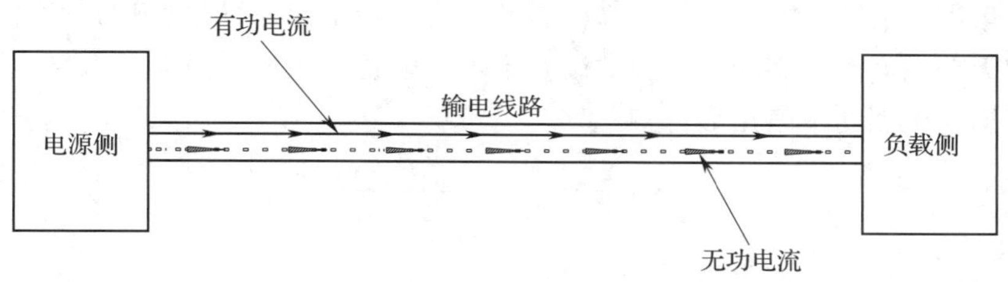

图 2-46 无功电流占用输电线路的情况

（2）使变压器运行效率降低。在图 2-46 中，如果电源侧用来表示供电变压器，该变压器不但要提供负载的有功电流，还要提供负载的无功电流，从而使变压器的运行效率降低。例如，一台变压器运行于功率因数为 0.5 的负载系统中，当其输出有功功率刚达到其额定容量的一半时，该变压器就已经满负荷运行了，其总电流已经接近额定值，多出的就是无功电流，这就严重降低了变压器的运行效率。按一般要求，变压器最高运行于 60%的负荷率时，该变压器只能输出 30%的有功功率。因此应当给予足够的重视，进行合理地补偿。

国家电网公司为了提高电网的运行效率，用经济手段强制用户提高功率因数，即提高用户的平均力率，一般规定 160 kV · A 以上的高压用户的平均力率不得低于 0.9。对平均力率高于 0.9 的用户将减收电费；对平均力率低于 0.9 的用户将增收电费。表 2-7 为功率因数调整电费表。

表 2-7 功率因数调整电费表

<table>
<tr><th colspan="2">减收电费</th><th colspan="4">增收电费</th></tr>
<tr><th>实际功率因数</th><th>月电费减收/%</th><th>实际功率因数</th><th>月电费增收/%</th><th>实际功率因数</th><th>月电费增收/%</th></tr>
<tr><td>0.9</td><td>0.00</td><td>0.89</td><td>0.5</td><td>0.75</td><td>7.5</td></tr>
<tr><td>0.91</td><td>0.15</td><td>0.88</td><td>1.0</td><td>0.74</td><td>8.0</td></tr>
<tr><td>0.92</td><td>0.30</td><td>0.87</td><td>1.5</td><td>0.73</td><td>8.5</td></tr>
<tr><td>0.93</td><td>0.45</td><td>0.86</td><td>2.0</td><td>0.72</td><td>9.0</td></tr>
<tr><td>0.94</td><td>0.60</td><td>0.85</td><td>2.5</td><td>0.71</td><td>9.5</td></tr>
<tr><td rowspan="9">0.95~1.0</td><td rowspan="9">0.75</td><td>0.84</td><td>3.0</td><td>0.70</td><td>10.0</td></tr>
<tr><td>0.83</td><td>3.5</td><td>0.69</td><td>11.0</td></tr>
<tr><td>0.82</td><td>4.0</td><td>0.68</td><td>12.0</td></tr>
<tr><td>0.81</td><td>4.5</td><td>0.67</td><td>13.0</td></tr>
<tr><td>0.80</td><td>5.0</td><td>0.66</td><td>14.0</td></tr>
<tr><td>0.79</td><td>5.5</td><td>0.65</td><td>15.0</td></tr>
<tr><td>0.78</td><td>6.0</td><td colspan="2" rowspan="3">功率因数自 0.64 及以下，每降低 0.01 电费增加 2%</td></tr>
<tr><td>0.77</td><td>6.5</td></tr>
<tr><td>0.76</td><td>7.0</td></tr>
</table>

2. 平均力率的计算

既然电网公司一般只会考核用户的平均力率，即月平均功率因数，就可以从一个用户的总电费计量端获取计算数据。一般高供高计（高压供电高压计量）用户的计量表分为有功电度表和无功电度表，有功电度表的读数是收取电费的依据，而无功电度表则为考核平均力率的依据。根据功率三角形可知

$$\cos\varphi=\frac{P}{S}=\frac{P}{\sqrt{P^2+Q^2}} \tag{2-21}$$

同理，也可以将上式变化为

$$\cos\varphi=\frac{P}{S}=\frac{P}{\sqrt{P^2+Q^2}}=\frac{W_P}{\sqrt{W_P^2+W_Q^2}}=\frac{1}{\sqrt{1+\left(\frac{W_Q}{W_P}\right)^2}} \tag{2-22}$$

式中 W_P——有功电度表读数；

W_Q——无功电度表读数。

将抄表并计算（因为肯定存在倍率）得到的 W_P、W_Q 代入式（2-22）即可算出用户一个月的平均力率。

【例 2-2】 一用户抄表并经计算得出的数据如下。

有功电度表抄表电量为 55 kW · h，无功电度表抄表电量为 7.3 kvar · h，电流倍率为 15（75/5），电压倍率为 100（10/0.1），则

$W_P=55\times15\times100=82\ 500(\text{kW}\cdot\text{h})$；$W_Q=7.3\times15\times100=10\ 950(\text{kvar}\cdot\text{h})$

根据式（2-22），代入后得到

$$\cos\varphi=\frac{1}{\sqrt{1+\left(\frac{W_Q}{W_P}\right)^2}}=\frac{1}{\sqrt{1+\left(\frac{10\ 950}{82\ 500}\right)^2}}\approx0.99$$

高于 0.9，将减收电费，根据表 2-7，减收总电费的 0.75%。如果经过计算月平均功率因数低于 0.9，就要加收电费，若带来经济损失，就必须进行补偿。

因此，平均力率不仅是个技术参数，同时还是经济指标。

3. 无功功率补偿的基本原理和方式

在交流电路中，流过感性负载的电流滞后电压一定角度，流过纯电感负载的电流滞后电压 90°。同样，流过纯电容负载的电流超前电压 90°。无功功率补偿的基本原理是把容性负载与感性负载并联接在同一电路中，当容性负载释放能量时，感性负载吸收能量，而感性负载释放能量时，容性负载却在吸收能量，能量在两种负载之间互相交换。这样，感性负载所吸收的无功功率可由容性负载输出的无功功率补偿，这就是无功功率补偿的基本原理。

图 2-47 所示为不同性质负载电流和电压相位的矢量图及投入电容负载后的补偿变化。在图 2-47a 中，感性负载电流滞后电压一定角度，容性负载电流超前电压一定角度，而纯电感负载和纯电容负载的电流则相差 180°，这就是 $\cos\varphi$ 补偿的依据。所以当投入一定的

纯电容负载后，从图 2-47b 看到，感性负载电流从滞后 φ_1 变化为滞后 φ_2，其结果使得功率因数提高；如果投入合适的纯电容负载，感性负载电流的滞后角 φ_1 可以变为 0，如图 2-47c 所示。

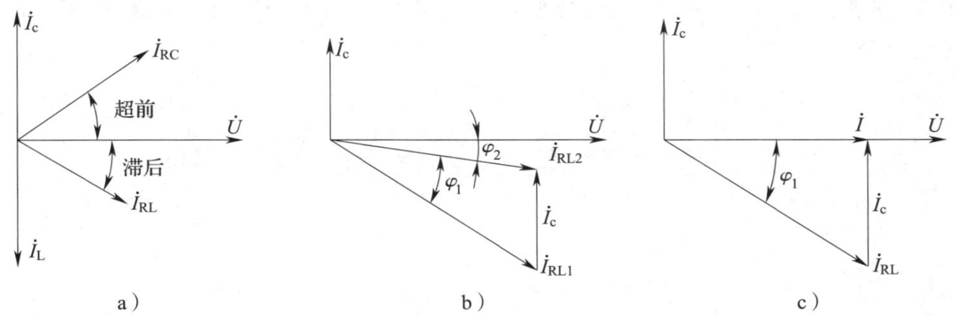

图 2-47　不同性质负载电流和电压相位的矢量图及投入电容负载后的补偿变化

a）不同性质负载电流和电压相位的矢量图　b）投入一定电容后 φ_1 减小到 φ_2

c）投入合适电容后 φ_1 变为 0

如果用波形图来描述上述矢量图的效果，则如图 2-48 所示。

从图 2-48 中得知，在感性负载旁边并联电容器后，在不改变电路参数 R、L 的情况下，负载的无功功率得到补偿，因此该补偿电容器在工程上也称为“并联电容器”；又由于补偿后从波形图的效果可以看到电流的相位得以向前移动，所以也称为“移相电容器”。R 没有改变，就意味着有功输出没有改变，L 没有改变，同样意味着负载电路元件的容量没有改变，比如电动机的功率没有改变，但是负载的功率因数却得以提高，而这正是人们想看到的结果，这个过程就是无功功率补偿。

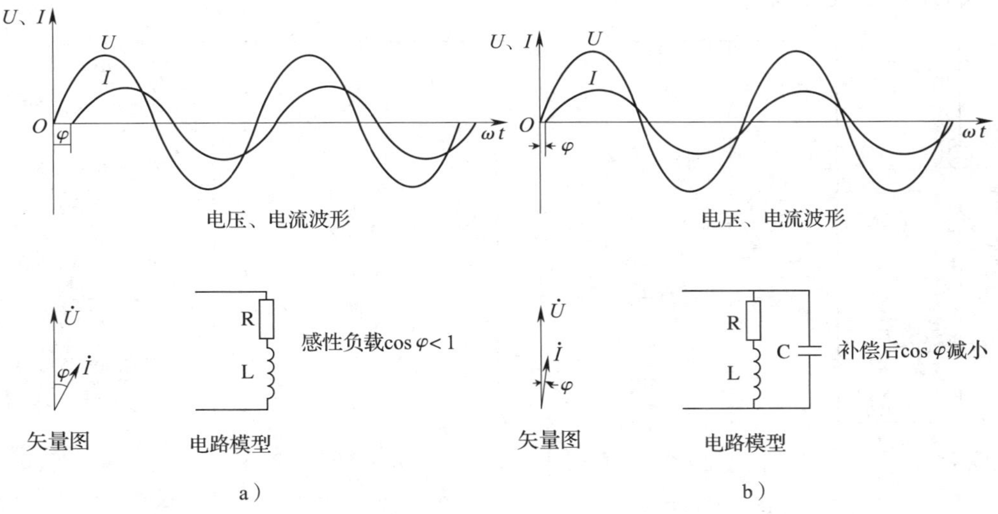

图 2-48　电容补偿后的电路状况变化

a）补偿前的电路状况　b）补偿后的电路状况

4. 工程上常见的补偿方式

在工程上一般采用两种补偿方式：集中补偿和分散就地补偿。

（1）集中补偿。适用于送电距离比较近且补偿容量不是太大的中小型工厂，补偿时，一般在变、配电室或车间变电所的低压侧集中安装无功功率补偿设备。图 2-49 所示为电源端的集中补偿。

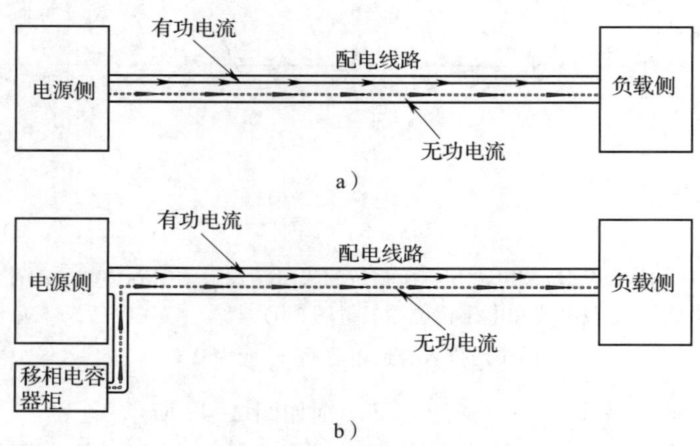

图 2-49 电源端的集中补偿

a）补偿前 b）补偿后

由于补偿容量不是很大、距离不是很远，无功电流通过配电线路对负载进行补偿，不会产生很大的损耗和电压降，但变压器不再提供无功电流或基本不提供无功电流。这也是大多数工厂和非工厂类电力用户所采用的补偿方式。图 2-50 所示为某车间变电所集中补偿方式的低压配电系统。

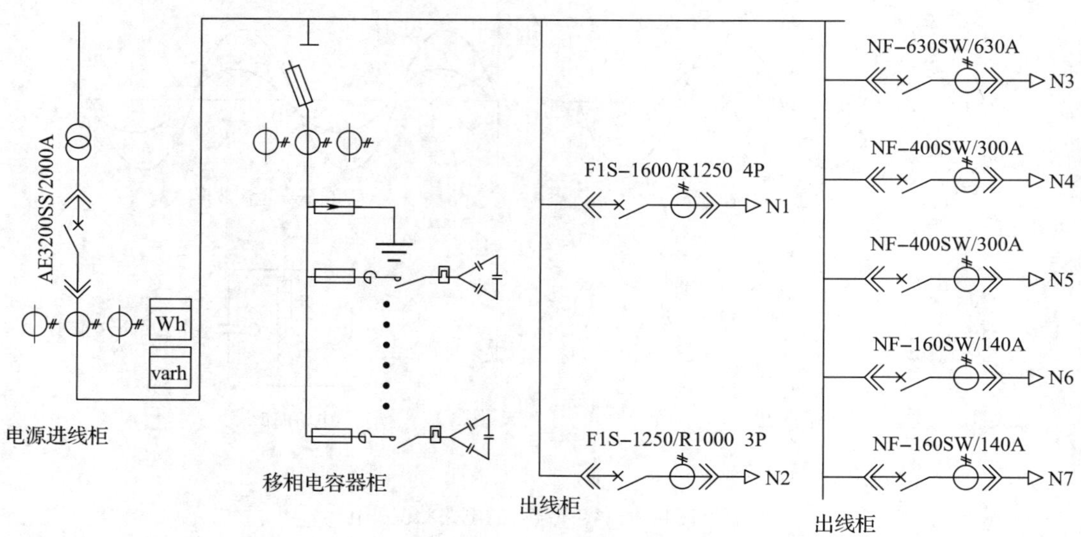

图 2-50 某车间变电所集中补偿方式的低压配电系统

（2）分散就地补偿。适用于送电距离较远且设备比较分散的中、大型工厂，补偿时在用电地点或较大容量设备附近安装补偿设备。对于采用低压配电方式供电的大容量车间，在其配电线路的末端、车间电源处安装移相电容器柜。图 2-51 所示为负载端的分散就地补偿，图中表示的为功率因数补偿到 1 时的情况。

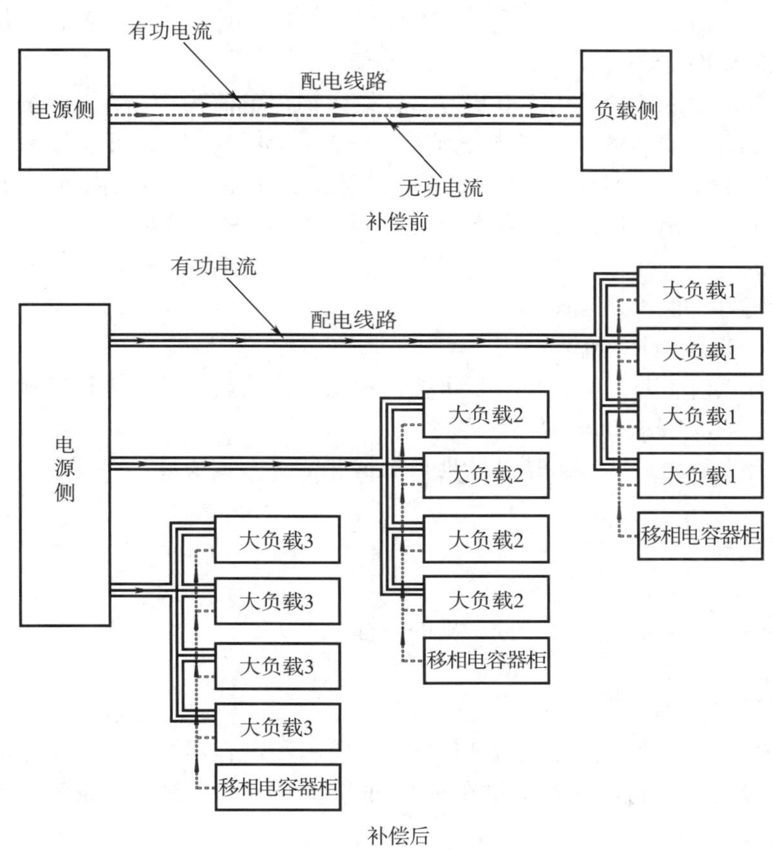

图 2-51　负载端的分散就地补偿

从图 2-51 中可以看出，移相电容器柜放在了配电线路的末端，也就是负荷端，由移相电容器柜就近对感性负载进行补偿，既提高了变压器的运行效率，也减少了输电线路的损耗，起到了较好的补偿效果，但设备过于分散，使得设备成本增加，给运行和维护都带来了一定的难度。

5. 工程上补偿容量的确定

确定补偿容量时，可根据供电容量和负荷性质进行估算，市场上成品低压移相电容器柜主要有两个规格指标供选择：①最大输出电流，其实表达的是其所拥有的电容器数量，即补偿容量；②控制输出路数，表示其所拥有的电容器分几路输出，过去多采用 1、2、3、3 的输出方式，即分四路，第一路 1 只电容器，第二路 2 只电容器，第三、第四路都是 3 只电容器，但现在多采用对称方式，比如每路 1 只或 2 只。根据以上实际情况，可以采用比较简单的估算方式确定补偿容量。

（1）采用集中补偿时

1）当自然功率因数较低时，如连续生产的金属冷加工机床，要达到应有的补偿效果（如0.9以上），其最大补偿容量可根据配电变压器的最大输出电流确定。一般可按配电变压器最大输出电流的50%来选择补偿电容器柜的电流值。

2）当自然功率因数不太低时，如生活照明、办公照明为主的负荷，可按配电变压器最大输出电流的30%选择补偿电容器柜的电流值。

比如，某配电变压器容量为500 kV·A，最大输出电流为760 A，如按50%补偿容量来选择，则补偿电容器柜的最大输出电流应为300～350 A。这时可选择两台输出电流为150 A或200 A的补偿电容器柜，然后再根据被补偿负荷在一定时间内 $\cos\varphi$ 的实际波动频度，确定补偿电容器柜的控制输出路数，比如可选择8路或12路等，它一般会等于所拥有电容器数量的一半。在电流值确定的情况下，控制输出路数越多，如每路1只电容器，补偿效果就会越好，但价格也越高。

（2）采用分散就地补偿时

分散就地补偿时，其最大补偿容量可按被补偿负荷的最大计算电流来确定，并根据负荷性质的不同采取50%或30%的补偿容量。

在确定了补偿容量后，应根据补偿地点的情况留有一定余量。

任务实施

以任务3中的金工车间作为任务实施的目标。

一、补偿方案的确定

为提高补偿效率，采用分散就地补偿方式，将移相电容器柜安装在该车间内的低压进线总配电柜AP0处，并将电容器柜接在AP0回路6下面。为此需将原回路6的断路器进行更换。

二、补偿容量的确定

根据任务3，车间总的计算电流为 $I_{30(AP1\sim AP4)}$ +照明电流，这里将照明电流估算为50 A，则总的计算电流为 $I_{30}=200+50=250(A)$。

根据对本车间用电设备的分析，本车间以机床设备为主，属于自然功率因数较低的负载，因此补偿电流为总计算电流的一半，即125 A。

又因为本车间的机床属于大批量生产的金属冷加工机床，其负载变化不是很频繁，故其控制输出的路数不宜很多，也就是要求电容器的投切频度不能太高，因此选择路数为8路。将补偿电流除以8，则每路计算电流为 $125/8\approx15.63(A)$。

表2-8为某品牌电容器规格参数表。从表2-8中看到，其中的12 kvar电容器比较接近，其每只电流为17.3 A，因此选择结果如下。

选择12 kvar电容器8只，总共产生电容电流为 $I_C=8\times17.3\approx138(A)$。

即选择单只容量为 12 kvar 的电容器，分 8 路进行控制，总的补偿容量为 $Q_C=12\times8=96(\text{kvar})$，可产生 138 A 的补偿电流。

表 2-8　某品牌电容器规格参数表

序号	产品型号（BSMJ BCMJ）	额定电压/kV	额定容量/kvar	额定频率/Hz	额定电容/μF	额定电流/A
1	0. 4-3-3	0. 4	3	50	59. 7	4. 3
2	0. 4-4-3	0. 4	4	50	79. 6	5. 8
3	0. 4-5-3	0. 4	5	50	99. 5	7. 2
4	0. 4-6-3	0. 4	6	50	119	8. 7
5	0. 4-7. 5-3	0. 4	7. 5	50	149	10. 8
6	0. 4-8-3	0. 4	8	50	159	11. 5
7	0. 4-10-3	0. 4	10	50	199	14. 4
8	0. 4-12-3	0. 4	12	50	239	17. 3
9	0. 4-14-3	0. 4	14	50	279	20. 2
10	0. 4-15-3	0. 4	15	50	299	21. 7
11	0. 4-16-3	0. 4	16	50	318	23. 1
12	0. 4-18-3	0. 4	18	50	358	26. 0
13	0. 4-20-3	0. 4	20	50	398	28. 9
14	0. 4-22-3	0. 4	22	50	438	31. 8
15	0. 4-24-3	0. 4	24	50	478	34. 6
16	0. 4-25-3	0. 4	25	50	498	36. 1
17	0. 4-28-3	0. 4	28	50	557	40. 4
18	0. 4-30-3	0. 4	30	50	597	43. 3
19	0. 4-32-3	0. 4	32	50	637	46. 2
20	0. 4-40-3	0. 4	40	50	796	57. 7
21	0. 4-45-3	0. 4	45	50	896	65. 0
22	0. 4-50-3	0. 4	50	50	995	72. 2
23	0. 4-60-3	0. 4	60	50	1 194	86. 6

用计算的方式也能做出选择，但比较麻烦，计算如下。

设补偿后的功率因数为 0. 95，机床的自然功率因数为 0. 5，则

根据
$$Q=P_{30}\times[\tan(\arccos\varphi_1)-\tan(\arccos\varphi_2)] \tag{2-23}$$

$$Q=66.3\times[\tan(\arccos 0.5)-\tan(\arccos 0.95)]$$

$$Q\approx66.3\times(\tan 60-\tan 18)\approx93.3(\text{kvar})\approx100(\text{kvar})$$

还是分 8 路控制，则有 100/8 = 12. 5 （kvar）。选用 12 kvar 的电容器，则每只电容器的电流为 17. 3 A，结果比较接近。补偿计算完成后的 AP0 系统图如图 2-52 所示。

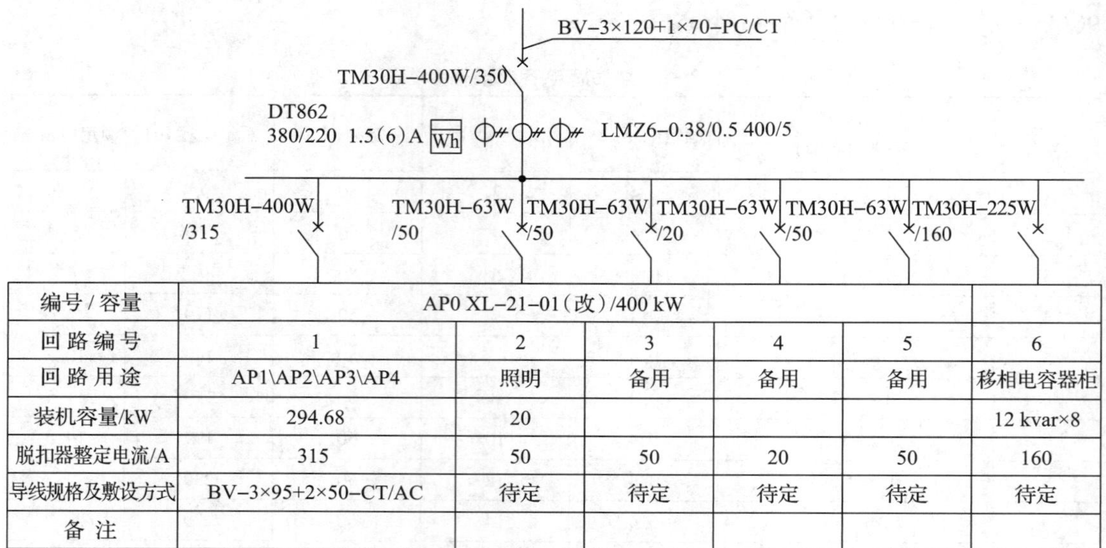

编号 / 容量	AP0 XL-21-01（改）/400 kW					
回路编号	1	2	3	4	5	6
回路用途	AP1\AP2\AP3\AP4	照明	备用	备用	备用	移相电容器柜
装机容量/kW	294.68	20				12 kvar×8
脱扣器整定电流/A	315	50	50	20	50	160
导线规格及敷设方式	BV-3×95+2×50-CT/AC	待定	待定	待定	待定	待定
备注						

图 2-52　补偿计算完成后的 AP0 系统图

其中的馈出回路 6 的断路器改为 TM30H-225W/160，留有一定余量。但 AP0 的总开关不用更换，因为在自动投切补偿的工作方式下，电容器柜的电流是不通过总开关的，运行后它只能减小总开关的电流，而不是增大，即减小的电流恰恰是从电源端输入的无功电流，这就是无功功率补偿的意义。

任务 5　短路的原因与危害

任务目标

- 熟悉短路产生的原因和危害。
- 了解中性点运行方式的基本概念。

任务引入

从前面的学习中可知，在低压配电系统中大量使用各种规格的断路器，而任何断路器都至少有一个短路保护功能，这主要是为了应对“短路”，因为短路是电力系统中最常见也是后果最严重的一种故障。本任务主要了解短路的基本类型，短路的原因及危害；了解中性点采用不同接地方式发生单相接地故障时的特点。

任务分析

用户对供配电系统的要求是安全、可靠、不间断地供电以及良好的电能质量，以保证生产和生活的需要，这也是进行供配电设计时必须遵循的原则。设计中要根据用电负荷的大小，恰当地选择导线和开关，一方面满足正常的负荷电流，并产生允许的电压降；另一方面在短路事故发生时足够的导线截面可以保证保护元件能有效分断。但在实际运行中，当系统发生短路时，短路形成的非正常电流数值很大，将使系统的电压急剧下降，使用电设备不能正常运行；巨大的短路电流有时还会超过保护设备如断路器的最大遮断电流（I_{cu}），使其无法有效分断，造成电力系统的稳定运行被破坏和电气设备损坏。因此，必须充分认知和了解短路的原因及危害。

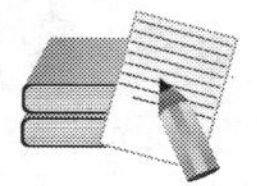

相关知识

一、短路的类型

所谓“短路”，是指三相系统中相与相之间或相与地之间或相与零之间的非正常连接，这种不正常的连接可能通过小阻抗回路形成，如绝缘失效；也可能以电弧的形式形成，如弧光短路。短路的基本类型有三相短路、两相短路、单相接地（接零）短路和两相接地（接零）短路。

各种短路可用相应的文字符号表示：三相短路—$K^{(3)}$、两相短路—$K^{(2)}$、单相接地（接零）短路—$K^{(1)}$、两相接地（接零）短路—$K^{(1.1)}$。图 2-53 所示为短路的基本类型。

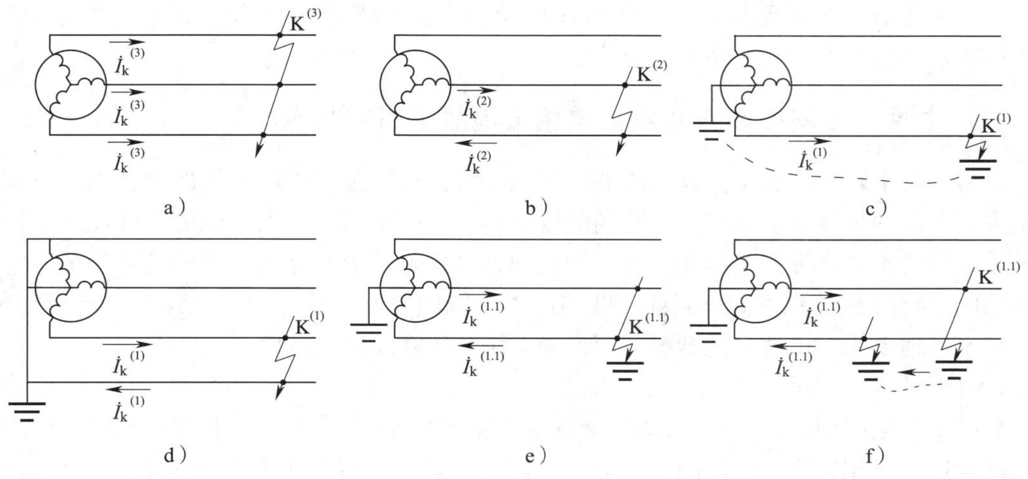

图 2-53　短路的基本类型

a）三相短路　b）两相短路　c）单相接地短路　d）单相接零短路

e）两相短路并接地　f）两相同时接地短路

其中三相短路属于对称性短路，其他几种形式的短路均为不对称短路。电力系统发生单相接地短路故障最多，发生三相短路的可能性最小。但一般情况下，三相短路的短路电流最大，造成的后果最严重。为了使电气设备在最严重的短路情况下也能可靠工作，在选择和校验电气设备的短路电流计算中，以三相短路电流为主。

二、短路的原因和危害

短路的主要原因是电气设备载流部分间的绝缘被损坏。引起绝缘损坏的原因有过电压、绝缘的自然老化和污秽、运行人员维护不周及机械损伤。其他一些电力系统故障也可能导致短路，如输电线路断线和倒杆、运行人员违章操作、鸟或小动物跨接裸导体等。

短路对电力系统的危害主要有以下几方面。

（1）电力系统发生短路时，短路回路的电流急剧增大，可达到正常负荷电流的几倍甚至几十倍，数值可能达到几十千安甚至几百千安。巨大的短路电流通过导体时，一方面会使导体严重发热，造成导体过热甚至熔化，进一步损坏设备绝缘；另一方面，巨大的短路电流还会产生很大的电动力作用于导体，使导体遭到机械方面的损坏，包括变形。

（2）短路时往往伴随有电弧的产生，能量极大、温度极高的电弧不仅可能烧坏故障元件本身，还可能烧坏周围设备或危及人身安全。

（3）电力系统发生短路时，系统电压大幅度下降，严重时可能造成电力系统崩溃直至系统瓦解，出现大面积停电的严重事故。

（4）短路时，电力系统中功率分布的突然变化和电压严重下降，可能破坏各发电机并列运行的稳定性，使整个系统被分裂成不同步运行的几个部分。短路时，电压下降得越大、持续时间越长，系统运行的稳定性受到破坏的可能性就越大。

（5）不对称接地短路故障将产生零序电流，它会在邻近的通信线路内产生感应电动势，造成对通信线路和信号系统的干扰。

三、中性点不同接地方式发生单相接地故障时的特点

电力系统中短路的后果与其电源的中性点是否接地有关。供电系统的中性点，也就是这里说的电源的中性点，是指星形联结的变压器或发电机的中性点。电力系统往往会出现各种故障，其中最常见的是单相故障，为处理这些故障，中性点根据不同的系统情况，采用不同的运行（接地）方式。目前，我国电力系统中普遍采用的中性点运行方式有三种：中性点不接地系统、中性点经消弧线圈接地系统和中性点直接接地系统。

1. 中性点不接地系统

在中压配电网中，10 kV 的系统一般采用中性点不接地系统，即电力系统的中性点不与大地相连。三相导线对地之间都有分布电容，可用集中等效电容 C 表示，正常运行时，电源的相电压 $\dot{U}_U$、$\dot{U}_V$、$\dot{U}_W$ 三相对称，中性点的电位 $\dot{U}_N$ 为零，各相对地电压均为相电压。各相对地电容电流相位相差 120°，其相量和为零，所以对地电流为零。图 2-54 为正常运行中性点不接地系统的电路图和矢量图。

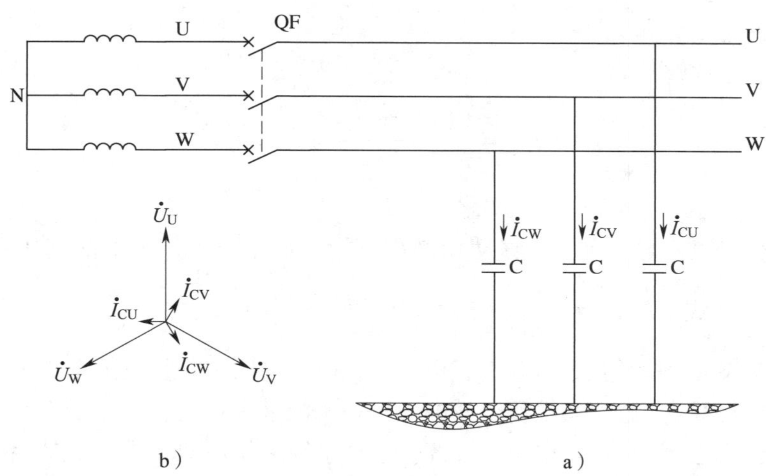

图 2-54　正常运行中性点不接地系统的电路图和矢量图

当系统发生单相接地故障时，如图 2-55 所示，假设 W 相 K 点发生金属性接地（接地处的电阻近似于零，称为完全接地或金属性接地，否则称为不完全接地）。此时 W 相对地电压为零，则有

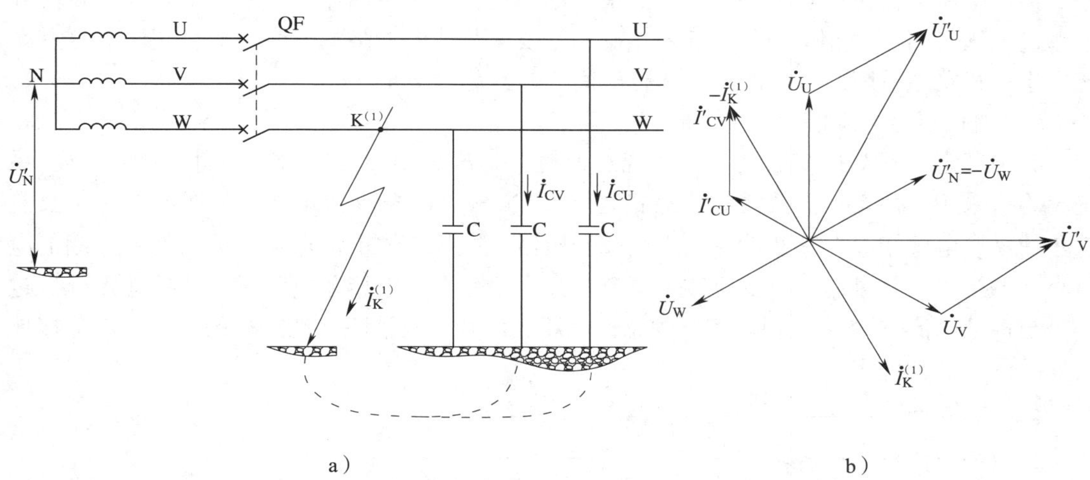

图 2-55　发生单相接地故障时的中性点不接地系统电路图和矢量图

W 相对地电压　$\dot{U}_W = 0$ V

中性点对地电压　$\dot{U}'_N = -\dot{U}_W$

V 相对地电压　$\dot{U}'_V = \dot{U}_V + \dot{U}'_N = \dot{U}_V - \dot{U}_W$

U 相对地电压　$\dot{U}'_U = \dot{U}_U + \dot{U}'_N = \dot{U}_U - \dot{U}_W$

根据以上关系式，中性点不接地系统发生单相接地故障后，线电压不变，而非故障相相电压升高了$\sqrt{3}$倍，变为线电压。中性点的对地电压不再为零，而为相电压，这时三相对地电容电流之和不再为零，大地中有电流流过，其接地处的电流 $\dot{I}_K^{(1)}$（电容电流）为 U、

V 两相对地电容电流之和。即

$$\dot{I}_{K}^{(1)} = -(\dot{I}'_{CU} + \dot{I}'_{CV})$$

$$I'_{CU} = \frac{U'_{U}}{X_{C}} = \frac{\sqrt{3}U_{C}}{X_{C}} = \sqrt{3}I_{CU}$$

$$I_{K}^{(1)} = \sqrt{3}I'_{CU} = 3I_{CU}$$

从上面计算可以看出，如果系统供电范围不大，如一个工厂内部的高压配电线路，其分布电容 C 不大，式中的 $X_{C}=\frac{1}{2\pi fC}$就较大，所以短路电流 $\dot{I}_{K}^{(1)}$ 并不大。

由于这种系统发生单相接地故障时，电力网线电压的大小和相位关系仍维持不变，三相系统的平衡未被破坏，连接于线电压上的电气设备仍能继续运行，如接于 10 kV 上的配电变压器都是连接于线电压，所以供电可靠性高。这种系统的相对地绝缘水平是根据线电压设计的，以保证发生一相接地后，非故障相对地电压的升高不致危及设备的绝缘。但要注意，这种系统发生单相接地时，继续运行的时间不能太长，因为时间过长可能导致非故障相的绝缘薄弱环节处损坏，发展成相间短路。故在中性点不接地系统中，通常装设有绝缘监察装置或继电保护装置，一旦发生单相接地故障，就发出信号，提醒运行人员注意并及时处理。

接地电流会在接地点引起电弧，如果接地不良，将在接地点产生断续电弧，出现间歇电弧过电压（可达到相电压的 2.5~3 倍），足以危及整个网络的绝缘。规程规定，这种系统发生单相接地故障后，一般继续运行时间不允许超过 2 h。

2. 中性点经消弧线圈接地系统

我国规定，凡单相接地电流超过规定值时，不满足中性点不接地条件的 3~60 kV 系统，均可采用中性点经消弧线圈接地的运行方式，如图 2-56 所示。消弧线圈是一个具有铁心的可调电感线圈，它装设在发电机或变压器星形联结的中性点与大地之间。线圈的电阻小，电抗很大并可通过改变匝数来调节。其作用是当发生接地故障时，使接地点处流过一个与接地电流（容性）相位相反的感性电流，以减小或消除接地点处的电流，消除接地点处的电弧及其危害。

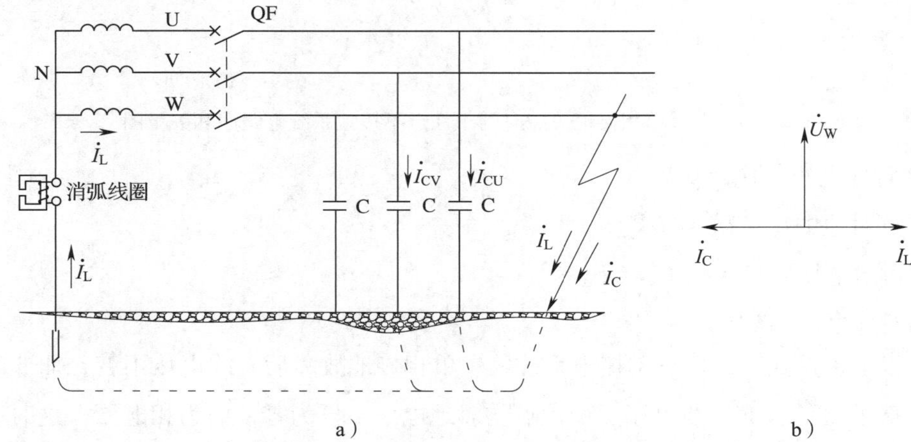

图 2-56　发生单相接地故障时的中性点经消弧线圈接地系统的电路图与矢量图

a）电路图　b）矢量图

由图可见，通过消弧线圈的电感电流 $I_L=\frac{U_N}{\omega L}$，正常运行时，如各相对地电容相等，则中性点对地电压 U_N 为零，且阻抗较大，所以消弧线圈中无电流流过。

发生单相接地故障时，如 W 相接地，中性点的对地电压为相电压，通过消弧线圈的电感电流为 $I_L=\frac{U_W}{\omega L}$，流过接地点的电流为接地电容电流 $\dot{I}_C$ 与流过消弧线圈的电感电流 $\dot{I}_L$ 之和，$\dot{I}_C$ 和 $\dot{I}_L$ 方向相反，相互抵消，称为电感电流对接地电流的补偿。通过调节消弧线圈的匝数，可使接地电流变得很小或消失，这样电弧就不会产生，也就不会出现危险的过电压现象了。

3. 中性点直接接地系统

如图 2-57 所示，这种系统是将中性点直接与大地连接，使中性点的对地电位始终固定为零电位。

当发生单相接地故障时，接地相通过大地对电源形成单相短路，此时短路电流 $I_K^{(1)}$ 很大，继电保护装置动作，作用于断路器跳闸，把故障切除，停止供电。发生单相接地故障时，由于中性点直接接地，其中性点位移电压为零或接近于零，未接地相对地电压不会升高，近似等于相电压。这样，设备及线路的绝缘可按相电压来设计，从而降低了电力网的造价。

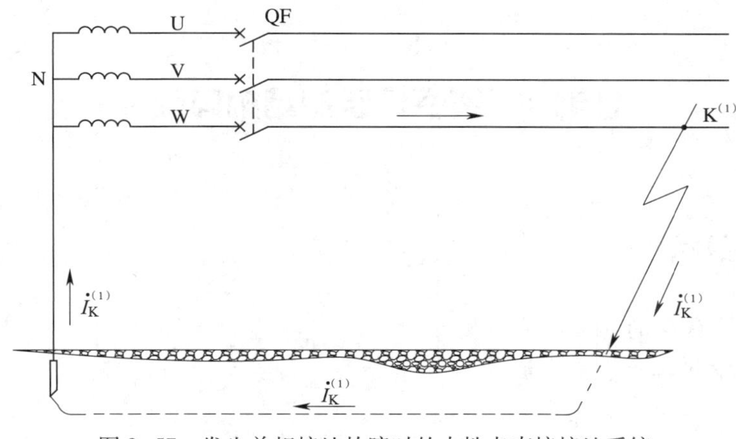

图 2-57　发生单相接地故障时的中性点直接接地系统

我国的 380/220 V 三相四线制低压配电系统，出于人身安全的考虑，绝大多数都采用中性点直接接地的运行方式。

课题三　电力线路的结构与敷设

电力线路是电力系统的重要组成部分，是用来传送和分配电能的。电力线路按结构不同可分为架空线路、电缆线路及车间（室内）线路三种。本课题主要学习这三种线路的结构与敷设。图 3-1 所示为电力线路的敷设方式实例。

a）　　b）

c）

图 3-1　电力线路的敷设方式实例

a）架空线路　b）电缆沟及电缆支架　c）电缆在室内桥架敷设

任务 1　架空线路的结构与敷设

任务目标

◆ 了解架空线路的基本结构与敷设。

◆ 熟悉架空线路的基本维护。

任务引入

电力网中所占比例最大的线路敷设形式就当属架空线路了，几乎所有高压、大功率输送网络均会选用架空线路。近年来由于对环境要求的提高，城市中心已经鲜有架空线路的踪迹。但在工厂中，架空线路仍不失是一种非常方便、实用的线路结构形式，本任务主要学习架空线路的结构、敷设、维护等内容。

任务分析

在工厂中，如条件允许，低压配电线路多采用架空方式，因为它具有投资省、施工方便、便于维护等特点。但同时它也具有可靠性差、受外界环境影响大、占用空间、影响环境美观等缺点，因此近年来它的使用范围受到一定限制。工厂的电力负荷具有三相、大功率、高可靠性、连续运行等特点，要保证高可靠性和连续性就必须要求线路形式具有可维护性，架空线路与电缆线路相比，其可维护性是最突出的特点，所以很符合工厂负荷特点。因此，架空线路在工厂供配电系统中仍然有一定的应用空间，通过学习了解、掌握架空线路的基本知识很有实际意义。

相关知识

一、架空线路的结构

架空线路主要由导线、杆塔、绝缘子和金具等构成。杆塔用来支撑导线和配电装置；绝缘子使导线和杆塔间保持所要求的绝缘并起固定、托举作用；金具起连接和支撑作用。为保证杆塔的稳定性，在某些杆塔上还要有杆塔拉线。图 3-2 所示为低压架空线路典型杆塔结构。

1. 杆塔

架空线路的杆塔可采用木杆、钢筋混凝土杆或铁塔。其中木杆已很少采用，近年来新型铁塔的应用在逐渐增多，但目前钢筋混凝土杆的使用仍最广泛。

架空线路的各种杆塔，按其作用可分为直线杆、耐张杆、分支杆、转角杆、终端杆等，图 3-3 所示为各种杆型。

（1）直线杆。直线杆如图 3-4 所示，其设计要求是能承受导线的自重、导线上覆冰的质量及导线所承受的风压，不能承受沿线路方向的水平张力。由于其强度要求低，所以造价也较便宜。直线杆用于线路的直线走向处，约占杆塔总数的 80%。在直线杆上，绝缘子串和导线相互垂直。

（2）耐张杆。耐张杆又称承力杆，其设计要求是能承受两侧导线较大的拉力差作用。由于其强度要求高，结构也较复杂，所以造价也较贵。一般若干杆位后需立一耐张杆，相邻两耐张杆之间的距离称为耐张段，耐张段内有若干直线杆，相邻两直线杆之间的水平距离称为档距，如图 3-5 所示。耐张杆可把断线故障的影响范围限制在耐张段内，同时也是进行架线施工的主要工作杆位，从该杆位将线路的弧垂调整到合适的范围。耐张杆上的绝缘子串和导线在同一直线上，两侧导线用跳线相连接，该跳线也称弓子线。

（3）转角杆。转角杆设置在线路转角处，由于两侧导线的张力不在一条直线上，所以就产生了不平衡拉力，如图 3-6 所示。根据转角的大小不同，可用耐张型转角杆或直线型转角杆。

（4）终端杆。终端杆设置在线路的首、末端，承受单侧张力的作用，如图 3-7 所示。

（5）跨越杆。跨越杆设置在线路跨越河流、山谷、铁路、公路等地方，较常见的是在公路的十字路口。跨越杆的高度和档距一般比普通杆大。根据跨越档距的大小不同，可用耐张型跨越杆或直线型跨越杆，目前 10 kV 线路的跨越杆多选用金属杆塔，如图 3-8 所示。

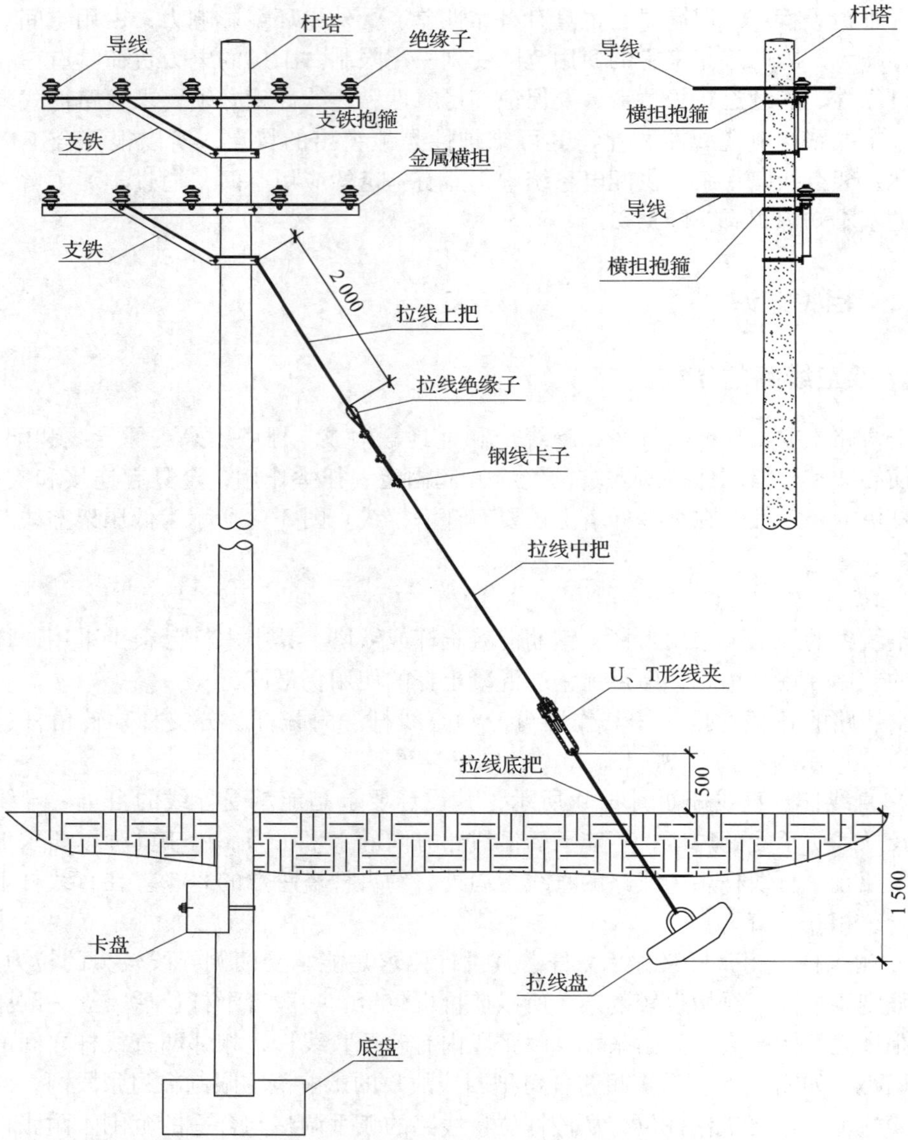

杆塔
导线
绝缘子
支铁抱箍
支铁
金属横担
支铁
2 000
拉线上把
拉线绝缘子
钢线卡子
拉线中把
U、T形线夹
拉线底把
500
1 500
卡盘
拉线盘
底盘
杆塔
导线
横担抱箍
导线
横担抱箍

图 3-2　低压架空线路典型杆塔结构

终端杆
耐张杆
直线杆
转角、分支杆
直线杆
转角杆

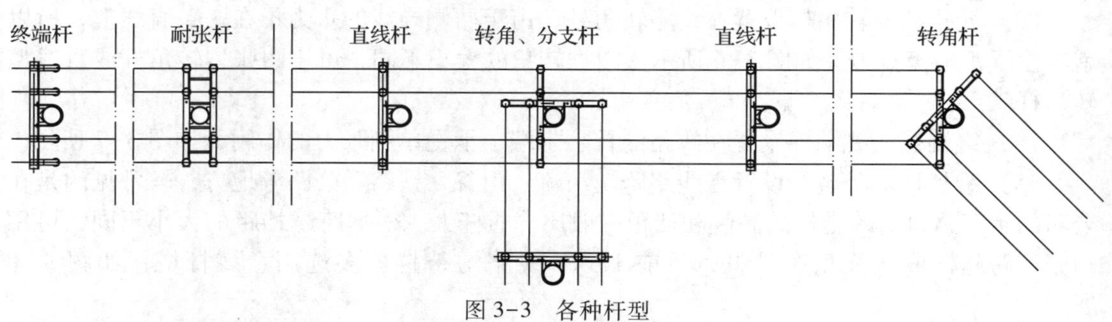

图 3-3　各种杆型

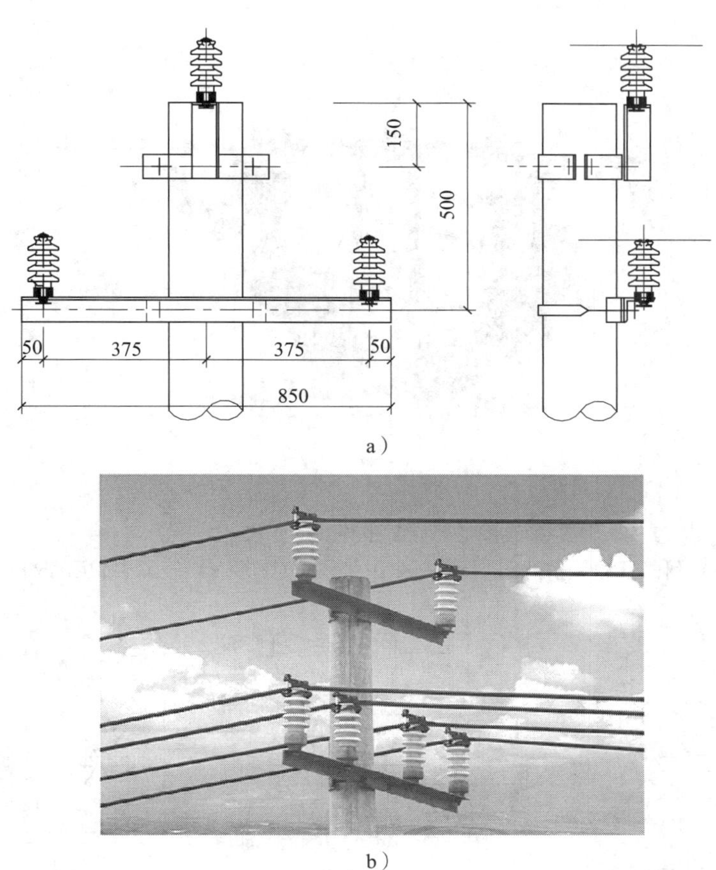

图 3-4　直线杆

a）直线杆做法示意图　b）实物图

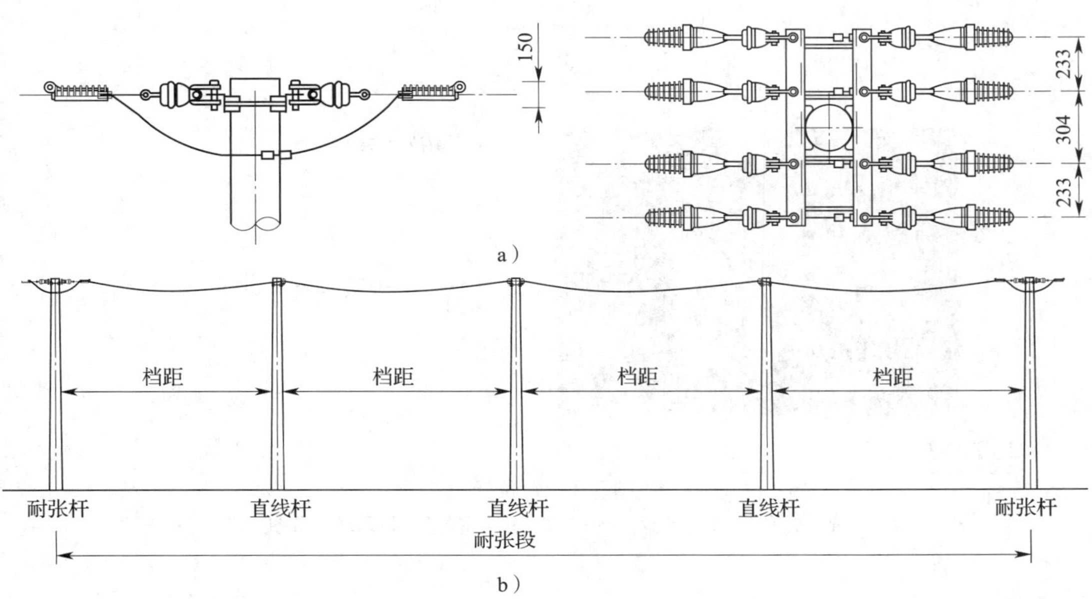

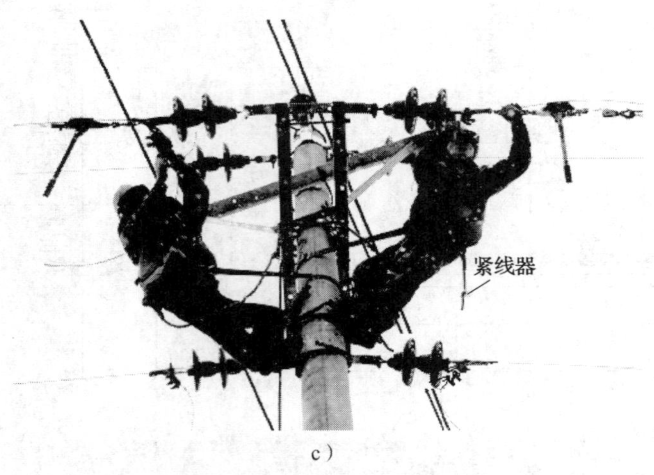

c）

图 3-5　耐张杆及耐张段

a）耐张杆做法示意图　b）一个耐张段示意图　c）施工中的耐张杆

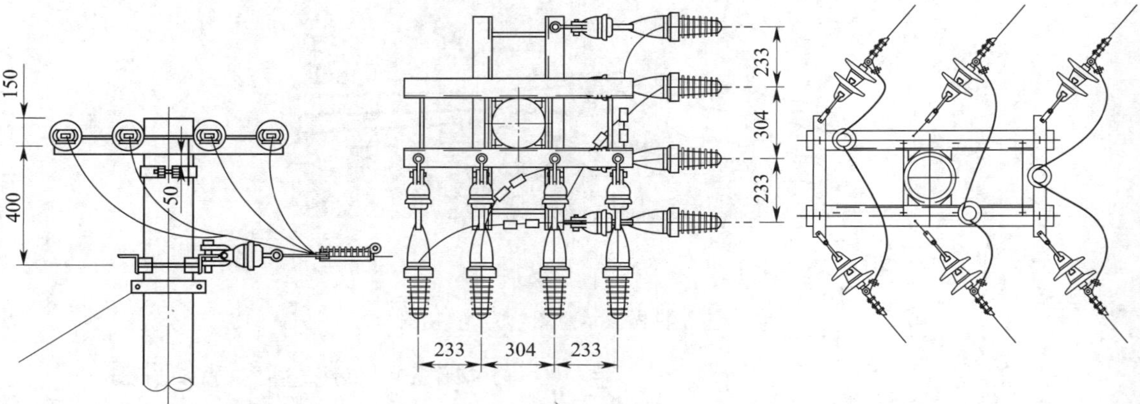

a）

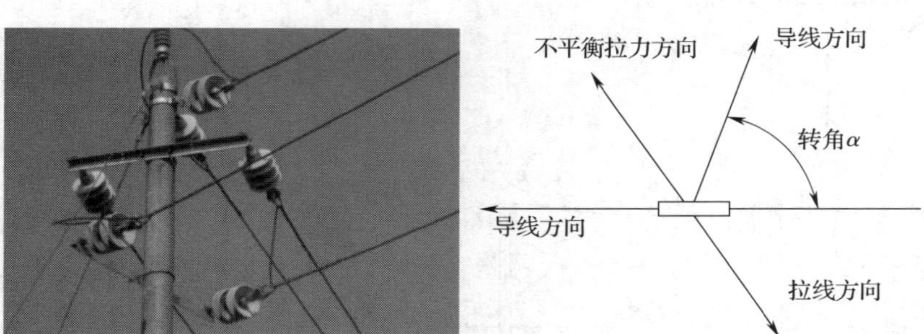

b）

图 3-6　转角杆

a）转角杆做法示意图　b）转角杆实物图及受力分布图

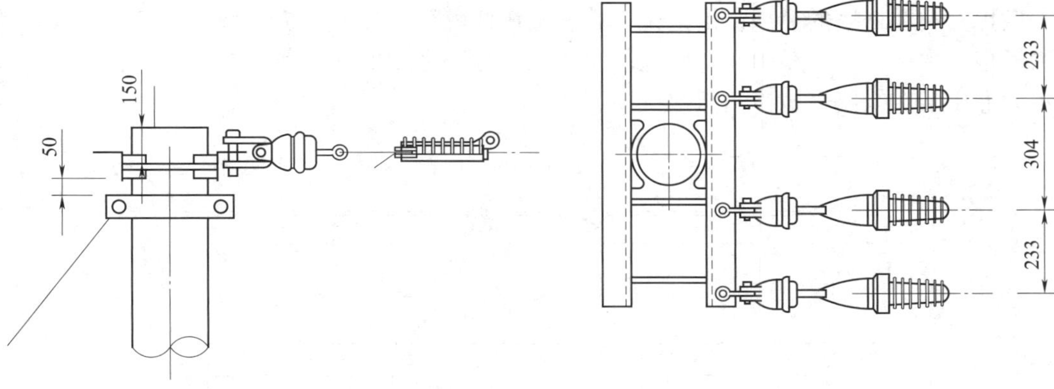

a）

b）

图 3-7　终端杆

a）终端杆做法示意图　b）实物图

图 3-8　选用金属杆塔的跨越杆

2. 横担与抱箍

横担安装在杆塔的上部，由抱箍将其固定在杆塔上，用来安装绝缘子以架设导线。常用的横担有木横担、铁横担和瓷横担。现在工厂普遍采用的是金属横担和瓷横担。图 3-9 所示为低压架空线路金属横担与抱箍。

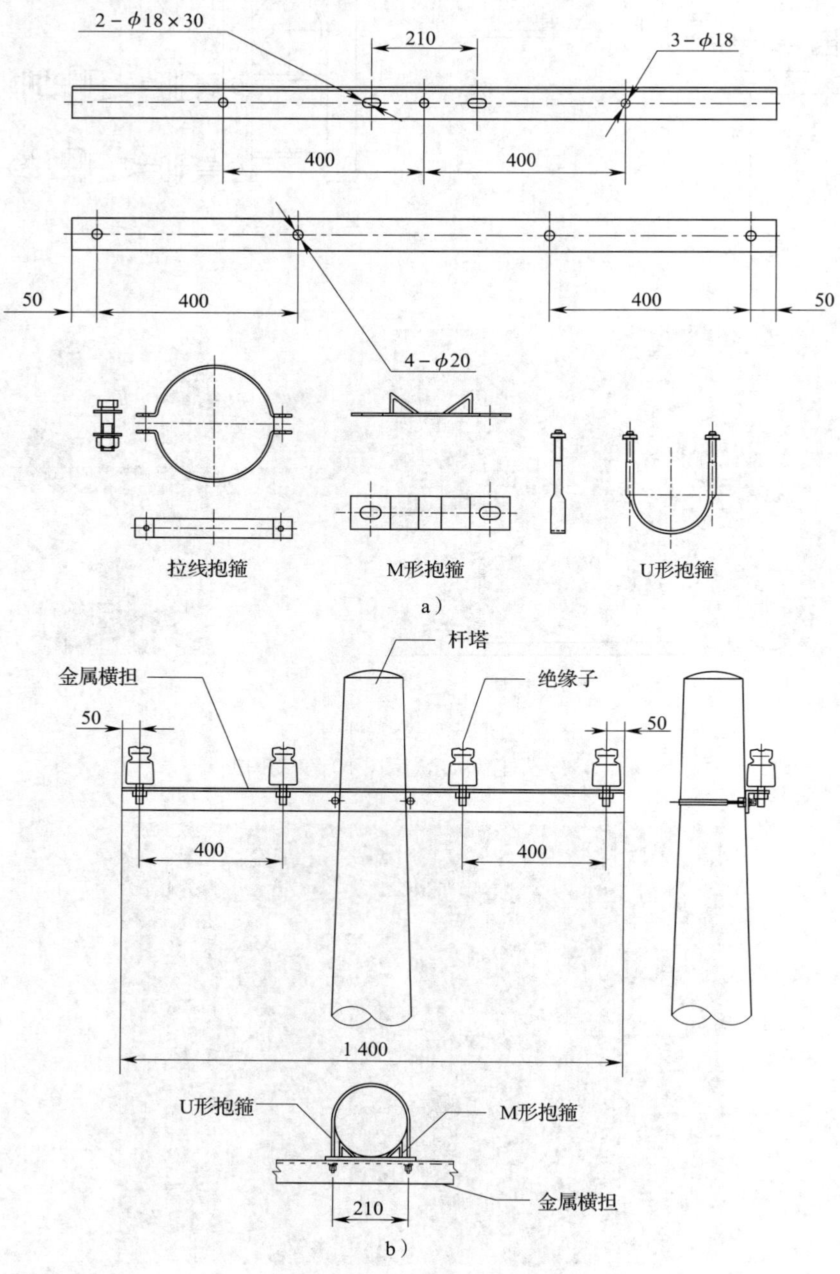

图 3-9　低压架空线路金属横担与抱箍

a）金属横担与抱箍　b）金属横担在直线杆上的安装示意图

瓷横担是我国独创的产品，具有良好的电气绝缘性能，兼有绝缘子和横担的功能，能节约大量的木材和钢材，有效地利用杆塔高度，降低线路造价。它的表面便于雨水冲洗，可减少线路维护工作量，且它结构简单，安装方便。但瓷横担比较脆，在安装和使用中必须注意避免机械损伤。图 3-10 所示为高压杆塔上安装的瓷横担。

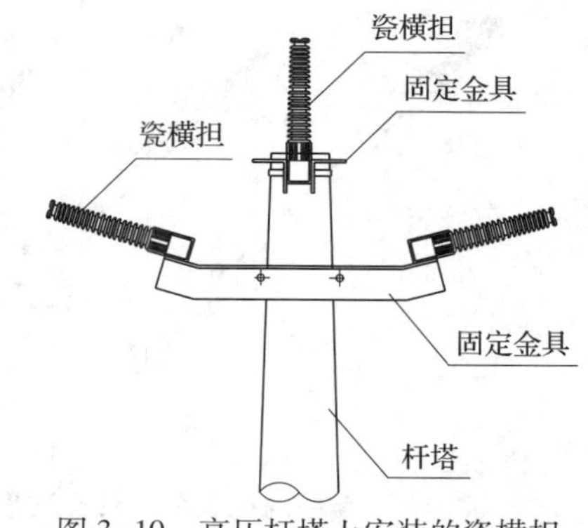

图 3-10　高压杆塔上安装的瓷横担

3. 拉线与拉线金具

拉线与拉线金具配合组成一个具有完整功能的拉线系统，用于平衡杆塔各方面的作用力，并抵抗风力以防止杆塔倾倒，如分段杆、转角杆、终端杆等往往都装有拉线，拉线的材料现在一般都使用钢丝绳。拉线及其金具的安装如图 3-11 所示。

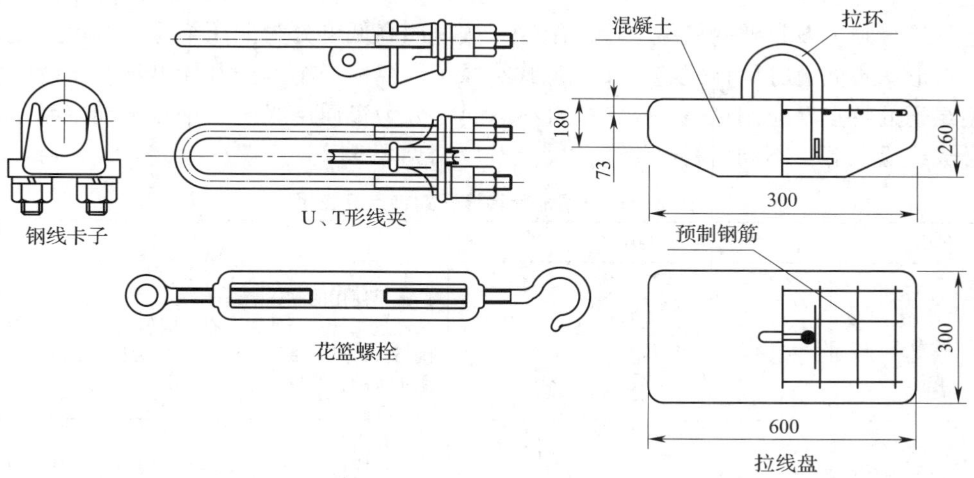

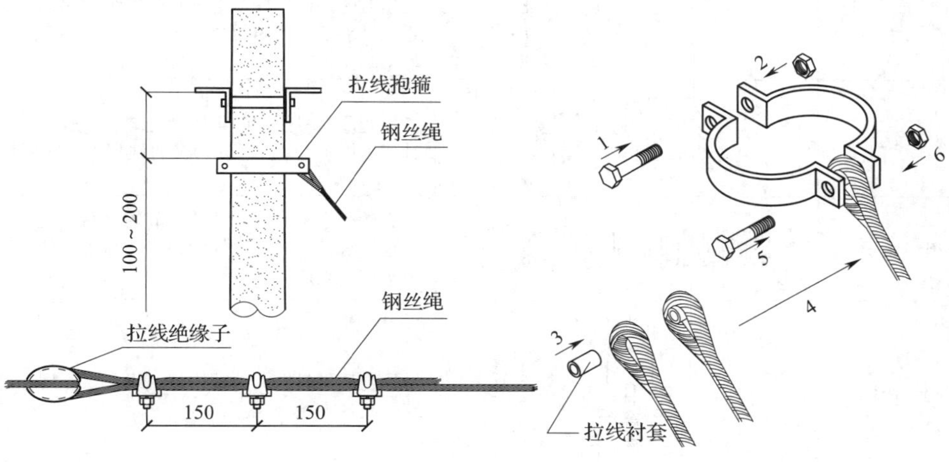

a）

b）

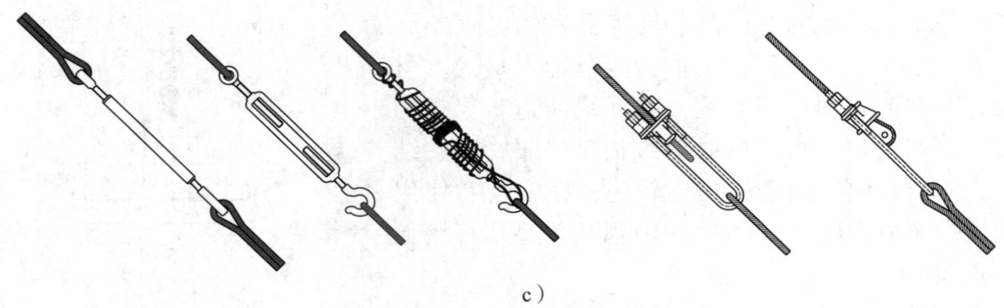

c）

图 3-11　拉线及其金具的安装

a）常用的拉线金具及拉线盘　b）拉线上部制作样例　c）拉线调节环制作样例

二、绝缘子

绝缘子又称瓷瓶，用来将导线固定在杆塔上，并使导线与杆塔绝缘。绝缘子要具有一定的电气绝缘强度及足够的机械强度。绝缘子按电压高低可分为低压绝缘子和高压绝缘子两类；按形状不同可分为针式绝缘子、悬式绝缘子、瓷横担绝缘子及棒型绝缘子等，不同形状绝缘子的特点及应用见表 3-1；按材料不同可分为瓷质绝缘子、钢化玻璃绝缘子和硅橡胶合成绝缘子等，不同材料绝缘子的特点及应用见表 3-2。

表 3-1　不同形状绝缘子的特点及应用

名称	图片	特点及应用
针式绝缘子		最早使用的高压绝缘子形式，一度被淘汰，近年来经过改进重新使用。有价廉但耐雷水平不高容易闪络等特点，主要用于 10 kV 以下、张力不大、档距不大的直线杆或小转角杆上
悬式绝缘子		广泛应用于 35 kV 及以上的线路中，通常把它们组合成绝缘子串使用。绝缘子串中绝缘子的个数与电压有关。耐张杆上绝缘子串的个数比同电压等级直线杆上绝缘子串的个数多 1~2 个
棒型绝缘子		用瓷质材料做成的整体型绝缘子，曾经一度取代针式绝缘子，可用于 10 kV 直线杆上，使用较广泛
瓷横担绝缘子		有运行安全、维护简单、节约材料等优点，但同时也有机械抗弯强度低的缺点，目前在 10 kV 线路上被广泛采用
低压针式绝缘子		用瓷质材料做成的整体型绝缘子，可用于低压线路直线杆上

续表

名称	图片	特点及应用
低压碟式绝缘子		用瓷质材料做成绝缘子，需要借助适合的金具，可用于低压线路直线杆上及档距不大的转角杆上

表 3-2　不同材料绝缘子的特点及应用

名称	特点及应用
瓷质绝缘子	绝缘件由电工陶瓷制成，使用最普遍
钢化玻璃绝缘子	绝缘件由经过钢化处理的玻璃制成，若发生裂纹或电击穿，钢化玻璃绝缘子将自行破裂成小碎块，可循环使用
硅橡胶合成绝缘子	绝缘件由氧化玻璃钢的芯棒与有机材料的护套和伞群组成，其特点是质量很小，抗污秽、闪络性能优良，抗拉强度高，但抗老化能力不如瓷质和钢化玻璃绝缘子

三、金具

金具是用来连接导线、安装横担和绝缘子等的金属附件，按用途大致可分为线夹、连接金具、接续金具、保护金具等，不同用途金具的作用见表 3-3。

表 3-3　不同用途金具的作用

名称	图片	作用
线夹	a）　b）　c）　d） a）悬垂线夹　b）倒装螺钉型耐张线夹 c）压接型耐张线夹　d）楔型耐张线夹（避雷线用）	将导线和避雷线固定在绝缘子和杆塔上，用于直线杆和悬式绝缘子串上的线夹称为悬垂线夹；用于耐张杆和耐张绝缘子串上的线夹称为耐张线夹

续表

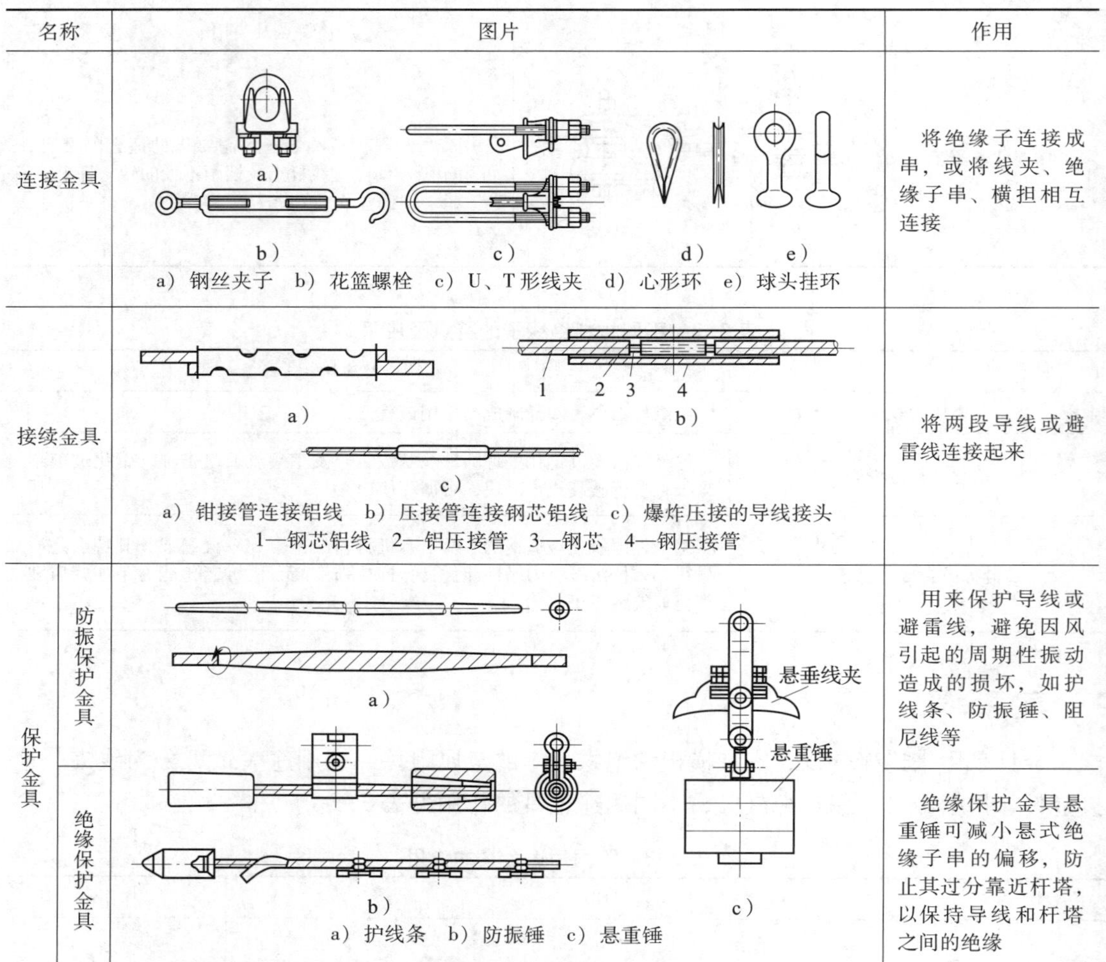

名称		图片	作用
连接金具		a）b）c）d）e） a）钢丝夹子　b）花篮螺栓　c）U、T形线夹　d）心形环　e）球头挂环	将绝缘子连接成串，或将线夹、绝缘子串、横担相互连接
接续金具		1　2　3　4 a）b）c） a）钳接管连接铝线　b）压接管连接钢芯铝线　c）爆炸压接的导线接头 1—钢芯铝线　2—铝压接管　3—钢芯　4—钢压接管	将两段导线或避雷线连接起来
保护金具	防振保护金具	悬垂线夹　悬重锤 a）b）c） a）护线条　b）防振锤　c）悬重锤	用来保护导线或避雷线，避免因风引起的周期性振动造成的损坏，如护线条、防振锤、阻尼线等
	绝缘保护金具		绝缘保护金具悬重锤可减小悬式绝缘子串的偏移，防止其过分靠近杆塔，以保持导线和杆塔之间的绝缘

四、导线

导线架设在杆塔上要经受自身质量和各种外力的作用，并承受大气中各种有害物质的侵袭。因此，导线必须具有良好的导电性以及足够的机械强度和耐腐蚀性，尽可能地质轻而价廉。

导线主要由铝、钢、铜、铝合金等材料制成，避雷线则一般用钢线。铜虽然导电性能好，抗腐蚀能力也强，但因价格贵，除特殊需要外架空线一般不采用铜导线。钢线的导电率低，集肤效应显著，不宜用作导线。但钢线的机械强度高，可用作避雷线。铝的导电性能虽比铜差一些，但因质轻、价廉，广泛应用于10 kV及以下的线路上。由于铝线的机械强度较低，所以10 kV及以上的线路广泛应用钢芯铝绞线。这是一种裸导线，将铝线绕在单股或多股钢线外层作为主要载流部分，机械荷载则由钢线和铝线共同承担。在过去，由于绝缘材料抗老化性能不高，在室外的环境很容易造成绝缘老化脱落而影响供电安全，因此当时 10 kV 的架空线路均使用裸导线，但是裸导线的确威胁着电力系统的安全。近年来由于绝缘材料性能的改善，在室外环境中可以有 20 年的正常使用寿命，因此在城市中，10 kV 及以下的架空线路应当首选绝缘导线。

任务实施

一、架空线路的敷设

1. 敷设的要求和路径的选择

敷设架空线路，要严格遵守有关技术规程的规定。整个施工过程中，要重视安全教育，采取有效的安全措施，特别是立杆、组装和架线时，更要注意人身安全，防止发生事故。竣工后，要按照规定的手续和要求进行检查和验收，确保工程质量。

选择架空线路的路径时，应考虑以下原则。

（1）路径要短，转角尽量少。尽量减少与其他设施的交叉；当与其他架空线路或弱电线路交叉时，其间间距及交叉点或交叉角应符合《66 kV 及以下架空电力线路设计规范》（GB 50061—2010）的规定。

（2）尽量避开河洼和雨水冲刷地带、不良地质地区及易燃、易爆等危险场所。

（3）不应引起机耕、交通和人行困难。

（4）不宜跨越房屋，应与建筑物保持一定的安全距离。

（5）应与工厂和城镇的总体规划协调配合，并适应今后的发展。

2. 导线在杆塔上的排列方式

三相四线制或三相五线制低压架空线路的导线，一般都采用水平排列，如图 3-12a 所示。由于中性线截面一般较小，机械强度较差，所以中性线一般架设在靠近杆塔的位置。具体排列方式如下。

（1）TN-S 系统或 TN-C 系统供电，和保护零线在同一横担架设时的相序排列：面向负荷从左至右为 L1、N、L2、L3、PE。

（2）TN-S 系统或 TN-C-S 系统供电，动力线、照明线同杆架设上、下两层横担时，相序排列方法：上层横担，面向负荷从左至右为 L1、L2、L3；下层横担，面向负荷从左至右为 L1、（L2、L3）、N、PE。当照明线在两个横担上架设时，下层横担上面向负荷最右边的导线为保护零线 PE。

三相三线制高压架空线路的导线，可三角形排列，如图 3-12b、图 3-12c 所示，也可水平排列，如图 3-12f 所示。

多回路导线同杆架设时，可三角形、水平混合排列，如图 3-12d 所示，也可全部垂直排列，如图 3-12e 所示。电压不同的线路同杆架设时，电压较高的线路应架设在上边，电压较低的线路则架设在下边。

3. 架空线路的档距、弧垂及其他距离

架空线路的档距（又称跨距）是指同一线路上相邻两根杆塔之间的水平距离，如图 3-13 所示。

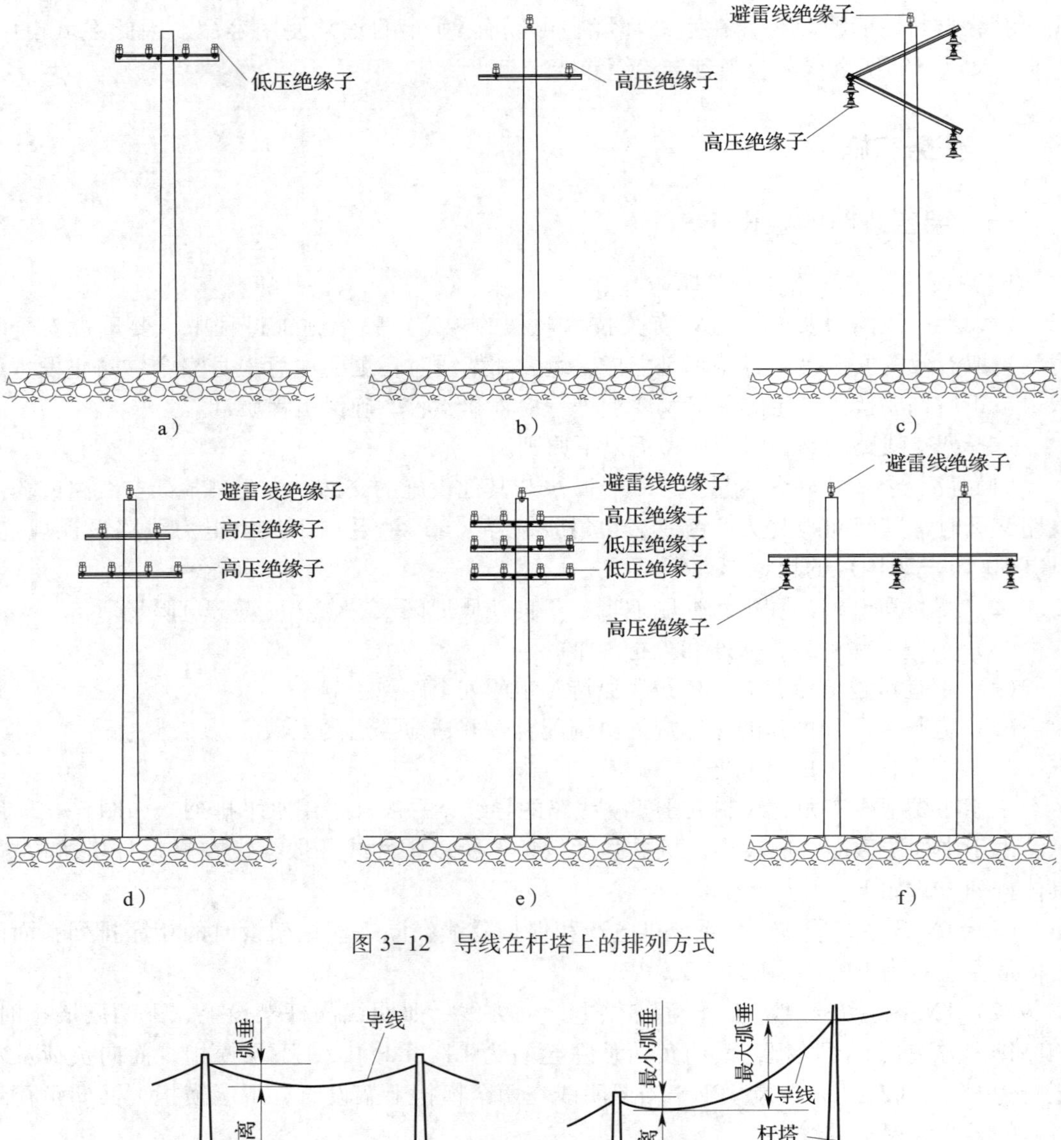

低压绝缘子
高压绝缘子
避雷线绝缘子
高压绝缘子
a）
b）
c）
避雷线绝缘子
高压绝缘子
高压绝缘子
避雷线绝缘子
高压绝缘子
低压绝缘子
低压绝缘子
避雷线绝缘子
高压绝缘子
d）
e）
f）

图 3-12　导线在杆塔上的排列方式

弧垂
导线
对地面距离
杆塔
档距
a）
最小弧垂
最大弧垂
导线
杆塔
对地面距离
档距
b）

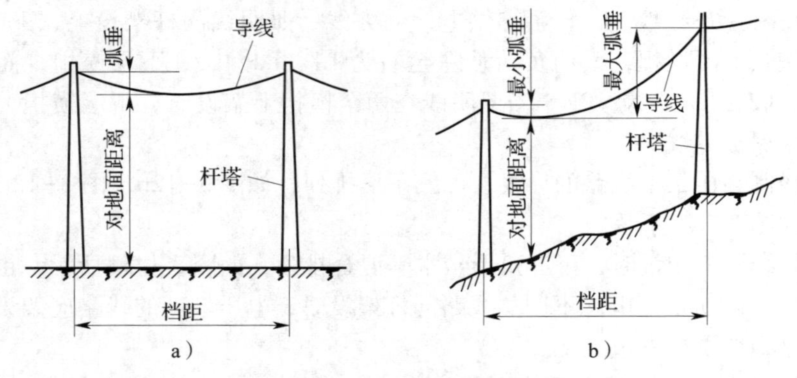

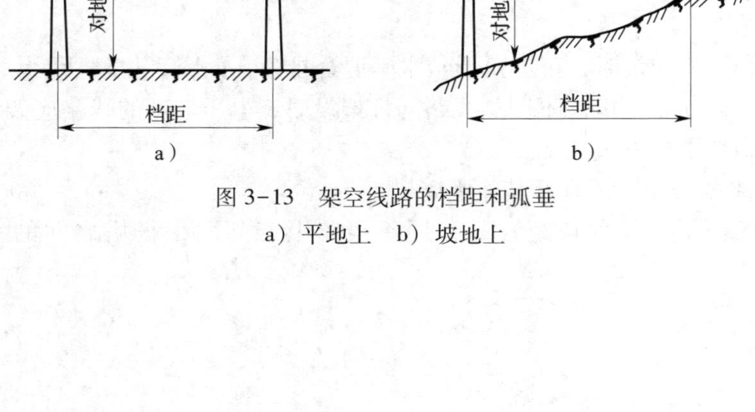

图 3-13　架空线路的档距和弧垂

a）平地上　b）坡地上

架空线路的弧垂是指架空线路一个档距内导线最低点与两端杆塔上导线悬垂点之间的垂直距离，如图 3-13 所示。导线的弧垂是由于导线存在荷重所形成的。弧垂不宜过大，也不宜过小。弧垂过大则在导线摆动时容易引起相间短路，且造成导线对地或对其他物体的安全距离不够；弧垂过小则会使导线内应力增大，在天冷时可能使导线收缩绷断。

通常可以用两把弧垂测量尺来测量弧垂。图 3-14 所示为弧垂测量尺。

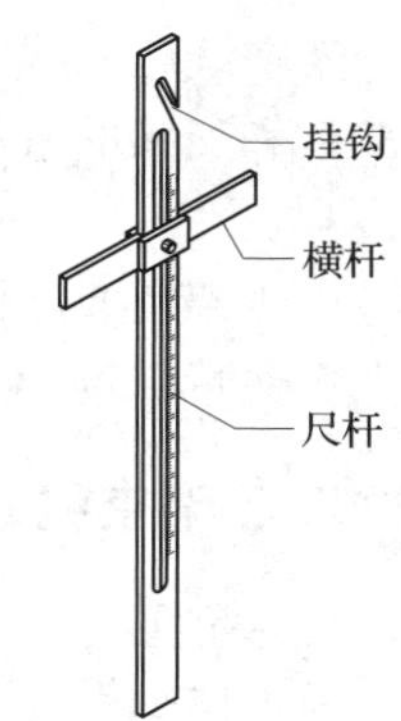

图 3-14　弧垂测量尺

使用时将弧垂测量尺的挂钩挂在导线上，把横杆固定在规定的弧垂值上，两个操作者按图 3-15 所示的方法测量，相对观察各自横杆的上沿、导线下垂最低点与对方横杆的上沿，应在一条直线上。若有偏差，使用紧线器进行调整。

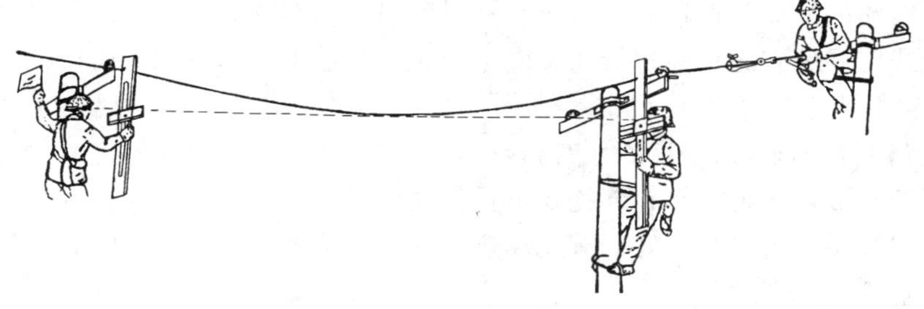

图 3-15　导线弧垂测量方法

架空线路弧垂参考值见表 3-4。

表 3-4　架空线路弧垂参考值

弧垂/m　档距/m　环境温度/℃	30	35	40	45	50
-40	0.06	0.08	0.11	0.14	0.17
-30	0.07	0.09	0.12	0.15	0.19
-20	0.08	0.11	0.14	0.18	0.22
-10	0.09	0.12	0.16	0.20	0.25
0	0.11	0.15	0.19	0.24	0.30
10	0.14	0.18	0.24	0.30	0.38
20	0.17	0.23	0.30	0.38	0.47
30	0.21	0.28	0.37	0.47	0.58
40	0.25	0.35	0.44	0.56	0.69

架空线路的线间距离、档距、导线对地面和水面的最小距离，以及架空线路与各种设施接近和交叉的最小距离等，在 GB 50061—2010 等规程中有明确规定，设计和安装时必须遵守。

由于架空线路有易受有害气体腐蚀，不能跨越大江和海域，影响城市美观等缺点，所以在一些特殊场所采用电缆线路。

二、架空线路的运行维护

1. 一般要求

对厂区架空线路，一般要求每月进行一次巡视检查。如遇大风大雨及发生故障等特殊情况，需临时增加巡视次数。

2. 巡视项目

（1）杆塔有无倾斜、变形、腐朽、损坏及基础下沉等现象。

（2）沿线路的地面是否堆放有易燃、易爆和强腐蚀性物品。

（3）沿线路周围有无危险建筑物，应尽可能保证在雷雨季节和大风季节里，周围建筑物不致对线路造成损坏。

（4）线路上有无树枝、风筝等杂物悬挂。

（5）拉线和板桩是否完好，绑扎线是否紧固可靠。

（6）导线接头是否接触良好，有无过热发红、严重氧化、腐蚀或断脱现象，绝缘子有无破损和放电现象。

（7）避雷装置的接地是否良好，接地线有无锈断情况。在雷雨季节来临之前，应重点检查，以确保防雷安全。

（8）其他危及线路安全运行的异常情况。

在巡视中发现的异常情况，应记入专用记录簿内，重要情况应及时汇报上级，请示处理。

三、架空线路的检修

架空线路运行在室外，经常受到各种侵害，其杆塔、导线、拉线和绝缘子最容易发生故障。为使架空线路正常运行，保证安全供电，应对其进行定期检查和定期维修，期限一般为一年。架空线路的巡视检查又可分为正常巡视、夜间巡视、故障巡视、特殊巡视四种，对巡视检查中发现的问题，应根据实际情况作出相应的处理。

1. 杆塔故障

杆塔由于埋深不够、被外力碰撞、线路受力不均或雨季时防护措施不力致使杆塔根部积水、土质变软等，会发生倒杆、断杆和杆塔倾斜等故障。钢筋混凝土杆的表层脱落使得钢筋外露，也可使杆塔倒杆、断杆及横担脱落。发现倒杆、断杆、横担脱落时，应立即停电维修；发现杆塔倾斜时，可用拉线进行调整。

对于架空线路的杆塔，如果杆塔受损使其断面缩减至 50% 以下，应立即修补或加绑柱；损坏严重时，应予以更换。

2. 导线故障

架空线路的导线敷设时若弧垂过小，冬季时由于导线收缩力加大，可能造成断线；高空异物坠落在导线上也可能造成断线；若弧垂过大，导线在风力的作用下可能造成相间短路，将导线烧断；由于导线制造缺陷和敷设时的损伤，可能造成导线断股，引起短路将导线烧断。对于各种原因造成的导线断线，应立即停电维修。

对于架空线路的导线，发现缺陷时，其处理方法见表 3-5。

表 3-5 导线缺陷的处理方法

导线缺陷		处理方法
钢芯铝绞线	单金属线	
磨损	磨损	不处理
铝线 7%以下断股	截面 7%以下断股	缠绕
铝线 7%~25%断股	截面 7%~17%断股	补修
铝线 25%以上断股	截面 17%以上断股	锯断重接

3. 接头故障

架空线路运行中，用户下火比较方便，这也是架空线路的优势，但众多的下火线接头同时对架空线路造成一定的威胁，也是架空线路的事故多发点，必须给予足够的重视。对架空线路的接头，除按规定的检修周期进行例行检修外，还应在冬季下雪后对接头重点巡视。如果某个接头上的积雪最先溶化甚至出现少量蒸汽，这个接头的接触面氧化就非常严重了，应安排检修。对所有铜、铝接头，应当定期进行重接或选择铜、铝过渡接具。

4. 绝缘子故障

架空线路上运行的绝缘子，由于环境污染、外力破坏等，可能产生损坏和老化，这会威胁架空线路的安全。特别是有高压线路时，这种威胁会更严重。除例行的检查外，每年雨季和冬季也要进行一次绝缘子的巡视检查。检查时一般可使用望远镜，在光照条件好的情况下站在地面上观察，主要观察绝缘子的污闪痕迹和裂纹。对观察中发现的问题应及时作出处理。每年应安排一次对高压绝缘子的停电擦洗，擦洗时要使用干净的棉布，而不能使用棉丝团，可使用无水乙醇作清洁剂。

任务 2 电缆线路的结构与敷设

任务目标

- 掌握电缆线路的基本结构与敷设。
- 了解电缆线路的故障检修。

任务引入

如果说架空线路在高电压、大电流、远距离输电任务中占绝大多数的话，那么在低压供配电系统中，特别在城市中和对环境要求较高的工厂中，电缆线路则有着更多的应用空间。因此，学习和掌握电缆线路的结构与敷设知识对于低压供配电线路的设计和施工有着非常实际的意义，本任务将学习电缆线路基本结构与敷设的基础知识。图 3-16 所示为一些常见的电缆。

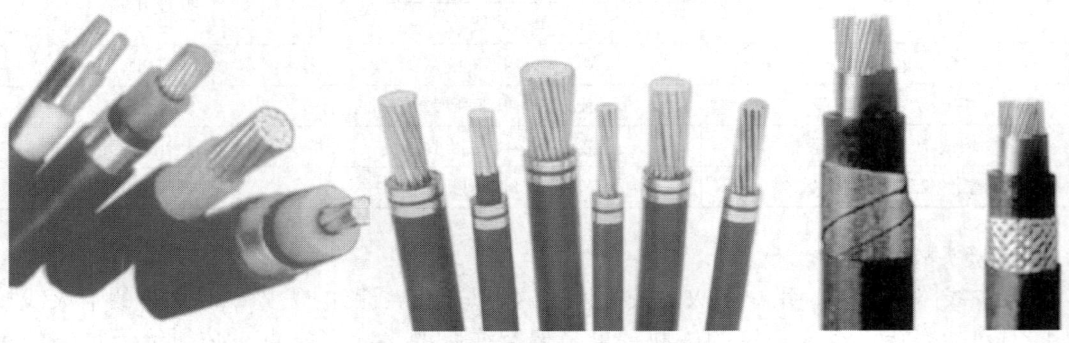

图 3-16　一些常见的电缆

任务分析

电缆线路与架空线路相比，具有成本高、投资大、维修不便等缺点，但同时具备运行可靠、受外界环境影响小、不占地面、不妨碍观瞻等优点。在工程实践中，根据具体需求，选择恰当的线路结构和敷设方式十分重要，而电缆线路由于电缆的品种多，敷设方式丰富，为选择和应用带来一定的难度。因此，必须掌握有关电缆结构和其敷设方式的基本知识。

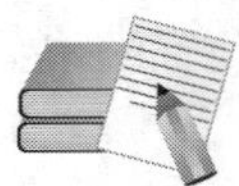

相关知识

一、电缆及其结构与特点

1. 电缆的基本定义

绝缘导线是一种有线芯（用于传递功率）与绝缘（用于绝缘防护）的电路导体，把单根或多根绝缘导线外面再加上护套就成为了电缆，因此电缆必须具备的三个要素为线芯、绝缘、护套。能满足这三个要素的导线就是电缆，工程中有时也称电缆为护套线。

2. 电缆的结构

根据电缆的定义，电缆应当由线芯、绝缘层和保护层三部分组成。线芯导体要有好的导电性，以减少线路损失；绝缘层的作用是将线芯导体间及线芯与保护层隔离，因此必须有良好的绝缘性能、耐热性能和稳定性；保护层又分为内保护层和外保护层两部分，用来保护绝缘层，同时将电缆线芯约束在一个限定的空间内，减小电缆的外径，使电缆在运输、储存、敷设和运行中，电缆的绝缘层不受外力损伤并防止水分的侵入，故应有一定的机械强度。比如，目前电缆卷在运输过程中采取的密封充气技术就是加强了密封作用，使得电缆在运输中一直处于对外的正向压力，潮气和水分无法进入。

图 3-17 所示为分相屏蔽电缆的结构。

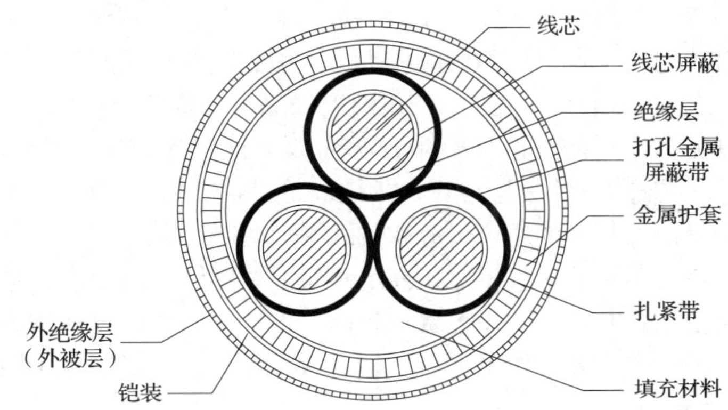

图 3-17　分相屏蔽电缆的结构

图 3-18 所示为交联聚乙烯绝缘聚氯乙烯护套电缆。

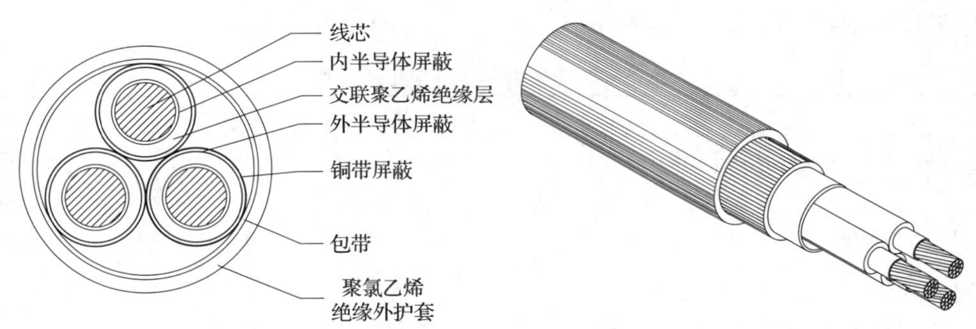

图 3-18　交联聚乙烯绝缘聚氯乙烯护套电缆

图 3-19 所示为聚氯乙烯绝缘聚氯乙烯护套电缆。

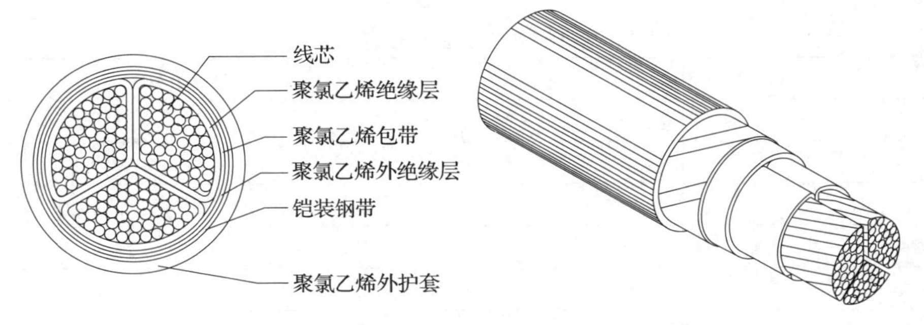

图 3-19　聚氯乙烯绝缘聚氯乙烯护套电缆

3. 电缆的基本特点

从目前供配电系统中电缆的使用情况看，以上几种结构形式的电缆使用比较普遍，10 kV 高压网络一般以使用交联聚乙烯绝缘电缆为主流，低压网络以使用聚氯乙烯绝缘电缆为主流，高层建筑或防火要求高的建筑内低压交联聚乙烯绝缘电缆近年来得到了大量普及。

（1）聚氯乙烯绝缘电缆。价格低，市场占有率高，安装工艺简单，敷设与维护简单方便，能适应高落差敷设。其外形最显著的特点是线芯截面被挤压成异形，线芯的绝缘层均按规范要求生产为规定的颜色，如三个相线为黄、绿、红色，零线为淡蓝色，保护线为黄绿双色。但其机械性能受工作温度的影响较大，一般最高允许温度为 70 ℃。

（2）交联聚乙烯绝缘电缆。允许的工作温度较高，最高为 90 ℃，故允许的短时过载能力较强，有优良的介电性能，但抗电晕、游离放电性能差，适合高落差敷设和垂直敷设。其外形特点是线芯连同绝缘层为规则的圆形，线芯绝缘层一般采取不添加分相色母粒的工艺方式，多为聚乙烯材料的原色，分相方式采取色带工艺。由于绝缘层中没有氯，所以其安全性高，燃烧时不释放氯气，对于高层建筑，由于防火的要求，低压交联聚乙烯绝缘电缆已得到强制使用。其接头的工艺要求较高，但操作方便，可使用成品电缆附件，对工人的技术工艺水平要求不高，便于推广。但其成本较高，一般多用于高压网络中和高层建筑的低压系统中。

4. 电缆的型号

我国电缆产品的型号由几个大写汉语拼音字母和阿拉伯数字组成。

电缆型号中各字母的含义见表 3-6，外护套代号的含义见表 3-7。

表 3-6 电缆型号中各字母的含义

类别	导体	绝缘	内护套	特征
电力电缆（省略不表示）	T—铜线（省略不表示）	Z—纸绝缘	Q—铅包	D—不滴流
		X—天然橡胶	L—铝包	F—分相
K—控制电缆	L—铝线	X(D)—丁基橡胶	H—橡胶	P—屏蔽
P—信号电缆		V—聚氯乙烯	V—聚氯乙烯	
B—绝缘电线		Y—聚乙烯	Y—聚乙烯	
R—绝缘软线		YJ—交联聚乙烯		
Y—移动式软电缆				

表 3-7 外护套代号的含义

第一个数字		第二个数字	
代号	铠装层类型	代号	外被层类型
0	无	0	无
1	—	1	纤维绕包
2	双钢带	2	聚氯乙烯
3	细圆钢丝	3	聚乙烯
4	粗圆钢丝	4	—

如 YJLV22-3×120-10-300，即表示交联聚乙烯绝缘、聚氯乙烯护套、双钢带铠装、聚氯乙烯外被层，铝导体三芯 120 mm^2，电压为 10 kV、长度为 300 m 的电力电缆。

任务实施

一、电缆的敷设

1. 电缆敷设路径的选择

选择电缆敷设路径时，应考虑以下原则。

（1）避免电缆遭受机械外力、过热、腐蚀等危害。

（2）在满足安全要求条件下使电缆较短。

（3）便于敷设、维护。

（4）避开将要挖掘施工的地方。

2. 电缆的敷设方式

电缆的敷设方式有多种，有直埋、室内地沟、穿排管、地下隧道、电缆桥架以及明敷等。每种方式都有自己的特点，要根据实际需要、电缆的数量、环境条件等因素决定选用的敷设方式。

（1）电缆的直埋敷设。这种方式是沿选定的敷设路径挖电缆沟，然后将电缆埋在沟内。一般适用于电缆数量不多、敷设距离较长时的情况。

1）开沟。开沟前，应弄清施工沿线上的地下管线、土质和地形等环境情况。挖沟时，先在敷设路径上按设计要求用白灰在地面上做出电缆沟的线路和宽度标志，然后在整个路段上标出与地下管线有关联的地方，并提醒施工人员注意。

10 kV 及以下电缆线路的电缆沟深度一般为 0.7~0.8 m，沟的宽度根据电缆条数而定，一般一条电缆时宽 300~400 mm 即可，电缆较多时按电缆间距 100 mm 为参考决定宽度。图 3-20 所示为单条电缆直埋敷设的一般做法。

以下是开沟时处理特殊情况的基本做法，图 3-21 所示为直埋电缆与公路交叉时的做法，图 3-22 所示为直埋电缆与其他管线交叉时的做法。

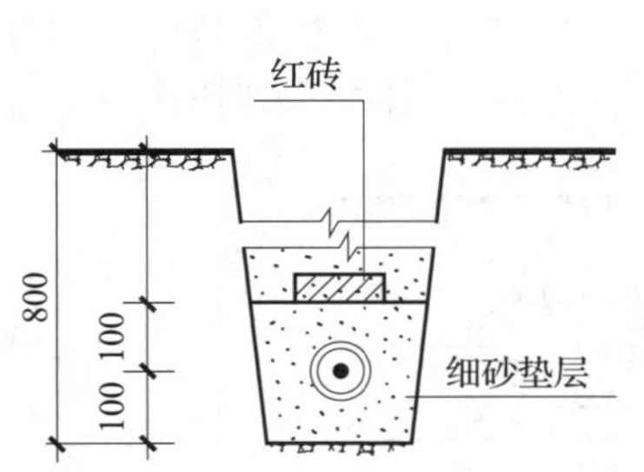

图 3-20　单条电缆直埋敷设的一般做法

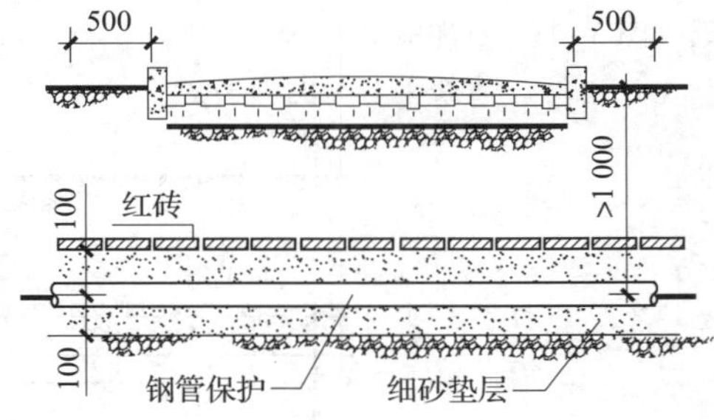

图 3-21　直埋电缆与公路交叉时的做法

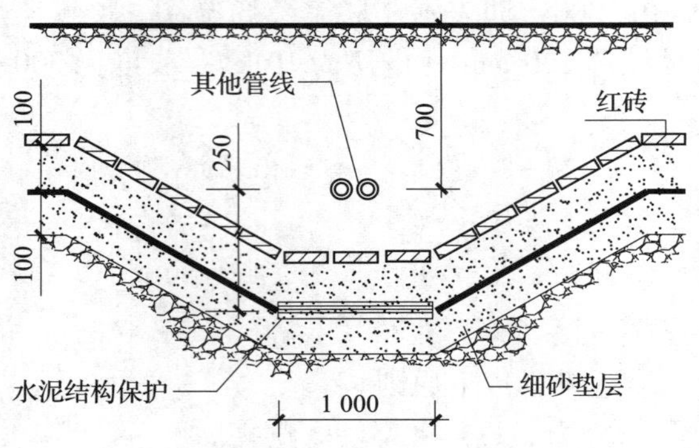

图 3-22　直埋电缆与其他管线交叉时的做法

图 3-23 所示为直埋电缆与燃气、热力管线平行时的做法，图 3-24 所示为直埋电缆与燃气、热力管线交叉时的做法，图 3-25 所示为直埋电缆与一般管线交叉时的做法。

图 3-26 所示为直埋电缆与管沟交叉时的做法。

电缆沟在穿越农田时，考虑到耕作等因素，沟深应大于 1 m。在引入建筑物、与地下建筑物交叉以及经过地下建筑物时，电缆可浅埋，但应注意采取保护措施。电缆沟的拐角处要挖成圆弧形，以满足电缆的最小允许弯曲半径。电缆接头处的两端、引入建筑物和引上线杆处，要挖出圆形的预留电缆盘圈沟，其直径也应满足电缆的最小允许弯曲半径。

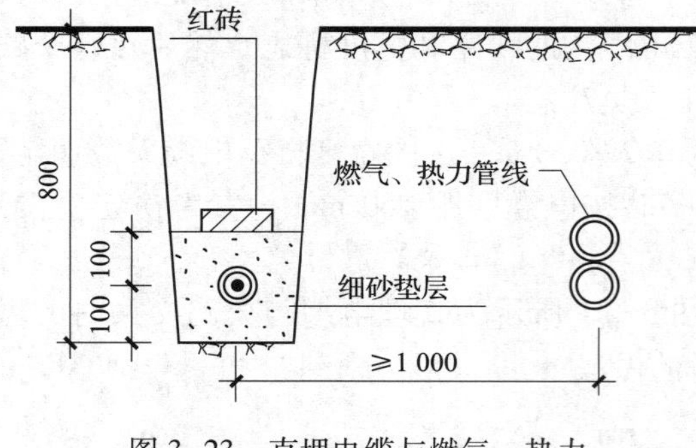

图 3-23　直埋电缆与燃气、热力管线平行时的做法

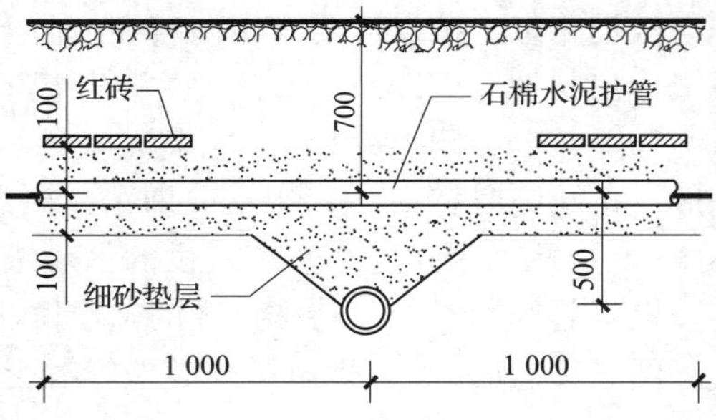

图 3-24　直埋电缆与燃气、热力管线交叉时的做法

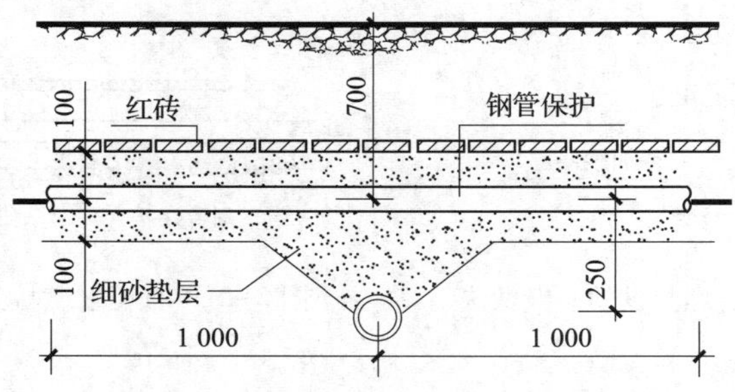

图 3-25　直埋电缆与一般管线交叉时的做法

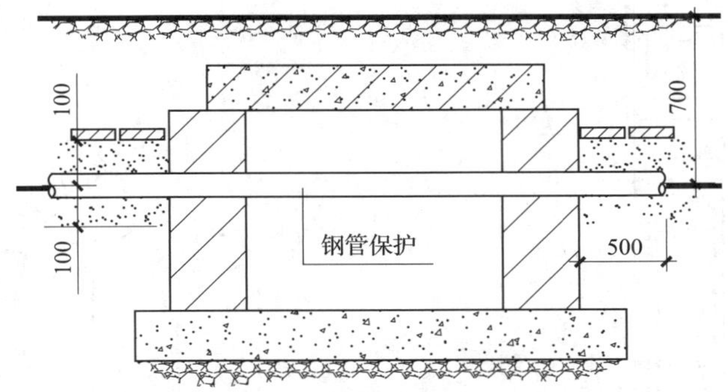

图 3-26　直埋电缆与管沟交叉时的做法

电缆沟内不允许有尖利的石块、砖块和含有腐蚀性的土壤，电缆沟开挖完成后，将沟底整平并夯实。

2）电缆敷设。一般用户的电缆敷设常采用人工敷设的方式，如果是较短电缆的敷设，往往不带电缆盘，这时先将电缆沿开挖完成的电缆沟顺向排在电缆沟的旁边，然后调整好电缆的位置和应当预留的量。敷设带电缆盘的电缆时，电缆盘可放在电缆沟的一端，放线时应使用专用支架将电缆盘支起，不得使用千斤顶。在调整电缆位置时，应注意考虑满足特殊地点的需要，如需要穿管的地方要注意穿管的顺序。同时，还要注意电缆允许弯曲半径的限制，以免伤到电缆的绝缘层。完成特殊地点的处理后，顺势将电缆移入沟中。这时，先将电缆在沟内调成蛇形弯的形态，不能将电缆直着放在沟中，以免沟底下沉时电缆被拉伤。然后就是所谓的“铺砂盖砖”。先向电缆沟内填埋 100 mm 厚的细砂，然后将砂下的电缆提出砂的表面，整理一下电缆的形状，再向沟内填埋 100 mm 厚的细砂。至此完成了“铺砂”，接下来就是“盖砖”，将红砖或灰砖紧密地在砂的上面盖上一层。砖的作用一是标记，今后如有人在电缆上方挖土施工，当挖到排列有序的砖后会引起注意，同时也为今后维修时寻找电缆提供标记；二是能起到一定的防护作用。砖的横向排列宽度视电缆数量而定，一般应当超过电缆两侧各 50 mm。

3）回填。用于回填的土应经过粗筛，除去大的石块。回填时应分层进行，每回填 200～300 mm 的厚度，夯实一下，再进行回填。回填土应高出地面 150～200 mm，以防松土沉陷。

4）做标记。应当在沿线、拐角、接头、终端和进出建筑物等地段装设标明电缆方位的标记桩，直线段每 50～100 m 装设一标记桩，装设好后应露出地面 150 mm。标记桩的材质为水泥，标记桩的结构如图 3-27 所示。

在一些要求不高的地方也可制作如图 3-28 所示的简易标记桩。

对无法装设标记桩的地段，可依托附近的建筑物做出明显的标记，标记的颜色应使用红色。

（2）电缆在电缆沟内或隧道内敷设。当沿同一方向敷设的电缆数量较多时，可采用在电缆沟或电缆隧道内敷设的方式。电缆沟或电缆隧道一般采用砖混结构，沟壁要有足够的强度以安放电缆支架。

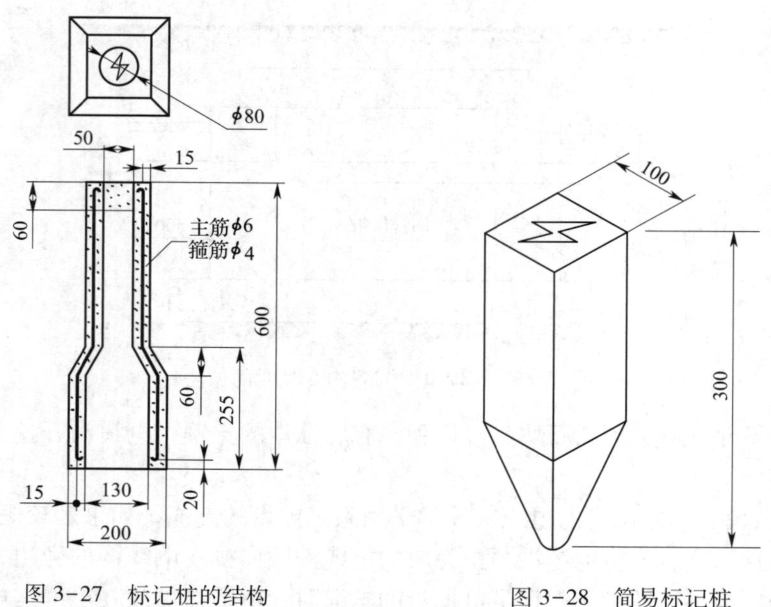

图 3-27　标记桩的结构　　　图 3-28　简易标记桩

图 3-29 所示为电缆在电缆沟内敷设的做法，其电缆支架采用预制的方式制作，制作完成后与金属支架相比，省去了防腐和接地的处理。

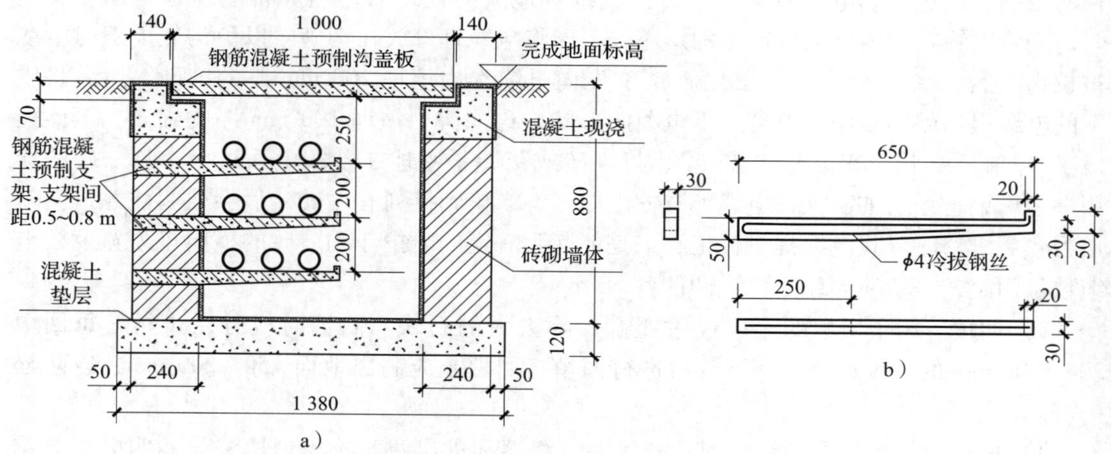

图 3-29　电缆在电缆沟内敷设的做法

a）9 条以下电缆的电缆沟结构　b）支架的结构

敷设时，首先按设计要求的敷设顺序，将电缆顺沟放入沟底，然后将电缆移上支架。应先从下层电缆支架开始敷设，然后根据电缆数量向上层敷设。

图 3-30 所示为 24 条以下电缆的电缆沟结构。

（3）电缆的进户。直埋电缆的进户要穿过建筑物的墙体、楼板等，在这些地方电缆要穿钢管以进行保护。图 3-31 所示为直埋电缆进户时的一般做法。

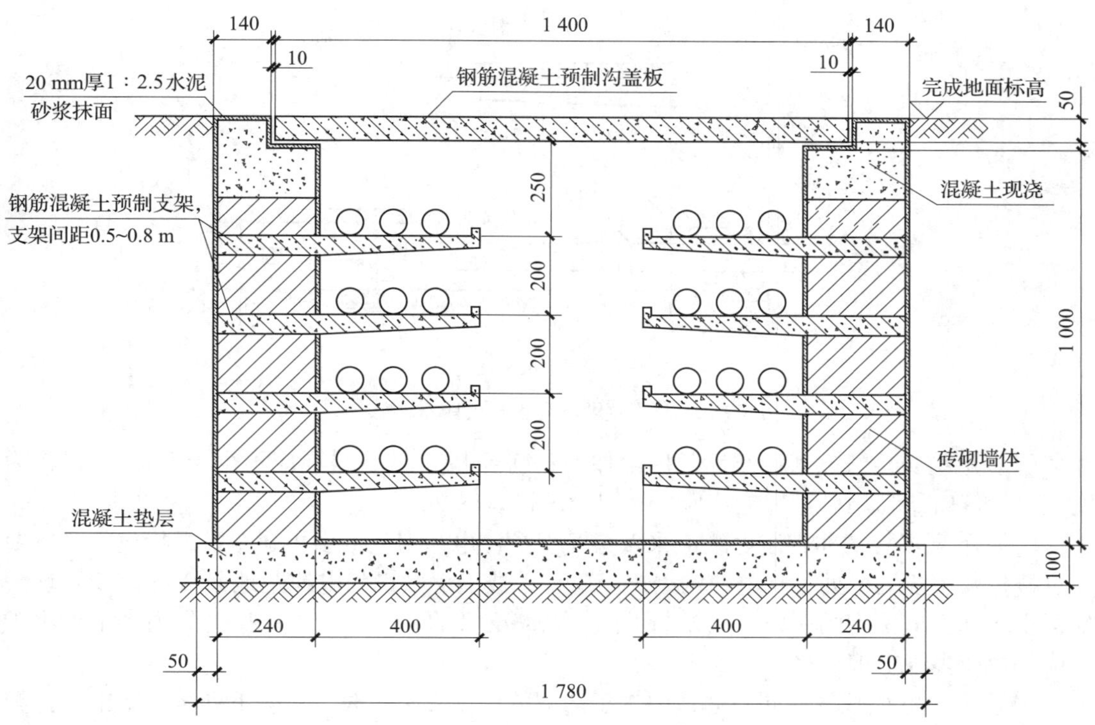

图 3-30　24 条以下电缆的电缆沟结构

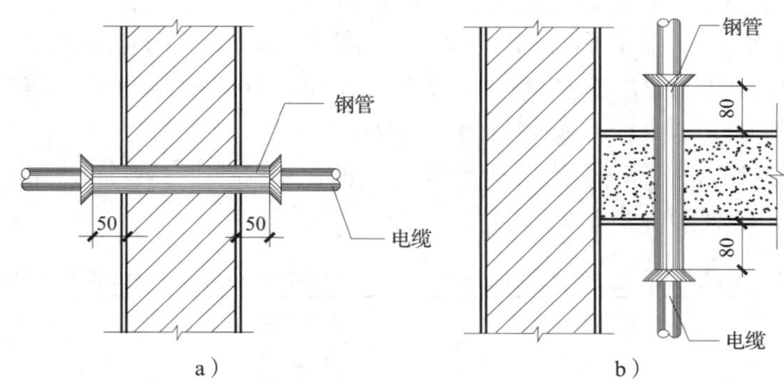

图 3-31　直埋电缆进户时的一般做法

a）穿墙敷设　b）穿楼板敷设

进户时如遇防水处理，可参照图 3-32 所示的方式进户。

3. 电缆敷设的一般要求

敷设电缆，一定要严格遵守有关技术规程的规定和设计的要求。竣工后，要按规定的手续和要求进行检查和验收，确保线路的质量。部分重要的技术要求如下。

（1）敷设电缆时，为了避免损坏绝缘层和保护层，电缆弯曲处的曲率半径 R 应保证满足下列数值：油浸纸绝缘铅包单芯电缆，$R>25D$；多芯电缆，$R>15D$；铅包橡胶绝缘电缆和聚氯乙烯护套电缆，有铠装时，$R>10D$，无铠装时，$R>6D$（D 为电缆外径）。

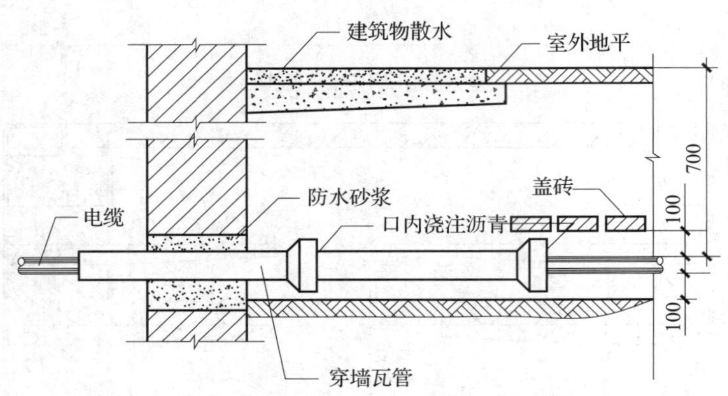

图 3-32　直埋电缆进户的防水做法

（2）电缆长度宜按实际线路长度增加 5%~10%的裕量（最少应不少于 5 m），以作为安装、检修时的备用。直埋电缆应作波浪形埋设。

（3）下列场合的非铠装电缆应采取穿管保护：电缆引入或引出建筑物或构筑物；电缆穿过楼板及主要墙壁处；从电缆沟引出至电杆，或沿墙敷设的电缆距地面 2 m 高度及埋入地下小于 0.3 m 深度的一段；电缆与道路、铁路交叉的一段。所用保护管的内径不得小于电缆外径或多根电缆包络外径的 1.5 倍。

（4）多根电缆敷设在同一通道中位于同侧的多层支架上时，应按下列敷设要求进行配置：①按电压等级由高至低的电力电缆、强电至弱电的控制和信号电缆、通信电缆“由上而下”的顺序排列；②支架层数受通道空间限制时，35 kV 及以下的相邻电压级电力电缆可排列在同一支架上，少量 1 kV 及以下电力电缆在采取防火分隔和有效抗干扰措施后，也可与强电控制和信号电缆配置在同一支架上；③同一重要回路的工作与备用电缆应配置在不同层或不同侧的支架上，并应实行防火分隔。

（5）明敷的电缆不宜平行敷设于热力管道上部。电缆与管道之间无隔板防护时，相互间距应符合表 3-8 所列的允许最小净距。

表 3-8　电缆与管道之间无隔板防护时的允许最小净距（据 GB 50217—2018）　mm

电缆与管道之间走向		电力电缆	控制和信号电缆
热力管道	平行	1 000	500
	交叉	500	250
其他管道	平行	150	100

（6）电缆应远离爆炸性气体释放源，敷设在爆炸性危险较小的场所，并应符合下列要求。

1）易爆气体比空气重时，电缆应在较高处架空敷设，且对非铠装电缆采取穿管或置于托盘、槽盒内等机械性保护。

2）易爆气体比空气轻时，电缆应敷设在较低处的管、沟内，沟内非铠装电缆应埋砂。

（7）电缆沿输送易燃气体的管道敷设时，应配置在危险程度较低的管道一侧，且符合下列要求。

1）易燃气体比空气重时，电缆宜在管道上方。

2）易燃气体比空气轻时，电缆宜在管道下方。

（8）电缆沟的结构应考虑到防火和防水。电缆沟从厂区进入厂房处应设置防火隔板。为了顺畅排水，电缆沟的纵向排水坡度不得小于0.5%，而且不能排向厂房内侧。

（9）直埋敷设于非冻土地区的电缆，其外皮至地下构筑物基础的距离不得小于0.3 m；至地面的距离不得小于0.7 m，当位于车行道或耕地的下方时，应适当加深，且不得小于1.0 m。电缆直埋敷设于冻土地区时，宜埋入冻土层以下。直埋敷设的电缆，严禁位于地下管道的正上方或正下方。有化学腐蚀性的土壤中，电缆不宜直埋敷设。

（10）电缆的金属外皮、金属电缆头、保护钢管和金属支架等，均应可靠地接地。

二、电缆线路的运行维护

1. 一般要求

对电缆线路，一般要求每季进行一次巡视检查，并应经常监视其负荷大小和发热等情况。如遇大雨、洪水及地震等特殊情况及发生故障时，需临时增加巡视次数。

2. 巡视项目

（1）电缆头及瓷套管有无破损和放电痕迹；对填充有电缆胶（油）的电缆头，还应检查有无漏油溢胶现象。

（2）对明敷电缆，还应检查电缆外皮有无锈蚀、损伤，沿线支架或挂钩有无脱落，线路上及附近有无堆放有易燃、易爆和强腐蚀性物品。

（3）对暗敷及埋地电缆，应检查沿线的盖板和其他保护设施是否完好，有无挖掘痕迹，路线标记桩是否完整无缺。

（4）电缆沟内有无积水或渗水现象，是否堆放有杂物及易燃、易爆等危险品。

（5）线路上各种接地是否良好，有无松脱、断股和腐蚀现象。

（6）其他危及电缆安全运行的异常情况。

在巡视中发现的异常情况，应记入专用记录簿内，重要情况应及时汇报上级，请示处理。

三、电缆线路的检修

电缆线路的故障大多发生在电缆的中间接头和终端处，而且常见的毛病是漏油溢胶（在采用油浸纸绝缘电缆时）。如果电缆头漏油溢胶严重或放电，应立即停电检修，通常是重做电缆头。

电缆线路出现了故障，一般需借助一定的测量仪器和测量方法才能确定。例如，电缆发生了如图3-33所示的故障，通过外观无法检查，需借助兆欧表，在电缆两端测量各相对地（外皮）及相与相之间的绝缘电阻值，并将一端所有相线短接接地，在另一端重做上述相对地（外皮）及相与相之间的绝缘电阻值测量，测量结果填于表3-9中。

对表3-9的绝缘电阻值测量结果进行分析，可得如下结论：此电缆故障为两相断线又对地（外皮）击穿，如图3-33所示。

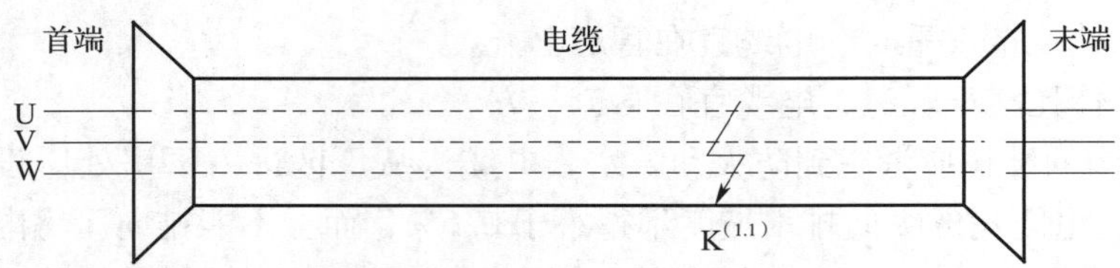

图 3-33　电缆内部故障示例

表 3-9　图 3-33 所示故障电缆的绝缘电阻值测量结果

测量顺序	电缆绝缘电阻值/MΩ					
	相—地			相—相		
	U	V	W	U—V	V—W	W—U
在首端测量	∞	∞	∞	∞	∞	∞
在末端测量	∞	0	0	∞	0	∞
末端短接接地，在首端测量	0	∞	∞	∞	∞	∞

注：表中∞值在实测中可为几百或几千兆欧；表中 0 值在实测中可为几千或几万欧。

在本例中，测量结果至少有一相是正常的，如果想要检测故障相接地点的位置，则接线原理如图 3-34 所示。

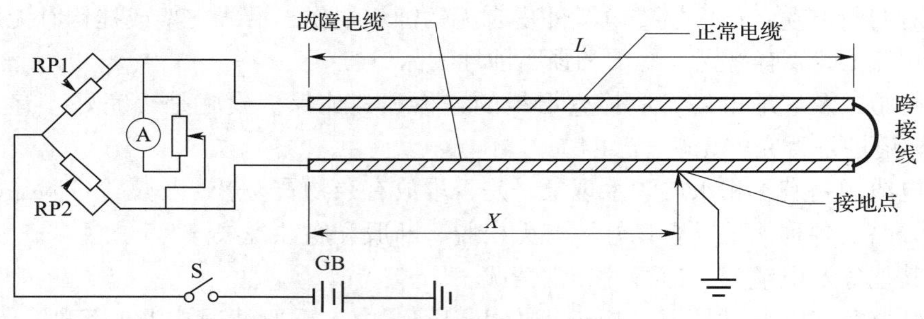

图 3-34　电缆故障相接地点位置检测接线原理

按图 3-34 接线完成后，滑动 RP1、RP2 使电桥平衡。根据电桥平衡原理，以及同样截面的电缆线芯其电阻 R_1、R_2 与长度成正比的原则，则有

$$\frac{RP_1}{RP_2}=\frac{L+(L-X)}{X}=\frac{2L-X}{X}$$

简化后得出

$$X=\frac{RP_2}{RP_1+RP_2}\times 2L$$

式中，X 就是接地点距测试点的距离。

测量线路的绝缘电阻值，目的在于检查绝缘导线和电缆的绝缘是否完好，有无接地或相间短路故障。测量绝缘电阻值，要利用兆欧表，测量时应注意以下几点。

（1）高压线路一般采用 2 500 V 兆欧表测量，低压线路采用 1 000 V 兆欧表测量。兆欧表在使用中要严格按照规程操作。

（2）在测量绝缘电阻值前，应仔细检查沿线有无外物搭接，线路上有无人在工作，线路电源和负荷是否全部断开。只有当线路上无外物搭接，无人在工作，且线路电源和负荷全部断开的情况下，才能测量线路的绝缘电阻值。

（3）雷雨天时不得测量室外线路的绝缘电阻值，以免雷电过电压伤人。

（4）测量电缆钢带和绝缘导线的绝缘电阻值时，应将其绝缘层接到兆欧表的“保护环”（或称“屏蔽环”）接线端，如图 3-35 所示，以消除其表面泄漏电流对测量结果的影响。

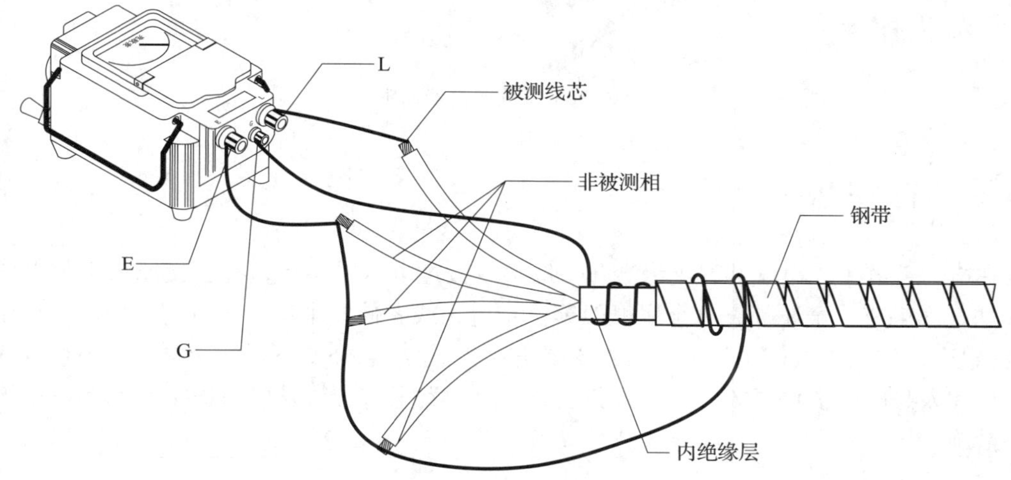

图 3-35　用兆欧表测量电缆钢带的绝缘电阻值

E—接地端子　L—线路端子　G—保护环端子

（5）为避免线路的充电电压损坏兆欧表，测量完毕，应先取下相线，再停止摇动，并立即将被测线路短接进行充分放电，以免线路的充电电压伤人。

任务 3　低压供配电系统的接地与接零

任务目标

◆ 掌握低压供配电系统中接地与接零的基本概念。

任务引入

在进行低压供配电线路的安装与维护时，肯定要面对接地与接零的问题，如各种家用电器，其插头就有三极和两极的区别，如图 3-36 所示。两极插头很简单，就是一根相导体（L）（即相线，俗称火线）和一根中性导体（N）（即中性线，俗称零线）；三极插头则除了相导体、中性导体外多出一根保护导体（PE）（即保护线）。相导体和中性导体是完成用电的基本条件，而保护导体却关乎着用电的安全！因此，作为电气专业人员，必须掌握接地与接零的概念，本任务将要学习低压供配电系统中接地与接零的基本概念。

图 3-36　不同的电器插头

任务分析

在电力系统中，电气装置绝缘老化、磨损或被过电压击穿等，都会使原来不带电的部分（如金属底座、金属外壳、金属框架等）带电，或者使原来带低压电的部分带上高压电（如配电变压器的二次侧由于一、二次绝缘击穿），这些意外的不正常带电可能导致电气设备损坏和人身触电伤亡事故。为了避免这类事故的发生，必须采取保护接地或保护接零的防护措施。

相关知识

一、接地的基本概念

接地是指从电网运行或人身安全的需要出发，人为地将电气设备的某一部分通过接地装置与大地做良好的电气连接。按作用不同，接地可分为工作接地和保护接地两种。

1. 工作接地（或称系统接地）

为了保证电力系统在正常运行及发生故障情况下能够可靠工作，将电力系统的某一部分进行接地，称为工作接地，如发电机、变压器、电压互感器中性点接地等，都属于工作接地。

对于大多数低压用户来讲，工作接地就是指本单位变电所终端变压器二次侧中性点的接地。根据规程规定，工作接地的接地电阻 $R_0 \leqslant 4\ \Omega$，但一般控制在 $1\ \Omega$ 以内。

2. 保护接地

为了保证人身安全，防止触电事故的发生，将电气设备在正常情况下不带电的外露可导电部分（如金属外壳）实行的接地，称为保护接地。采用保护接地后，可大大减轻电气设备金属外壳带电引起的触电危险。根据规程规定，保护接地的接地电阻 $R_E \leqslant 10\ \Omega$，但一般也是控制在 $1\ \Omega$ 以内。

3. 中性导体（N）

中性导体是指与系统中性点连接并能起传输电能作用的导体，中性导体属载流导体。

4. 保护导体（PE）

保护导体是指为满足某些防护需要，与外露可导电部分、主接地体、接地体、电源接地点或人工接地点进行电气连接的导体。保护导体不参与用电行为，正常情况下不应带电或载流。

5. 保护中性导体（PEN）（即保护零线）

PEN 兼具 PE 和 N 的功能。

6. 国际电工委员会（IEC）对配电网接地方式的分类

分为 TT 系统、TN 系统、IT 系统，其中 TN 系统在我国应用较广泛，在绝大多数低压配电系统中使用此接地方式。

二、接地方式文字代号的含义

TN、TT、IT 三种方式均使用了两个字母，以表示三相电力系统和电气装置外露可导电部分（设备外壳、底座等）的对地关系。

第一个字母表示电力系统的对地关系，T 表示直接接地（通常为系统中性点）；I 表示不接地（所有带电部分与地隔离），或通过阻抗（电阻器、电抗器）及通过等值线路接地。

第二个字母表示电气装置外露可导电部分的对地关系，T 表示独立于电力系统接地点而独立接地，即用电设备采用保护接地；N 表示与电力系统接地点直接进行电气连接，即用电设备采用保护接零。

在 TN 系统中，为了表示中性线和保护线的组合关系，有时在 TN 代号后面还可附加以下字母：S 表示中性线和保护线在结构上是分开的；C 表示中性线和保护线在结构上是合一的（PEN 线）。

1. TT 系统

TT 系统为三相四线制中性点直接接地，电源系统（这里指配电变压器）与电气装置的外露可导电部分分别直接接地的系统。它的中性线在电源侧接地后引出，并只作电能传输通路，用电端的电气装置外露可导电部分在现场直接接地，如图 3-37 所示。

我国的低压配电系统绝大多数均运行中性点接地系统，TT 系统也属于此类。变压器的联结组别有很多，但终端变压器的二次侧都接成星形，其星形点通过接地装置连接到大地就叫中性点直接接地，图 3-37 中的 R_0 为工作接地的接地装置与大地间的接地电阻。中性点接地能有效地降低由于变压器一次、二次绝缘损坏而可能造成的二次侧电压的升高值，也就在一定程度上减轻了二次侧的人员和设备受过电压的危害，这就是工作接地的主要作用。

图 3-37 中除了工作接地外，还有保护接地，即用电设备外壳通过 PE 线和接地装置与大地进行的连接。下面假设运行中 U 相与设备外壳发生了金属性短路碰壳状况，来分析保护接地的作用，如图 3-38 所示。图中：R_0 为工作接地电阻；R_E 为保护接地电阻；R_B 为人体电阻。

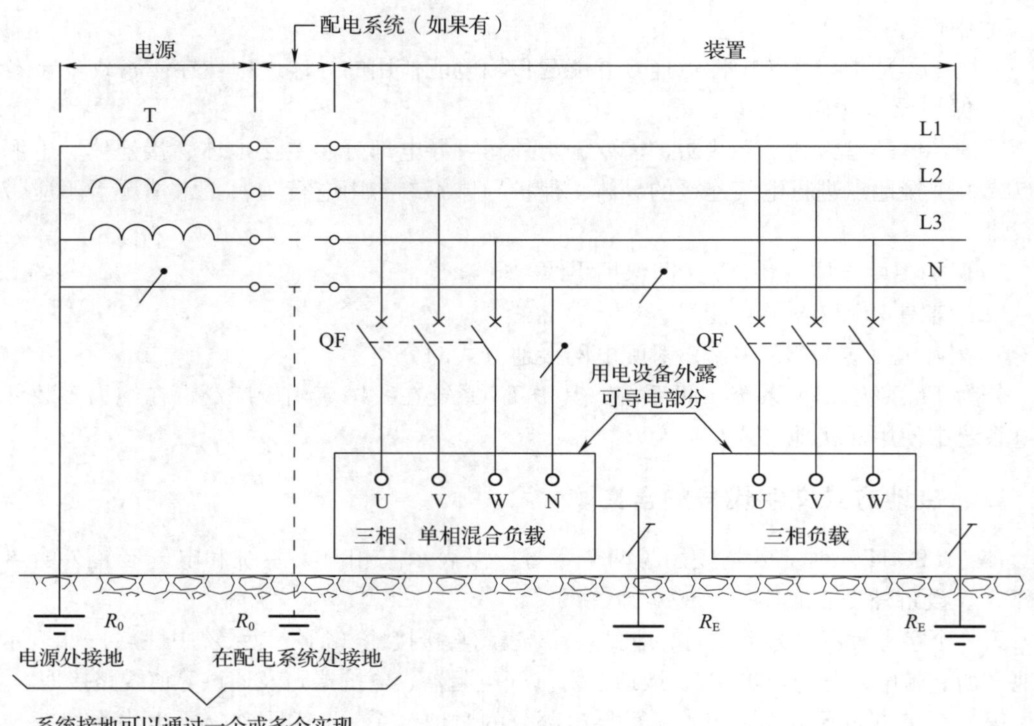

图 3-37　TT 系统

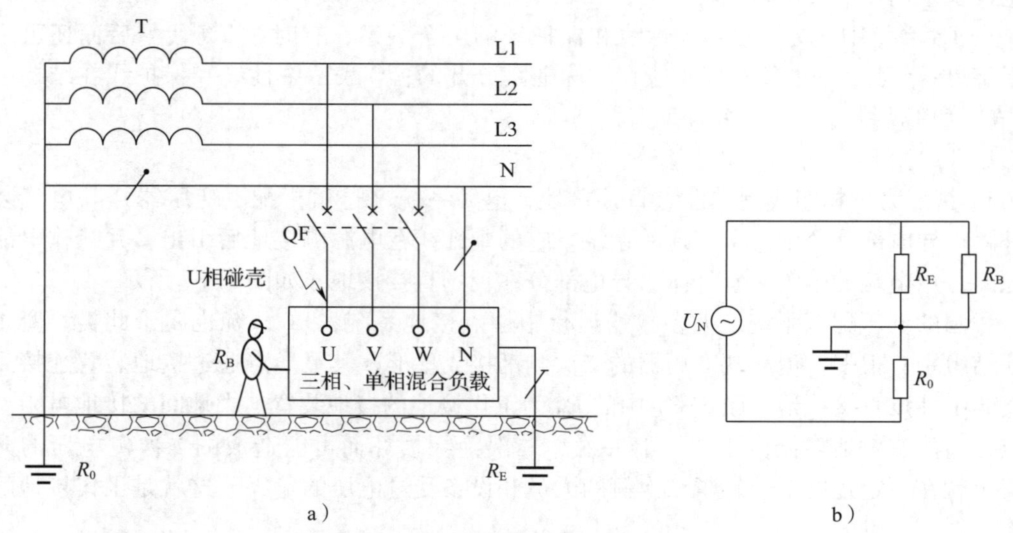

图 3-38　TT 系统 U 相碰壳保护

a）TT 系统 U 相碰壳示意图　b）U 相碰壳等效电路图

由 TT 系统 U 相碰壳等效电路图得知，运行中如果 U 相碰壳，人体可能接触到的电压为相电压在 R_0 和 R_E 上的分压值，如果人体电阻为 R_B，当忽略相线电阻时，则有

$$U_{R_B} = U_N \times \frac{U_{R_E}}{U_{R_0} + U_{R_E}} \tag{3-1}$$

如果假定运行中 R_0 和 R_E 的电阻值均为 4 Ω，虽然运行状态没有违反规程，但人体可能承受的故障电压为

$$U_{R_B} = 220 \times \frac{4}{4+4} = 110(\mathrm{V})$$

110 V 的电压加在人体上是非常危险的。而碰壳引起的故障电流为

$$I = \frac{220}{4+4} = 27.5(\mathrm{A})$$

这样的一个电流值在低压配电网络里不算是很大的电流值，如果保护元件是断路器，这样的电流一般是不会引起断路器迅速跳闸的，所以设备外壳可能会因此而维持带电，这是非常危险的。所以 TT 系统在发生碰壳短路时，只能有效地降低伤害（人体有可能接触的电压降低到 110 V）而不能完全避免伤害，不能速断跳闸。

2. TN 系统

TN 系统即电源系统有一点直接接地，负载设备的外露可导电部分通过保护线连接到此接地点的系统。根据中性线和保护线的布置，TN 系统的形式有以下三种。

（1）TN-C 系统。TN-C 系统为三相四线制中性点直接接地，第四根线为 PEN 线，即整个系统的中性线与保护线是合一的系统，此系统成本低，接线简单，是工厂低压电网中应用较多的系统，如图 3-39 所示。

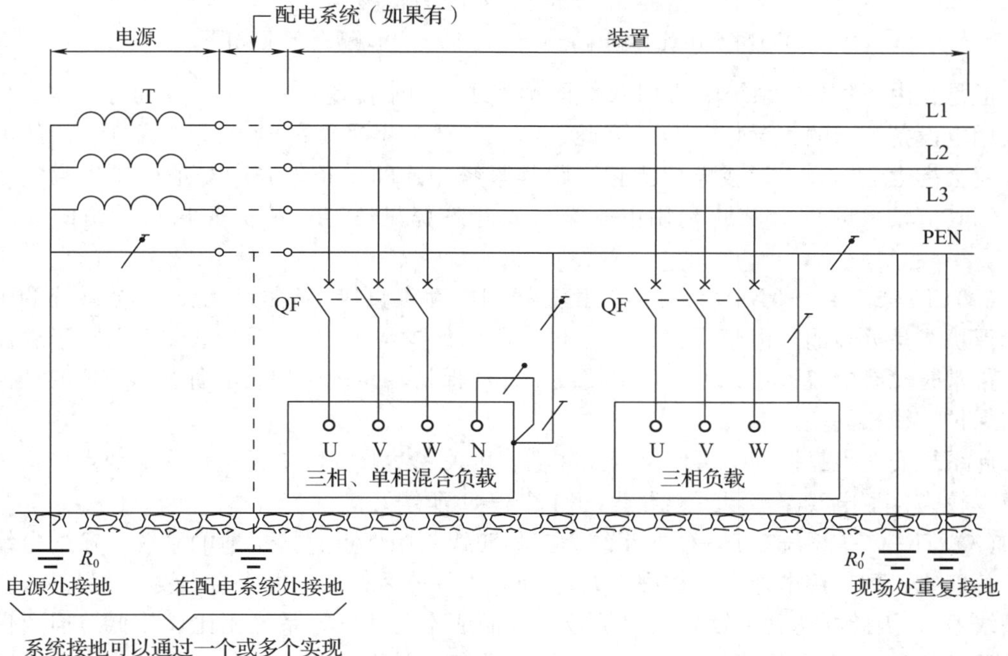

图 3-39　TN-C 系统

当设备运行中发生事故时，如 U 相相线与用电设备的金属外壳发生金属性短路，由于采取的是保护接零，所以“碰壳短路”就变成了“相零短路”，如图 3-40 所示。图中：R_0 为工作接地电阻；R_Φ 为相线电阻；R_N 为零线电阻；R_B 为人体电阻。由于相线和零线有足够的截面，阻抗甚小且稳定，即图中的 R_Φ 与 R_N，有可能产生很大的短路电流使保护装置动作，切断故障设备的电源从而保证安全。保护接零和保护接地相比较，其优越性就在于克服了保护接地受制于接地电阻的局限性。为保证保护接零系统的正常运行，保护零线应当符合导线截面的要求。规程规定：当导线截面≤16 mm^2 时，相线与零线截面应相等；当导线截面≥25 mm^2 时，则零线截面不能小于相线截面的一半。

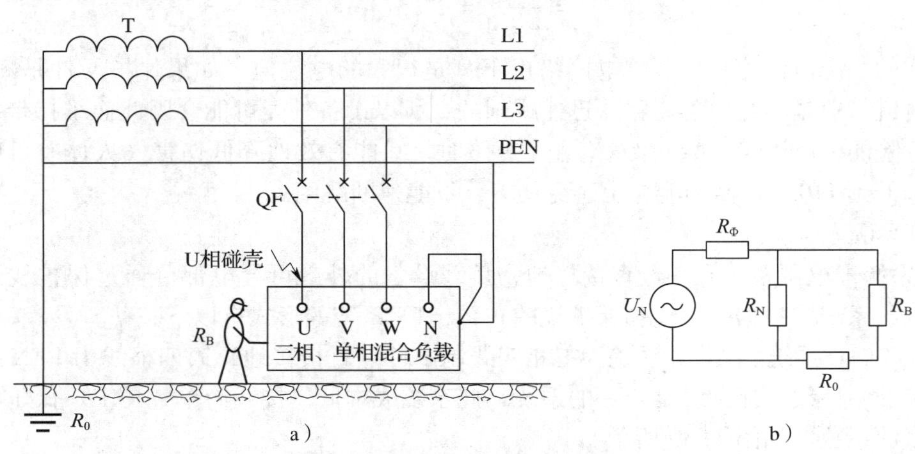

图 3-40　TN-C 系统 U 相碰壳保护

a）TN-C 系统 U 相碰壳示意图　b）U 相碰壳等效电路图

但是，由于 TN-C 系统中的 PEN 线既是零线，用于传递功率；同时又是保护线，用于连接用电设备外露的可导电部分。因此，当三相严重不平衡，PEN 线中流过一定的电流时，就会产生电压降，形成电位漂移，跟其紧密相连的设备外壳的对地电压也会随之升高，当其值较大时就会威胁到用电安全，故此系统只适合三相负荷相对平衡的动力类负荷。

（2）TN-S 系统。TN-S 系统为三相五线制中性点直接接地的系统，整个系统的中性线和保护线是分开的。由于多敷设了一根专用的保护线 PE，而保护线 PE 不属于载流导体，正常时没有电流流过，因此可以使设备外壳保持稳定的地电位。保护线 PE 的截面要求与保护零线相同。

此系统安全可靠性高，可用于居民住宅、机关、学校、娱乐场所等用电地点，但其电路成本较高，配电线路需要五根导线，如图 3-41 所示。

（3）TN-C-S 系统。TN-C-S 系统为三相四线制中性点直接接地的系统，输配电线路为三相四线，到达用电地点后在进户处将 PEN 线一分为二，一根作为零线 N，另一根作为保护线 PE，因此既达到了较好的保护效果，而成本与 TN-S 系统相比又较低。但要保证 PE 线的稳定地电位，用电负荷三相必须尽量平衡，因此该系统适合用于一些用电时间比较统一的学校、机关、工厂等用户的低压电网中，如图 3-42 所示。

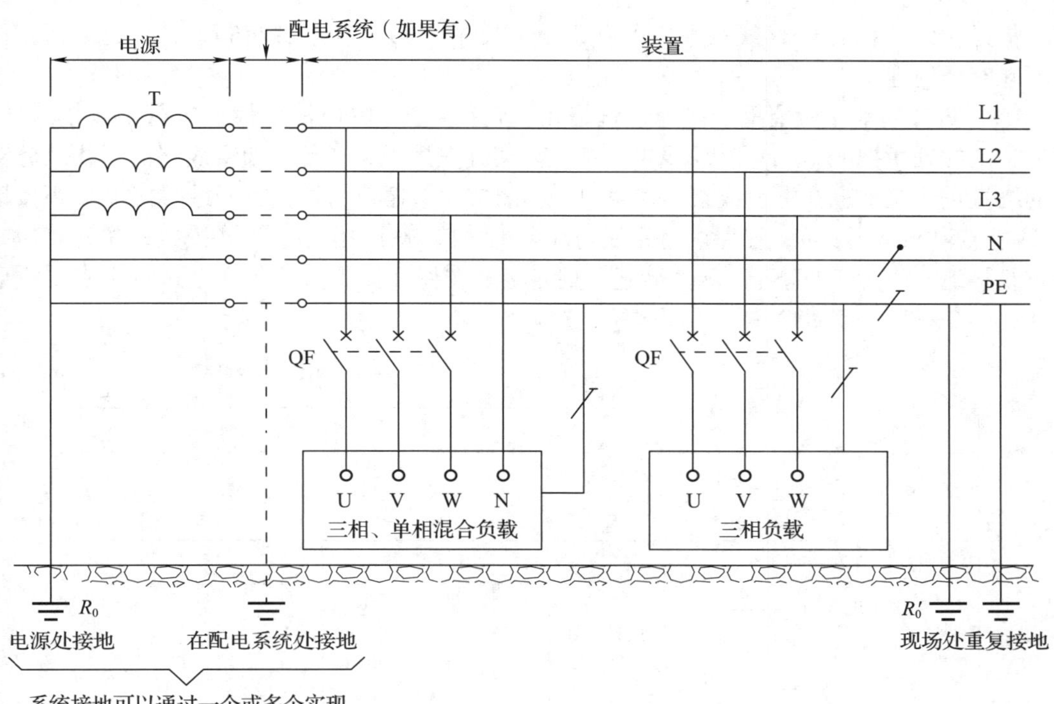

图 3-41　TN-S 系统

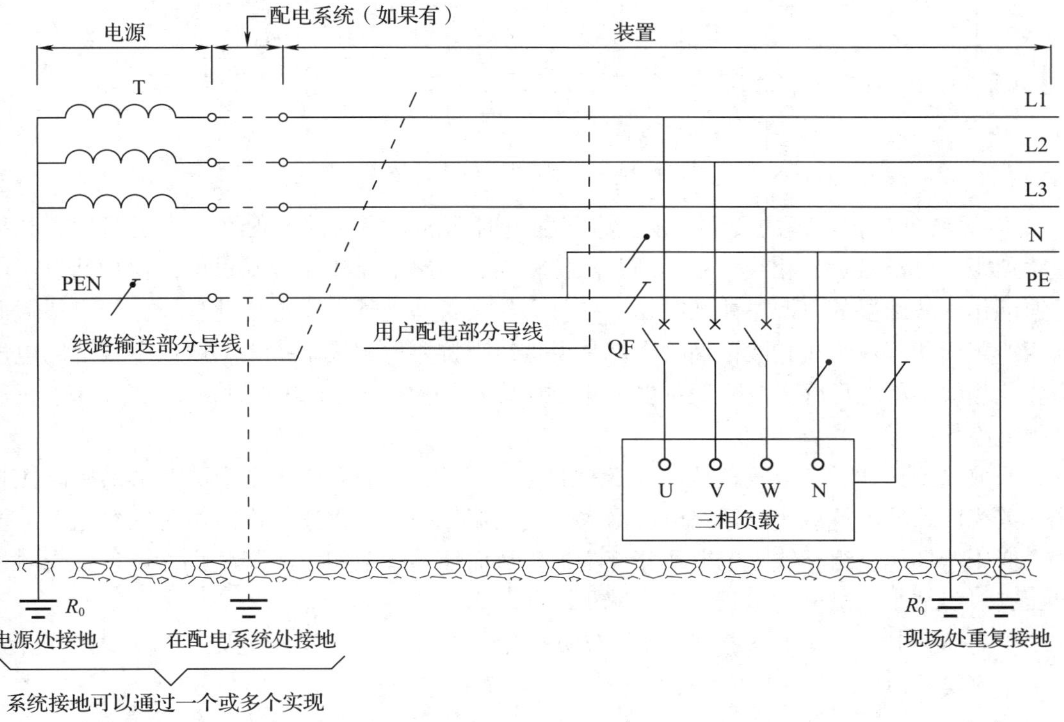

图 3-42　TN-C-S 系统

但是，此系统的 PEN 线在用户进户处分开以后，分别成为 N 线和 PE 线，这之后就再也不能有任何连接点。

（4）重复接地。所谓重复接地，就是在 TN 系统中，除电源中性点进行工作接地外，还在一定的处所把 PE 线或 PEN 线再行接地。实际应用中，在低压架空线路的干线和分支线的终端进行接地；在电缆或架空线路引入车间或大型建筑物处，也要进行接地（距接地点不超过 50 m 者除外）；在屋内将零线与配电柜、控制柜的接地装置相连接，这种接地叫作重复接地。作为 TN 系统的配套措施，重复接地在保证接零系统的安全运行中有着重要作用，图 3-43 所示为 TN-C-S 系统重复接地。

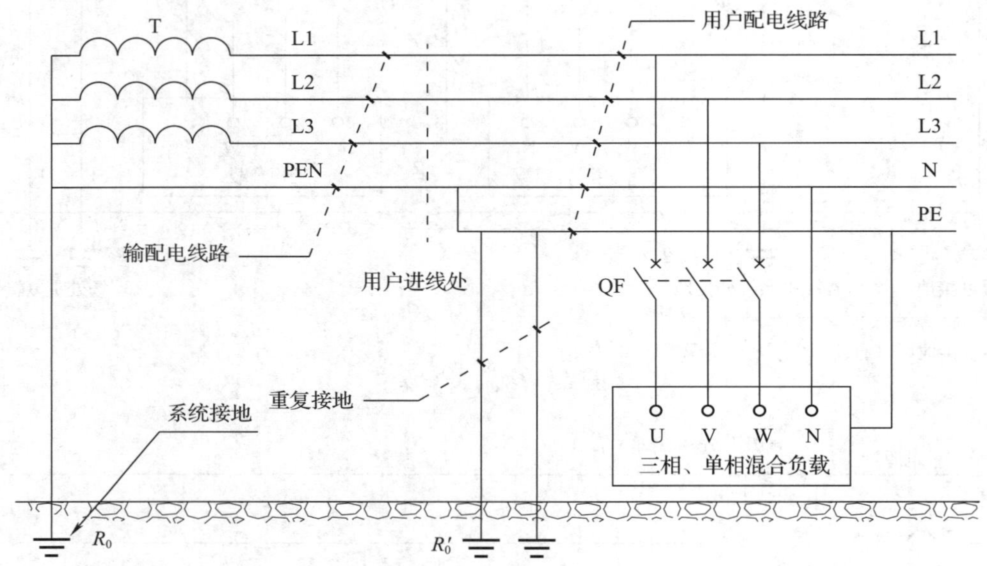

图 3-43　TN-C-S 系统重复接地

TN 系统的保护机理的实质是发生碰壳漏电时构成相零短路，但在实际运行中，如果短路点距离电源较远，相线—零线回路阻抗较大，短路电流较小，则过电流保护装置不能迅速动作，故障段的电源不能及时切除，就会使设备外壳长期带电。此外，由于零线截面与相线截面相等或小于相线截面，也就是说零线阻抗要比相线阻抗大，所以零线上的电压降要比相线上的电压降大，一般都要大于 110 V（当相电压为 220 V 时），对人体来说仍然是很危险的。

采取重复接地后，重复接地和电源中性点工作接地构成零线的并联支路，从而使相线—零线回路的阻抗减小，短路电流增大，过电流保护装置迅速动作。由于短路电流的增大，变压器低压绕组相线上的电压相应增加，从而使零线上的电压降减小，设备外壳对地电压进一步减小，触电危险程度大为减小，如图 3-44 所示。

图 3-44 中：R_0—工作接地电阻；R_Φ—相线电阻；R_N—零线电阻；R_B—人体电阻；R_0'—重复接地电阻。

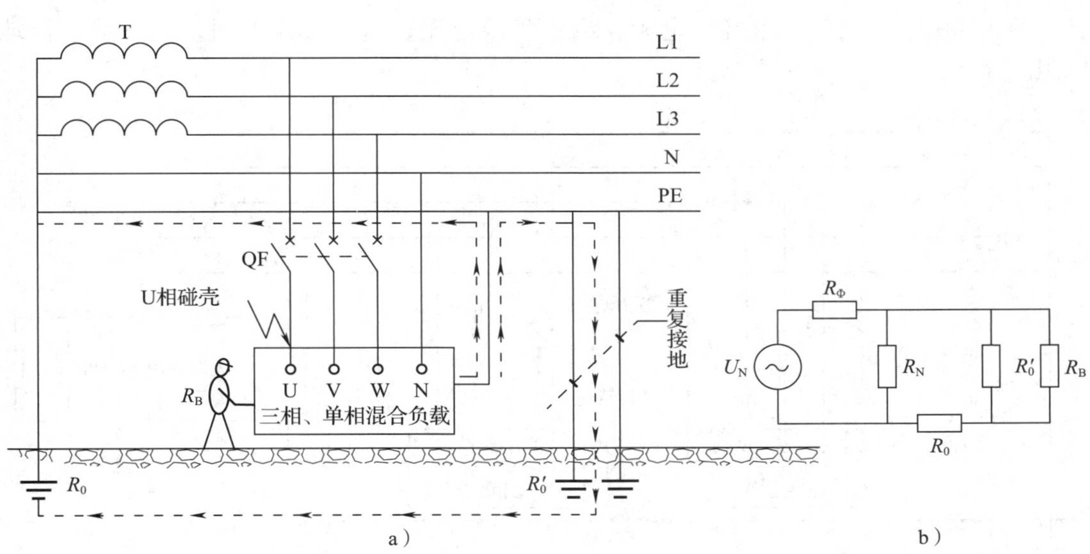

图 3-44　重复接地的作用

a）重复接地作用示意图　b）重复接地等效电路图

在无重复接地的情况下，当保护线断线且断线处后面任一电气设备发生碰壳短路时，会使断线处后面所有接零设备外壳对地电压均接近于相电压，这是很危险的，如图 3-45 所示。

图 3-45 中：R_0—工作接地电阻；R_Φ—相线电阻；R_B—人体电阻。

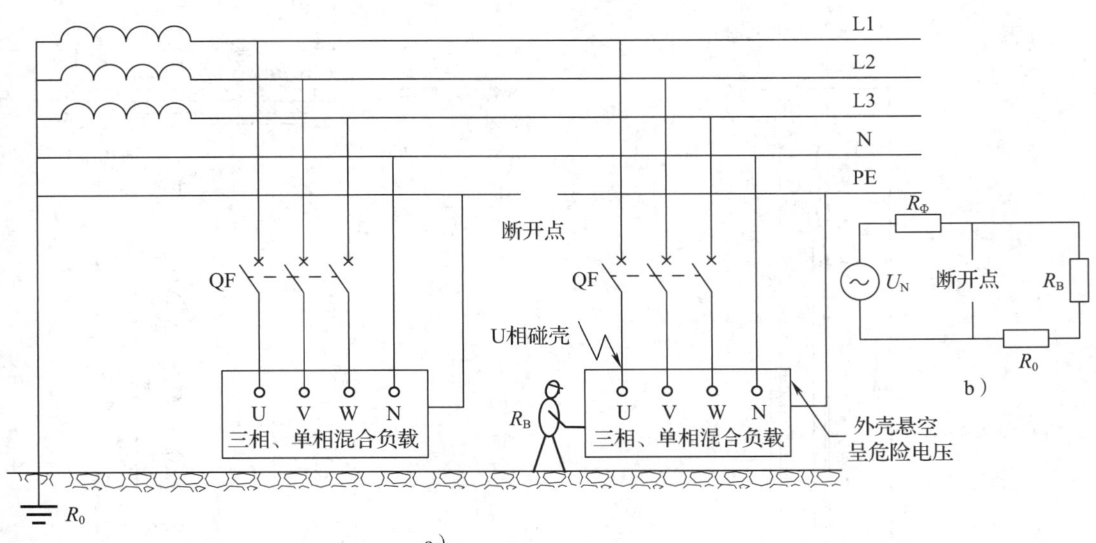

图 3-45　无重复接地时保护线断开

a）无重复接地时保护线断开的危险示意图　b）无重复接地时保护线断开等效电路图

若有重复接地，保护线断开后，系统至少能够运行 TT 系统，也能减少伤害或避免伤害，如图 3-46 所示。

图 3-46 中：R_0—工作接地电阻；R_Φ—相线电阻；R_B—人体电阻；R'_0—重复接地电阻。

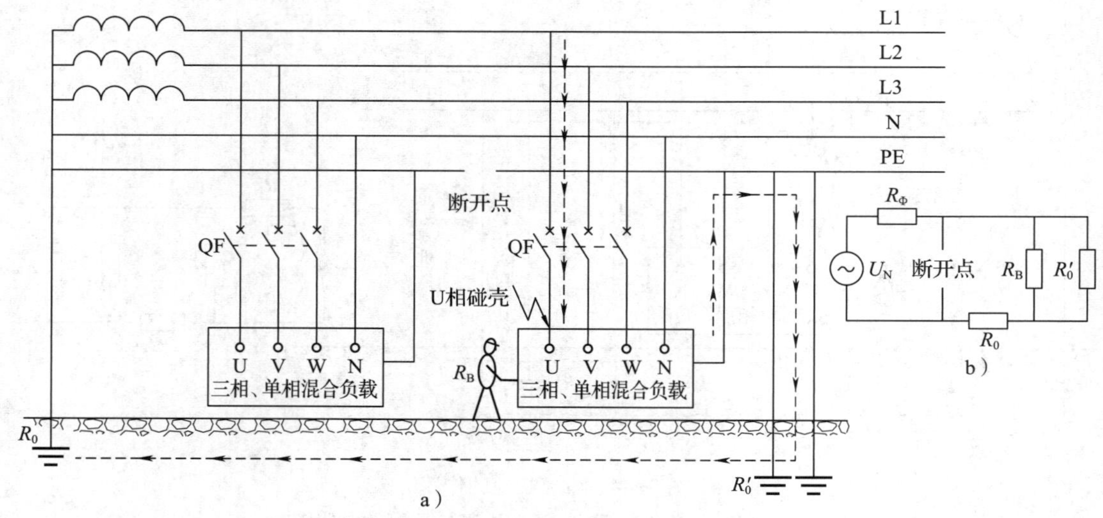

图 3-46　有重复接地时保护线断开

a）有重复接地时保护线断开示意图　b）有重复接地时保护线断开等效电路图

图 3-47 所示为某用户进户处保护线重复接地的做法。

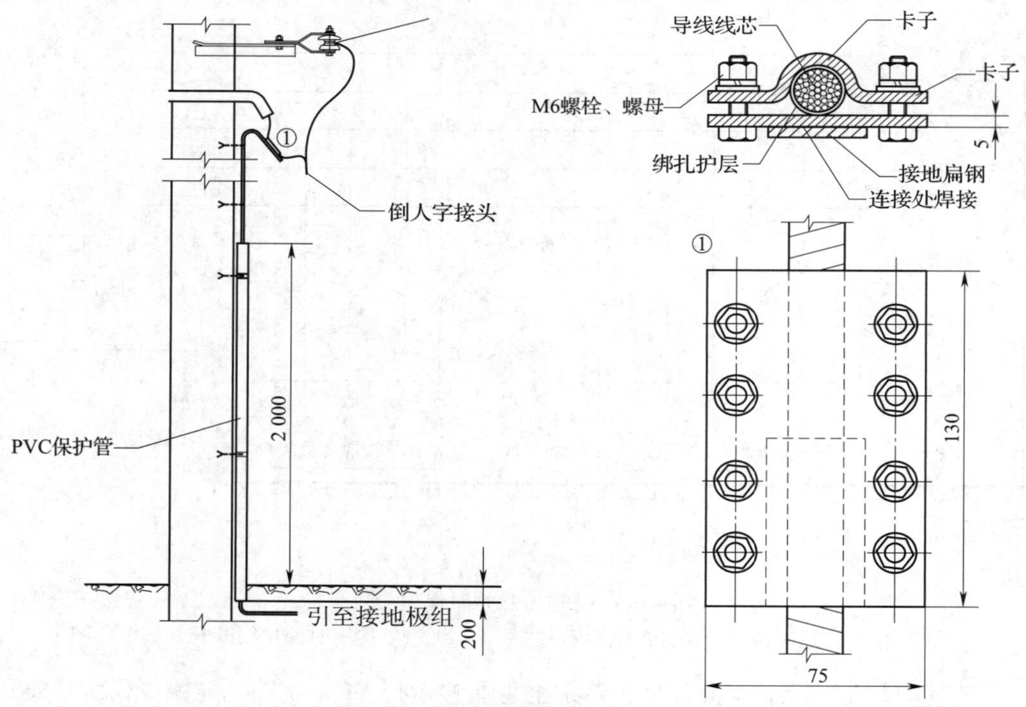

图 3-47　某用户进户处保护线重复接地的做法

3. 保护接地与保护接零混用的危害

必须注意，由同一个变压器供电的低压配电网中，不允许对一部分电气设备采用保护接地（即 TT 系统），对另一部分电气设备又采用保护接零（即 TN 系统）。因为在三相四线制保护接零的配电网中，若又有采用保护接地方式的电气装置，如图 3-48 所示，当采用保护接地的电动机一相发生绝缘损坏碰壳时，接地电流有可能受到接地电阻的限制，使保护装置动作失灵，故障不能切除。同时，此接地电流流回电源的中性点时在工作接地电阻上产生电压降，零线上产生高电位（假设 $U=220$ V，$R_0=R'_0=4\ \Omega$，忽略人体电阻的影响，则 $U_0=U'_0=110$ V）。可见，不仅在采用保护接地的电动机外壳上带有危险的电压，而且所有采用保护接零的电气设备外壳上都带有危险的高电压，在保护装置不能动作的情况下，设备外壳将长时间带电，从而会危及人身安全。因此，由同一个电源供电的低压配电网中，不允许保护接地和保护接零混用。

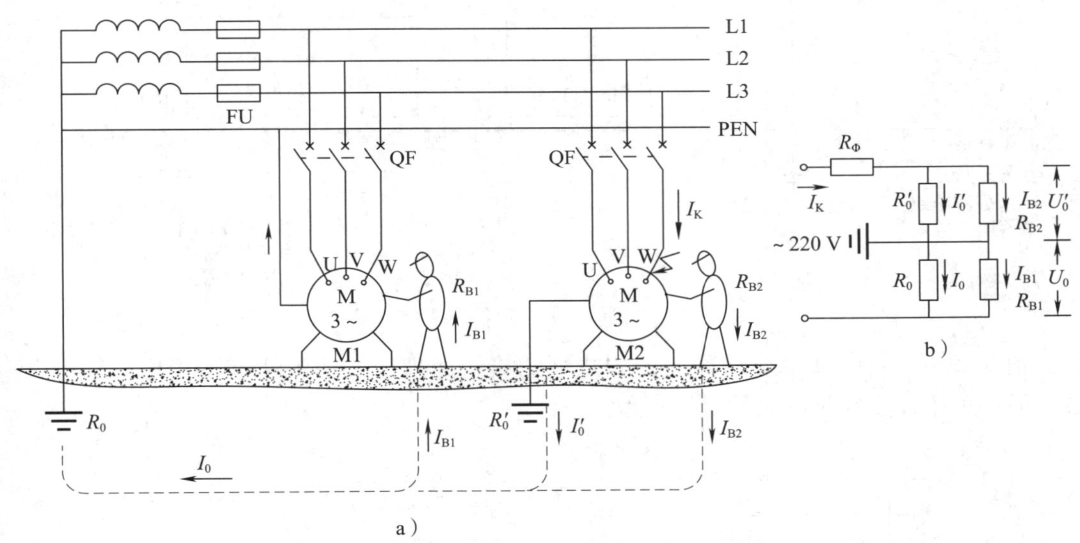

图 3-48　TT 与 TN 混用

a）TT 与 TN 混用危害示意图　b）TT 与 TN 混用等效电路图

图 3-48 中：R_0—工作接地电阻；R_Φ—相线电阻；R_{B1}、R_{B2}—人体电阻；R'_0—重复接地电阻。

4. IT 系统

IT 系统为三相三线中性点不接地，或经足够大的阻抗（约 1 000 Ω）接地，电气设备的外露可导电部分现场直接接地的系统。一般用于不准停电的场所，以及环境不良、易发生单相接地或火灾爆炸的场所，如煤矿、化工厂、纺织厂，也可用于农村地区，近几年逐步应用于重要建筑内的应急电源、医院手术室等重要场所的动力和照明系统。IT 系统如图 3-49 所示。

图 3-49 中：R_0—工作接地电阻；R_E—系统的保护接地电阻；R'_E—用电装置的保护接地电阻。

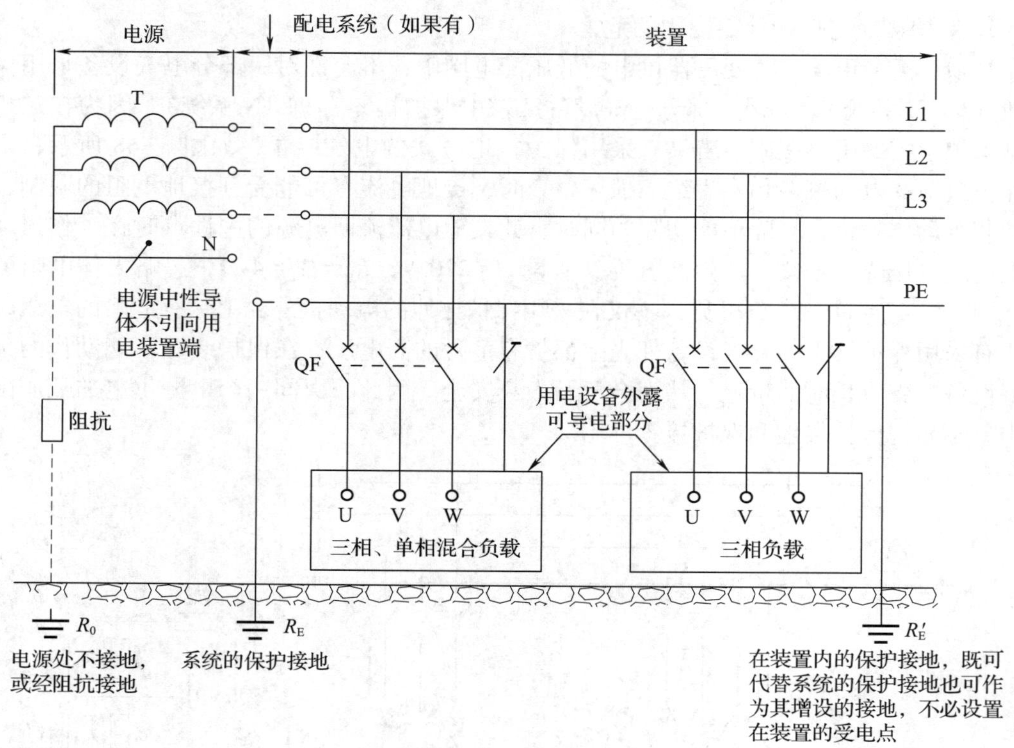

图 3-49 IT 系统

图 3-50 所示为 IT 系统两种运行方式下的接线原理，一种中性点不接地，目前占多数；另一种中性点经足够大的阻抗接地。

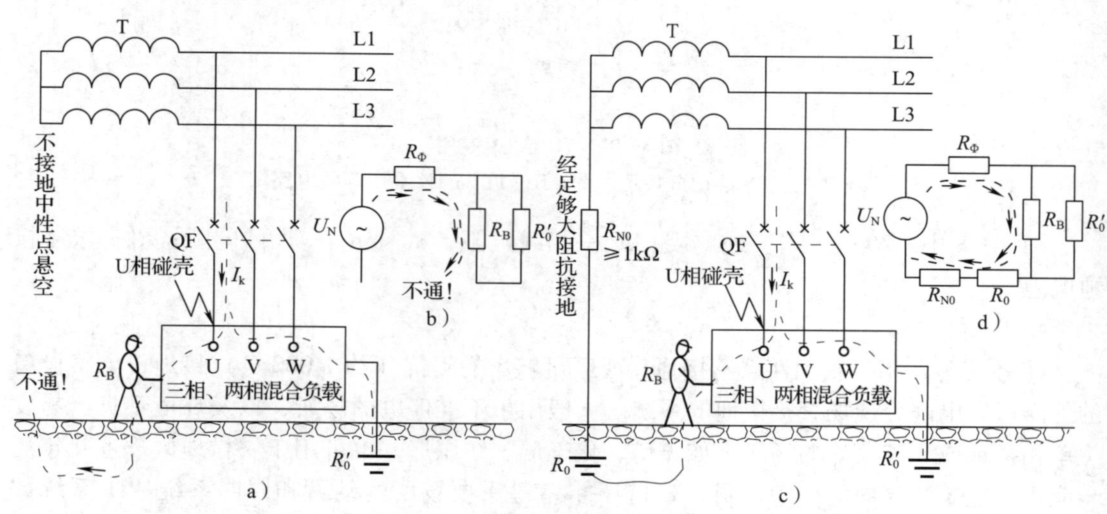

图 3-50 IT 系统两种运行方式下的接线原理

a）中性点不接地 IT 系统　b）中性点不接地 IT 系统等效电路图

c）中性点经阻抗接地 IT 系统　d）中性点经阻抗接地 IT 系统等效电路图

图 3-50 中：R_0—工作接地电阻；R_Φ—相线电阻；R_B—人体电阻；R_0'—重复接地电阻；R_{N0}—中性点串联接地电阻。

从图 3-50 可以看到，IT 系统中性点不接地或经阻抗接地，当发生碰壳短路时，就能够避免或减轻伤害，从而保证了 IT 系统在用电过程中发生漏电事故时也可以在不停电的情况下保证用电人员的安全，此时保护系统可以动作于信号而不必动作于跳闸，特别是运行于中性点不接地 IT 系统时保护效果非常可靠。

但是要使 IT 系统发生漏电时避免触电伤害，IT 系统的运行必须同时满足以下两点。

（1）系统的供电范围不得太大。

（2）系统对地的绝缘电阻必须满足要求。

系统的供电范围太大，就会在相与地之间产生较大的分布电容，从而构成威胁；系统相对地的绝缘电阻过小，也会形成分布电阻而构成威胁，如图 3-51 所示。

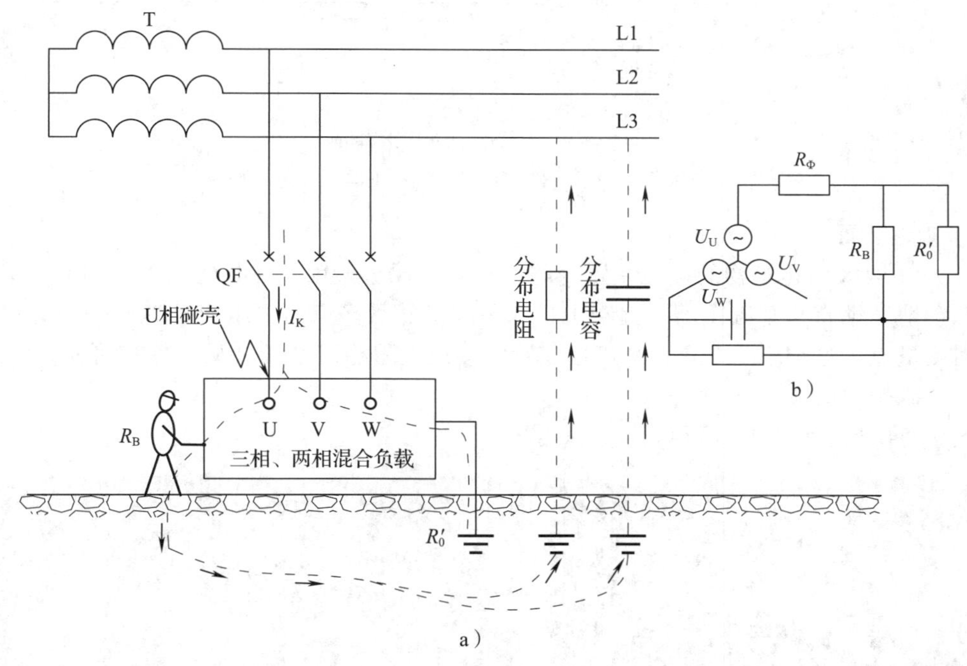

如图 3-51　中性点不接地 IT 系统分布参数影响

a）中性点不接地 IT 系统分布参数影响示意图　b）中性点不接地 IT 系统分布参数影响等效电路图

图 3-51 中：R_Φ—相线电阻；R_B—人体电阻；R_0'—重复接地电阻。

因此，IT 系统一般只适用于供电范围不大，且电气绝缘质量较高的场所，比如医院的手术室，易燃、易爆车间等地方，由于系统不大，分布参数可以忽略不计。比如在工厂的一些潮湿危险场所可以设置一个隔离变压器，当变压器二次侧的用电设备单极漏电时，对操作者不构成威胁，因为漏电的部分与大地没有电的联系，从而不构成电流回路，如图 3-52 所示。

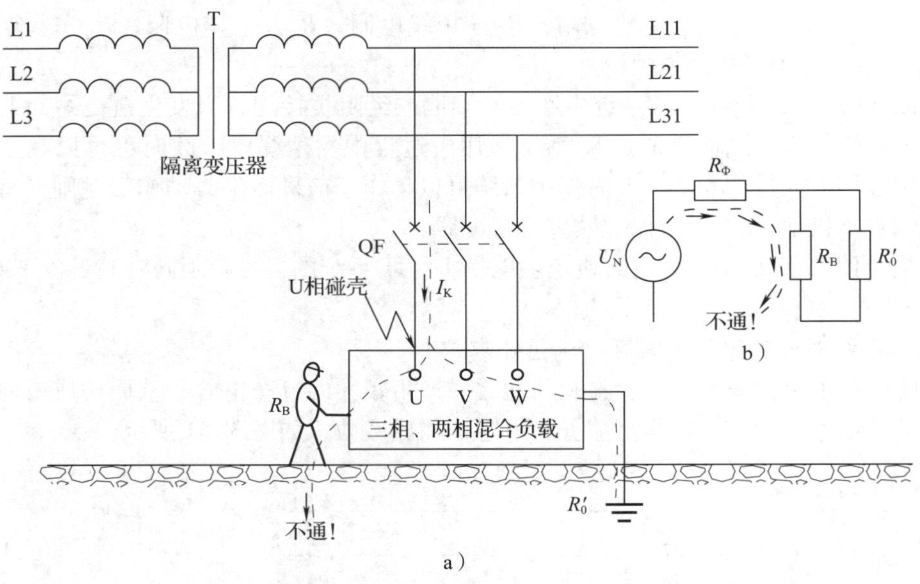

图 3-52　安装隔离变压器保护

a）隔离变压器保护示意图　b）隔离变压器保护等效电路图

5. 接地装置

（1）一般大型建筑物的接地装置为防雷和电气保护公用，在其建筑施工初期打基础的时候，接地扁钢就与基础钢筋、混凝土打在一起，然后多点引出组成接地网络，并设置接地电阻测量点。这种施工方式，其接地装置的接地电阻稳定性较高从而保护可靠，图 3-53 所示为基础接地的做法。

图 3-54 所示为接地电阻测量点。

图 3-53　基础接地的做法

图 3-54　接地电阻测量点

（2）变电室或小型建筑物没有较深的建筑基础，一般使用接地极（接地体）做接地装置。目前使用较为普遍的为镀锌角钢制作的接地装置，制作时用重锤将接地极打入地下，施工方便，接地电阻较为稳定。图 3-55 所示为角钢接地极的样式及施工方式。

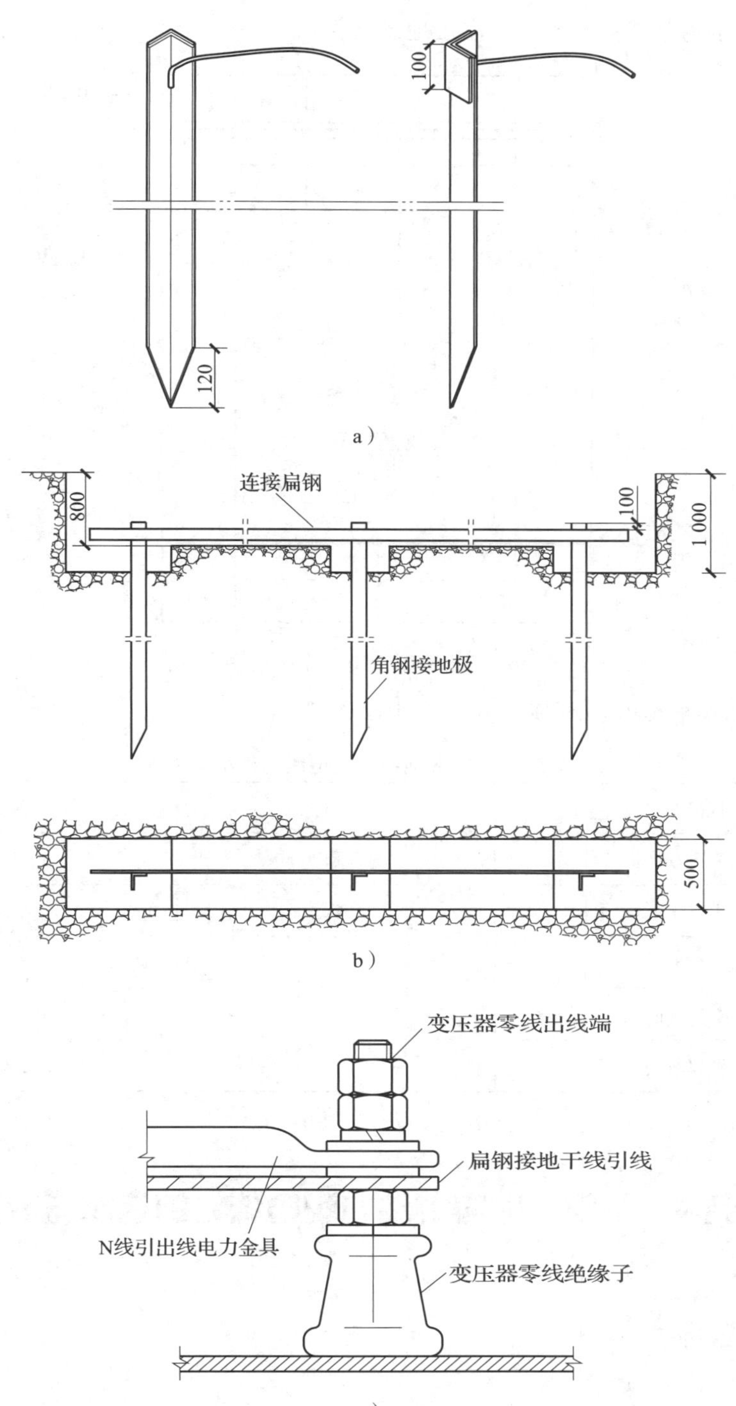

图 3-55 角钢接地极的样式及施工方式

a）接地极结构示意图 b）接地装置做法示意图 c）终端变压器零线的引出及接地线的连接做法示意图

图 3-56 所示为某 TN-S 系统工作接地系统做法。

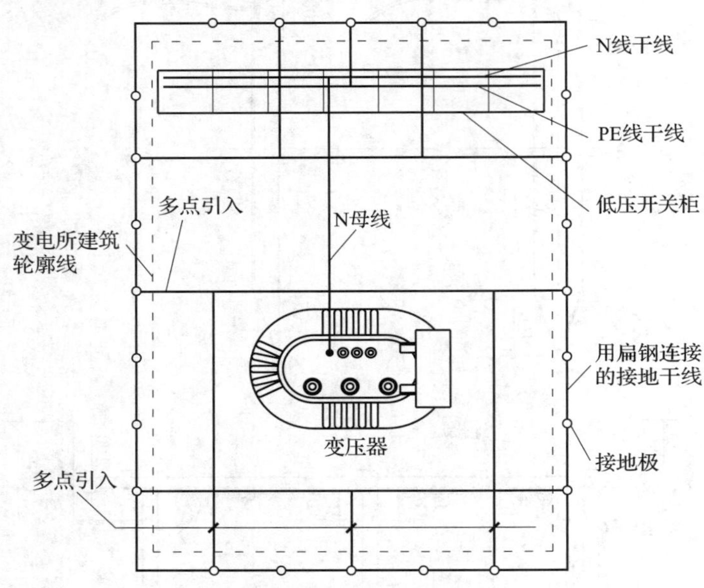

图 3-56　某 TN-S 系统工作接地系统做法

钢接地极和接地线的最小规格见表 3-10。

表 3-10　钢接地极和接地线的最小规格

种类、规格及单位	地上	地下
圆钢直径/mm	8	8/10
扁钢截面/mm^2	48	48
扁钢厚/mm	4	4
角钢厚/mm	2. 5	4
钢管壁厚/mm	2. 5	3. 5/2. 5

任务 4　车间（室内）动力配电线路的结构与敷设

任务目标

◆ 掌握车间（室内）动力配电线路的结构与敷设。

任务引入

车间动力配电线路主要担负 500 V 及以下三相、大功率、连续运行负荷的电能分配与控制，其用电总量目前仍是用电负荷的主流，广泛地分布在各种工业企业中。图 3-57 为课题二任务 3 中进行过电力负荷计算的某金工车间金属切削机床配电系统电气平面图，请根据图中要求完成该车间动力配电线路的敷设。

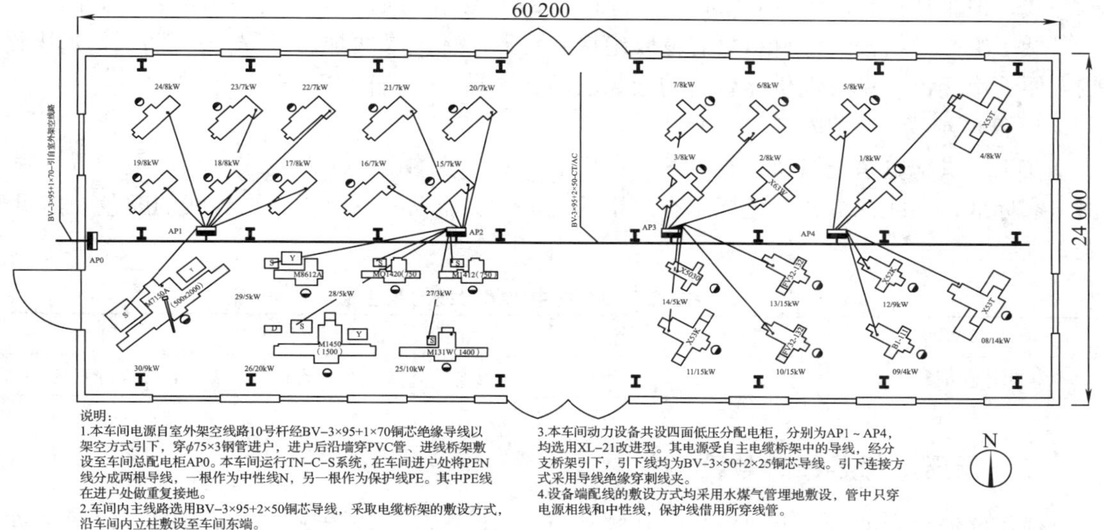

图 3-57　某金工车间金属切削机床配电系统电气平面图

任务分析

车间动力配电线路的敷设，在众多低压配电环节中比较有普遍性和典型性，学习和掌握车间动力配电线路的敷设具有一定的实际意义。通过学习，使大家对车间动力配电线路的敷设过程和方式能有一个基本的了解，并可在今后的实际工作中作为参考和借鉴。

车间供配电线路的敷设方式有沿墙、沿柱架空敷设；电缆桥架、裸母线、插接式母线敷设；设备端的穿钢管、电线管埋地暗敷等。其敷设方式追求实用性、可维护性和高可靠性，保护方式也比较注重灵敏性、选择性和可靠性，因为随意的中断供电可能会带来较大的经济损失与人身伤害。用电负荷以三相平衡负荷为主，接地方式既可运行 TN-C，也可运行 TN-S 以及 TN-C-S 系统。

相关知识

一、低压绝缘导线

1. 低压绝缘导线的结构

低压绝缘导线的结构为线芯与绝缘，内部导电的是线芯，包裹线芯的就是绝缘。

低压绝缘导线按线芯材质分有铜芯和铝芯两种。工程上如果条件允许均应采用铜芯绝缘导线，慎重选择铝芯绝缘导线，主要原因是铝芯绝缘导线发热较严重和连接限制等。

低压绝缘导线按绝缘材料分有橡胶绝缘和聚氯乙烯绝缘两种，工程上一般选择使用比较方便、市场占有率及性价比较高的聚氯乙烯绝缘导线，简称 BV 线。

2. 低压绝缘导线色标

在工厂供配电系统以及建筑电气中，供电电源一般均以三相四线或三相五线配置，根据国家标准，导线绝缘的颜色标志有严格的规定，交流三相系统中绝缘导线的颜色规定见表 3-11。

表 3-11　交流三相系统中绝缘导线的颜色规定

导线类别	U 相	V 相	W 相	N 线、PEN 线	PE 线
导线绝缘颜色	黄	绿	红	淡蓝	黄绿双色

二、低压绝缘导线的敷设

低压绝缘导线的敷设方式分明敷和暗敷两种。明敷是导线直接敷设或在穿线管、线槽内敷设于墙壁、顶棚的表面及支架等处。暗敷是导线在穿线管、线槽等保护体内敷设于墙壁、顶棚、地坪及楼板等内部，或者在混凝土板孔内敷设等。

低压绝缘导线的敷设应符合有关规程的规定，其中应注意以下几点。

（1）线槽布线和穿管布线的导线中间不允许有接头，接头必须经专门的接线盒，接头的连接方式应当采用接线端子或电力金具，不得使用铰接的方式，并按要求妥善处理绝缘。

（2）穿金属管或金属线槽的交流线路，应将同一回路的所有相线和中性线（如有中性线）穿于同一管、槽内，否则会因线路电流不平衡而在金属管、槽内产生铁磁损耗，使管、槽发热，导致其中导线过热甚至烧毁。

（3）电线管路与热水管、蒸汽管同侧敷设时，应敷设在水、汽管的下方；如有困难，可敷设在水、汽管的上方，但相互间距应适当加大，或采取隔热措施。

任务实施

首先通过图 3-57 了解一下要进行施工的车间金属切削机床配电系统电气平面图。

从图中可以看到，该车间共安装各种机械加工设备 30 台，可分为车工工段、磨工工段和铣工工段，分别由四台低压动力配电柜进行配电控制。车间电源的进户在车间的西端，进户后设低压总配电柜 AP0，然后由 AP0 敷设出一条动力线路贯穿车间东西，以树干式向四个分配电柜供电，其控制关系详图见课题二中的图 2-32、图 2-34~图 2-38。

一、电源的进户

本车间电源进户采用架空的方式进户，这种方式在一般工厂中较为普遍，可由附近架空线路的线杆上接火引下。下火线一般采用绝缘导线，本例中采用 BV 型聚氯乙烯绝缘导线。在进户点须对导线进行绝缘支持和固定，本例中采用低压碟式绝缘子和角钢支架。图 3-58 所示为车间电源进户的做法。

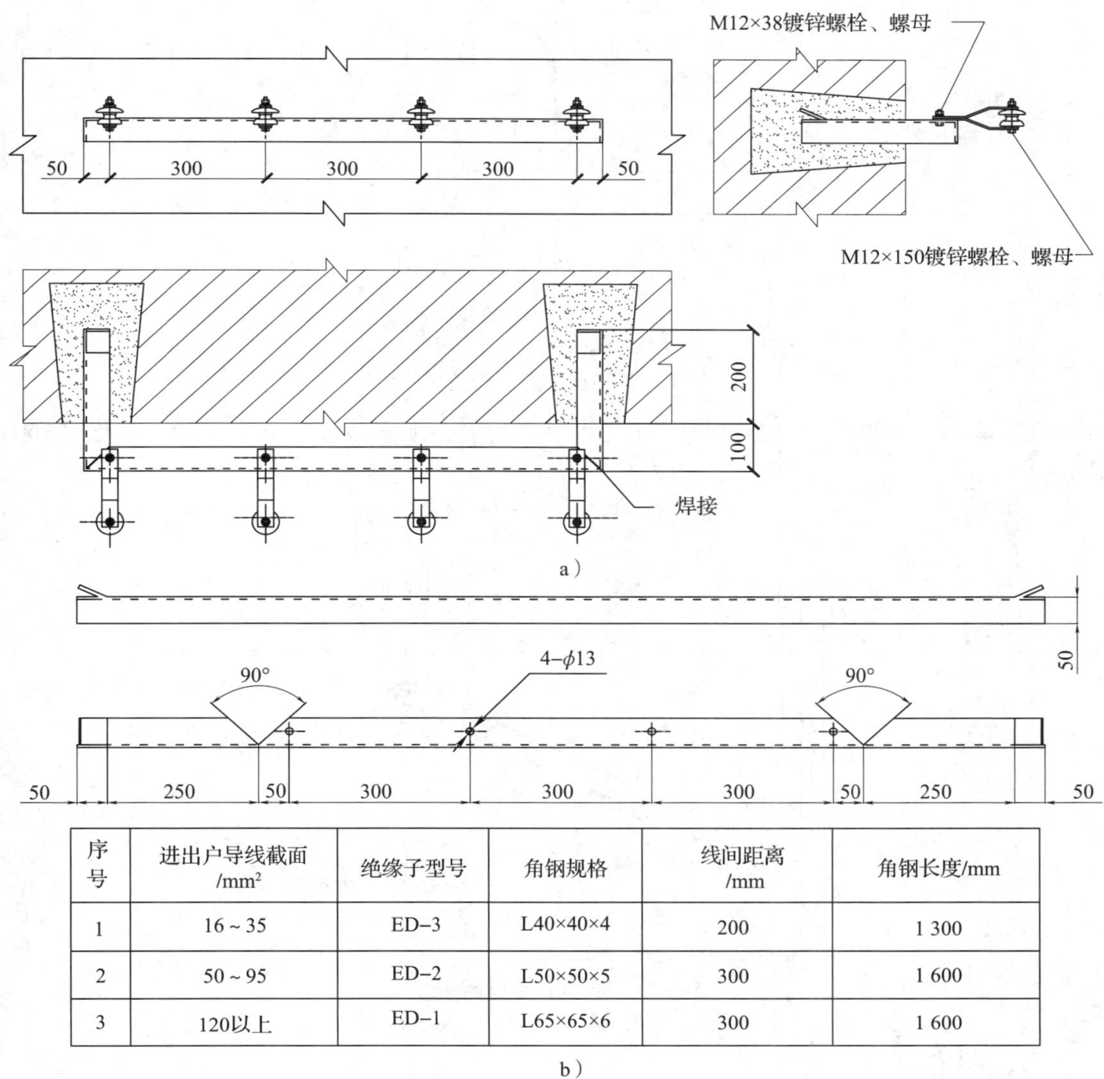

序号	进出户导线截面/mm²	绝缘子型号	角钢规格	线间距离/mm	角钢长度/mm
1	16~35	ED-3	L40×40×4	200	1 300
2	50~95	ED-2	L50×50×5	300	1 600
3	120以上	ED-1	L65×65×6	300	1 600

b）

图 3-58 车间电源进户的做法

a）进户点绝缘支持和固定的做法 b）角钢制作和材料选用表

按照设计要求，在进户点须将接入的 PEN 线做重复接地，进到配电柜后再分成两根，一根作为中性线 N，另一根作为保护线 PE，其做法如图 3-59 所示。

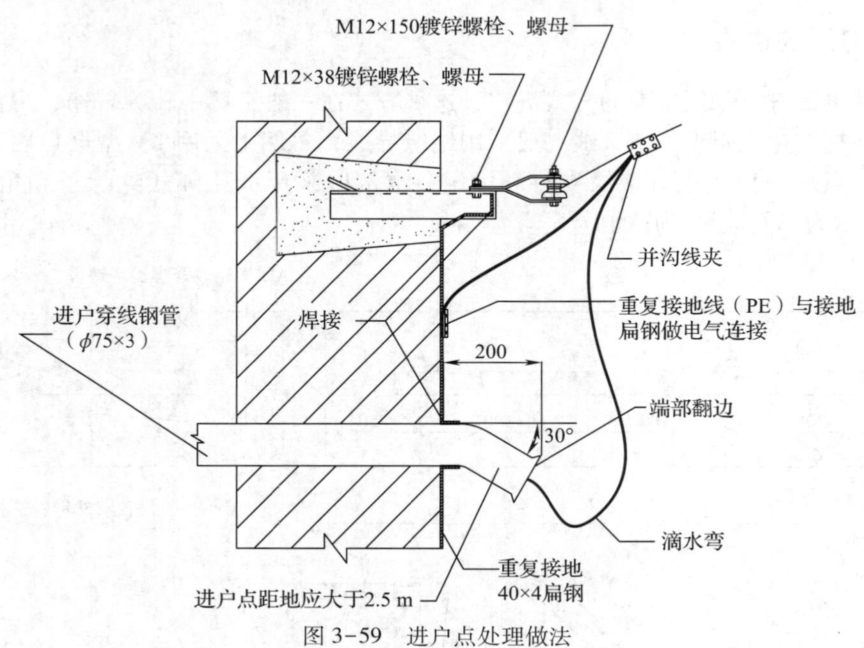

图 3-59　进户点处理做法

在实际中，如果进户点与进户线杆之间存在角度，下火线需要斜向下拉，如图 3-60 所示。

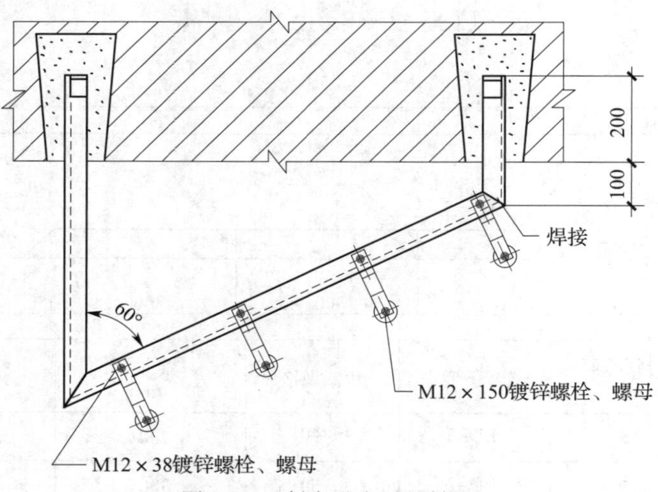

图 3-60　斜向进户时的做法

二、动力配电柜的安装

本车间的动力配电柜选用 XL-21 改进型通用动力配电柜，分为总配电柜 AP0 和分配电柜 AP1～AP4。安装前，应首先根据电源进户方式、被控对象的位置和控制关系将分配电柜安装位置确定。由于本车间分配电柜的设备出线采用水煤气管埋地敷设，所以定位时还应考虑管线敷设的需要。一般新设计的车间，分配电柜的位置和出线管线的走向在设计时已确定，管线也采用预埋的方式。位置确定后，应配合出线管的敷设，为分配电柜的安装做基础。根据设计要求，出线管中穿相线和中性线，保护线 PE 借用出线管本身。在出线管的管口应按要求穿软塑料管，以保护管内导线。分配电柜内还应设出线接线端子排、中性线母排和保护线母排，其中保护线母排应与本配电柜外壳接地端做良好的电气连接；中性线母排应使用专用零线绝缘子进行绝缘支持。图 3-61 所示为动力分配电柜安装做法。

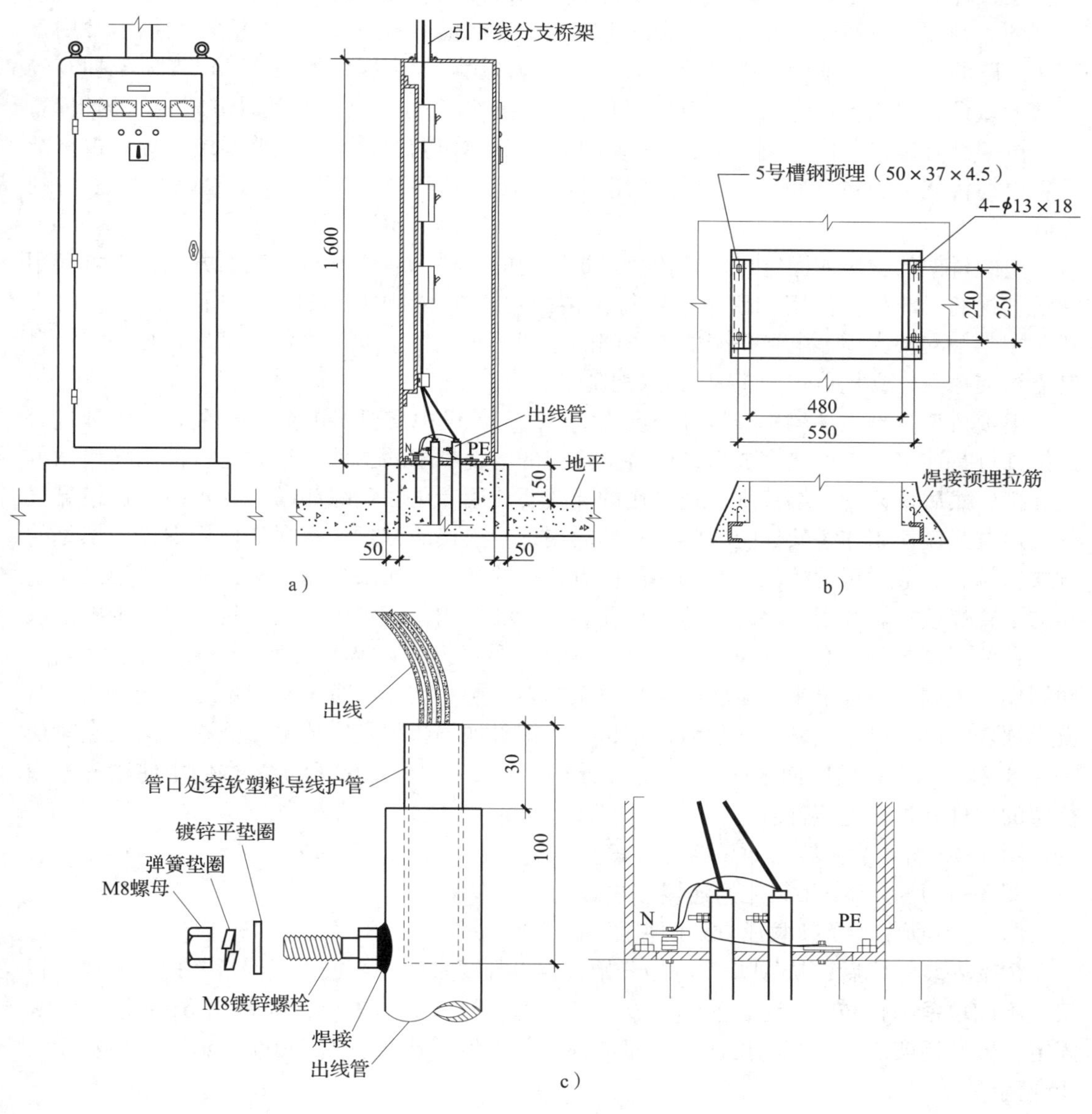

图 3-61　动力分配电柜安装做法

a）分配电柜安装做法　b）分配电柜基础制作　c）出线管做法细节局部放大

在出线管的设备端，也应按图 3-61c 所示的做法进行处理，在连接点上与设备外壳连接的保护线的截面，按规程要求应大于或等于本回路相线截面的一半。

三、线路敷设

线路敷设包括车间主线路的敷设和设备出线的敷设。

1. 车间主线路的敷设

按设计要求，车间主线路采用电缆桥架的敷设方式。电缆桥架是目前工厂配电中比较常用的一种配电线路敷设方式，它实际上就是金属线槽的另一种形式，金属线槽通常用于照明线路的敷设，电缆桥架则多用于动力线路的敷设。与金属线槽相比，电缆桥架拥有较丰富的敷设方式和各种专用的过渡连接件。随着近年来对配电线路敷设方式要求的提高，电缆桥架已有逐步取代导线直接明敷的趋势。虽然称作电缆桥架，但普通绝缘导线也可敷设在电缆桥架里，在本例中，就是采用 BV 型聚氯乙烯绝缘导线敷设在电缆桥架内的方式。

电缆桥架的支撑或固定可采用依托建筑结构的立柱、墙体安装支架的方式，也可利用建筑结构的天花板，使用专用吊具进行吊装固定。在本例中，采用依托车间内立柱的方式，用角钢支架支撑，电缆桥架的支撑间隔一般不得大于 2.5 m，大于 2.5 m 时可增加自制立柱支撑点，立柱可选用 14 号工字钢制作。

电缆桥架直形主件的标准构件长度为 2 m，在敷设中需要对电缆桥架主件和各种过渡连接件进行连接，在连接完成后，应将被连接的电缆桥架的主件或过渡连接件用导线做电气连接，然后桥架的一端接地，连接用的导线要使用专用的黄绿相间的保护线。连接导线的固定方式应使用在桥架体上攻螺纹，然后用螺栓连接的方式，不允许使用螺栓加螺母的方式连接。一般购买的桥架产品的端部应有这样的结构。如果自制桥架，应在桥架两端适当的位置焊接攻螺纹用加厚片，然后钻孔、攻螺纹备用。近年来，在建筑电气施工中采取了一种使用“划垫”的保护线连接方式，这是一种经镀锌且淬火处理的特殊垫片，在其一面制作有尖刺，由螺母带动旋转时可将桥架的防护层划破并与桥架金属部分连接。安装时就无须攻螺纹，可直接钻孔，然后使用螺栓、螺母加划垫固定完成电气连接。但安装时最好在“划垫”有刺的一面涂抹凡士林油以作防腐处理。图 3-62 所示为本例中使用的电缆桥架的主件和过渡连接件。

图 3-63 所示为主线路敷设施工方案。

图 3-64 所示为直桥架之间连接方式做法。

图 3-65 所示为桥架敷设方式侧视图。

桥架安装完成后，从 AP0 配电柜开始，将设计要求的导线放入电缆桥架内。导线在桥架内不能拉紧和打结，应为自然弯曲放松的状态。然后盖上盖板，按图 3-65 所示将盖板固定。做好桥架之间的等电位连接，即可进行分支线的连接。图 3-66 所示为桥架敷设实物样例。

桥架内导线的分支连接，设计要求使用目前较先进的导线绝缘穿刺线夹，图 3-67 所示为穿刺线夹的结构。

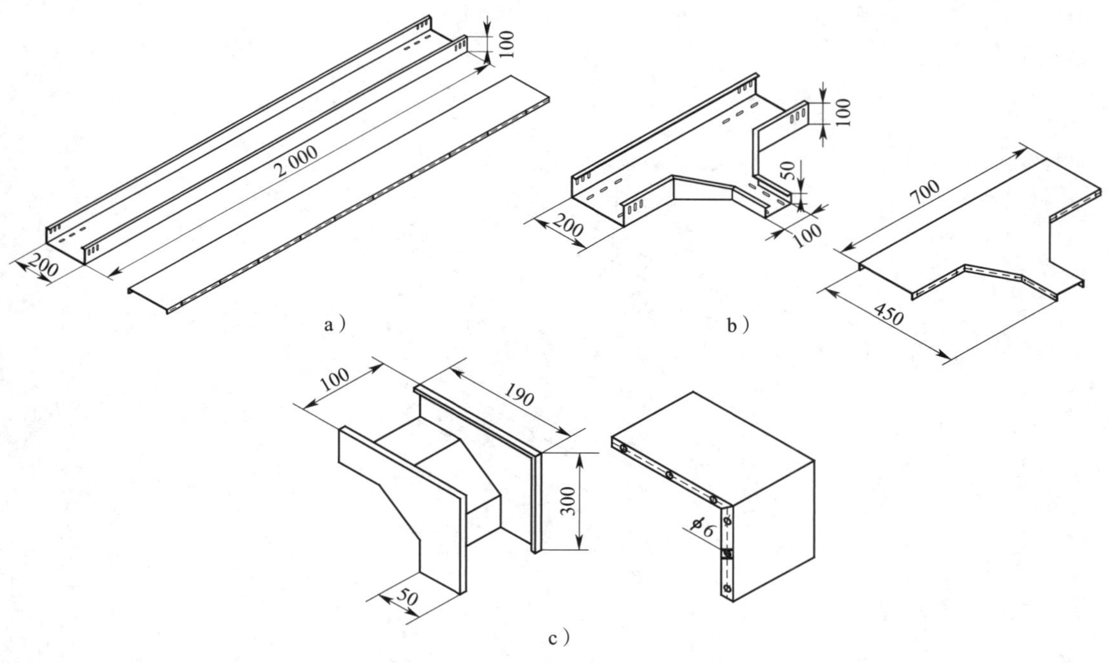

图 3-62　电缆桥架的主件和过渡连接件

a）直桥架和其盖板　b）变宽平三通过渡连接件主件与盖板　c）上垂直弯通过渡连接件主件与盖板

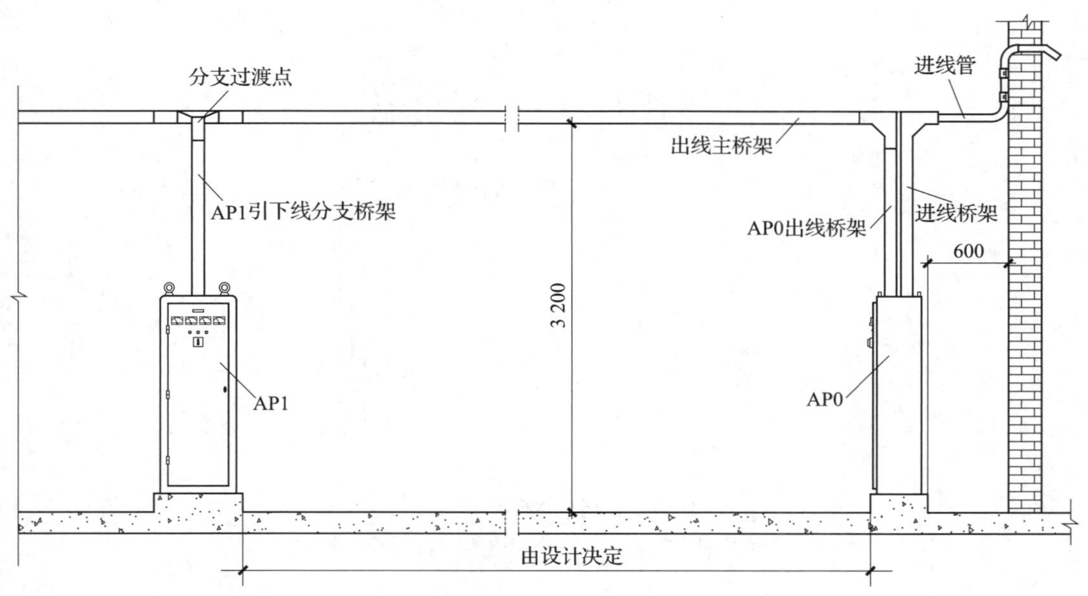

图 3-63　主线路敷设施工方案

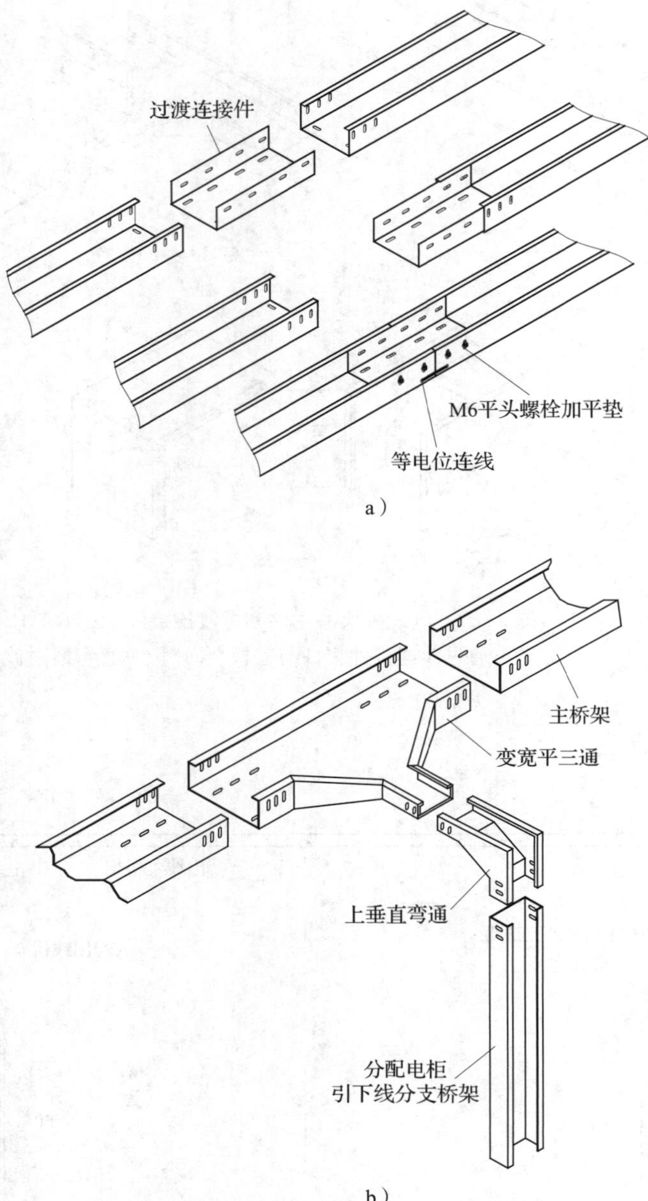

图 3-64　直桥架之间连接方式做法
a）直形主件的连接　b）分配电柜上端桥架连接方式

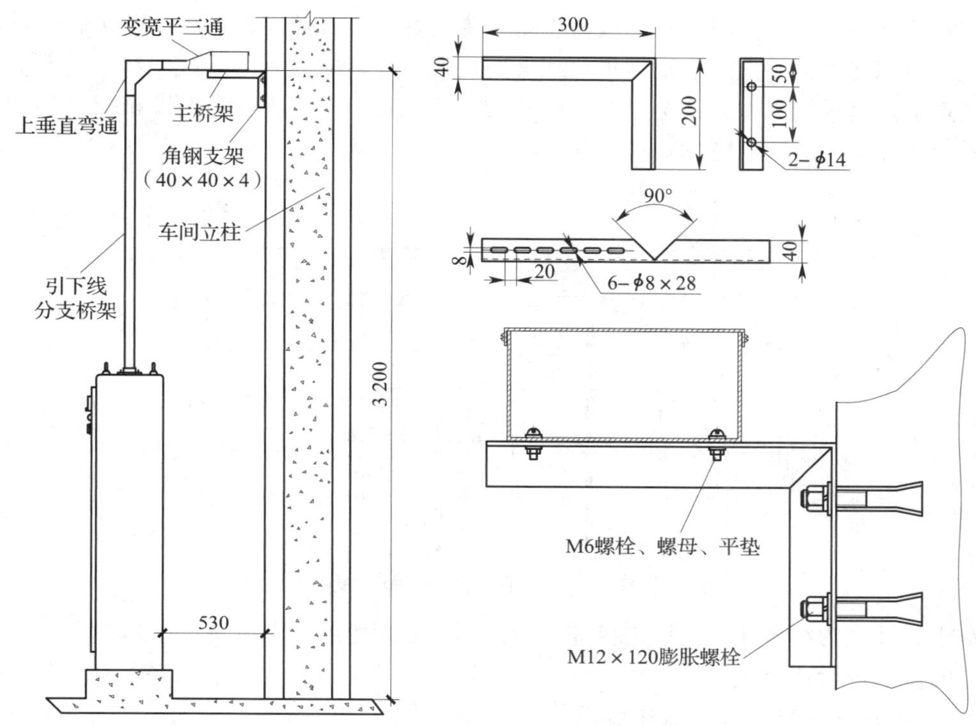

图 3−65　桥架敷设方式侧视图

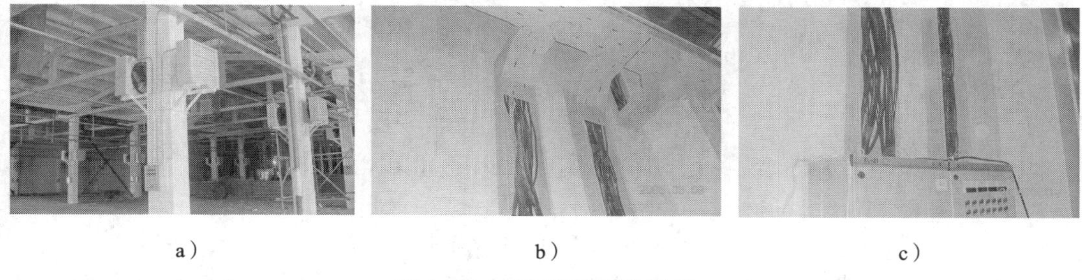

a）　　b）　　c）

图 3−66　桥架敷设实物样例

a）在立柱上敷设　b）桥架分支敷设　c）桥架进配电柜敷设

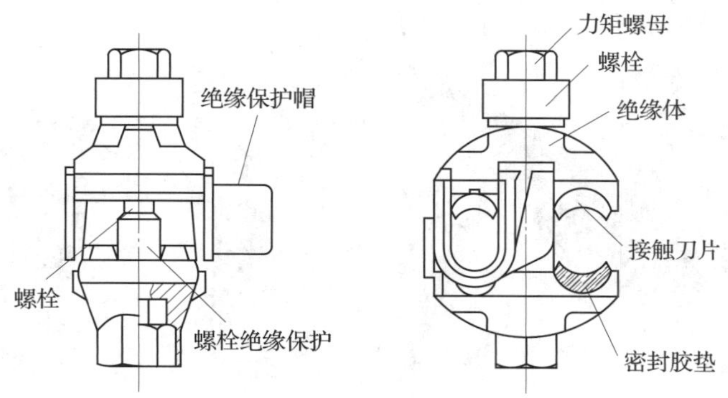

图 3−67　穿刺线夹的结构

这种线夹在连接导线时不对导线做剥切绝缘的处理，直接用其连接部位夹住被连接的导线，然后用普通扳手旋紧力矩螺母，线夹的接触刀片就能穿刺透导线绝缘，达到高质量的电气连接。这种线夹尤其适合用在电缆桥架内部，图 3-68 所示为电缆桥架内使用穿刺线夹做导线连接的做法示意图。

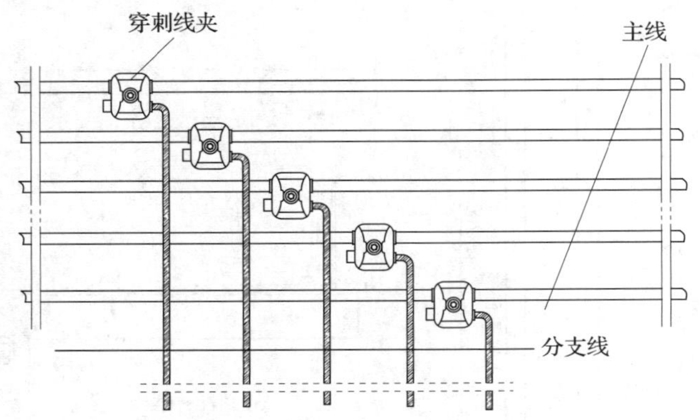

图 3-68　电缆桥架内使用穿刺线夹做导线连接的做法

由于其外壳为绝缘体，因此连接完成后也不用处理绝缘，非常方便。其规格可按被连接导线的截面进行选择。

图 3-69 所示为穿刺线夹操作步骤。

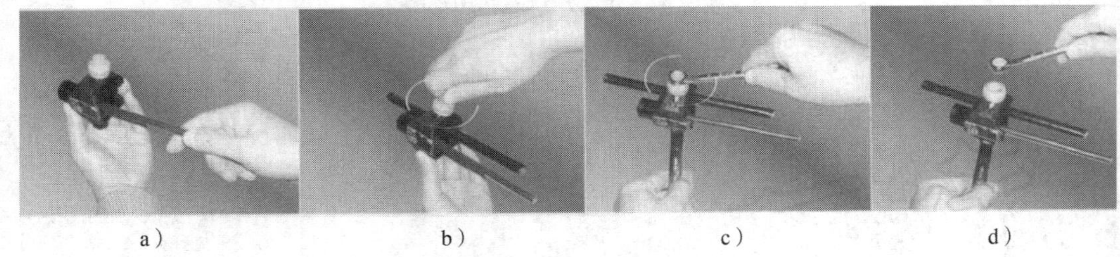

a）　　b）　　c）　　d）

图 3-69　穿刺线夹操作步骤

a）将支线穿入线夹支线帽　b）将线夹固定在主线连接处，然后用手拧紧线夹的力矩螺母
c）用扳手固定住线夹下端，再用另一只扳手顺时针拧力矩螺母　d）拧至力矩螺母脱落即可

图 3-70 所示为穿刺线夹实物制作样例。

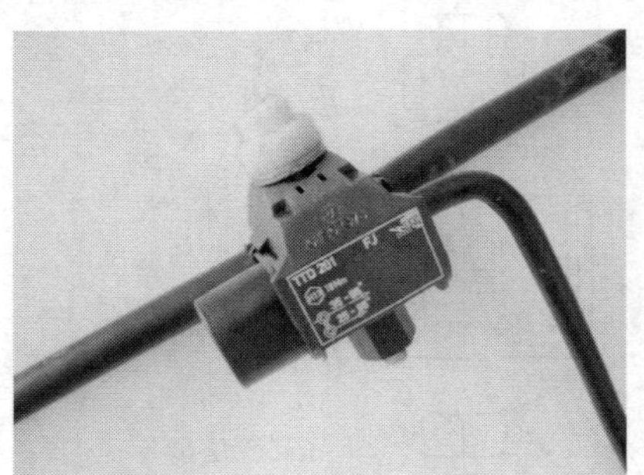

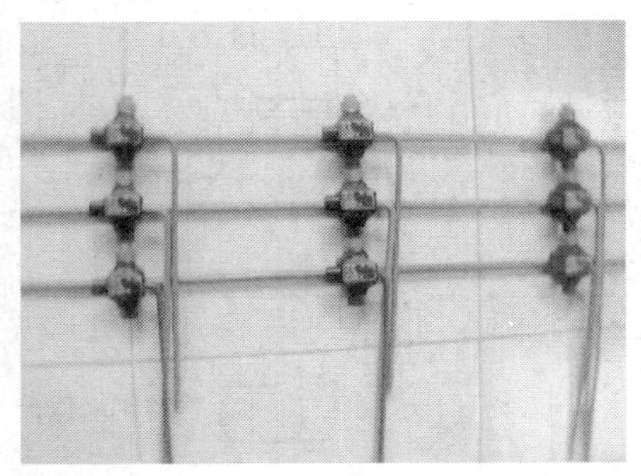

图 3-70　穿刺线夹实物制作样例

分支导线连接也可使用电力金具，如使用并沟线夹。但连接完成后应妥善做好绝缘处理，然后在导线连接的部位垫橡胶绝缘垫。绝缘垫的长度应超出连接点 100 mm，宽度应能延伸立起达到桥架高度的一半以上。电缆桥架内的导线连接不推荐使用绑接法。

2. 设备出线的敷设

（1）布管。按设计要求，本例中所有设备出线均采用水煤气管埋地敷设的方式，所以首先进行布管。对新建项目，布管应在土建时配合进行，通常是在做水泥地面前将线管布置完成。对于改造项目，由于采用埋地敷设，在布管前应先在敷设路径上开凿管线沟。沟的宽度为 100 mm，深度为 150 mm，管线沟可开造成马槽形，底部小一点，上部大一些。沟的走向以直线放射方式为主，可穿越设备安装位置的底下，其做法如图 3-71 所示。

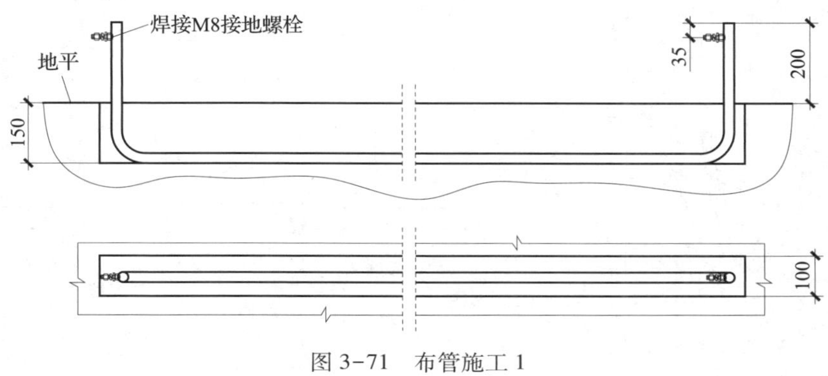

图 3-71　布管施工 1

如遇无法穿越的地点而需拐弯，则尽量不要拐急弯，可采取多个慢弯的方式过渡，以利于穿线。其方式如图 3-72 所示。

管线之间尽量不要交叉，如遇交叉，应将管线沟加深过渡。

管线如需焊接，应使用外套过渡管焊接的方式，不要直接将两根管对口焊接，以防止焊接时管壁内出现毛刺和凸出点，这些地方在穿线时有可能伤及导线或增加穿线的难度。焊接前，应将被焊接线管的接口处修平整、去毛刺，并将线管内切口轻度倒角。线管的焊接做法如图 3-73 所示。

线管的两端一般应高出地平 150～200 mm，在两端管口以下约 35 mm 处焊接接地螺栓，做法如图 3-61c 所示。其电源侧的接地螺栓与配电柜的 PE 母线连接，设备端的接地螺栓与设备保护接地端连接。连接用的导线截面同样不得小于本回路相线截面的一半或等于相线截面。

线管的做弯可使用弯管机，一般常见弯管机产品为液压式，其本身由液压缸、操作手柄、支架和各种弯管模具组成。图 3-74 所示为目前使用较为普遍的液压式弯管机。

使用时，先根据所要做弯的线管直径和要求的弯曲半径选择弯头，并将其装到液压缸的前端安装位置。然后将待弯线管插入弯管机止挡与弯头之间，线管的弯曲中心对准弯头中心，压动操作手柄即可将线管顶弯。

（2）穿线。按设计要求，每根线管内要穿四根导线，其中三根相线和一根中性线。一般来说，钢管穿线需先穿引线，引线一般用直径 1.5～2.5 mm 的钢丝来做。对线路较长、拐弯较多的线管，一般在布管时就已经将引线做到管子里，其他多数管线的引线一般不事先做好，只是在穿线时用公共引线逐个操作。在穿引线前，应做好引线的前端，这很重要。引线的前端应弯制成双环结构，如图 3-75 所示。制作时，先将引线前端平弯成环状，即图 3-75 中的步骤 1、2，然后再向后弯一个环状，即图 3-75 的步骤 3。这样的形状，在引线穿进时卡住的可能性最小。

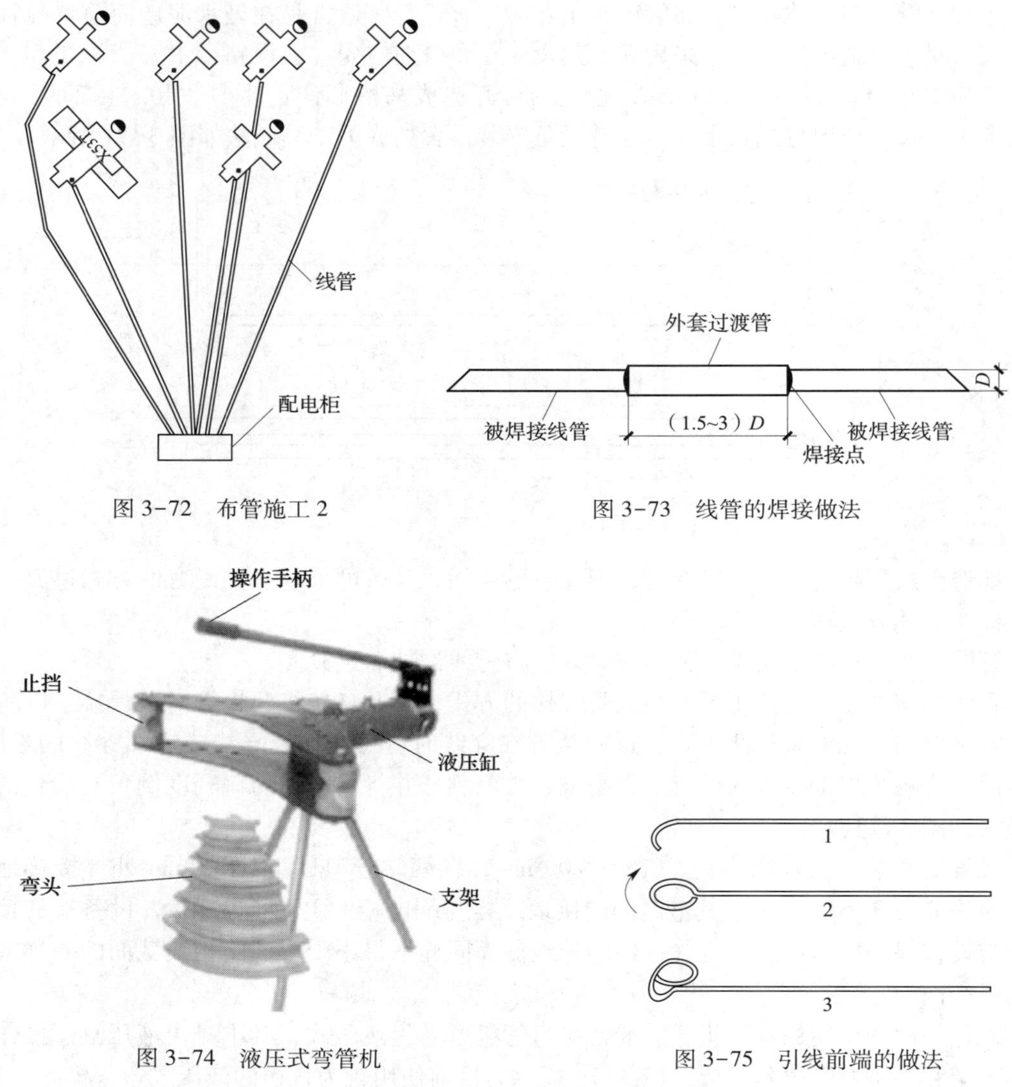

图 3-72　布管施工 2

图 3-73　线管的焊接做法

图 3-74　液压式弯管机

图 3-75　引线前端的做法

穿好引线后，接下来按照线路的长度进行放线，其颜色要求：三根相线的颜色分别为黄、绿、红；中性线为淡蓝色；保护线为黄绿双色。截取长度时，应考虑到两端导线连接的需要，留出一定富余量。

穿线前，先剪去引线前端的环状头，将导线前端进行绝缘剥切，露出线芯，其长度为 100~150 mm，视导线截面确定。然后将引线与导线做绞连，如图 3-76 所示。

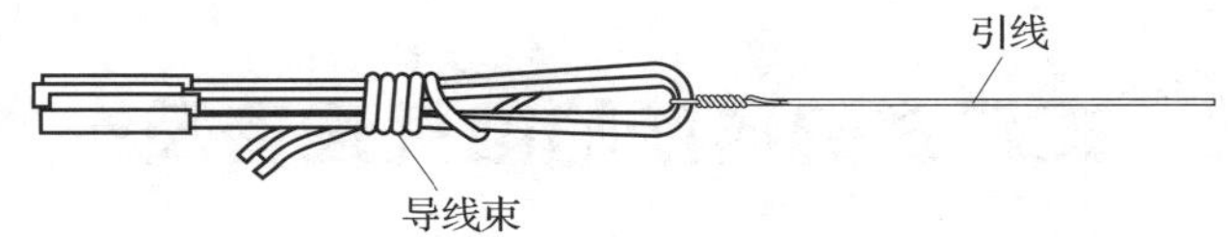

图 3-76　引线与导线的绞连做法

对截面较大的导线，如 10 mm^2 以上的导线，当将其与引线绞连时，应使导线的绝缘层的切口处相互错开，以减小导线束的外径，更利于穿线，如图 3-77 所示。

图 3-77　较大截面导线的做法

在完成上面的操作后，即可进行穿线。穿线时，线管的两端应配合进行，按照一定的节奏，一边拉引线，另一边握住导线向前送进。此时应注意：拉引线的一方，应用钳子夹住引线进行牵拉，不得直接用手；送进的一方应佩戴防护手套，送进时的抓握点不可离管口太近，以免因惯性使手碰及管口而受伤。如遇导线较多或截面较大的导线，可在穿进的一端注入少许滑石粉，同时在导线束的表面也擦抹一些，可减轻穿线时的摩擦。

穿线完成后，即可进行设备端和电源端的连接。

四、车间动力配电线路的运行维护

1. 一般要求

对车间动力配电线路，有专门的维护电工时，一般要求每周进行一次巡视检查。

2. 巡视项目

（1）检查导线的发热情况。例如裸母线在正常运行的最高允许温度一般为 70 ℃。如果温度过高，将使母线接头处氧化加剧，使接触电阻增大，运行情况迅速恶化，最后可能引起接触不良或断线。所以通常在母线接头处涂变色漆或示温蜡，以检查其发热情况。

（2）检查线路的负荷情况。线路的负荷电流不得超过导线（或电缆）的允许载流量，运行维护人员要经常监视线路的负荷情况，除了可从配电柜上的电流表指示了解负荷外，还可利用钳形电流表来测量线路的负荷电流。

（3）检查配电柜、分线盒、开关、熔断器、母线槽及接地保护装置等的运行情况，重点检查接线有无松脱、绝缘子有无放电等现象以及螺栓是否紧固等。

（4）检查线路上及线路周围有无影响线路安全的异常情况。绝对禁止在带电的绝缘导线上悬挂物体，禁止在线路旁堆放易燃、易爆及强腐蚀性危险品。

（5）对敷设在潮湿、有腐蚀性物质场所的线路和设备，要进行定期的绝缘检查，绝缘电阻值一般不得低于 0.5 MΩ。

在巡视中发现的异常情况，应记入专用记录簿内，重要情况应及时汇报上级，请示处理。

课题四 工厂变配电所的电气设备及一次系统

工厂变配电所的电气设备按电压高低分类，可分为高压电器和低压电器。对于一般规模的工厂，其高压电器的额定电压等级多为 10 kV；对于较大规模的工厂，一般应设置工厂总降压变电所，其电压等级一般为 35 kV 及以上。工厂高压变配电系统通常由高压电器及高压成套装置组成，高压电器主要有高压隔离开关、高压断路器、高压负荷开关、高压熔断器、电力变压器、电流互感器、电压互感器等；高压成套装置也称为高压开关柜，是以开关为主的成套装置，其各组成元件按主接线的要求进行连接，完成电能的接受、分配与控制、测量、保护等功能。工厂低压配电系统常用的低压电器主要以低压成套设备为主，完成低压线路的分配与控制。

任务1 电弧的产生及灭弧方法

任务目标

◆ 了解电弧的形成及灭弧方法。

任务引入

开关电器是用来切断或接通电路的电气设备。在开关电器（特别是高压开关）切断电路特别是切断故障电流的瞬间，会产生很大的电弧（电弧是一种气体放电现象）。本任务将了解电弧的形成及灭弧方法。

任务分析

如图 4-1 所示，当线路上 *K* 点发生短路时，断路器 QF2 应跳闸以切断短路电流。在断路器触头断开的瞬间，两触头之间会出现很强的电弧。由于电弧的存在，虽然触头已分开，但电流通过触头间的电弧继续流通，电路仍未断开，一直到电弧熄灭后，电路才真正被切断。电弧的温度极高，电弧中心的温度可达 5 000~10 000 K，可烧毁断路器等开关电器的触头及触头附近的其他部件，甚至会发生爆炸，危及人身及设备安全，这是人们所不希望的。所以，在切断电路时，应尽可能快地使电弧熄灭。由于灭弧装置的不同，各种开关电器的外形和结构也有较大差异，故有必要了解开关电器中电弧的产生原因及灭弧方法。

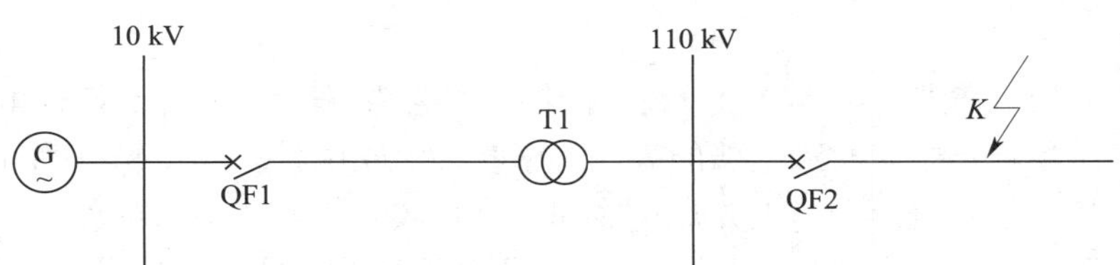

图 4-1　短路故障示意图

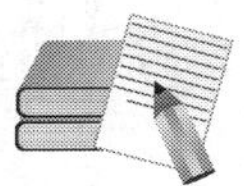

相关知识

一、开关电器电弧的形成

在动、静触头分离的瞬间，触头间的接触面积减小，接触电阻增大，电流密度增大，因而触头温度急剧升高，使自由电子从金属触头的表面逸出。同时，触头刚分离时，触头间的间隙很小，形成很高的电场强度，阴极触头表面的自由电子在强电场力的作用下，被拉出金属表面，形成强电场发射电子。由于上述两方面的原因，阴极表面有可能向外发射自由电子，为电弧的形成创造了条件，如图 4-2 所示。

触头间的自由电子在电场力的作用下，向阳极加速运动。在运动过程中不断与介质中的中性粒子发生碰撞，从中性粒子中打出电子，形成自由电子和正离子（通常把这种现象称为碰撞游离），这些游离出来的自由电子继续碰撞，使触头间气隙中的带电粒子数目越来越多，就形成了电弧，如图 4-3 所示。电弧形成后，弧隙的温度极高，处于高温下的中性粒子产生强烈的热运动而游离（人们把这种现象称为热游离），维持电弧的继续燃烧。

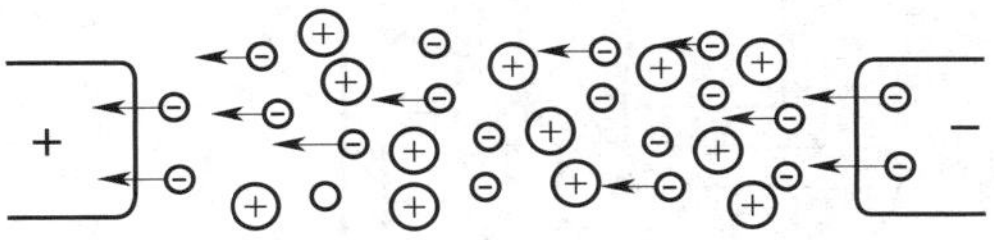

图 4-2　阴极表面及弧柱电子运动示意图

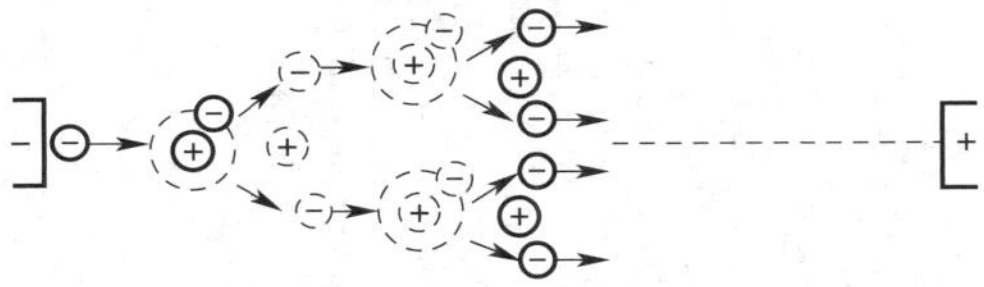

图 4-3　碰撞游离过程

在电弧中，实际上同时还存在着与游离相反的过程，也就是带电粒子消失的过程，称为去游离。如果游离大于去游离，则电弧电流增加；如果游离等于去游离，这两个过程处于动态平衡状态，电弧稳定燃烧；如果去游离大于游离，则电弧电流减小，电弧熄灭。因此要熄灭电弧，就必须加强去游离，使去游离作用大于游离作用。去游离包括复合及扩散两种形式，复合就是带电粒子重新结合为中性粒子的过程；扩散是指带电粒子从电弧内部逸出而进入周围介质的现象。

二、电弧的熄灭方法

在电弧理论的指导下，开关电器的灭弧装置不断改进，灭弧性能不断提高，使开关电器的开断容量不断增大。现代开关电器中，熄灭电弧的方法主要有以下几种。

1. 吹弧

利用灭弧介质（气体、油等）在灭弧室中吹动电弧，广泛应用于各种电压的开关电器，特别是高压断路器中。吹动电弧的方式有横吹和纵吹两种，如图 4-4 所示。横吹的作用是把电弧拉长，使其表面积增大并加速冷却，灭弧效果较好；纵吹的作用主要是使电弧变细，加大介质压强，加强去游离，使电弧熄灭。不少断路器采用横纵混合吹弧的方式，灭弧效果更好。例如六氟化硫（SF_6）断路器用 SF_6 压缩气体来吹弧，一般采用纵吹方式；油断路器利用变压器油作为灭弧介质，在灭弧室内预先设计好吹弧方向，形成横吹或纵吹，如图 4-5 所示。

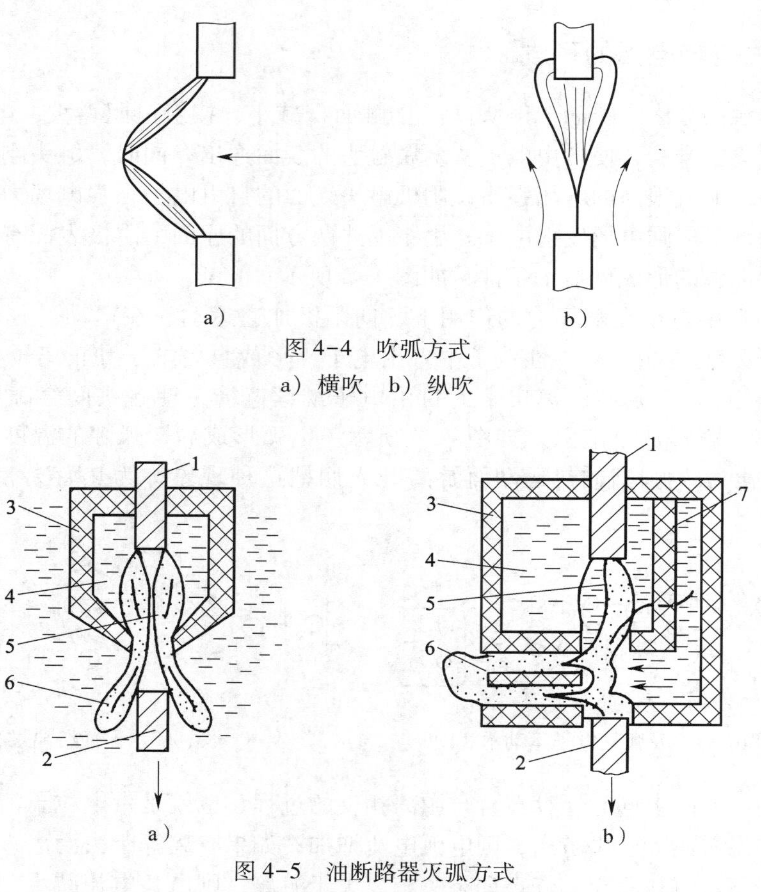

图 4-4　吹弧方式

a）横吹　b）纵吹

图 4-5　油断路器灭弧方式

a）纵吹　b）横吹

1—静触头　2—动触头　3—灭弧室　4—变压器油　5—电弧　6—气泡　7—空气垫

2. 将长弧分成短弧灭弧

低压开关中广泛采用金属栅片灭弧装置，其构造原理如图 4-6 所示。

金属栅片由镀铜或镀锌铁片制成，插在灭弧罩内，各片之间相互绝缘。当开关触头分离时产生电弧，电弧电流在其周围产生磁场。这一磁场对电弧产生向上的作用力，将电弧拉到栅片间隙中，栅片将电弧分割成若干个串联的短电弧，使触头间的电压不足以再击穿所有栅片间的气隙，同时栅片将电弧的热量吸收散发，使电弧尽快熄灭。

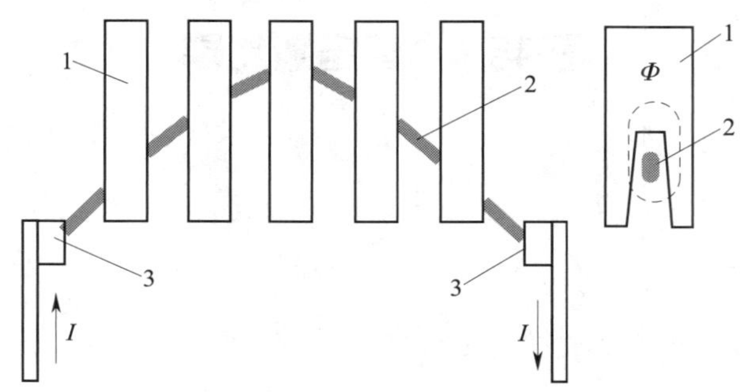

图 4-6　金属栅片灭弧装置的构造原理

1—金属栅片　2—电弧　3—触头

3. 迅速拉长电弧

提高触头的开断速度或增加断口的数目，可以使触头间的电场强度迅速减弱，带电粒子的复合速度增快，从而使电弧熄灭，这是开关电器普遍采用的最基本的灭弧方法。

4. 冷却灭弧

降低电弧的温度，可使电弧中的热游离减弱，使带电粒子的复合速度增快，有助于灭弧，这种灭弧方法在开关电器应用也较普遍。

5. 利用固体介质的狭缝灭弧

固体介质在与电弧接触时，将电弧冷却，使其迅速熄灭。有些熔断器填充石英砂，就是利用这种灭弧原理。图 4-7 所示为绝缘栅片对电弧的作用。

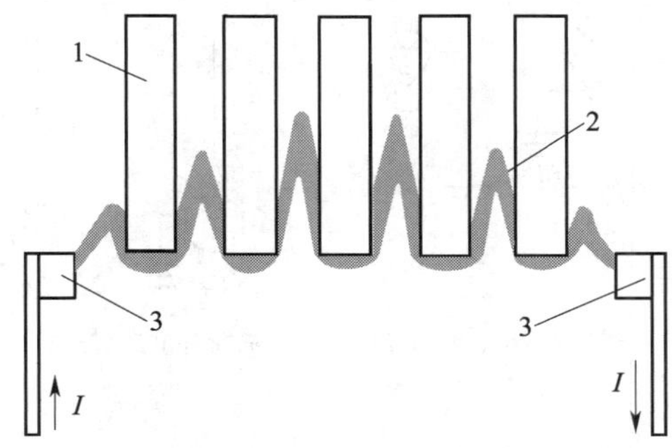

图 4-7　绝缘栅片对电弧的作用

1—绝缘栅片　2—电弧　3—触头

6. 真空灭弧

将触头置于真空容器中，当交流电流过零时电弧立即熄灭。真空断路器就是利用这种灭弧原理制成的。

任务2　高压断路器

任务目标

- 了解高压断路器的基本结构。
- 掌握高压断路器的基本参数及使用规范。

任务引入

在工厂变配电所中，10 kV 高压断路器是最重要、使用最广泛的分配、控制及保护电气元件，其文字符号为 QF，图 4-8 所示为高压断路器在供配电系统中的应用实例。

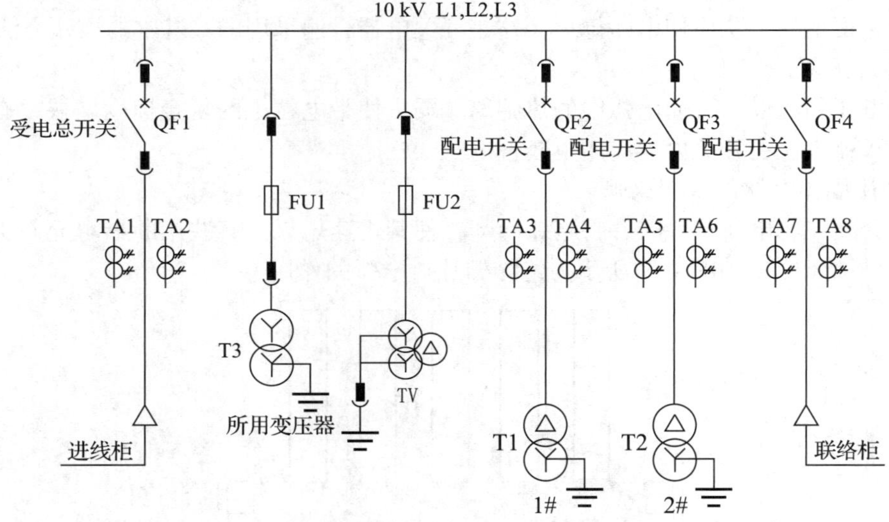

图 4-8　高压断路器在供配电系统中的应用实例

任务分析

高压断路器跟低压断路器一样，在供配电系统中的作用主要体现为断开能力。它具有很好的灭弧装置和断流能力，不仅能断开或接通回路中正常的负荷电流，而且能够切除故障时回路中的短路电流，即发生短路或过电流事故时能有效断开，将故障线路切除；同时它也具备一般开关的控制作用，进行不频繁的线路及负载的通断控制。

相关知识

电力系统中最早使用的保护元件是高压熔断器，在断路器出现之前只有高压熔断器。但是熔断器熔断后一般不能迅速恢复供电，而且不能带负荷操作，人们需要一种在保护动作跳闸后能马上恢复供电又能够带着负荷操作的保护元件，于是高压断路器就产生了。高压断路器一开始出现就有一个触点介质的问题，因为高压断路器的触点由于灭弧和绝缘的需要不能置于空气中，所以最早的断路器就是油断路器，利用油的隔离作用减缓触点氧化，使得断路器触点的接触电阻较为稳定而且非常小，具备好的保护效果；同时油也比空气有更好的绝缘性能，断路器跳闸时油介质还可以帮助灭弧和降温。所以高压断路器在称谓上是把介质放在前面的，比如少油断路器。随着断路器的发展，油作为介质产生了很多问题，比如不能完全避免氧化、有燃烧和爆炸危险等，目前基本上退出了主流的应用。目前主要介质为真空和高性能气体，比如真空断路器、六氟化硫（SF_6）断路器等。因此，本教材不涉及油断路器的内容。

一、高压断路器的基本结构

高压断路器的类型虽然很多，结构也不尽相同，但其基本结构都是由以下几部分组成的：通断元件、中间传动机构、操作机构、绝缘支撑元件和基座，其框图如图 4-9 所示。

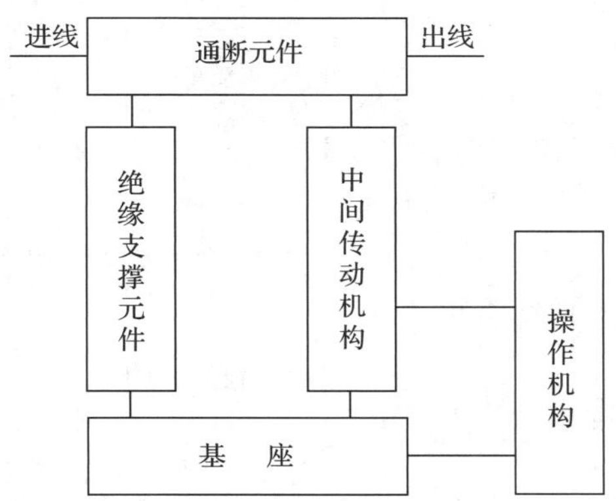

图 4-9　高压断路器的基本结构框图

通断元件是高压断路器的核心，主电路的通断由它来完成。动作过程：操作机构接到操作命令，通过中间传动机构作用于通断元件，使主电路接通或断开。通断元件包括触头、导电部分、灭弧介质和灭弧室等，一般安放在绝缘支撑元件上，使带电部分与地绝缘，而绝缘支撑元件安装在基座上。

二、高压断路器的分类及型号的含义

在 10 kV 供配电系统中，根据灭弧介质的不同，广泛使用的主要是真空断路器和六氟化硫（SF_6）断路器等。此外，高压断路器按其安装地点的不同，可分为户内式和户外式

两种。断路器型号主要由以下七个单元组成。

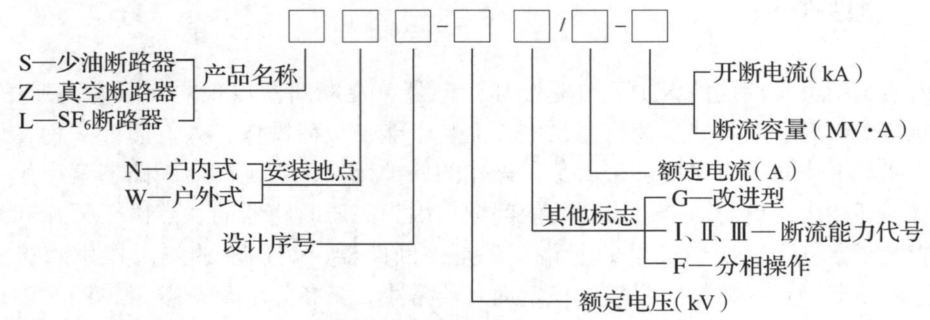

例如，型号为ZN28-12G/630-31.5的断路器，其含义：真空断路器、户内式、设计序号为28，额定电压为12 kV、改进型，额定电流为630 A，额定开断电流为31.5 kA。

三、高压断路器的种类与结构

1. 真空断路器

真空断路器是触头在真空中接通和分断，并利用真空灭弧原理来灭弧的断路器。

（1）真空断路器的特点

1）灭弧室作为独立的元件，安装调试简单、方便；触头开距短，故灭弧室小巧，操作功率小，动作快。

2）灭弧能力强，燃弧时间短，一般只需半个周期，电磨损少，使用寿命长；防火、防爆，操作噪声小。图4-10为真空断路器动作时间示意图。

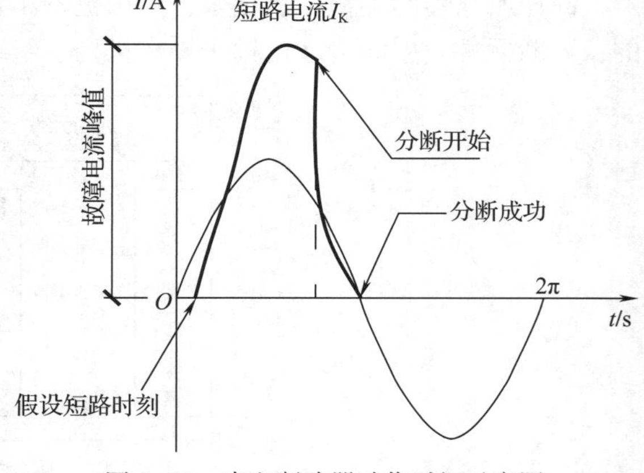

图4-10　真空断路器动作时间示意图

3）适合频繁操作，特别适合断开容性负荷电流。

4）开断能力强，目前高端产品开断电流已达50 kA。

5）具有多次重合闸功能，适合配电网要求。

6）无火灾或爆炸的危险。

表4-1所列为某真空断路器基本电参数。

表4-1　某真空断路器基本电参数

项目		单位	数据
额定电压 U_n		kV	12
绝缘额定值	1 min 工频耐压 U_d（有效值）	kV	42
	雷电冲击耐受电压 U_p（峰值）	kV	75
额定频率 f_n		Hz	50

续表

项目		单位	数据
额定电流 I_n		A	630、1 250、1 600、2 000、2 500、3 150
额定短路开断电流 I_{sc}（有效值）		kA	25、31.5、40
额定峰值耐受电流 I_p		kA	63、80、100
额定短路关合电流		kA	63、80、100
额定短时耐受电流 I_k（有效值）		kA	25、31.5、40
额定短路持续时间 t_k		s	4
合闸和分闸装置额定电源电压 U_{op}		V	AC：110、230；DC：110、220
辅助回路额定电源电压 U_a		V	AC：110、230；DC：110、220
全开断时间（配 CD10 型电磁式操作机构）		ms	≤100
触头开距		mm	11±1
主导电回路电阻		μΩ	≤60（630 A）；≤50（1 250 A）；≤35（1 600~2 000 A）
接触行程（超行程）		mm	3.5±0.5
机械寿命	相间距 210 mm 断路器	次	20 000
	相间距 150 mm 及 275 mm 断路器		10 000

所以，目前在 10 kV 供配电系统中真空断路器已经成为新建变电所的主要选择。图 4-11 所示为 ZN28-12 真空断路器。

图 4-11　ZN28-12 真空断路器

（2）真空断路器的结构

真空断路器主要由真空灭弧室（又称真空管）、支架和操作机构三部分组成。典型的真空灭弧室如图 4-12 所示，动、静触头分别焊在动、静触头导电杆上，用波纹管实现密封。动触头在机构驱动力的作用下，能在灭弧室内沿轴向移动，完成分闸和合闸。

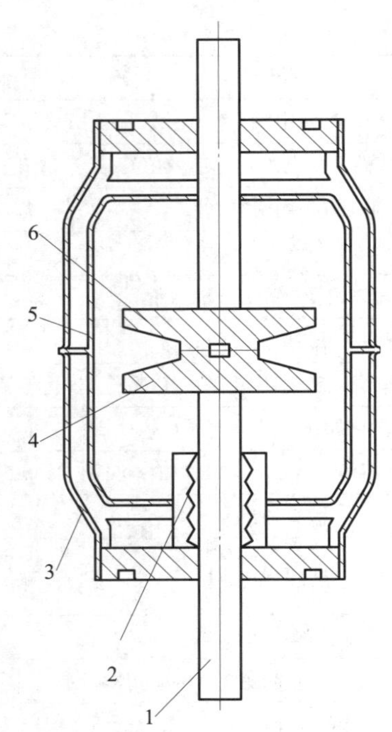

图 4-12　典型的真空灭弧室

1—动触头导电杆　2—波纹管　3—外壳　4—动触头　5—屏蔽罩　6—静触头

（3）真空断路器的维护

真空断路器是以基本不需要维修的真空灭弧室为主体的，它的操作机构动作行程短，结构简单，零部件少，因而故障少，被称为免维护电器。但是，真空断路器并不是完全不需要维护的，它在额定短路开断电流开断数次或机械操作次数达到规定次数后，都要进行维护。

1）真空灭弧室

真空灭弧室是真空断路器的主要元件。它是一只管形的玻璃管（或陶瓷管），管内密封着所有的灭弧元件，分闸、合闸时通过动触头导电杆运动，拉长或压缩波纹管而不破坏灭弧室内的装置。

检查外观有无异常、外表面有无污损，如果绝缘外壳表面沾污，应用干布擦拭干净。

动、静触头累积磨损厚度超过 3 mm，就要更换真空灭弧室。

真空度的检查主要通过工频耐压法进行。在真空断路器处于开断状态下，在真空灭弧室的触头间加上规定的预防性工频试验电压 1 min，应无异常。

每一次维护，都要对真空断路器的触头开距、压缩行程、三相同期性进行检查及调整。

2）高压带电部分

高压带电部分是指真空灭弧室的静触头导电杆和动触头导电杆接到主回路端子以接通电路的部分，它由支持绝缘子、绝缘套管等绝缘元件支撑在真空断路器的支架上。

检查导电部分有无变色、断裂、锈蚀，固定连接部分元件有无松动，绝缘有无破损、污损。

测试主回路相对地、相与相之间及绝缘提升杆的绝缘电阻，应不小于规定值。

断路器在分、合闸状态下分别进行主回路相对地、相间及断口的交流耐压试验 1 min，应合格；绝缘提升杆在更换或干燥后必须进行耐压试验。

测试真空灭弧室二个端之间、主回路端之间的接触电阻，应不大于 100 μΩ。

3）操作机构

真空断路器的操作机构一般采用电磁式操作机构、电动或手动弹簧储能式操作机构。

检查紧固元件有无松动，各种元件是否生锈、变形、损伤，更换不合格的元件，涂上防锈油。

多次进行分、合闸操作试验，自由脱扣试验，通电合闸操作试验，断路器应无异常。

测试电磁式操作机构在 65%～120%的额定电压范围内分、合闸操作，应无异常；在 30%额定分闸电压进行操作时，应不得分闸。在 85%～110%的额定电压范围内分、合闸操作，应无异常。

4）控制组件

控制组件是操作断路器不可缺少的部分。主要检查各个接线端子有无松动、变色，微动开关、辅助开关的动作是否到位，触头有无烧损，各个电气及控制回路元件的绝缘电阻应不小于 2 MΩ。分、合闸线圈及合闸接触器线圈的直流电阻值与产品出厂试验值相比应无明显差别。有手持遥控装置的，还要进行遥控测试，其直线遥控距离一般不短于 8 m。

5）注意事项

需要用手触及真空断路器进行维护的，断路器必须处于断开状态，同时，还应断开主回路和控制回路，并将主回路可靠接地。

采用储能弹簧操作机构的，要松开合闸弹簧才能维修。

松动的螺栓、螺帽之类的零件要完全拧紧；弹簧垫片之类的零件用过之后，禁止再使用。

2. SF_6 断路器

SF_6 断路器是利用具有优良绝缘性能和灭弧性能的六氟化硫气体作为灭弧介质和绝缘介质的断路器，可发展成为六氟化硫组合高压电器，是今后高压和超高压系统的发展方向。

SF_6 断路器按结构形式可分为绝缘子支柱式与落地罐式两类。常见的 LW3-12 型 SF_6 断路器，以 SF_6 气体作为灭弧和绝缘介质，采用“旋弧灭弧原理”灭弧，操作机构与断路器为一整体结构，外形如图 4-13 所示。

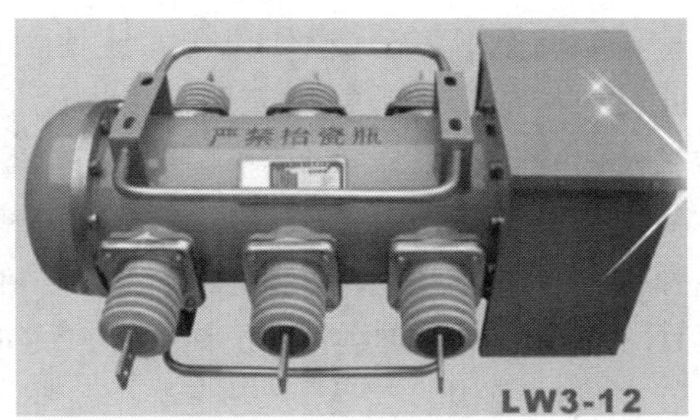

图 4-13　LW3-12 型 SF_6 断路器

SF_6 断路器具有结构简单、操作功率小、额定参数高、灭弧和绝缘性能可靠、寿命和不检修周期长、安装使用方便、安全可靠等一系列优点。另外还设有过电流保护装置，其脱扣方式按需要选择，操作机构采用弹簧储能方式，使分闸、合闸速度稳定，不受人力、技术熟练程度以及电压波动的影响。

3. 断路器的操作机构

（1）操作机构的分类。操作机构是带动高压断路器中间传动机构进行合闸和分闸的机构。根据断路器合闸时所用能量的形式，操作机构可分为手动式、电磁式、弹簧储能式等几种类型。

1）手动式操作机构。它的特点是靠人力合闸，靠弹簧力分闸，并具有无压释放脱扣机构；构造简单，不需要其他辅助设备；一般只用于额定开断电流不超过 6.3 kA 的断路器。它的最大缺点是操作功率受人力限制，合闸时间长，不能实现自动重合闸。目前较少采用这种操作机构。

2）电磁式操作机构。这种操作机构用电磁铁将电能变成机械能作为合闸动力。这种操作机构结构简单，运行可靠，能实现自动重合闸和远距离操作，因而在 10~35 kV 断路器中得到广泛应用。CD10 型电磁式操作机构的外形如图 4-14 所示。

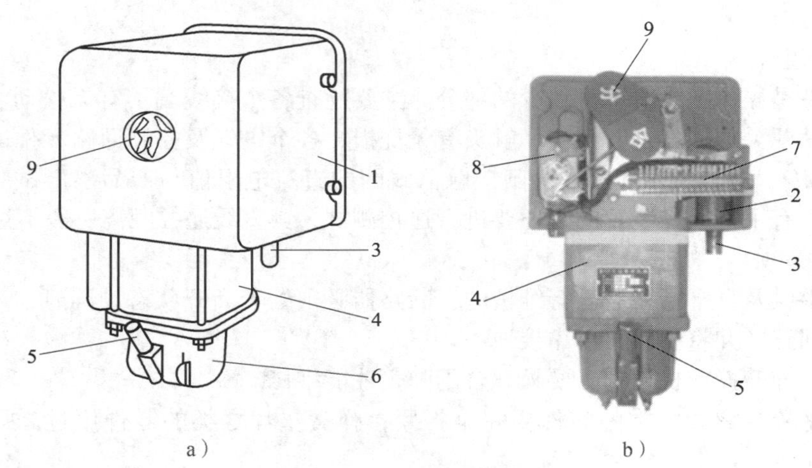

图 4-14 CD10 型电磁式操作机构的外形

a）示意图 b）实物图

1—外壳 2—分闸线圈 3—手动分闸铁心 4—合闸线圈 5—手动合闸操作机构
6—缓冲底座 7—接线端子排 8—辅助开关 9—分闸、合闸指示器

3）弹簧储能式操作机构。这种操作机构利用弹簧预先储存的能量作为合闸动力。此种机构成套性强，不需配备附加设备，弹簧储能时耗用功率小，但结构复杂，加工工艺及材料性能要求高，且机构本身质量随操作功率增加而急剧增大。机构共有两组储能弹簧，能量较大的是合闸弹簧，合闸时需同时完成分闸弹簧的储能；能量较小的是分闸弹簧，释放能量时触发脱扣器跳闸。目前我国 10 kV 配电网的真空断路器以使用 VS 和 TC 系列操作机构为主流，其中 VS 系列应用最为广泛。图 4-15 所示为 VS 系列弹簧储能式操作机构。

图 4-16 所示为弹簧储能式操作机构的合闸、分闸操作。

图 4-15　VS 系列弹簧储能式操作机构

1—储能联动触点　2—手动储能摇动轴　3—合闸弹簧　4—合闸弹簧储能电动机　5—合闸按钮按动点　6—分闸电磁铁触发杆　7—分闸按钮按动点　8—分、合闸传动轴　9—断路器辅助触点

a）

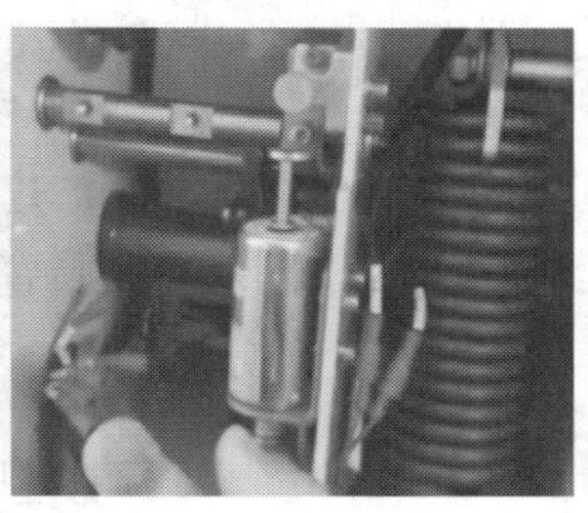

b）

图 4-16　弹簧储能式操作机构的合闸、分闸操作

a）按动合闸按钮后合闸　b）触发分闸弹簧后分闸

（2）操作机构的组成。一般来说，操作机构主要由以下几种部件组成。

1）做功与储能部分。它的作用是将其他形式的能量转换为机械能。例如，弹簧储能式操作机构中的储能弹簧，通过电动机或人力将能量储存起来，通过触发弹簧释放能量进行合闸操作，同时为分闸弹簧储能。通常分闸弹簧的张力远小于合闸弹簧，分闸时可用手动或电动信号使分闸弹簧释放机械能，使其快速分闸。

2）传动系统。用以改变操作力的方向、位置、行程以及运动性质等，它是一套机械连杆机构，要求机械能量损失小、动作准确、寿命长。

3）维持机构与脱扣机构。前者的任务是将已经完成的合闸操作可靠地保持在合闸状态，有时称为“搭钩”；后者为解除合闸的机构，它可以“一碰即脱”，以使分闸动作快、需要功率小。

任务3　高压隔离开关和高压负荷开关

任务目标

- 了解高压隔离开关和高压负荷开关的基本结构。
- 掌握高压隔离开关和高压负荷开关的基本参数及使用规范。

任务引入

在图 4-17 所示电路中，当线路 WL2 需要停电检修时，首先应该将断路器 QF 断开，但由于断路器的触头装在灭弧室中且开距很小，因此无法保证有效隔离电源，也就无法保证检修人员在 WL2 是安全的。所以，应当在断路器之前的单侧或之前、之后的两侧装设高压隔离设备，称为高压隔离开关，如图 4-17 中的 QS1、QS2。本任务将学习和掌握高压隔离开关的基本结构与运行规范，同时学习高压负荷开关的基本知识，图 4-17 中 WL1 回路中的 QL 就是高压负荷开关。

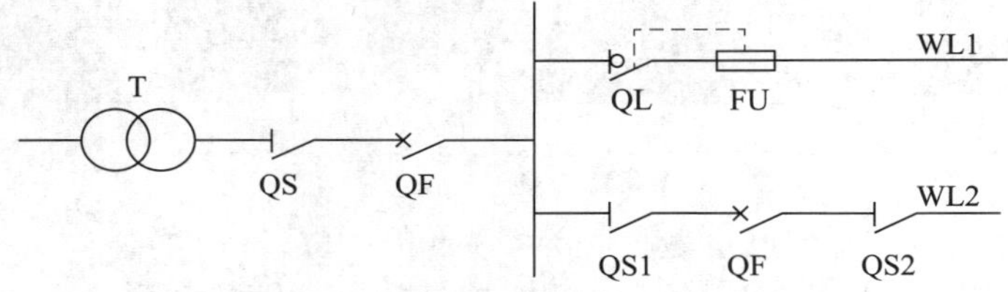

图 4-17　高压隔离开关和高压负荷开关应用电路图

任务分析

隔离开关的触头完全敞露在空气中，可以明显地看到其断开状态。运行人员通过观察隔离开关的状态可以非常明显地看出开关是否已经断开，以判别线路是否停电。因此，高压隔离开关是在高压电气装置中保证工作安全的隔离电器，其接通时能通过正常的负荷电流和事故电流，但其主要作用体现在断开以后的隔离。用高压隔离开关将高压电气装置中需要检修的部分与其他带电部分可靠地隔离，检修人员就可以安全地工作，而不会受其他带电体的威胁，同时也不会影响其他带电体的正常运行。但隔离开关结构简单，没有灭弧装置，不能用来接通和断开负荷电流及短路电流，只能在电路已经断开的情况下进行操作以及接通或断开符合规定的小电流电路。

高压负荷开关是一种具有一定开断能力和接通能力的高压开关设备，其性能介于隔离开关和断路器之间。高压负荷开关具有简单的灭弧装置，主要用于接通及开断正常的负荷电流，并能通过规定的短路电流，但不能通过本身的触点切断短路电流，其短路保护由配套的熔断器来承担。高压负荷开关一般在断开状态有明显的断口，可起到隔离开关的作用。在大多数情况下，高压负荷开关和高压熔断器配合使用并组成成套组件。图 4-17 中的 WL1 就是高压负荷开关和高压熔断器配合的示例。

相关知识

一、高压隔离开关

根据任务分析可以得出，高压隔离开关的构成必须具备两个关键条件：第一，明显的断口；第二，有效的开距。其功能属性不是开关的属性，它的主要功能属性是断开状态下的有效隔离。有这种结构条件和功能属性的开关设备，称为高压隔离开关。

1. 高压隔离开关的分类

高压隔离开关按安装地点可分为户内式（GN）和户外式（GW）两种。10 kV 配电装置中常用的高压隔离开关有 GN19、GN22 和 GN10 等系列。图 4-18 所示为 GN19-12 型户内式高压隔离开关的外形及 GN8-10 型的结构。

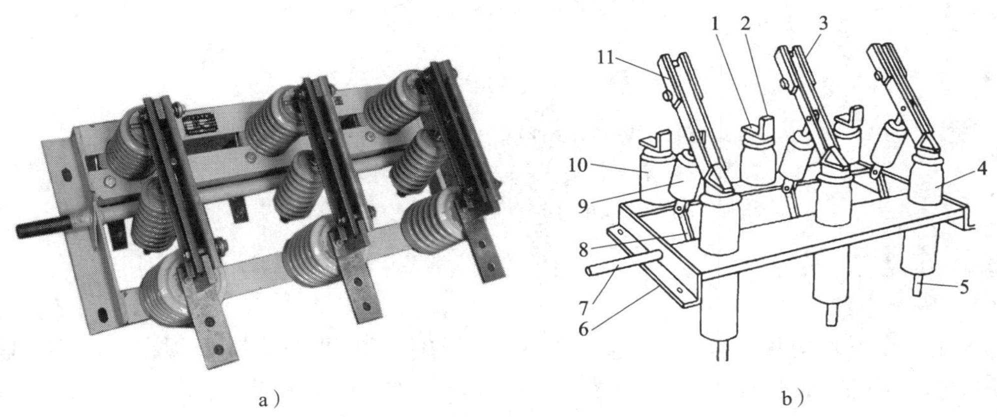

图 4-18　GN19-12 型户内式高压隔离开关的外形及 GN8-10 型的结构

a）GN19-12 型外形　b）GN8-10 型结构

1—上接线端子　2—静触头　3—动触头　4—绝缘套管　5—下接线端子　6—框架

7—主轴　8—拐臂　9—升降绝缘子　10—支柱绝缘子　11—钢片

2. 高压隔离开关的型号

高压隔离开关的型号含义如下。

例如，GN6-10T/400 型高压隔离开关的含义：户内式统一设计的高压隔离开关，设计序号为 6，额定电压为 10 kV，额定电流为 400 A。

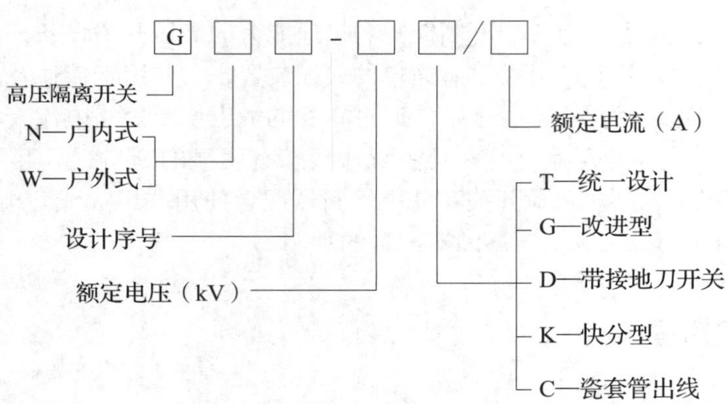

图 4-19 所示为 GW9-10/630A 型高压隔离开关的结构。

图 4-19　GW9-10/630A 型高压隔离开关的结构

1—基座　2—支持绝缘子　3—电源侧接线端　4—静触点

5—绝缘杆操作孔　6—动触刀　7—负载侧接线端

3. 高压隔离开关的作用

（1）隔离电源

《电工安全操作规程》要求，在高压电气线路中使用断路器，就必须在其两侧串联装设隔离开关或其他相同用途的电气设备，以保证检修工作的安全进行。

（2）分、合小电流电路

高压隔离开关用其明显的分断状态，直观体现高压电源的隔离状态，用有效的开距来保证电气隔离的安全与可靠。同时，作为开关，它也能通断一定的小电流（如 2 A 以下的空载变压器励磁电流、电压互感器回路电流、5 A 以下的空载线路的充电电流）。但它没有专门的灭弧装置，因此不允许切断正常的负荷电流，更不能用来切断短路电流。

对于 10 kV 的高压隔离开关，在正常情况下，它允许的操作范围如下。

1）分、合电压互感器和避雷器。

2）分、合母线的充电电流。

3）分、合励磁电流不超过 2 A 的空载变压器和电容电流不超过 5 A 的空载线路。

4. 高压隔离开关的操作原则

《电工安全操作规程》要求，严禁带负荷操作隔离开关，禁止在断路器合闸时操作隔离开关。所以在操作隔离开关前，必须先确保与之串联的断路器处于断开状态。

高压隔离开关都配有手动操作机构，一般采用 CS6-1 型。操作时要先拔出定位销，断开、接通动作要果断、迅速，终了时注意不可用力过猛。操作完毕一定要用定位销销住，并目测其动触刀位置是否符合要求。

用绝缘杆操作单极三相隔离开关时，应先接通两边相，后接通中间相。断开时，顺序与此相反。

如果发生了带负荷分断或闭合隔离开关的误操作，则应冷静地避免可能发生的另一种反方向的误操作。即发现带负荷误接通后，不得再立即拉开；发现带负荷误断开后，不得再闭合（若刚拉开一点，发现有火花产生时，可立即合上）。

二、高压负荷开关

1. 高压负荷开关的分类

按安装地点可分为户内式（FN）和户外式（FW）两种。

2. 高压负荷开关的型号

高压负荷开关的型号含义如下。

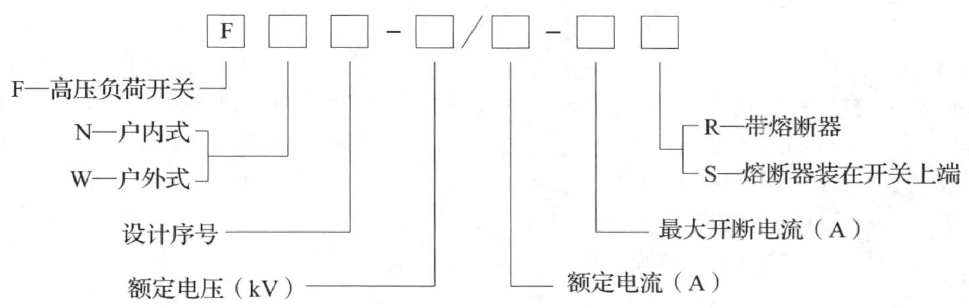

例如，FN2-10/400-S 型高压负荷开关的含义：高压负荷开关，户内式，设计序号为 2，额定电压为 10 kV，熔断器装在开关的上端，额定电流为 400 A。

3. 常用高压负荷开关的结构及应用

（1）FN3-10RT 型高压负荷开关。FN3-10RT 型高压负荷开关的结构如图 4-20 所示。FN3-10RT 型高压负荷开关为压气式，额定电压分别为 6 kV 和 10 kV，一般用于配电系统中，断开、接通带有正常负荷电流及过负荷电流的电路，也可断开、接通空载线路、空载变压器及电容器组。配有 RN3 型高压熔断器的高压负荷开关，还可以通过熔断器切断短路电流，作保护电器用。由图 4-20 可以看出，上半部为高压负荷开关本身，与高压隔离开关类似，实际上就是在高压隔离开关的基础上加一个简单的灭弧装置。高压负荷开关上的绝缘子不仅起支持绝缘子的作用，而且起灭弧的作用，其内部是一个气缸，类似于打气筒。当高压负荷开关断开时，动、静触头之间产生电弧，气缸内的空气被压缩而从喷嘴喷向电弧，使电弧熄灭。

（2）FZN-12 系列户内式高压真空负荷开关。图 4-21 所示为 FZN-12 系列户内式高压真空负荷开关。户内式高压真空负荷开关适用于额定电压 12 kV、三相交流 50 Hz 的电路中，作开断负荷电流之用。配熔断器组合电器（FZN-12 型）可开断过载电流和短路电流，特别适用于频繁操作的场所。在工厂供配电系统中，真空负荷开关是今后的发展方向。

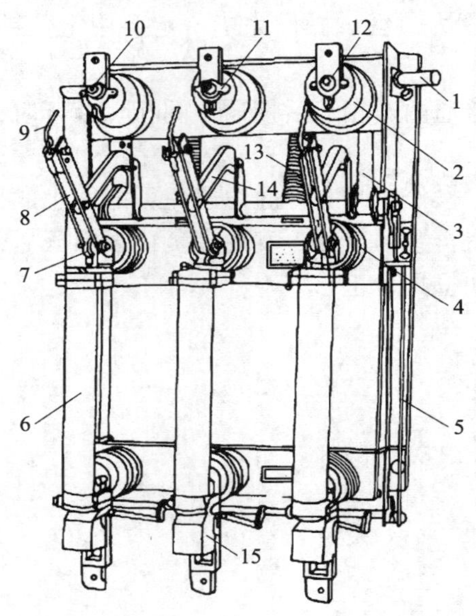

图 4-20　FN3-10RT 型高压负荷开关的结构

1—主轴　2—上绝缘子兼气缸　3—连杆　4—下绝缘子
5—框架　6—RN1 高压熔断器　7—下触座　8—闸刀
9—弧动触头　10—绝缘喷嘴（内有弧静触头）
11—主触头　12—上触座　13—断路弹簧
14—绝缘拉杆　15—热脱扣器

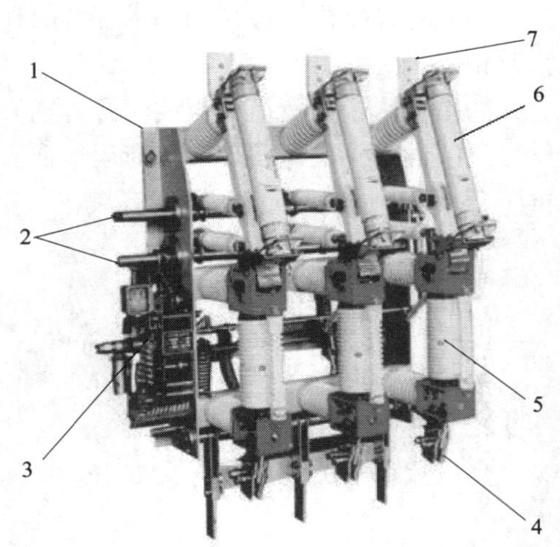

图 4-21　FZN-12 系列户内式高压真空负荷开关

1—底座　2—传动机构　3—弹簧储能机构
4—下接线端　5—真空负荷开关
6—熔断器　7—上接线端

任务 4　高压熔断器

任务目标

- 了解高压熔断器的基本结构。
- 掌握高压熔断器的基本参数及使用规范。

任务引入

高压熔断器是电力系统中最传统、最简单的保护电气元件，当被保护线路或设备中发生过电流或短路故障并超过一定时间时，高压熔断器通过熔化一个或几个特殊设计配合的熔件分断电路，从而切断被保护线路或设备的电流，保护电气设备免受过载和短路电流的损害。本任务将学习高压熔断器的基本知识，以掌握其基本参数及使用规范。图 4-22 所示为高压熔断器的外形。

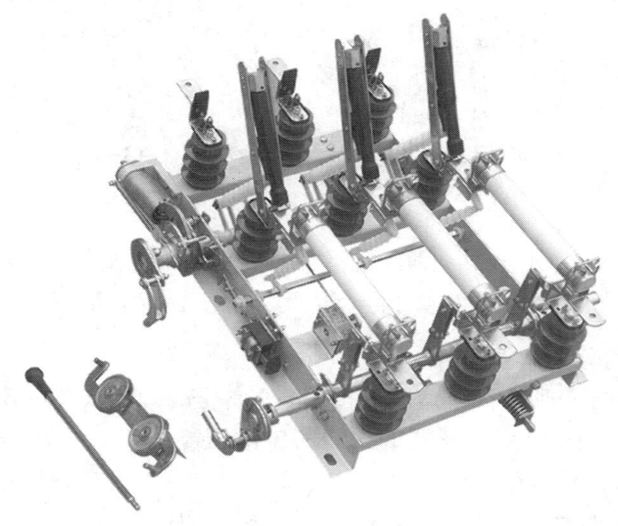

图 4-22 高压熔断器的外形

任务分析

目前，高压断路器的使用非常普遍，已经成为供配电系统的主要保护方式，但其动作时间一般需要几十毫秒，不能够快速有效地限制短路电流的幅值，从而威胁到电力设备的安全。高压熔断器以其动作迅速、高可靠性、高分辨率、结构简单、成本低等特点，在一些工厂供配电系统中仍在使用，甚至成为某些重要保护的首选。其高端产品一般在电流上升的峰值之前的 2 ms 内就能可靠截流，3~4 ms 内可有效切除故障。因此，充分认知和掌握高压熔断器的使用知识有着重要意义。

相关知识

一、高压熔断器的基本结构与分类

1. 高压熔断器的基本结构

熔断器主要由金属熔件（也叫熔体）、支持熔体的载流部分（触头）和外壳构成。有些熔断器内还装有特殊的灭弧物质，如产气纤维管、石英砂等，用来熄灭熔体熔断时形成的电弧。图 4-23 所示为 RN1、RN2 型熔断器的外形及结构。熔体是熔断器的主要部件（RN1、RN2 型熔断器的熔体装在充满石英砂的密封管内，即熔管内），要求熔体的材料熔点低、导电性能好、不易氧化和易于加工，一般用铅、铅锡合金、锌、铜、银等金属材料制成。

图 4-23　RN1、RN2 型熔断器的外形及结构
1—熔管　2—静触座　3—支持绝缘子　4—底座　5—接线端

2. 高压熔断器的分类

对于 10 kV 终端变电所，高压熔断器按安装条件分为户内式和户外式两类。

（1）户内式。户内式高压熔断器的最高额定电压能达 40.5 kV，常用的型号有 RN1、RN3、RN5、XRNM1、XRNT1、XRNT2、XRNT3 等，主要用于电力线路、电力变压器和电力电容器等设备的过载和短路保护；RN2 和 RN4 型的额定电流均为 0.5～10 A，为保护电压互感器的专用熔断器。

（2）户外式。户外式高压熔断器主要为高压喷射式熔断器，此类熔断器在熔体熔断产生电弧时，需要等待电流过零时才能开断电路，无限流作用。常用的型号有 RW3、RW4、RW7、RW9、RW10、RW11、RW12、RW13 等，其作用除与 RN1 型相同外，在一定条件下还可以分断和闭合空载架空线路、空载变压器和小负荷电流。

（3）限流式和非限流式。高压熔断器按是否有限流作用又可分为限流式和非限流式。限流式高压熔断器可在短路电流达到最大值之前熔断，一般在半个周期内能可靠熔断，户内式高压熔断器多数为限流式。图 4-24 所示为限流式高压熔断器动作曲线。

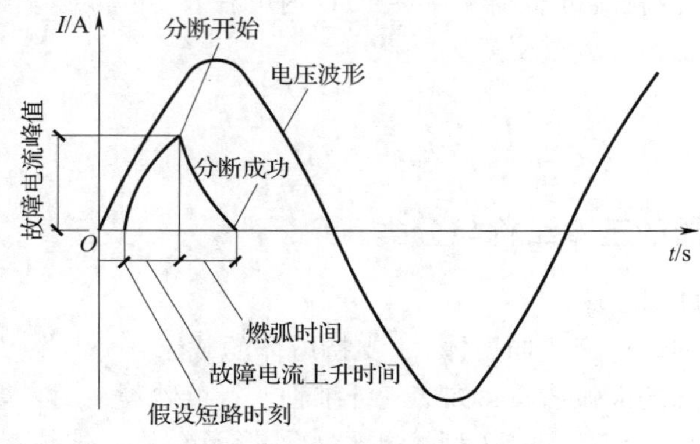

图 4-24　限流式高压熔断器动作曲线

非限流式高压熔断器一般在电压过零时熄灭电弧，户外式高压熔断器多为非限流式。图 4-25 所示为非限流式高压熔断器动作曲线。

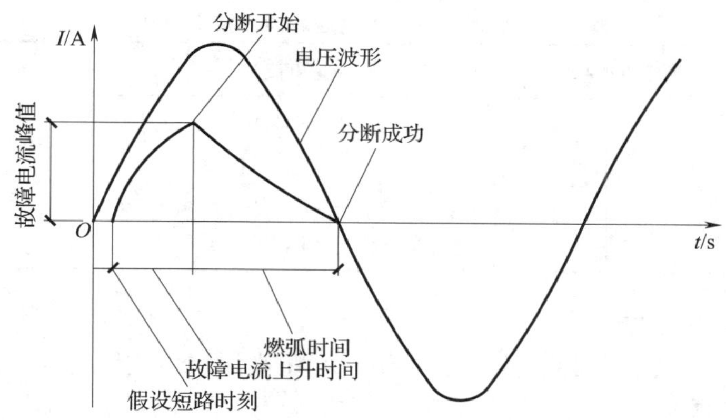

图 4-25　非限流式高压熔断器动作曲线

高压熔断器型号的含义如下。

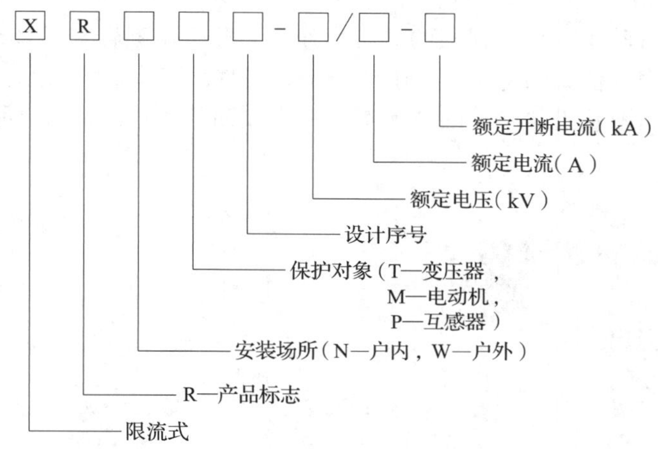

例如，RW10-10/25-50 型熔断器的含义：非限流式熔断器、户外式、设计序号为 10、额定电压为 10 kV、额定电流为 25 A、额定开断电流为 50 kA。

二、常用的高压熔断器

1. 户内式高压熔断器

工厂供配电系统中，室内广泛采用 RN1、RN2 型等高压管式熔断器。熔体是一根或几根并联的全长直径相同的镀银铜丝，中间焊有小锡球，锡的熔点（232 ℃）远较铜的熔点（1 083 ℃）低。当短路电流或负荷电流通过熔体时，小锡球先熔化，铜锡分子互相渗透而形成熔点较低的铜锡合金，使铜丝能在较低的温度下熔断，这就是所谓“冶金效应”。它使熔断器在负荷电流或短路电流较小时动作，提高了保护的灵敏度。表 4-2 所列为 XRNT1-12 型高压熔断器技术数据。

表 4-2　XRNT1-12 型高压熔断器技术数据

型号	额定电压/kV	额定电流/A	额定开断电流/kA
XRNT1-12	12	1、2、3.15、6.3、10、16、20、31.5、40	31.5
XRNT1-12		10、16、20、25、31.5、50、63、71、80、100、125	50

2. 户外式高压熔断器

室外 6~10 kV 配电变压器较多采用 RW10-10 型高压跌落式熔断器。其外形及结构如图 4-26、图 4-27 所示。

熔体两端各压接一段连接用的编织铜绞线，并穿过熔管，用螺钉固定在上下两端的动触头上，可动的上触头被熔体拉紧固定，并被上静触头上的“鸭嘴”中的凸点卡住，熔断器可保持处于“通路”位置。熔体熔断时，熔管内产生电弧，熔管内壁在电弧作用下产生大量气体，气体向外喷出，产生强烈的去游离作用。此类熔断器在熔体熔断产生电弧时，需要等待电流过零时才能开断电路，无限流作用。同时，熔体熔断以后，熔管上的上动触头松脱，熔管由于自重从上静触头的“鸭嘴”中滑脱而迅速跌落切断电路，并呈现明显断开状态。

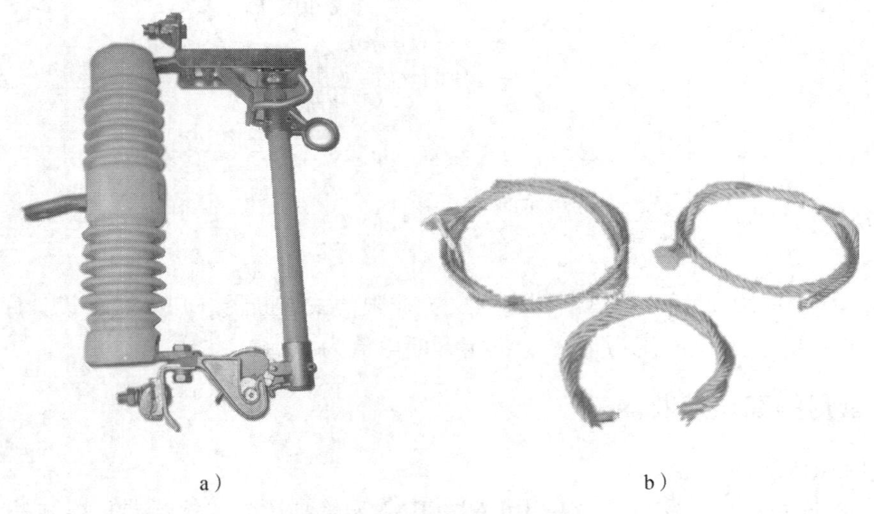

a）　b）

图 4-26　RW10-10 型高压跌落式熔断器

a）高压跌落式熔断器的外形　b）熔断器熔体

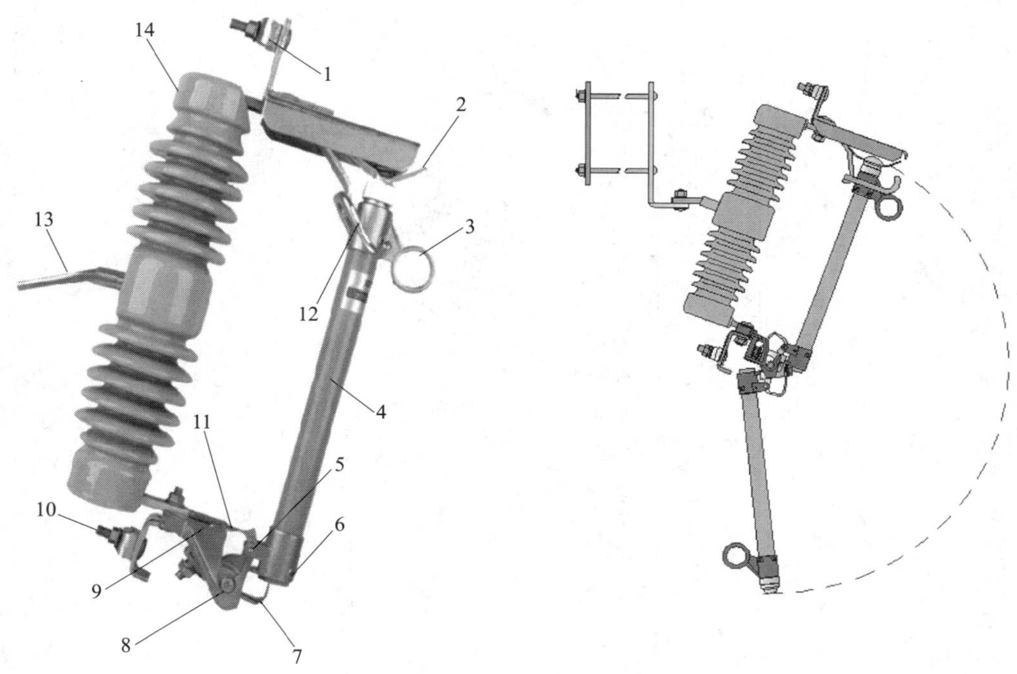

图 4-27 RW10-10 型高压跌落式熔断器的结构

1—上接线端 2—上端触头 3—合闸操作环 4—熔管 5—下端触头与铜箍接头
6—下铜箍固定插销 7—弹性挡板 8—分、合闸转动轴 9—合闸导向
10—下接线端 11—下端触头 12—合闸铰链扣 13—固定支架 14—绝缘子

户外高压跌落式熔断器除一般作为短路保护外，在一定条件下还可以分断和闭合空载架空线路、空载变压器和小负荷电流。表 4-3 所列为 RW10 型熔断器基本电参数。

图 4-28 所示为电源进户处的户外高压跌落式熔断器安装施工图。

表 4-3 RW10 型熔断器基本电参数

<table>
<tr><th rowspan="2">型号</th><th rowspan="2">额定电压/kV</th><th rowspan="2">最高工作电压/kV</th><th rowspan="2">额定电流/A</th><th colspan="2">额定断流容量/(MV·A)</th><th colspan="2">分断、闭合负荷电流/A</th><th rowspan="2">单相质量/kg</th></tr>
<tr><th>上限</th><th>下限</th><th>100</th><th>130</th></tr>
<tr><td>RW10-10F/100A</td><td rowspan="2">10</td><td rowspan="2">11.5</td><td rowspan="2">100</td><td rowspan="2">200</td><td rowspan="2">40</td><td>>100 次</td><td>>20 次</td><td>7.0</td></tr>
<tr><td>RMWF/100A-2
(防盐雾型)</td><td>>20 次</td><td>>6 次</td><td>9.6</td></tr>
</table>

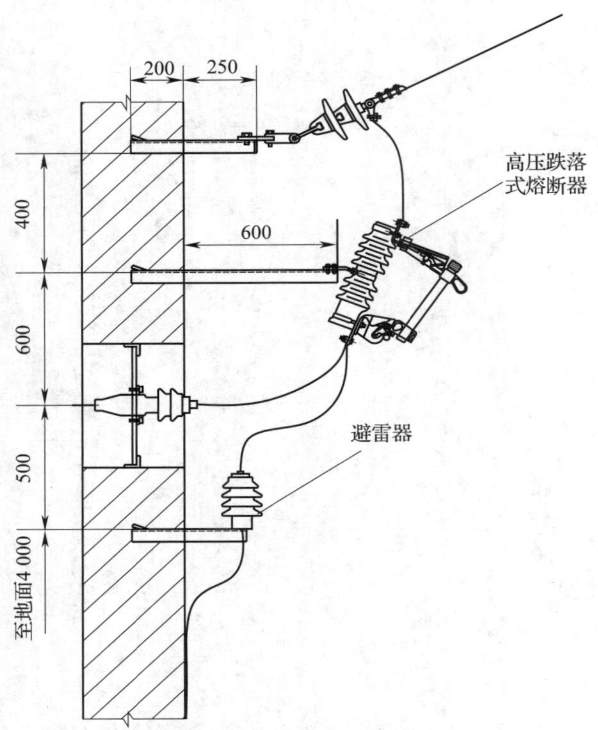

图 4-28　电源进户处的户外高压跌落式熔断器安装施工图

任务 5　电力变压器

任务目标

- 了解电力变压器的基本结构。
- 掌握电力变压器的基本参数及运行规范。

任务引入

变压器是一种把电压和电流转变成另一种（或几种）同频率的不同电压、电流的电气设备，文字代号为 T。其主要作用是变换、传输电能，在电力系统中起着决定性的作用，可以说没有变压器的参与就没有现代电力系统。本任务将学习电力变压器的基本结构及运行知识。

任务分析

发电机发出的电能要进行远距离输送，为减少损耗，需要将电压升高才能送至远方用户，而用户则需把电压再降成低压才能使用，这个任务是变压器才能完成的。随着输电距离、输送容量的增长，对变压器要求也越来越高，不仅需要数量多，而且要性能好，技术经济指标先进，还要保证运行安全、可靠。

常见变压器的外形如图 4-29 所示。

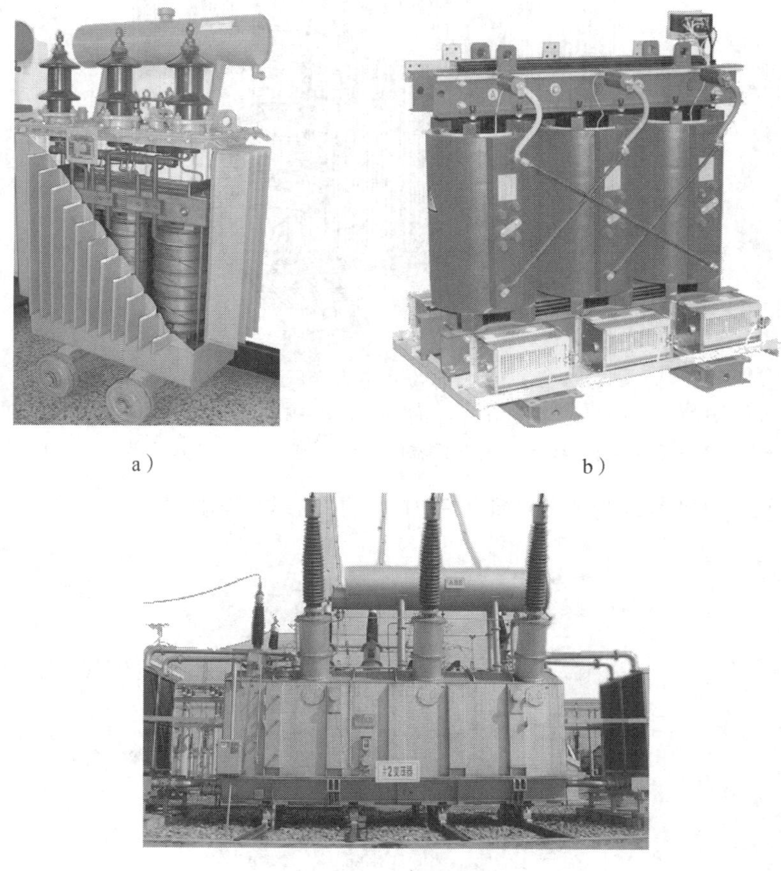

a）　　b）

c）

图 4-29　常见变压器的外形

a）10 kV 油浸变压器　b）10 kV 干式变压器　c）500 kV 油浸变压器

相关知识

一、电力变压器的结构与类型

图 4-30 所示为油浸自冷式电力变压器的结构。

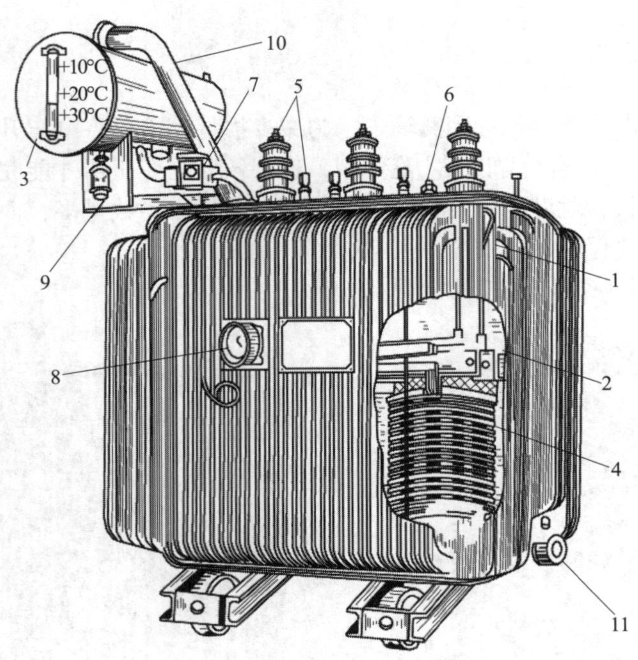

图 4-30　油浸自冷式电力变压器的结构

1—壳体与散热管　2—铁心及绕组　3—储油柜　4—高、低压绕组　5—高、低压套管
6—分接开关　7—气体继电器　8—压力式温度计　9—呼吸器　10—防爆管　11—放油阀门

图 4-31 所示为目前较为流行的干式变压器的外形与结构。

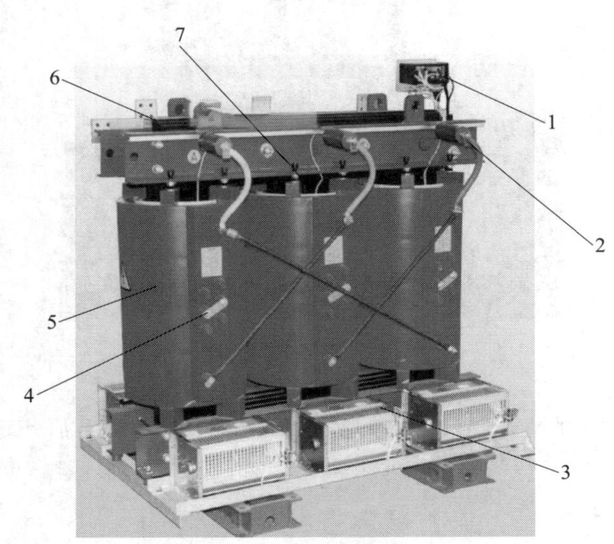

图 4-31　目前较为流行的干式变压器的外形与结构

1—温控仪　2—高压接线端子　3—冷却风机　4—无载分接开关
5—低压绕组、高压绕组（环氧树脂浇注）　6—铁心　7—低压接线端子

按照单台变压器的相数来区分，变压器可以分为三相变压器和单相变压器。在三相电力系统中，一般应采用三相变压器。

按照绝缘结构和冷却条件来分，变压器可分为油浸式变压器和干式变压器。

变压器产品型号的含义如下。

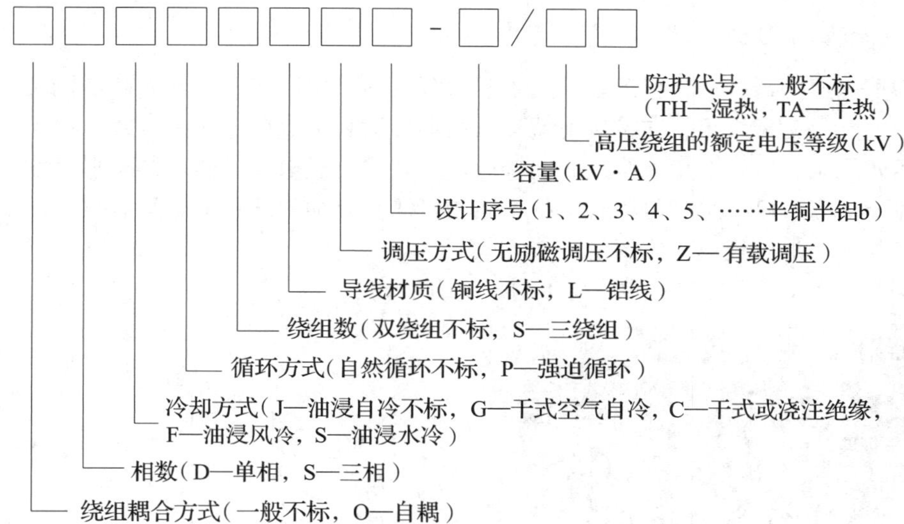

二、变压器的额定参数

1. 额定容量 S_N

它是变压器的额定视在功率，表征传输电能的大小，以 V·A、kV·A 或 MV·A 表示。通常把变压器一次侧和二次侧的额定容量设计得相同。

2. 额定电压 U_N

变压器在空载时额定分接下，各绕组端电压的保证值即额定电压，以 V 或 kV 表示。三相变压器的额定电压是指线电压，用有效值表示。

3. 额定电流 I_N

根据额定容量和额定电压所计算出的电流值即额定电流，以 A 或 kA 表示。

对于单相变压器，其一次、二次绕组的额定电流为

$$I_{1N} = \frac{S_N}{U_{1N}}$$

$$I_{2N} = \frac{S_N}{U_{2N}}$$

对于三相变压器，其一次、二次绕组的额定电流为

$$I_{1N} = \frac{S_N}{\sqrt{3}U_{1N}}$$

$$I_{2N} = \frac{S_N}{\sqrt{3}U_{2N}}$$

4. 额定频率

我国国家标准规定，我国电网的额定频率f_N为 50 Hz。

另外，属于额定值的量还有变压器的运行效率、温升、短路阻抗等。变压器的额定值通常标在变压器的铭牌上，故也称铭牌数据。

三、变压器的绕组接法

作为配电变压器，非常普遍地采用了三相绕组的结构形式，并分为高压侧绕组和低压侧绕组。既然是三相绕组，在接法上就有三角形接法和星形接法两种方式，由于低压配电采用三相四线制，所以低压侧绕组必须接成星形并输出三根相导体，其星形点输出的就是中性导体；而高压侧绕组却可以有两种不同的接法，分别为三角形接法和星形接法，目前来看，三角形接法已经成为主要的接线方式。

图 4-32 所示为干式变压器的高压侧，绕组接成了三角形。

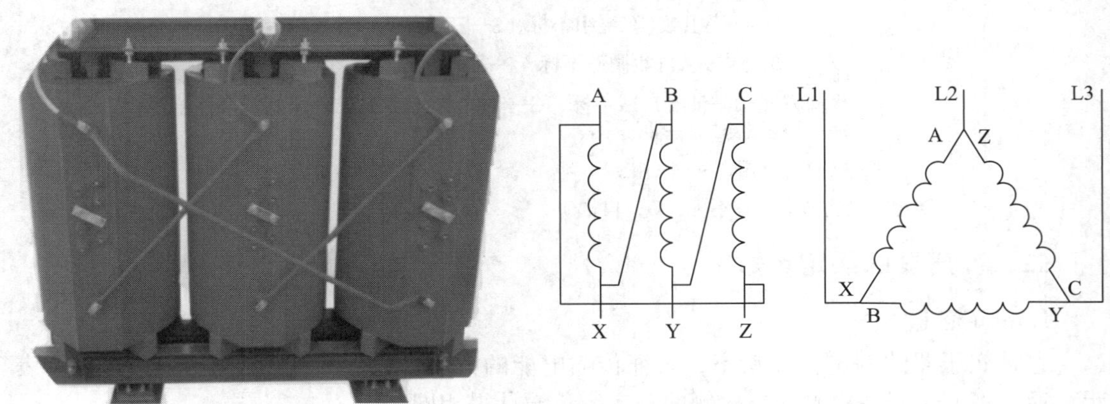

图 4-32　干式变压器的高压侧

图 4-33 所示为干式变压器的低压侧，绕组必须接成星形。

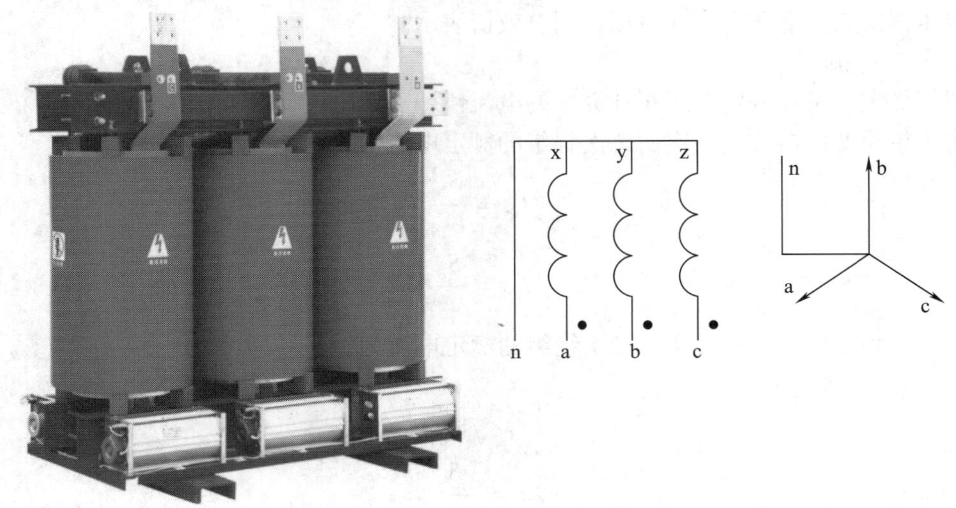

图 4-33　干式变压器的低压侧

从图 4-33 中可以看出，在三根相导体引出线后面的横向导体就是变压器低压侧的星形点连接导体。

四、电力变压器的联结组别

电力变压器联结组别是指变压器一、二次绕组因采取不同的联结方式而形成变压器一、二次对应线电压之间的不同相位关系。

为了表达变压器绕组绕向和联结关系导致的一、二次电压的相位关系，通常采用时钟表示法来形象地表示一、二次绕组的相电动势的相位关系。先以单相变压器为例说明该表达方式，将图 4-34 所示的单相变压器一、二次侧电动势的相位关系这样进行约定，即一次绕组相电动势相量固定地指向时钟的 12 点，根据一、二次绕组相电动势之间的相位关系，确定二次绕组相电动势相量的指向，二次绕组相电动势相量在同一时钟上所指钟点数就是单相变压器联结组的标号。如果用 I/I 表示单相变压器一、二次绕组的联结，则单相变压器的联结组别只有两种，一种为 I/I-12，如图 4-34a 所示；另一种为 I/I-6，如图 4-34b 所示。我国国家标准规定，I/I-12 是单相变压器的标准联结组别。

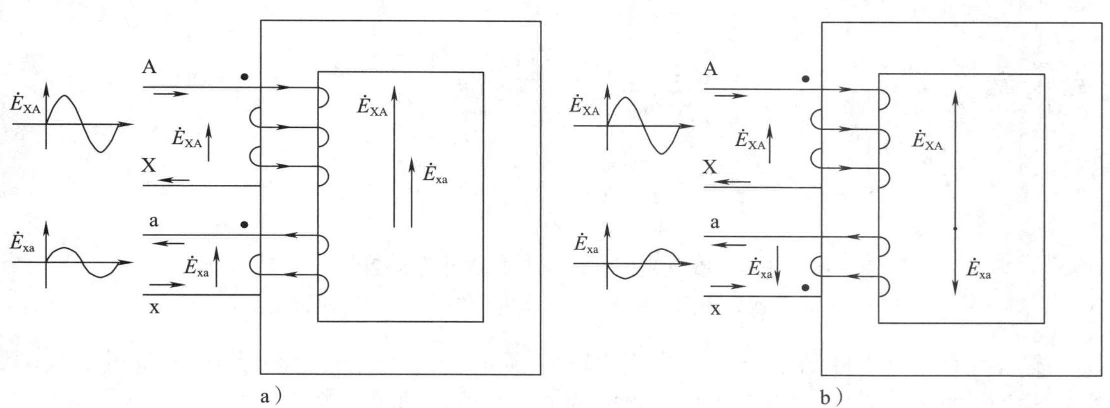

图 4-34　单相变压器一、二次侧电动势的相位关系

图 4-35a 为图 4-34a 的时钟表达方式，图 4-35b 为图 4-34b 的时钟表达方式。

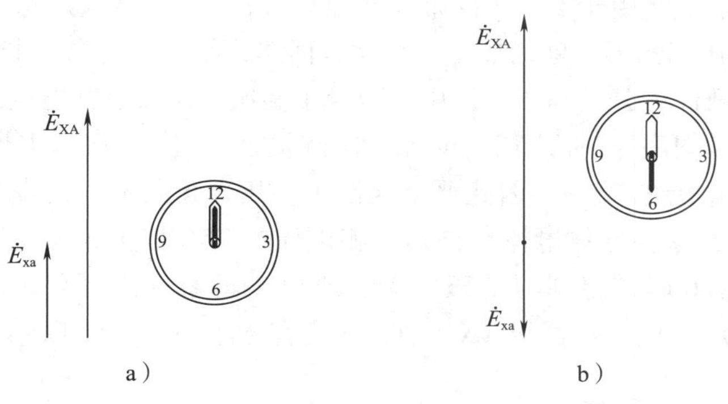

图 4-35　单相变压器一、二次侧电动势时钟表达

一般 10 kV 用户变电所的配电变压器（二次侧电压为 0.4 kV）有 Y，yn0 和 D，yn11 两种常用的联结组别。

变压器 Y，yn0 联结组别示意图如图 4-36 所示。其一次侧线电压与所对应的二次侧线电压之间的相位关系，如同时钟钟表的指针。如果把一次侧线电压 $\dot{U}_{AB}$ 的矢量比做时钟的长针（分针），让其始终指向 12 点（也就是 0 点）；把二次侧线电压 $\dot{u}_{ab}$ 的矢量比做时钟的短针（时针），其与 $\dot{U}_{AB}$ 所构成的夹角所表示的钟点数就是这种联结组别标志。

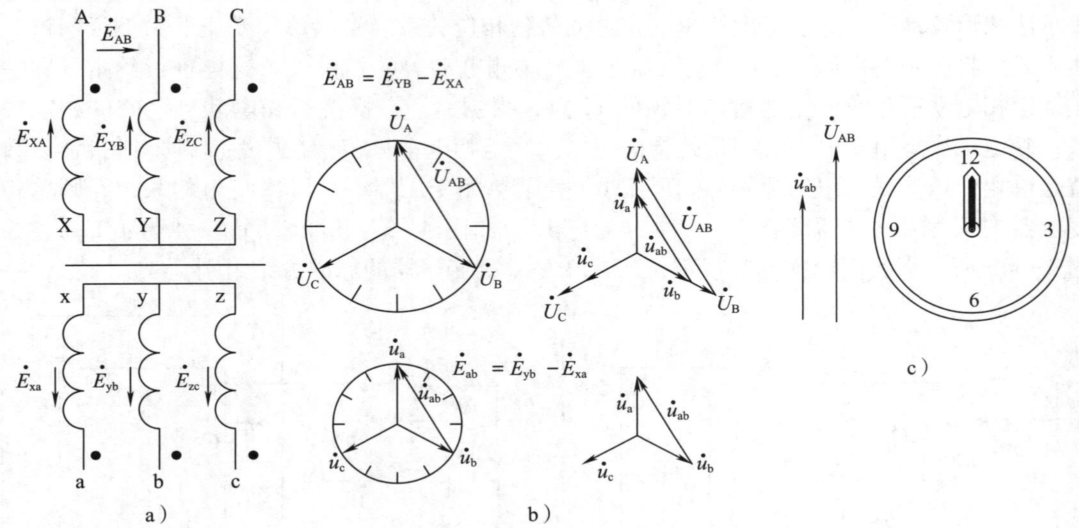

图 4-36　变压器 Y，yn0 联结组别示意图

a）一、二次接线图　b）一、二次电压矢量图　c）时钟表示

变压器 D，yn11 联结组别示意图如图 4-37 所示。其一次侧线电压与所对应的二次侧线电压之间的相位关系，如同时钟 11 点时的分针与时针的相互关系。

在过去，几乎所有的配电变压器均采用 Y，yn0（过去的标志为 Y/y0-12）的联结组别。近年来，D，yn11（过去的标志为△/y0-11）联结组别的配电变压器在一些新建项目中正逐渐得到推广。这是由于 D，yn11 联结组别较 Y，yn0 联结组别有以下优点。

（1）一次侧接成三角形，就构成了一个闭合回路，绕组中的高次谐波由于形成环流而得以衰减，使之不致注入公共高压电网中，减轻了高次谐波对公共电网的污染。

（2）当三相负载不平衡时，Y，yn0 联结组别的变压器要求其中性导体的电流不能超过二次绕组额定电流的 25%，因此严重限制了变压器负载能力的发挥。而 D，yn11 联结组别的变压器，其中性导体电流允许达到相电流的 75%以上，其承受单相不平衡负荷的能力远远比 Y，yn0 联结组别的变压器大。所以，国家标准《供配电系统设计规范》（GB 50052—2009）中规定：低压 TN 及 TT 系统宜选用 D，yn11 联结组别的变压器。

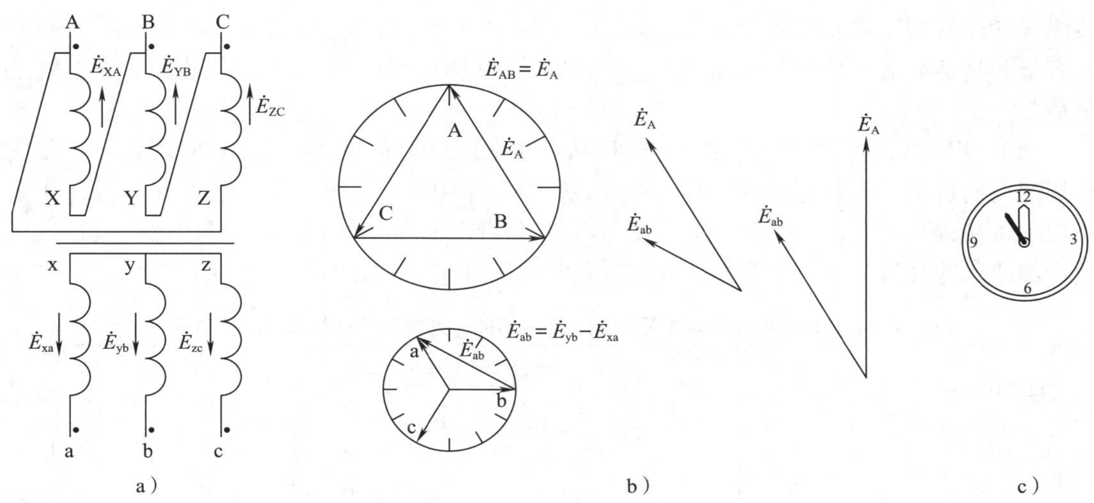

图 4-37　变压器 D，yn11 联结组别示意图

a）一、二次接线图　b）一、二次电压矢量图　c）时钟表示

五、变压器的运行

1. 变压器运行的允许温度与允许温升

（1）变压器油的作用

1）浸入作用。充分填充变压器内部的空气隙，而将空气排出，从而避免各零部件与空气接触受潮而引起绝缘强度降低。

2）提高绝缘强度。使变压器内部各个部分的绝缘保持良好，从而提高变压器的绝缘强度。

3）散热作用。变压器油具有流动性，有助于变压器内部零部件的散热。

4）灭弧作用。当内部出现接触电弧或绝缘电弧时，变压器油可有效灭弧。

（2）允许温度。对于油浸自冷式变压器运行中各部分的温度，绕组最高，其次是铁心，变压器油的温度最低。为了便于监视运行中变压器各部件的温度，一般规定以上层油温作为变压器油的测量温度。绕组的运行温度一般比变压器油的运行温度高 10 ℃。一般常用变压器是 A 级绝缘，其最高允许温度为 105 ℃，所以变压器上层油温最高不得超过 95 ℃。然而变压器油运行于 95 ℃左右时其老化速度非常快，因此正常情况下，为使变压器油不致过速氧化，规定上层油温不得超过 85 ℃。对于采用强迫油循环水冷和风冷的变压器，上层油温不得经常超过 75 ℃。

对于干式变压器，由于结构的不同，其温度可达 110 ℃以上。

（3）允许温升。变压器的温度与周围空气温度的差值叫变压器的温升。对于 A 级绝缘的变压器，周围最高环境温度一般为 40 ℃，所以，允许的温升为 65 ℃，上层油面的允许温升为 55 ℃。

2. 变压器的过负荷能力

变压器的过负荷能力是指变压器在较短的时间内所能输出的最大容量。在不损害变压器绝缘和降低变压器使用寿命的条件下，它可能大于变压器的额定容量，因此变压器的额定容量和过负荷能力具有不同的意义。变压器的过负荷能力分为正常过负荷能力和事故过负荷能力。

（1）变压器的正常过负荷能力。变压器在正常运行时允许过负荷，这是因为变压器在一昼夜内的负荷，有时是高峰，有时是低谷，在一年中季节性的负荷也在变化。因此在变压器绝缘和寿命不受影响的前提下，变压器可以在高峰负荷时段及冬季时过负荷运行。自然冷却或风冷油浸式电力变压器的允许过负荷倍数和过负荷时间见表 4-4。

表 4-4　自然冷却或风冷油浸式电力变压器的允许过负荷倍数和过负荷时间（h：min）

过负荷倍数	过负荷前上层油的温度					
	18 ℃	24 ℃	30 ℃	36 ℃	42 ℃	48 ℃
1.05	5：60	5：25	4：50	4：00	3：00	1：30
1.10	3：50	3：25	2：50	2：10	1：25	0：35
1.15	2：50	2：35	1：50	1：20	0：35	
1.20	2：05	1：40	1：15	0：45		
1.25	1：35	1：15	0：50	0：25		
1.30	1：10	0：50	0：30			
1.35	0：55	0：35	0：15			
1.40	0：40	0：25				
1.45	0：25	0：10				
1.50	0：15					

（2）变压器的事故过负荷能力。当电力系统或用户变电所发生事故时，为保证重要设备的连续供电，变压器允许短时间过负荷的能力，称为事故过负荷能力。

事故过负荷会引起变压器的绕组温度超过允许值，从而加快绝缘老化的速度，因此会缩短变压器的使用寿命。但考虑到事故发生的机会少，而变压器平时往往又是欠负荷运行，因此短时间的过负荷不会使变压器的绝缘发生显著损坏。

变压器事故过负荷的倍数和时间应当按制造厂的规定执行。如无制造厂的规定资料，对于自然冷却油浸式变压器，其事故过负荷能力见表 4-5。

表 4-5　自然冷却油浸式变压器事故过负荷能力

过负荷倍数	1.30	1.40	1.60	1.75	2.00
允许持续时间/min	120	80	45	20	10

（3）变压器的允许短路电流。变压器在运行中短路，巨大的短路电流会产生巨大的铜损，因此可使绕组温度快速上升。到目前为止，对绕组短时过热没有一个限制的标准，一般认为温度达到 200~250 ℃是允许的，但是铝绕组变压器最好不要超过 200 ℃，铜绕组变压器最好不要超过 250 ℃。一般要达到这样的温度需要 4~5 s 的时间，而继电保护的动作时间和开关断开时间的整定值远小于以上数值，因此一般设计时允许短路电流按 25 倍的

额定电流考虑。

3. 三相变压器的运行巡视

三相变压器运行时，要控制二次侧三相负荷的对称。在馈出线路配置变压器负荷时，应尽量将用电负荷均匀地分配到变压器的三相中去，虽然用电时有一定的随意性，但合理地分配负荷仍然很重要。

对于采用 Y，yn0 联结组别的用户变压器，一般二次侧中性导体电流不可超过二次绕组额定电流的 25%。此时中性点的位移电压约为相电压的 5%，对三相电压的影响并不显著，基本上仍可认为是对称的。

运行中的变压器发生的故障，主要是绕组故障，其次是绝缘套管故障和分接开关故障。

（1）变压器的巡视周期。在正常运行情况下，应按照变压器的额定技术数据及《电力变压器运行规程》（DL/T 572—2021）的规定执行。变压器的巡视周期为每天不少于三次。当有大风、大雾、大雪、雷雨等恶劣天气或异常负荷时，巡视次数应适当增加。对于新投运或大修后投运的变压器，开始运行的 24 h 期间，应每 2 h 巡视一次；在投运后的一周内巡视次数也应适当增加。

（2）变压器的巡视检查内容

1）检查一次、二次侧绝缘套管是否清洁，有无明显污垢，有无破损裂纹，有无放电声及放电烧伤现象。

2）检查变压器有无渗油、漏油现象；检查油位指示器指示的油位是否正常，应保持在正常油位线范围内；检查油色是否正常，应呈现透明的微黄色。渗、漏油的主要检查部位为油箱箱壳与箱盖密封处，绝缘套管引线法兰处，气体继电器及连接管道处，冷却器散热管及连接处，净油器管道连接处，焊缝焊接不良处，全部放气塞处等。

3）检查工作时声音是否均匀，有无杂音，有无内部放电声；检查正常运行时是否发出均匀的交流声。

4）检查一次、二次侧引出线与母线连接是否牢固，有无松动，有无接触不良或过热、变色现象；检查母线上的示温片颜色是否正常。

5）检查各温度指示装置所指示的温度是否在规定允许的范围之内，检查环境温度、油温及绕组温度是否合理、一致，有无指示错误现象。检查变压器的温升是否在规定允许的范围之内。

6）检查呼吸器的呼吸是否通畅，呼吸器硅胶变色（由淡黄色变为紫色）不得超过 2/3，否则应更换硅胶。

7）检查安全气道玻璃是否完好，有无破裂；检查压力释放阀密封是否良好；检查信号装置导线是否完好。

8）检查气体继电器工作是否正常，继电器内是否充满变压器油，有无冒气泡现象。

9）检查变压器外壳接地是否良好，接地线有无锈蚀、松动现象。

10）对于室外安装运行的变压器，在大雾、大风、小雨、雷电等异常天气时，应特别检查是否有杂物搭落在变压器上，注意引线是否松动。检查绝缘套管处是否有电晕和放电、闪络现象，接头处有无冒热气现象。

4. 变压器的异常运行现象分析

1）变压器运行声音不正常。正常运行的变压器声音应为均匀、低沉的交流振动声音，无明显的变化。若运行过程中变压器的声音出现突然的变化、不均匀或明显的不正常振动声音，可认为是异常现象，应及时进行分析与排除，必要时将变压器停运。

变压器运行中声音突然升高，可能是由于系统电压升高、电压波形有变化，或是大容量动力设备启动。变压器运行中声音变为嘶哑声，可能是由于铁心松动，结构上有螺钉或其他零部件松动。变压器运行中有放电声音，是由于有绝缘损坏。此外，变压器运行系统短路或接地时，会有很大的短路电流通过，使变压器产生很大的噪声。

2）变压器运行中温升超过正常范围。一般油浸自冷式变压器运行中其上层油温不得超过 85 ℃。变压器运行中油温不断升高，以至于超过其允许值，造成变压器油温度异常。油温异常的原因可分为变压器自身内部原因和外部负载、环境或循环冷却系统原因，如绕组层间或匝间短路，分接开关接触不良，冷却系统故障、缺油，变压器过负荷，铁心片间绝缘或穿心螺栓绝缘损坏，变压器铁损增大，运行环境发生突然变化，变压器室通风情况不好，二次回路中有大电阻短路，变压器油油质下降等。

3）三相电压不平衡。变压器运行中三相电压超过允许值或其中一相、二相有升高、降落现象，而不是正常的负荷压降，这可能是由于一相断路或一相熔断器熔断，绕组局部或匝间短路，造成三相电压不平衡；也可能是由于三相负载不平衡，引起中性点电压偏移。

4）变压器呼吸器或安全气道喷油。这可能是由于二次侧系统短路，而保护装置拒动作，使变压器温度升高，导致油箱内压力增大而喷油。喷油后使油面降低，有可能引起气体继电器保护动作。另外，变压器内部有短路、油枕出气孔有堵塞现象、油的呼吸作用不正常进行，也会造成喷油。

5）变压器油位降低。从变压器油枕上的油位指示器可以看到变压器油箱内的油位情况，如果油位指示器显示油位下降至允许范围以下，属于油位异常情况。这可能是由于油箱、套管、油气通道、焊点等处的缺陷而导致渗、漏油。

6）变压器油油色异常。在对变压器进行巡视时，或对变压器油采样时发现变压器油中含有炭粒和水分，油的酸值增高，闪点降低，随之绝缘强度降低，容易引起变压器绕组与外壳发生绝缘击穿现象，也属于异常现象。这可能是由于运行中多次发生短路或经常过负荷运行，油温经常较高，从而使变压器油老化过程加剧，油质劣化，绝缘性能降低。

7）变压器继电保护动作。变压器一次或二次侧的继电保护装置动作，都表明变压器存在问题。此时要认真进行检查，找出造成动作原因，特别要检查是气体继电器动作还是差动保护动作。

8）变压器绝缘套管闪络放电和爆炸。这可能是由于绝缘套管密封不严，潮气进入所致；或者是由于绝缘套管外表面污垢及绝缘套管裂纹等，以及绝缘套管本身质量问题，使内部游离放电所致。

9）气体继电器（瓦斯断电器）动作。气体继电器动作的原因可能有以下几种。

①因滤油、加油和冷却系统不严密，致使空气进入变压器，油面下降使变压器油不足。

②变压器内部有过热故障，产生少量气体。

③变压器内部短路，保护装置二次回路故障，变压器过负荷或过电压运行。

总之，气体继电器动作是变压器油过热而产生气体及其他杂质造成的。而变压器内部不同的故障所产生的气体成分及含量不同，如匝间短路故障、局部放电故障、长期过热故障以及相间短路故障等所产生的气体成分及含量是不同的。正是由于这一点，可以通过分析气体继电器中气体的成分来判断变压器故障的性质。

六、变压器故障处理

1. 变压器应立即停止运行的情况

（1）内部有强烈不均匀的噪声、爆裂声、放电声。

（2）从油枕或防爆管向外喷油。

（3）绝缘套管出现大的碎片和裂纹，并有明显的放电现象。

（4）在正常负荷及冷却条件下，油温异常升高，且不断上升，超出上限。

（5）严重漏油，油面下降至最低限以下，并不断下降，而且难以堵漏。

（6）变压器着火。

2. 变压器渗、漏油的处理

当在运行巡视中发现变压器有渗、漏油现象时，应及时进行相关处理。根据渗、漏油部位的不同，一般可采用焊、堵、更换等方式对渗、漏点进行处理。

（1）焊接处理。对焊接或钢材本身的缺陷造成的渗漏，可采用焊接方式处理。可以带油焊接也可无油焊接。带油焊接时，必须在油面线 200 mm 以下。

（2）黏堵处理。在焊接处理不便时，可采用速干胶进行黏堵。

（3）更换处理。对油箱大垫、套管密封垫、防爆管密封垫以及放油阀密封垫、注油阀密封垫老化造成的渗漏，均可采取更换的处理方式。油箱大垫最好选择相同规格的“O”形密封圈，而尽量不选择单根黏接方式。其他密封垫均可方便地买到标准密封垫。

3. 变压器过热故障的处理

变压器过热也是一种常见故障，会给变压器的安全运行带来严重威胁，也应予以重视。发现变压器过热后，应及时对过热原因进行分析判断，并采取处理措施。

引起变压器过热的原因主要有绕组故障，过负荷，分接开关接触不良，引线接头接触不良，负载、短路保护装置拒动，冷却装置故障，漏磁，铁心多点接地等。对此可用气体相色谱分析法进行诊断，根据气体成分及含量来判断故障的性质；同时也可结合直流电阻法进行分析，诊断变压器过热的原因。

对于变压器过热故障，根据不同的原因应采取不同的处理方法。

（1）对于绕组匝间、层间短路等原因引起的变压器过热故障，严重时应及时将变压器停运，并进行检查、检修。

（2）对于分接开关接触不良引起的变压器过热故障，应对分接开关进行检查、检修，紧固固定用螺母，防止松动。对于引线及绝缘套管处接触不良引起的过热，应处理接触点、接触面，并紧固螺母，使其接触良好。

（3）对于冷却系统故障引起的变压器过热故障，应及时对冷却系统进行检查、检修。

（4）对于变压器过负荷引起的过热，应调整负荷。

4. 变压器自动跳闸后的处理

电力变压器的一次、二次侧都装设断路器与继电保护装置，以保证变压器的安全稳定运行并方便进行停送电的操作。当变压器的某种保护装置动作时，可能会导致断路器跳闸，变压器退出运行，此时应对变压器及时采取下列措施。

电力变压器由于某种故障原因自动跳闸，退出运行后，应及时将备用变压器投入运行，以保证供电正常。若无备用变压器，则应尽快利用联络的方式转移负荷，或改变运行方式。然后检查故障变压器跳闸原因，查明是哪一种或哪几种保护动作，并对其进行分析、检修、处理。同时检查变压器有无明显的异常，如有无明显的声音、气味，有无闪光、喷油、外部短路、过负荷等现象，并结合气体相色谱分析、电气试验等方法进行检查分析。此时，变压器在故障排除前不得重新投入运行。若经过检查确定内部无故障，或仅有外部短路、过负荷、二次侧继电保护装置误动作造成变压器跳闸，则变压器可重新投入运行，但投运时及投运后要加强监视。

5. 变压器瓦斯保护动作（气体继电器动作）后的处理

当轻瓦斯保护动作时，继电保护动作于信号，应及时查看信号继电器，分清是变压器本体轻瓦斯保护动作还是有载分接开关轻瓦斯保护动作；查看油枕内油位是否正常，气体继电器内充气量的多少，以判断动作原因。若为非变压器本体故障原因，应及时查明并予以排除；若为变压器本体故障原因，应仔细检查变压器，及时排除故障，必要时将变压器停运检修；若不能确定是变压器本体故障还是外部故障，又未发现其他异常情况，则应加强对变压器的监视，注意其发展变化情况，同时将瓦斯保护投入跳闸回路。当轻瓦斯保护动作频繁时，应做好监视记录，并加强对变压器的监视。

当重瓦斯保护动作时，继电保护动作于跳闸，并发出声、光报警信号，说明变压器内部发生故障，应对气体继电器内的气体进行相色谱分析，根据气体的性质、数量及积聚的速度等判断变压器故障的性质及严重程度。若相色谱分析判断为空气，则变压器可继续运行；若相色谱分析判断不是空气，而是可燃性气体，则应根据其成分进行判断，同时使用其他检查方法，查找并确定故障原因。在检查分析时，分接开关与绕组绝缘方面的故障是检查分析的重点。重瓦斯保护动作后，事故原因查明前，变压器不得再次强行投运。

6. 变压器差动保护动作后的处理

变压器的差动保护与瓦斯保护一样，也是变压器内部故障的重要保护。瓦斯保护主要是由变压器内部过热引起油气分离，从而反映变压器故障；而差动保护则是由纵差范围内短路的电气故障反映出变压器内部故障，差动保护动作使变压器一次、二次侧断路器跳闸。差动保护动作时，应采取下列措施。

及时向上级部门汇报，并复归事故音响、信号。拉开变压器一次、二次侧隔离开关，对变压器进行外部检查，包括一次侧设备、引线、套管等有无异常及短路放电现象，变压器油油色、油温、安全气道等有无异常现象。对变压器差动保护回路进行检查，检查继电保护二次侧回路有无开路、误接线等异常情况。测量变压器绝缘电阻，检查有无内部绝缘故障。检查直流系统有无接地故障。

若经过上述检查，发现变压器有内部故障，不得将变压器再次投运，需进行检修，将故障排除后方可投运。

七、变压器的吊芯检查

吊芯检查是油浸自冷式变压器维护中的主要工作之一，吊芯也是大修的第一步。变压器的许多缺陷和隐患都可通过吊芯检查作出处理。它也是技术性较强，工作量较大的一项工作，一般在确定有必要对变压器的某些故障或缺陷作出处理时安排实施。其基本顺序及要求如下。

（1）按照电气安全操作规程，做好各项安全技术措施与组织措施，将检修工具、设备运入检修现场。

（2）架设并检查、核对起重设备，包括导链、绳索、挂钩、吊架或横梁导轨，确保其承重能力和工作可靠性良好。搭建工作架（脚手架），对于油浸自冷式变压器，脚手架的高度可略低于油箱沿，并确保牢靠稳固，可同时站 3~4 人。

（3）拆除一次、二次侧母线及控制信号线。

（4）放油。将变压器油箱的油面放至略低于箱沿即可。将放出的变压器油放在干净的容器内，以备对其进行净化处理。

（5）拆除变压器油箱盖上的油枕、安全气道、气体继电器、测温装置，并摆放在干燥、干净的地点，用洁净的材料对其进行封堵，防止潮气和灰尘进入。

（6）卸下油箱周围的螺栓。

（7）将绳索或挂钩挂于油箱盖吊环上，并保证稳妥可靠，即可对器身进行起吊（即吊芯）。起吊时要慢慢上移，不能碰触油箱，并随时观察各处的受力情况是否均匀，由专人统一指挥。将器身吊出油箱后放到事先准备好的枕木或油盘上，若油箱内无其他作业，也可以将器身放在油箱沿的枕木上以备检修。严禁将器身悬挂在空中进行检修。

（8）应避免在阴雨天进行吊芯，以防止绕组受潮。吊出器身后在空气中暴露的时间应符合以下规定：相对湿度≤65%时，不超过 16 h；相对湿度≤75%时，不超过 12 h。

八、变压器器身的检修

每次吊芯后，都必须对变压器器身进行严格地例行检修，若检查出器身的绕组、铁心等部件存在缺陷，应及时进行处理。

（1）逐个检查所有螺栓、螺母，如有松动，加以紧固。

（2）做穿心螺栓、铁轭夹件、绑扎钢带、铁心、绕组压环等的绝缘电阻试验，应合格，并检查铁心接地铜片是否良好。在确认绝缘良好之前，不应进行耐压试验。若检查出铁心或螺栓有多点接地故障，应将铁心接地铜片拆除后，对接地点进行细心排查。试验或排查完毕后，将接地铜片重新安装好。

（3）检查铁心可见部分的硅钢片颜色有无变异，以判断铁心有无过热现象。完好的硅钢片应颜色均匀。若局部颜色变深，或出现红褐色斑痕，则可能是铁心局部过热。有时只是出现很小一点的红褐色斑痕，可能是该点片间绝缘损坏放电所致。此时可结合变压器油样的相色谱分析结果判断故障性质。

（4）检查绕组是否有变形，木或胶木螺栓是否完好，木夹件是否完好，有无松动脱落现象，并逐一加以整理和紧固。若绕组存在变形，表明绕组受到了机械力或电动力的损伤，要细心检查，并予以排除和修复。

（5）调整每相绕组的压铁螺栓，使其紧固，但不可过紧，以免使绕组变形。

（6）检查绕组绝缘和引线是否有老化现象。根据绝缘的损坏或老化程度来决定采取什么修复措施，恢复其绝缘性能，检修应符合《电力变压器运行规程》要求。

（7）若绕组和铁心表面有油垢，应进行清理。清洗绕组上的油垢时，应特别注意不可损伤绕组绝缘。

（8）检查绕组纵向和横向油道是否畅通，若有堵塞现象，应排除。

任务6 互感器

任务目标

- 了解电流互感器、电压互感器的基本结构。
- 掌握电流互感器、电压互感器的基本参数及运行规范。

任务引入

对于高电压、大电流的回路，直接测量其电流或电压非常困难，而且操作起来也十分危险。但是，利用变压器能改变电压和电流的原理，就可以把高电压变成低电压，把大电流变成小电流。这种由于测量和控制的需要用于改变电压、电流的设备就是特殊变压器——互感器。本任务主要了解电流互感器、电压互感器的结构和应用。图4-38所示为互感器接线。

任务分析

从图4-38可以看到，通过使用互感器，把高电压、大电流变成低电压、小电流，测量时将测量表计或继电器等二次设备接在它们的二次侧，从而使测量表计或继电器等与高电压、大电流隔离，既保证了二次设备和人身的安全，又可大大减少测量中能量的损耗，扩大仪表量限，便于仪表的标准化。因此，互感器被广泛应用于交流电压、电流、功率的测量中，以及各种继电保护和控制电路中。

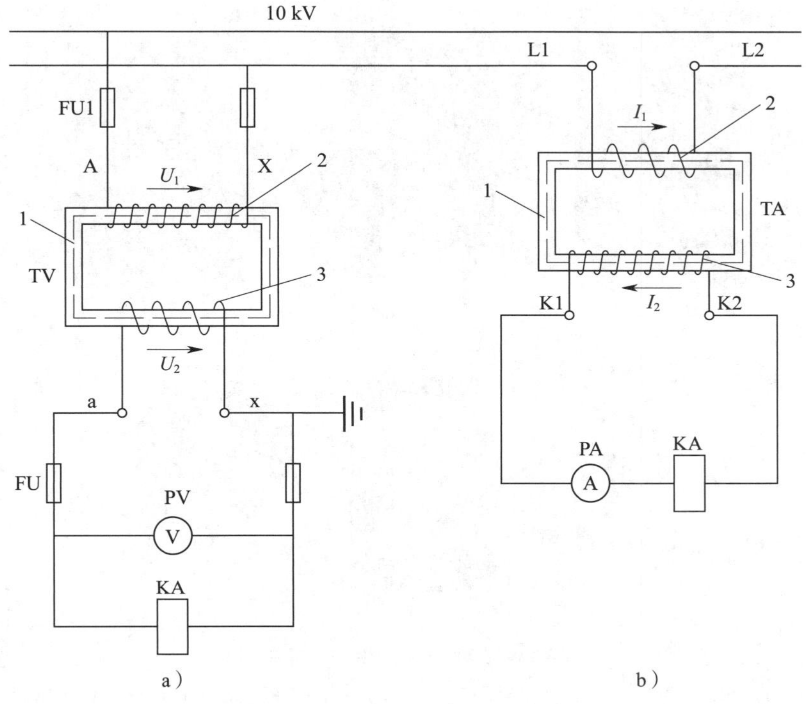

图 4-38　互感器接线

a）电压互感器　b）电流互感器

1—铁心　2—一次绕组　3—二次绕组

相关知识

一、电流互感器

1. 电流互感器的作用及结构

电流互感器的文字符号为 TA，其实质是一种特殊的变压器，主要作用就是将一次回路中的大电流按比例变换成二次侧的小电流（5 A 或 1 A），以提供测量表计、继电保护、自动装置和控制信号等所需的电流。图 4-39 所示为几种常用的电流互感器外形。

电流互感器的基本结构与普通双绕组变压器相似，也是由铁心和绕组两个主要部分组成的。它的主要特点是一次绕组的匝数很少，一般只有一匝到几匝；而二次绕组匝数却很多，常用较细的导线绕制。

2. 电流互感器的类型

电流互感器的种类很多，按安装地点可分为户内式和户外式，20 kV 及以下多制成户内式，35 kV 及以上大多制成户外式；按安装方式可分为穿墙式、支持式和装入式；按绝缘方式可分为干式、浇注式和油浸式等。干式用绝缘胶浸渍，适用于低压户内的电流互感

图 4-39　几种常用的电流互感器外形

a）LFZ2-10 型　b）LFZBJ-12Q 型　c）LQJ-10Q 型　d）LMZ1-0.5 型

器；浇注式利用环氧树脂等作为绝缘，仅用于 35 kV 及以下的电流互感器；油浸式多为户外用电流互感器。按一次绕组匝数可分为单匝式和复匝式两种。

电流互感器的型号含义如下。

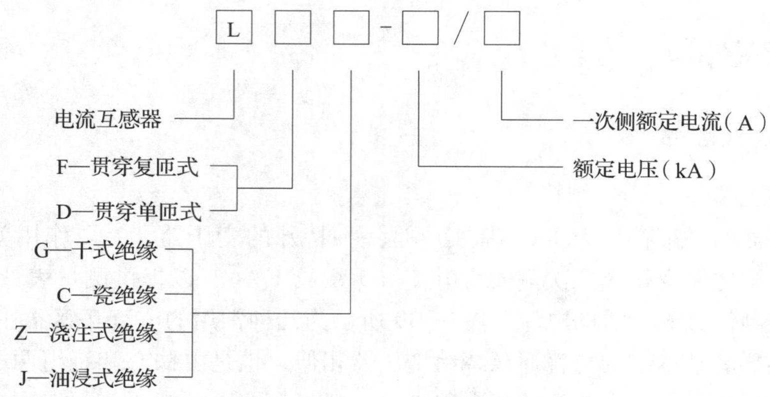

例如，LFC-10/100 型表示为电流互感器，贯穿复匝式，瓷绝缘，额定电压为 10 kV，一次侧额定电流为 100 A。

图 4-39d 中的 LMZ1 系列穿心式电流互感器，在低压配电系统中使用较为普遍，表 4-6 所列为 LMZ1 系列电流互感器的基本数据。

表 4-6 LMZ1 系列电流互感器的基本数据

<table>
<tr><th rowspan="2">型号</th><th rowspan="2">额定一次电流 / A</th><th rowspan="2">额定二次电流 / A</th><th rowspan="2">窗口尺寸 / mm</th><th colspan="3">额定二次输出 /（V · A）</th><th rowspan="2">一次绕组的匝数</th></tr>
<tr><th>0.2级</th><th>0.5级</th><th>1级</th></tr>
<tr><td rowspan="5">LMZ1-0.5</td><td>5、10、20、50、100</td><td rowspan="11">5</td><td>ϕ 5</td><td>2.5</td><td rowspan="5">5</td><td rowspan="5">7.5</td><td>100</td></tr>
<tr><td>15、30、75、150</td><td rowspan="2">ϕ30</td><td rowspan="4">5</td><td>150</td></tr>
<tr><td>40、200</td><td>200</td></tr>
<tr><td>300</td><td>ϕ35</td><td>300</td></tr>
<tr><td>400</td><td>ϕ45</td><td>400</td></tr>
<tr><td rowspan="6">LMZJ1-0.5</td><td>5、10、15、20、30、50、75、100、150、300</td><td>ϕ35</td><td rowspan="2">5</td><td rowspan="4">15</td><td rowspan="4">15</td><td>300</td></tr>
<tr><td>40、200、400</td><td>ϕ45</td><td>400</td></tr>
<tr><td>500、600</td><td>53 × 9</td><td rowspan="2">10</td><td>600</td></tr>
<tr><td>800</td><td>63 × 12</td><td>800</td></tr>
<tr><td>1 000、1 200、1 500</td><td>98 × 50</td><td rowspan="2">15</td><td rowspan="2">20</td><td rowspan="2">30</td><td>1 000、1 200、1 500</td></tr>
<tr><td>2 000、3 000</td><td>138 × 70</td><td>2 000、3 000</td></tr>
</table>

3. 电流互感器的工作原理

如图 4-38 所示，电流互感器一次绕组串接在一次电路中，并且匝数 N_1 很少，所以一次绕组中的电流 I_1 完全取决于被测电路的负荷电流，而与二次电流 I_2 大小无关。

二次绕组匝数 N_2 较多，并且与阻抗较小的仪表或继电器的电流线圈相串联，由于这些电流线圈的阻抗非常小，所以正常情况下，电流互感器在近似于短路的状态下运行。

电流互感器的一次电流 I_1 与二次电流 I_2 之间的关系为

$$I_1 \approx \frac{N_2}{N_1} \times I_2 \approx K_{\mathrm{i}} I_2$$

式中，K_{i} 为电流互感器的变流比，其含义为额定一次电流和二次电流之比。如电流互感器的变流比为 100/5，则 K_{i} 为 20，就表示一次电流为 100 A 时，二次电流为 5 A。

若运行中的电流互感器二次侧开路，则一次侧电流将全部用来励磁，如果一次电流足够大，如接近额定值，就会由于过励磁而出现磁饱和，使磁势畸变为平顶波。由于感应电动势与磁通的变化率成正比，所以在磁通过零前后会感应产生很高的电动势尖顶波，危及人身和设备的安全，因此二次侧不能装设熔断器。另外，磁感应强度的骤增，还会在铁心中产生剩磁，增大电流互感器的误差。应特别注意的是，当电流互感器一次绕组有较大的电流通过时，二次绕组是不允许开路的。在低压配电箱中，对于串接在主回路中暂不使用的电流互感器，一定要将其二次侧空闲的接线端子进行可靠短接，以防发生意外。图 4-40 所示为电流互感器二次侧开路时的波形。

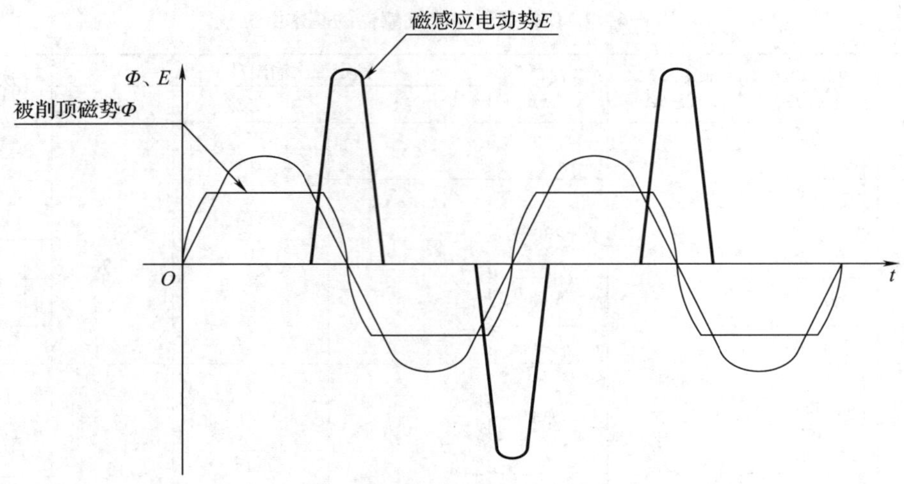

图 4-40　电流互感器二次侧开路时的波形

4. 电流互感器的接线

因为某些仪表和继电器的动作原理与通过的电流方向有关，所以电流互感器的一次侧和二次侧端钮上必须加特殊标志表明其瞬时极性，当一次侧电流 I_1 由 L1 流向 L2 时，二次绕组内部电流 I_2 从 K2 流向 K1，即在二次负荷中电流从 K1 流向 K2 时，规定 L1 和 K1 为同极性端，同样 L2 和 K2 也为同极性端。

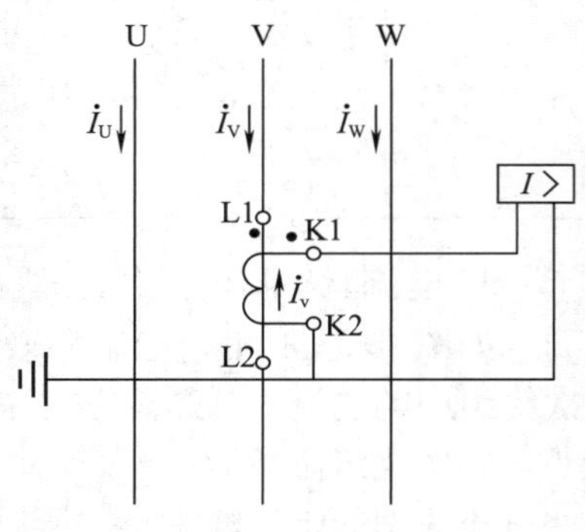

图 4-41　一相式接线

电流互感器常用的接线形式有以下几种。

（1）一相式接线。通常用于负荷平衡的三相电路中，测量一相的电流，如图 4-41 所示。

（2）两相电流和（V 形）接线，也叫不完全星形接线。二次侧接三只电流表，用以分别测量三相电流，由于

$$\dot{I}_u + \dot{I}_w = -\dot{I}_v$$

所以公共线中的电流就相当于未接电流互感器的 V 相的二次电流。这种接线形式广泛用于中性点不接地的系统中，供测量或保护用，如图 4-42 所示。

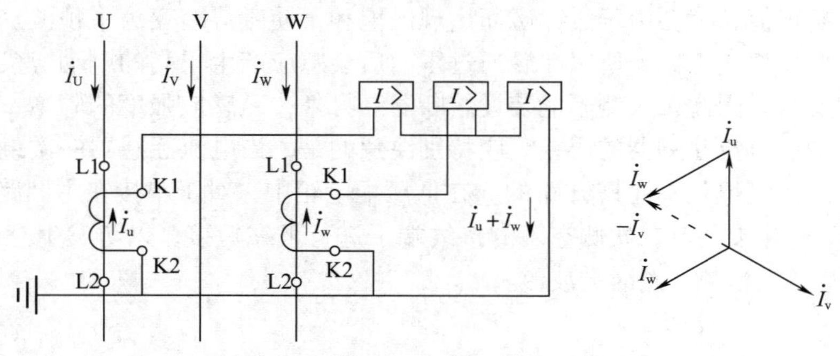

图 4-42　不完全星形接线

（3）两相电流差接线。二次侧公共线中流过的电流为两相电流之差，即

$$\dot{I} = \dot{I}_u - \dot{I}_w$$

其数值为一相电流的 $\sqrt{3}$ 倍，多用于三相三线制电路的继电保护装置中，以扩大保护动作的灵敏度，如图 4-43 所示。

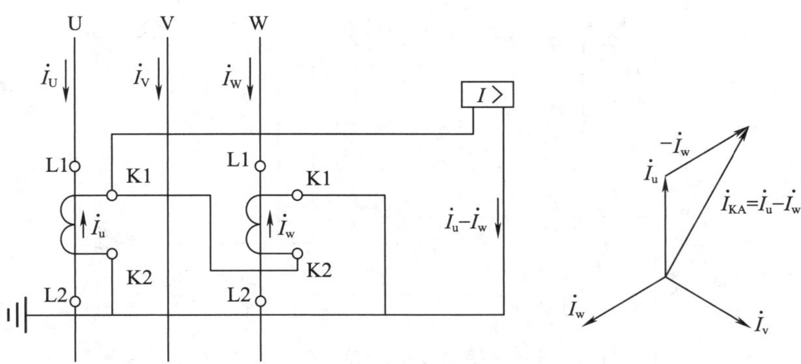

图 4-43　两相电流差接线

（4）三相星形接线。三只电流互感器分别测量三相电流和反应各种类型的短路故障电流，适用于三相负荷不平衡负载的继电保护与测量装置，其接线如图 4-44 所示。

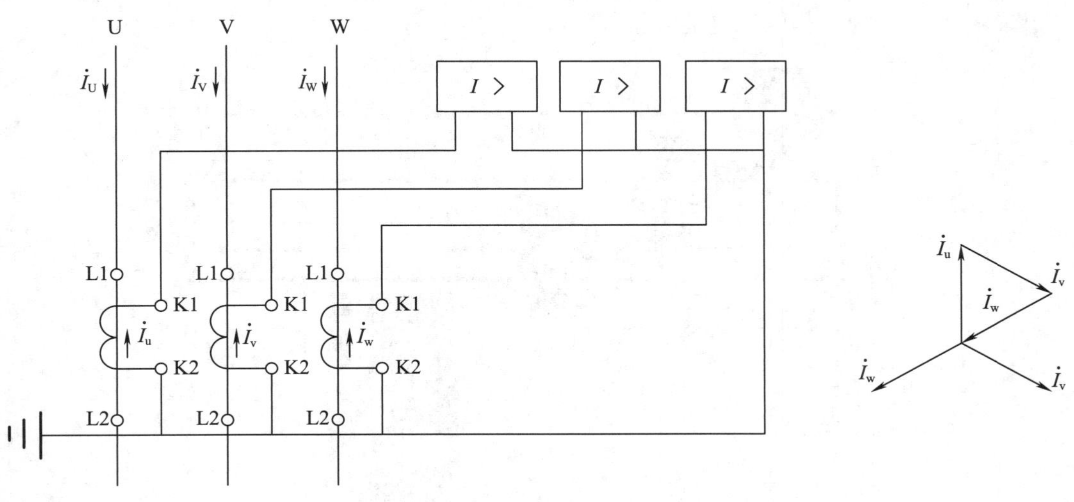

图 4-44　三相星形接线

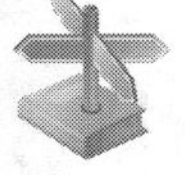

知识应用

三相四线电能表在工厂供配电系统中应用十分广泛，但由于三相四线电能表的最大额定电流为 120 A，因此绝大多数的三相四线电能表均通过电流互感器扩大量程，又称为比率表。三相四线电能表采用三相三元件结构，可适合三相负荷不平衡线路。图 4-45 所示是其典型应用接线。接线时只使用电流互感器扩大量程，电压线圈直接接入线路电压。

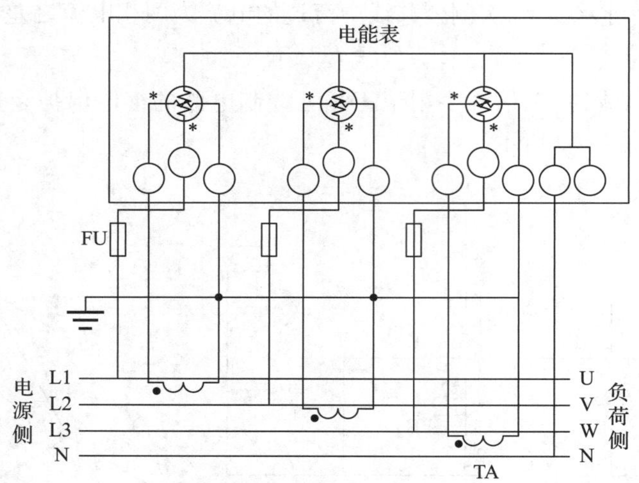

图 4-45　三相四线电能表典型应用接线

在本例中，如果选择的电流互感器的变流比为 300/5，则形成的测量倍率就为 60 倍，计算电量消耗时应将抄见电度数乘以 60。如抄表时止码为 1 360，起码为 1 062，则抄见电度为 1 360-1 062=298；实际消耗电量应为 298×60=17 880(kW · h)。

图 4-46 所示为三相四线电能表接线实物。

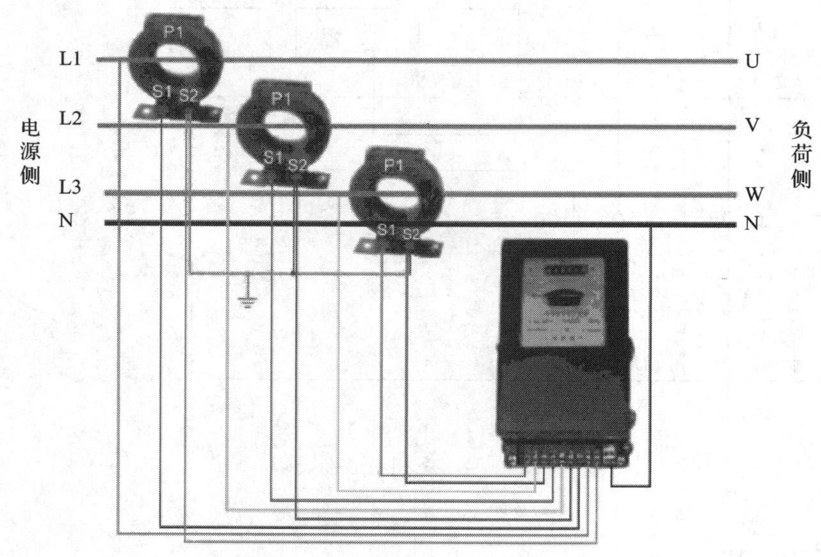

图 4-46　三相四线电能表接线实物

二、电压互感器

1. 电压互感器的作用及结构

电压互感器也是一种特殊的变压器，其实质相当于容量较小的降压变压器。其主要作用就是将一次回路中的高电压按比例变换成二次侧的低电压（一般二次侧额定电压为100 V)，以提供测量表计、继电保护、自动装置和控制信号等所需的电压。几种常用的电压互感器的外形及结构如图 4-47 所示。

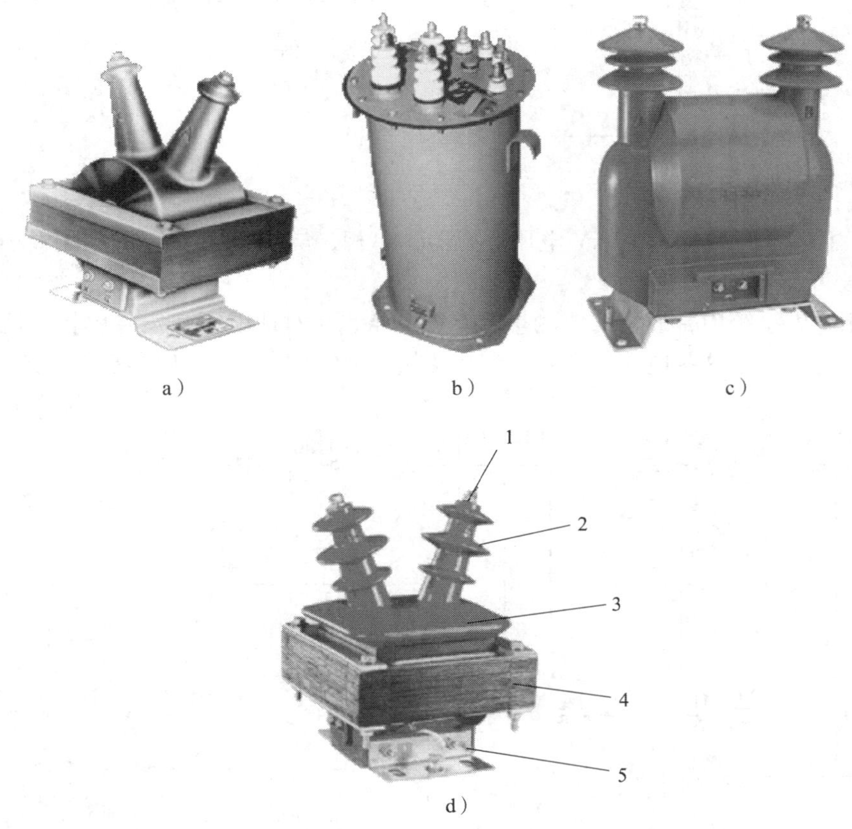

图 4-47　几种常用的电压互感器的外形及结构

a）JDZ-10 型　b）JSJW-10 型　c）JDZ-35 型　d）结构图

1—高压端子　2—套管　3—高、低压绕组环氧树脂绝缘

4—铁心　5—低压端子

电压互感器的基本结构与普通变压器没有根本区别，其主要特点是一次绕组匝数多，二次绕组匝数少。

2. 电压互感器的分类

电压互感器按相数可分为单相式和三相式，只有 10 kV 及以下才制成三相式；按每相绕组数可分为双绕组式和三绕组式，三绕组式电压互感器有两个二次绕组，用于测量的绕组称为基本二次绕组，用于接地保护的绕组称为辅助二次绕组；按绝缘方式可分为干式、浇注式和油浸式，干式多用于低压，浇注式用于 3~35 kV，油浸式用于 35 kV 及以上。电压互感器的型号含义如下。

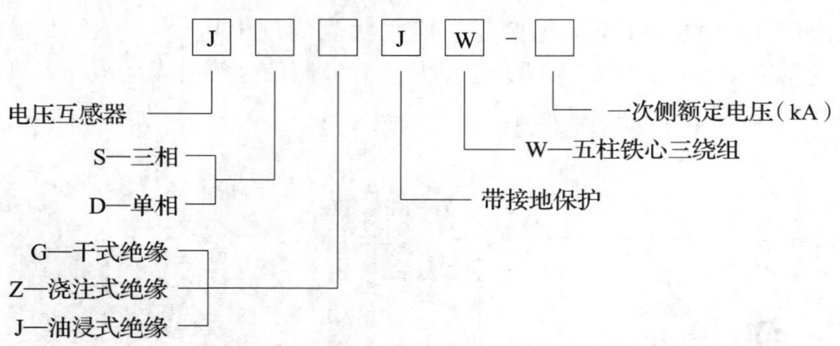

例如，JDZJ-10 型表示 10 kV 电压互感器，单相，浇注式绝缘，带接地保护。

3. 电压互感器的接线方式

在三相电力系统中，通常需要测量的有线电压、相对地电压和发生单相接地故障时的零序电压。为了测量这些电压，图 4-48 所示为几种常见的电压互感器接线方式。

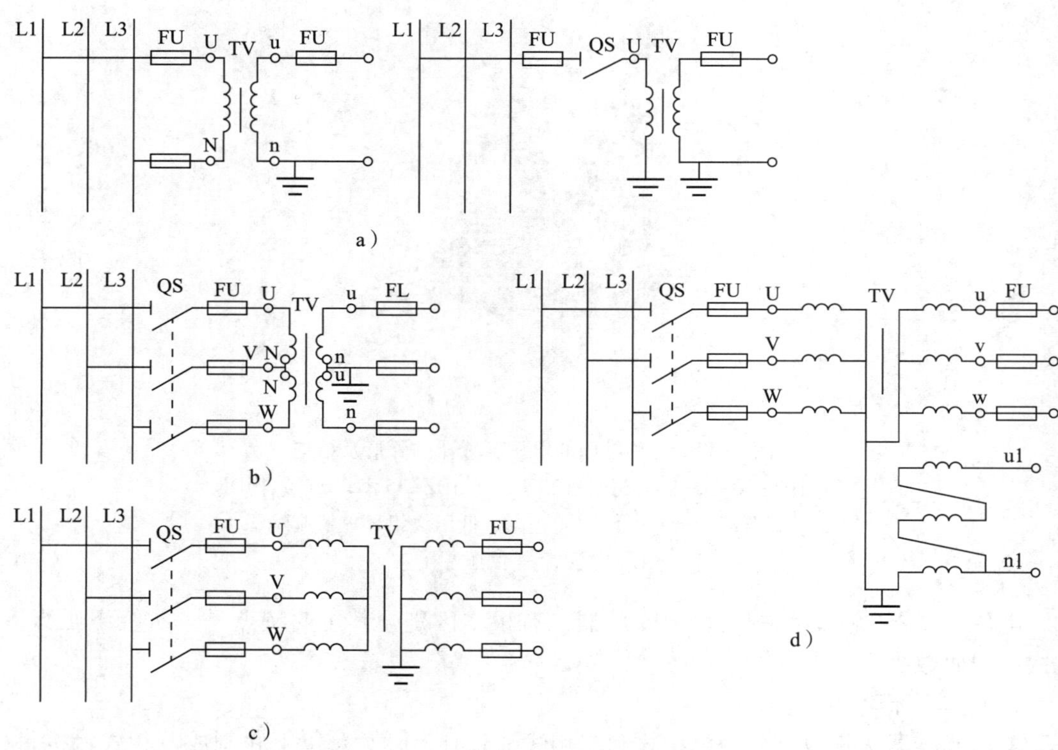

图 4-48　几种常见的电压互感器接线方式

a）单相接线　b）单相 V/v 接线　c）三相三柱式接线　d）三相五柱式接线

4. 使用电压互感器的注意事项

（1）电压互感器在工作时，其二次侧不允许短路。这是因为二次绕组本身的短路阻抗很小，一旦发生短路，短路电流很大，会烧坏电压互感器。为此，电压互感器二次侧电路中应串接熔断器，作为短路保护。

（2）铁心和二次绕组的一端必须可靠接地。其目的是防止一、二次绕组间的绝缘击穿时，一次侧的高电压窜入二次侧，危及人身和设备安全。

（3）电压互感器二次侧所接测量仪表和继电器的电压线圈，应按要求的极性连接，否则将会产生不良后果。

技能训练

电流互感器、电压互感器的认识

一、目的

（1）通过对电流互感器、电压互感器的观察、接线，了解电流互感器、电压互感器的外形、基本结构、工作原理、使用方法及主要技术性能。

（2）通过对电流互感器、电压互感器的拆装，进一步了解它们的内部结构。

（3）通过模拟操作，使理论和实践结合，培养和提高实践能力。

二、工具、仪器和设备

（1）RCT 系列电流互感器一只，JDG-0.5 型电压互感器一只。

（2）基本电工工具一套。

三、实验步骤

（1）观察电流互感器、电压互感器的外部结构。

（2）拆开电流互感器、电压互感器，观察内部结构，了解各部件的连接和工作原理。

四、电流互感器变流比试验

进行电流互感器变流比试验，电路如图 4-49 所示。

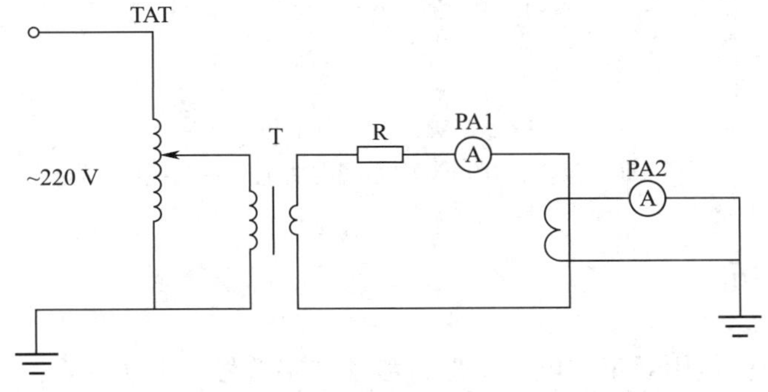

图 4-49 电流互感器变流比试验电路图

通过调整 TAT，观察 PA1、PA2 的电流值，了解电流互感器的变流比。

注：如限于试验设备条件无法开设本试验，可通过实物教学、录像教学或现场参观等方法弥补。

任务7　工厂变配电所的电气主接线

任务目标

- 了解工厂变配电所电气主接线的基本概念。
- 掌握工厂变配电所电气主接线的基本接线方式。

任务引入

电气主接线又称一次接线或一次系统，是用来接受、汇集和分配电能的电路。它由一次设备所构成的连接关系所组成，这些一次设备有开关电器、电力变压器、互感器、避雷器、母线、接地装置、电力电缆等。电气主接线以电气主接线图来表示，图 4-50 所示为某工厂 10 kV 中心配电所电气主接线图局部。本任务将学习工厂变配电所电气主接线的基本知识。

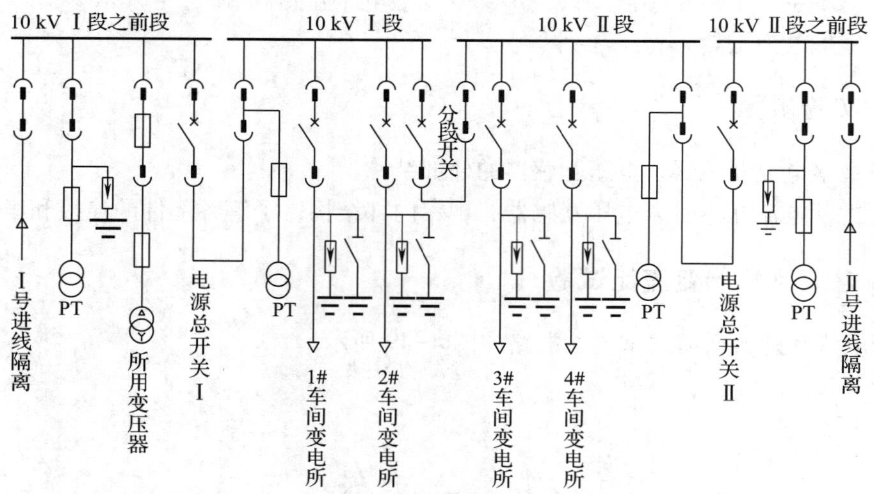

图 4-50　某工厂 10 kV 中心配电所电气主接线图局部

任务分析

电气主接线图就是用规定的电气图形符号和文字符号，按实际变配电设备的连接顺序和控制关系绘制而成的接线图。考虑到三相系统对称，通常以单线图（即用单相接线表示三相系统）来表示。在三相接线不完全相同时，局部可用三线图表示。电气主接线图表明了各种一次设备的数量、作用和相互间的连接方式，以及与电力系统的连接情况。它是工厂电气运行人员进行供配电作业操作的主要依据，能帮助人们迅速准确地了解工厂供配电系统的全貌。从图 4-50 可以看出，这个工厂有一个双回路电源进线的高压 10 kV 配电所，两路电源进线方式均为电缆进线，分别引入Ⅰ号进线隔离和Ⅱ号进线隔离的受电端。然后分别接于 10 kV Ⅰ段和Ⅱ段的前段母线上，再由断路器向两段 10 kV 母线供电，10 kV Ⅰ段和Ⅱ段母线由断路器和隔离开关进行分段隔离，并在 10 kV Ⅰ段之前段母线上设有所用变压器。该配电所的高压开关柜属于目前比较主流的移动手车式成套柜，断路器的主件作为一个独立部件通过插接的方式与开关柜的本体进行连接，连接时分为一次回路和二次回路。停电时，先通过操作机构将断路器断开，再通过手动操作将断路器本体的插头与柜体的插座移开，从而完成电源隔离。在这种结构中，省略了传统结构中的高压隔离开关，也就从根本上避免了高压隔离开关的误操作事故。

正常供电时，分段开关断开并隔离，两个电源分别通过 10 kV Ⅰ段和Ⅱ段向 1#、2#、3#、4#车间变电所供电。在两段母线上都接有电压互感器和避雷器，用于计量和保护。在每一路出线柜上均接有避雷器和接地刀闸，接地刀闸的作用是在停电检修时保证检修人员的安全。在进、出线柜下面的小三角符号表示该柜为电缆方式接线。

相关知识

一、工厂变配电所的一般知识

1. 工厂变配电所主变压器的选择

规模稍大点的工厂变配电所中一般装设两台或两台以上主变压器，这主要是为了提高供电可靠性，因为多台主变压器同时损坏的概率很低。变配电所中主变压器均采用三相式变压器，其容量应根据电力系统 5~10 年的发展规划进行选择；装有两台及以上主变压器的变配电所中，当一台主变压器断开时，其余主变压器的容量一般保证 60%的全部负荷，但应重点保证用户的一级负荷和大部分二级负荷。

2. 母线

母线是构成电气主接线的主要设备。母线起着汇集和分配电能的作用。母线按所使用的材料可分为铜母线、铝母线和钢母线；母线还可分为软母线和硬母线，软母线指多股铜绞线或钢芯铝绞线，应用于电压较高（35 kV 以上）的户外配电装置，硬母线主要应用于电压较低（35 kV 及以下）的户内配电装置。

二、对主接线的基本要求

1. 安全性

主接线应符合国家标准和有关设计规范的要求，能充分保证工作人员和设备的安全。

2. 可靠性

主接线应满足电力负荷特别是一、二级负荷对供电可靠性的要求。

3. 灵活性

主接线应能根据需要，灵活地改变运行方式，且便于切换操作及检修。另外，为了适应负荷的发展，还应有扩建的可能。

4. 经济性

主接线在保证安全可靠、操作灵活方便的基础上，还应使投资和年运行费用最小，占地面积最小，使变配电所尽快地创造经济效益。

三、工厂变配电所的电气主接线形式

工厂变配电所常用的电气主接线形式如下。

1. 有母线类接线

（1）单电源单母线接线。在工厂供配电系统中，当馈出线较多时，一般采用有母线式接线。图 4-51 所示为单电源单母线接线。电源回路和馈出线回路都经过断路器接到一组公共的母线上，正常运行时，任何回路的投切，只需操作断路器。

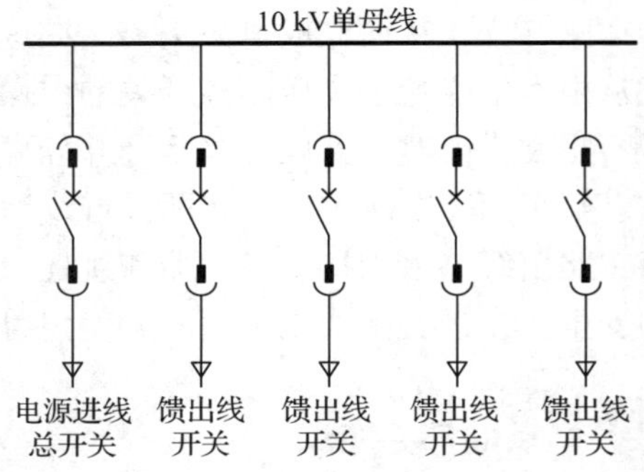

图 4-51　单电源单母线接线

单电源单母线接线具有分配控制简单清晰、设备少、投资小、运行操作方便且有利于扩建等优点；但可靠性较差，母线故障时全所停电。它只适用于馈出线回路不多（一般 10 kV 不多于 4 回路）、容量较小、对供电可靠性要求不高的中小型工厂。

（2）双电源单母线分段接线。由于单电源供电可靠性不高，一般重要用户应采取双电源供电方式，同时受电后的高压母线也分为两段，即双电源单母线分段接线，如图 4-52 所示。电源进线及馈出线分别接在不同的母线段上，并使各段馈出线的负荷尽量与各段母线的电源功率相平衡。其特点如下。

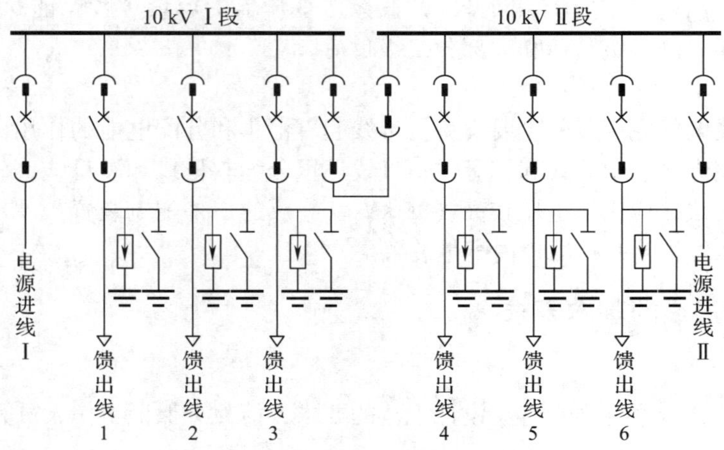

图 4-52　双电源单母线分段接线

1）由于采用了双回路供电，两路电源可以互为备用，大大提高了供电可靠性。

2）两段母线可分列运行，也可并列运行。当其中一段母线发生故障时，仅故障段停止工作，非故障段仍可继续工作，缩小了停电范围，提高了供电可靠性与运行的灵活性。

3）若母线分列运行，则当任一段母线失去电源时，可由倒闸操作使分段断路器合闸连接到另一电源，迅速恢复该母线段的供电。

4）对双回路供电的重要用户，可将双回路分别接于不同母线段上，保证对重要用户的供电。比如，将出线回路 2 和 4 都接到一个重要车间，形成双回路供电。

5）当一段母线发生故障或检修时，必须断开接在该分段上的全部电源和引出线，并使该段单回路供电的用户停电。

这种接线形式广泛应用于馈出线回路≥4 的一、二级负荷。

（3）双母线接线。图 4-53 所示为双母线接线。它有两组母线，分别为Ⅰ母线和Ⅱ母线，每一电源及馈出线回路都经过一只断路器和两组隔离开关分别与两组母线相连接，两组母线之间通过母线联络断路器连接，有两组母线以后，运行的可靠性、灵活性大为提高，其优点如下。

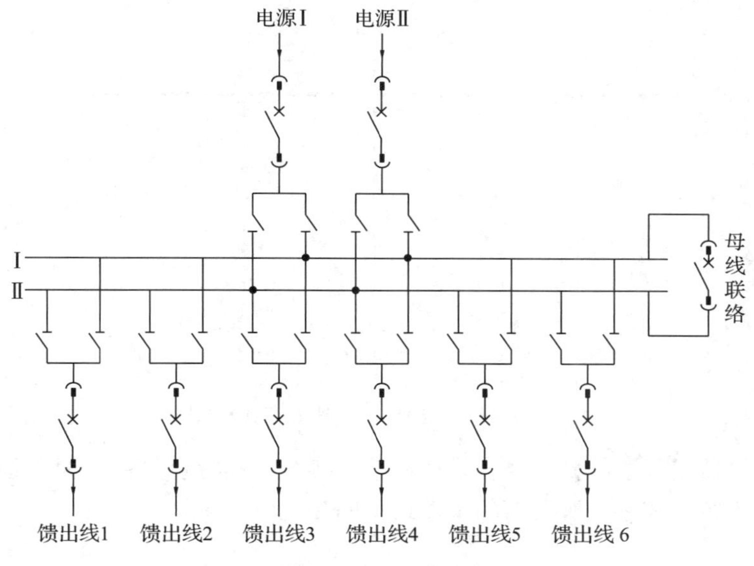

图 4-53　双母线接线

1）运行方式灵活。可以采用将电源和馈出线均衡地分配在两组母线上，即断开母线联络断路器使双母线同时运行的方式；也可以采用任意一组母线工作，另一组母线备用的方式。

2）供电可靠性高。检修母线时不中断供电，只需将欲检修母线上的所有回路通过倒闸操作接至另一组母线上，即可不中断供电的同时进行检修；检修任一回路时，只中断该回路的供电。

双母线接线的缺点如下。

1）操作难度大。变更运行方式时，需利用母线隔离开关进行倒闸操作，操作步骤较为复杂，容易出现误操作，从而导致设备或人身事故。

2）设备多。增加了大量的母线隔离开关及母线的长度，配电装置结构较为复杂，占地面积与投资都较大。

这种接线形式适用于容量大，对供电可靠性及灵活性要求高，馈出线回路数多的工厂总降压变电所的35~110 kV 母线系统。

2. 线路—变压器组接线

变配电所只有一路电源进线、一台变压器时，常采用线路—变压器组接线，如图4-54所示。这种接线高压侧无母线，采用高压断路器作为变压器的短路及过负荷保护。

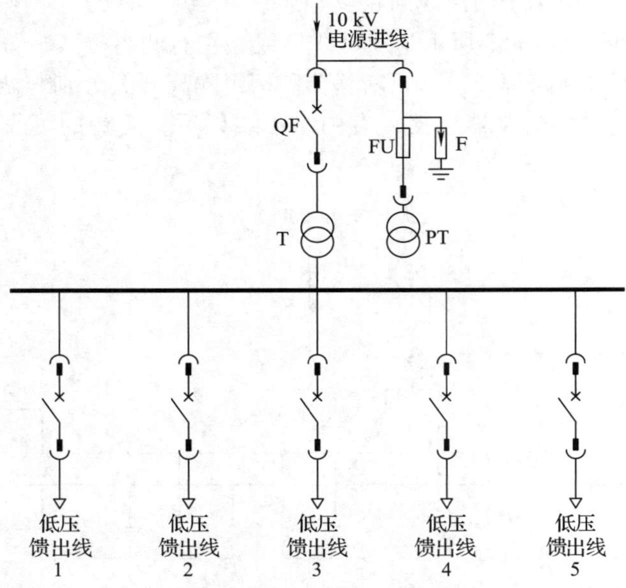

图4-54　线路—变压器组接线

线路—变压器组接线的低压侧多采用单母线接线。其特点是接线简单经济，供电可靠性差，只适用于容量较小三级负荷的工厂或车间变电所。

任务8　工厂变配电所的成套配电装置

任务目标

- 了解高、低压成套配电装置的基本类别。
- 了解低压配电柜的基本类别和结构。

任务引入

配电装置就是按照主接线的要求，在现场把开关电器、保护电器、测量电器、母线及必要的辅助设备等连接起来，用以接受和分配电能的装置，它是供配电所的重要组成部分。本任务重点就是了解成套配电装置的类型及应用。

任务分析

配电装置按电气设备装置地点的不同，可分为户内式和户外式两种；按其组装的方式又可分为在现场组装的装配式配电装置和制造厂成套制造的成套配电装置两种。绝大多数工厂变配电所的配电装置选择不同电压等级的成套配电装置。

相关知识

一、成套配电装置的类型

成套配电装置将电气主电路中同一个回路内的所有设备（如开关电器、测量仪表、保护电器和辅助设备等）都集中装配在全封闭或半封闭的金属柜内。设计成套配电装置时，可根据主接线要求选择制造厂提供的各种不同电路的开关柜或标准元件，组成一套相应的配电装置。

成套配电装置分为低压开关柜、高压开关柜等。成套配电装置大多为户内式，该装置虽然投资大，但可靠性高，运行维护方便，安装工作量小，所以被广泛使用。

二、高压开关柜

1. 类型

我国目前生产的 10～35 kV 高压开关柜都采用空气和瓷（或塑料）绝缘子作绝缘材料，并选用普通常用电气元件，分为固定式和移开式（手车式）两种。为了提高高压开关柜的安全可靠性和实现高压安全操作程序化，近年来对高压开关柜在电气和机械联锁上都采取了所谓“五防”措施，即①防止误闭合、误分断断路器；②防止带负荷分断、闭合隔离开关；③防止向已经接地的部位送电；④防止带电挂接地线；⑤防止误入带电间隔。这样做主要是因为过去在高压开关柜的实际运行与维护中，在以上这五个方面发生的意外事故比较多，极大地威胁着设备和人员的安全，因此变“软防”为“硬防”。

高压开关柜型号的含义如下。

（1）形式一。

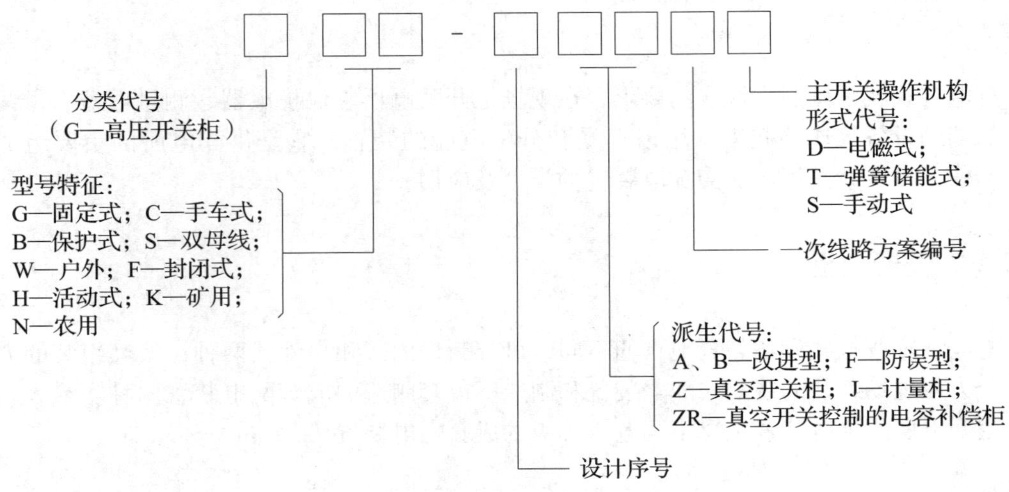

（2）形式二。

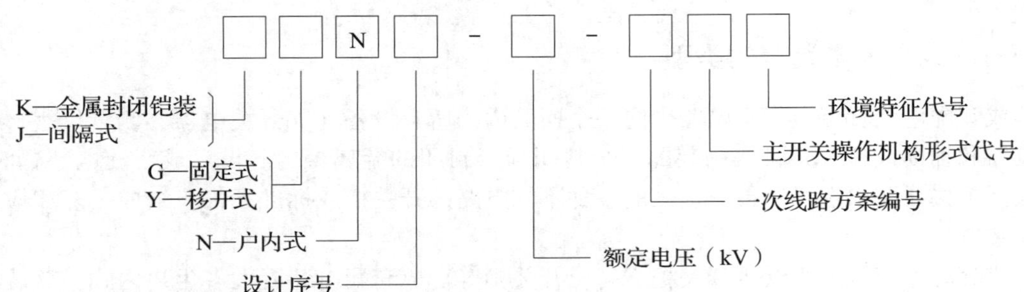

在一般中小型工厂中，普遍采用较为经济的固定式高压开关柜，但过去普遍使用的固定式高压开关柜 GG 系列产品，将逐步被防护性能更加完善、更安全的 KGN 型金属封闭铠装固定式高压开关柜所取代。图 4-55 所示为 KGN-12 型金属封闭铠装固定式户内高压开关柜，其断路器固定安装在柜内，广泛应用在各类工厂 10 kV 变配电系统中。

图 4-55　KGN-12 型金属封闭铠装固定式户内高压开关柜

移开式高压开关柜整体由柜体和手车两部分组成。移开式高压开关柜为封闭结构，具有密封性好、维护工作量小、检修方便和供电可靠性高的优点，检修时可以将断路器总成部分与柜体脱离，放置于一个更为方便的地方甚至去开关厂进行检修。断路器总成一般配置真空断路器，目前已成为新建变配电所的设计首选，广泛应用于 10 kV 工厂配电装置中。图 4-56 所示为 KYN-12 型金属封闭铠装移开式户内高压开关柜外形及结构。

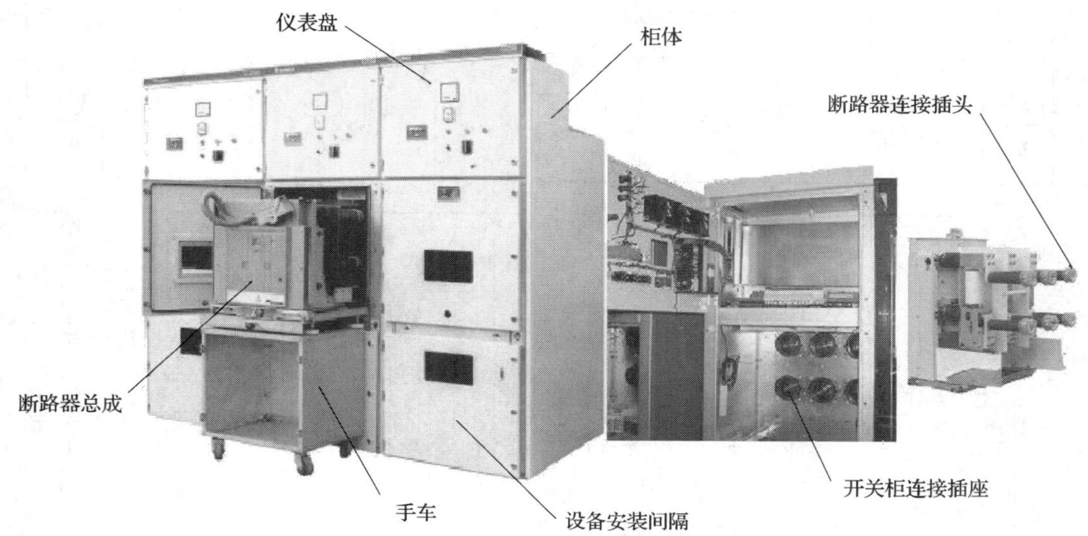

图 4-56　KYN-12 型金属封闭铠装移开式户内高压开关柜外形及结构

移开式高压开关柜型号的含义如下。

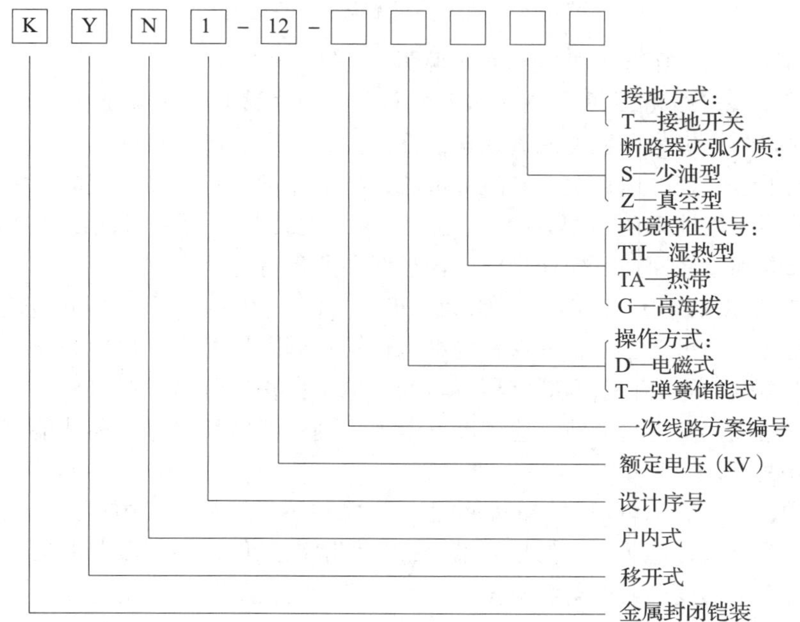

2. 高压开关柜的接线

图 4-57 所示为某工厂供配电一次系统图，供配电方案采用单母线分段接线、双电源供电方式。其中每个开关柜的具体电路称为开关柜的主接线图，图中标出的每一个开关柜

用途决定了其所用开关柜的接线方式，在实际中可以根据需要进行选择。每个生产厂家都会为不同的接线方式编制一些特殊的编号，称为方案编号。

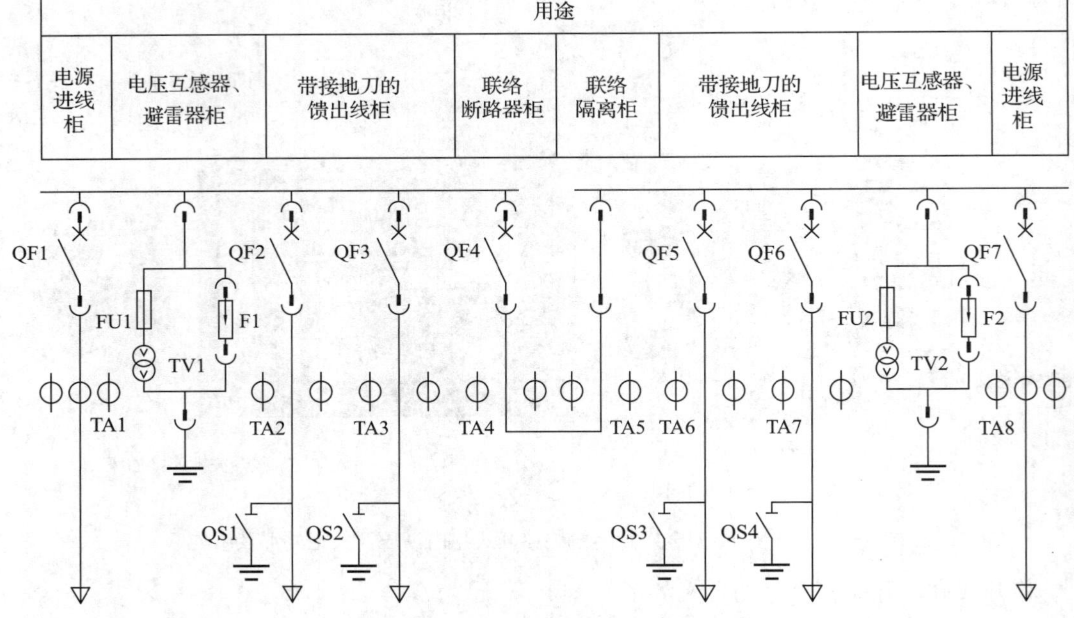

图 4-57　某工厂供配电一次系统图

图中不同用途的高压开关柜接线方式说明：

（1）两路电源进线柜，即图中的 QF1 和 QF7，均为移开式断路器加三电流互感器配置，不带接地刀闸，也是一般电源进线柜的标准配置。电流测量接成三相电流和形式，能准确反映三相中各个相的运行电流和故障电流，继电保护整定准确，同时电能计量、电流采样也准确。不带接地刀闸也是通常配置，因为接地刀闸主要应对馈出线回路的停电检修，防止误合闸和检修回路反向误带电，而进线回路没有这个需求。

（2）所有的馈出线柜，即图中的 QF2、QF3、QF5、QF6，均配置两相电流和接线形式的电流测量元件，用于馈出线柜的保护与继电保护。同时均配置了接地刀闸，用于停电检修，当该回路停电检修时，断开断路器，将断路器主体移出，与母线隔离后，接地刀闸可以合闸。工作完成，恢复送电前，应先断开接地刀闸，然后断路器主体才能移回，与母线连接，为送电做准备。

（3）图中的 QF4，为两段母线的联络柜，通常也不配置接地刀闸；另一段母线与其连接的柜内移开部分只有连接母线的接插部分，只作隔离元件，不配置断路器。两只联络柜均配置两相电流和接线形式的电流测量元件，以供电流显示与控制用。

三、低压开关柜

低压成套配电装置一般称为低压开关柜，包括低压配电柜和配电箱。目前使用较广泛的低压开关柜有 PGL、GCK、GCL、GGD 等产品形式。

1. PGL 系列低压开关柜

PGL 系列低压开关柜是低压开启式配电屏固定式开关柜，柜架为焊接式结构，电气元件固定安装。该设备造价低，生产历史长，适合在用户对开关设备要求不高的场合使用。

PGL 系列低压开关柜的型号含义如下。

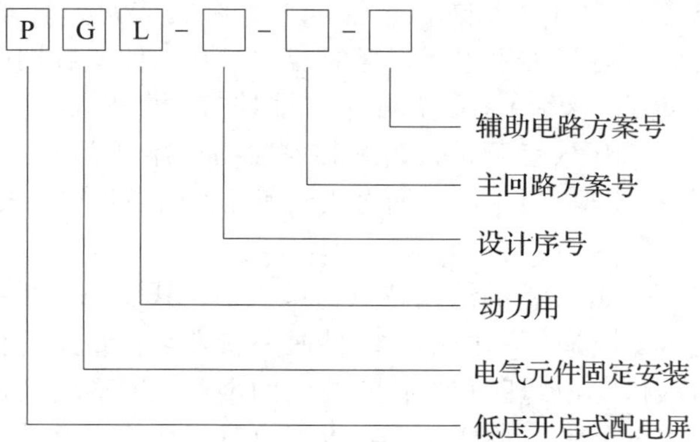

PGL 系列低压开关柜的特点如下。

（1）该产品系户内安装的具有开启式双面维护的低压配电装置，其基本结构采用薄钢板及角钢焊接组合而成，结构简单，维护方便。

（2）柜与柜之间加装由钢板弯制而成的隔板，减少由于一个单柜内故障引起事故扩大的可能性。

（3）主母线安装于绝缘框上，并装有母线防护罩，防止上方坠落金属件造成主母线短路事故。

图 4-58 所示为 PGL 系列低压开关柜的外形。我国现在广泛应用的固定式低压开关柜主要为 PGL1 和 PGL2 型，其低压断路器主要采用 DW10、DZ10 和 DW15、DZX10 型。图 4-59 所示为 PGL 系列低压开关柜的一次线路方案。

图 4-58　PGL 系列低压开关柜的外形

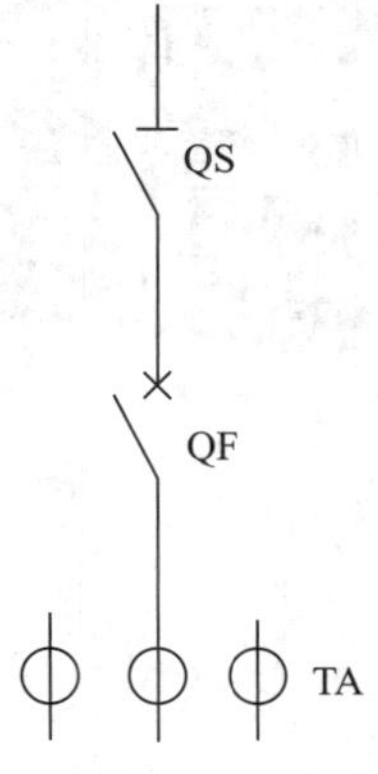

图 4-59　PGL 系列低压开关柜的一次线路方案

2. GCK 系列抽出式低压开关柜

GCK 系列抽出式低压开关柜由动力配电中心（PC）柜和电动机控制中心（MCC）柜两部分组成。它适用于发电厂、变电站、工矿企业等电力用户，在交流 50 Hz、最大工作电压 660 V、最大工作电流 3 150 A 的配电系统中，用于动力配电、电动机控制及照明控制等。该产品具有分断能力强，动热稳定性能好，结构先进、合理，电气方案切合实际，系列性、通用性强，各种方案单元任意组合，一台柜体所容纳的回路较多，节省占地面积，外形美观，防护等级高，安全可靠，维护方便等优点；产品符合 IEC 439 标准，也符合国家标准《低压成套开关设备和控制设备　第 2 部分：成套电力开关和控制设备》（GB/T 7251. 2—2023）和《低压抽出式成套开关设备和控制设备》（GB/T 24274—2019）。

GCK 系列抽出式低压开关柜的结构特点为单元抽出式，每一个抽屉作为一个功能单元，按一、二次线路方案将有关功能单元的抽屉叠状安装在封闭的柜体内。柜体共分为水平母线区、垂直母线区、电缆区和设备安装区四个相互隔离的区域，功能单元分别安装在各自的小区内。当任何一个功能单元发生事故时，均不影响其他单元，可以防止事故扩大。

GCK 系列抽出式低压开关柜既可用于配电控制，也可用于电动机的控制，是目前低压开关柜的主流产品。

图 4-60 所示为 GCK 系列抽出式低压开关柜的外形。

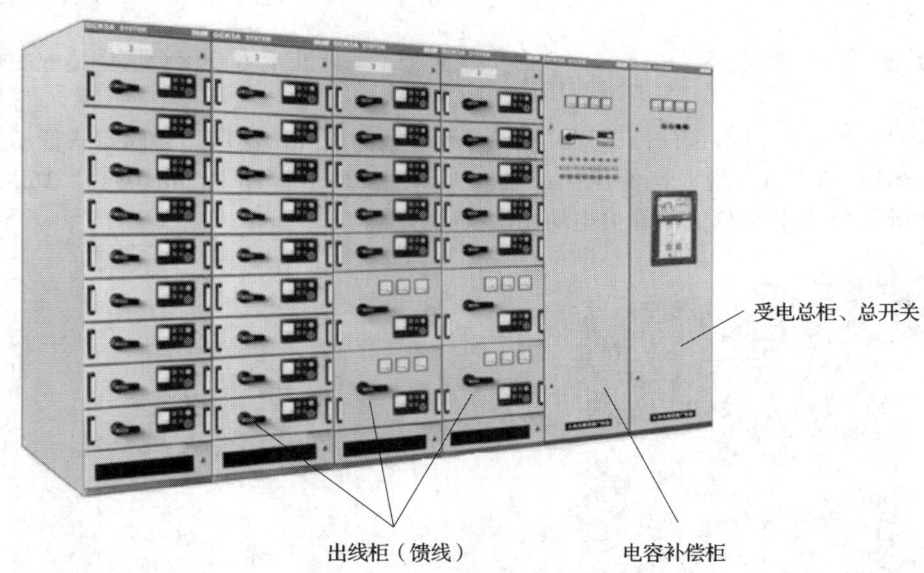

图 4-60　GCK 系列抽出式低压开关柜的外形

图 4-61 所示为 GCK 系列抽出式低压开关柜的抽屉架及断路器抽屉的结构，其型号含义如下。

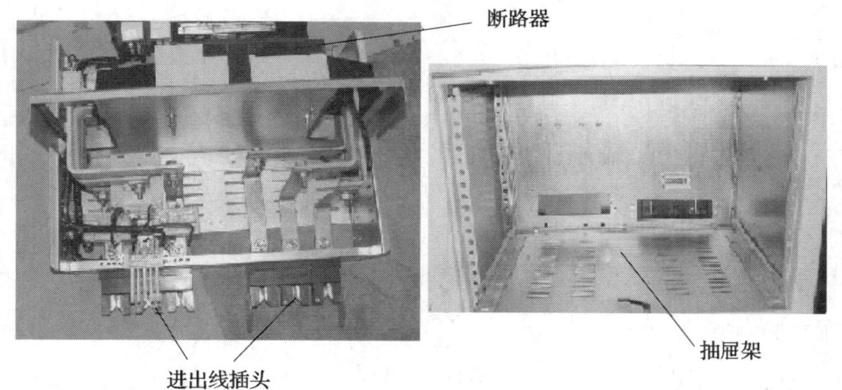

图 4-61　GCK 系列抽出式低压开关柜的抽屉架及断路器抽屉的结构

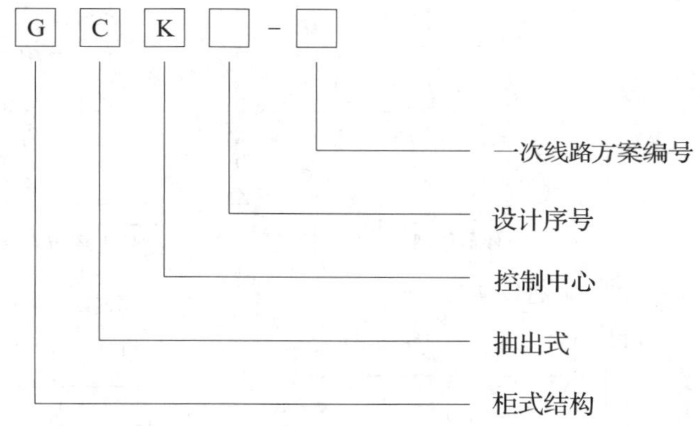

图 4-62 所示为用 GCK 系列抽出式低压开关柜组成的典型配电控制系统示例。

图 4-62 的配电方案说明：

（1）从图中可以看出，图的最上部分为低压配电室，受电电源引自两台变压器，分别接到两段低压母线上，两段母线设置断路器间隔，用于联络与隔离。图中只表达了三个用电环节，对于低压配电室来说，出线也可以说成馈线或馈电，到了用电环节的总开关，叫受电或者进线。用电环节的 1、2 为生产场所，目标用电设备为电动机，采用动力控制与分配的抽出式间隔。单个动力间隔受电开关为负荷开关，使用熔断器作为短路保护，使用接触器构成控制元件。两个生产场所都配置了电容补偿间隔，用于对电动机感性负荷的无功功率补偿，采取现场分散就地补偿的补偿模式。

（2）用电环节 3 为办公场所，均采用断路器抽出式间隔作为馈电输出，该环节也设置了电容补偿间隔，用于对办公场所的空调进行无功功率补偿。

（3）所有电容补偿间隔均采取了电容器标准配置刀熔开关的受电方式，其接触器的数量根据电容器补偿的回路数来决定，也就决定了电容补偿间隔的尺寸大小。

图 4-63 所示为电动机控制抽出式组件的典型接线方案。

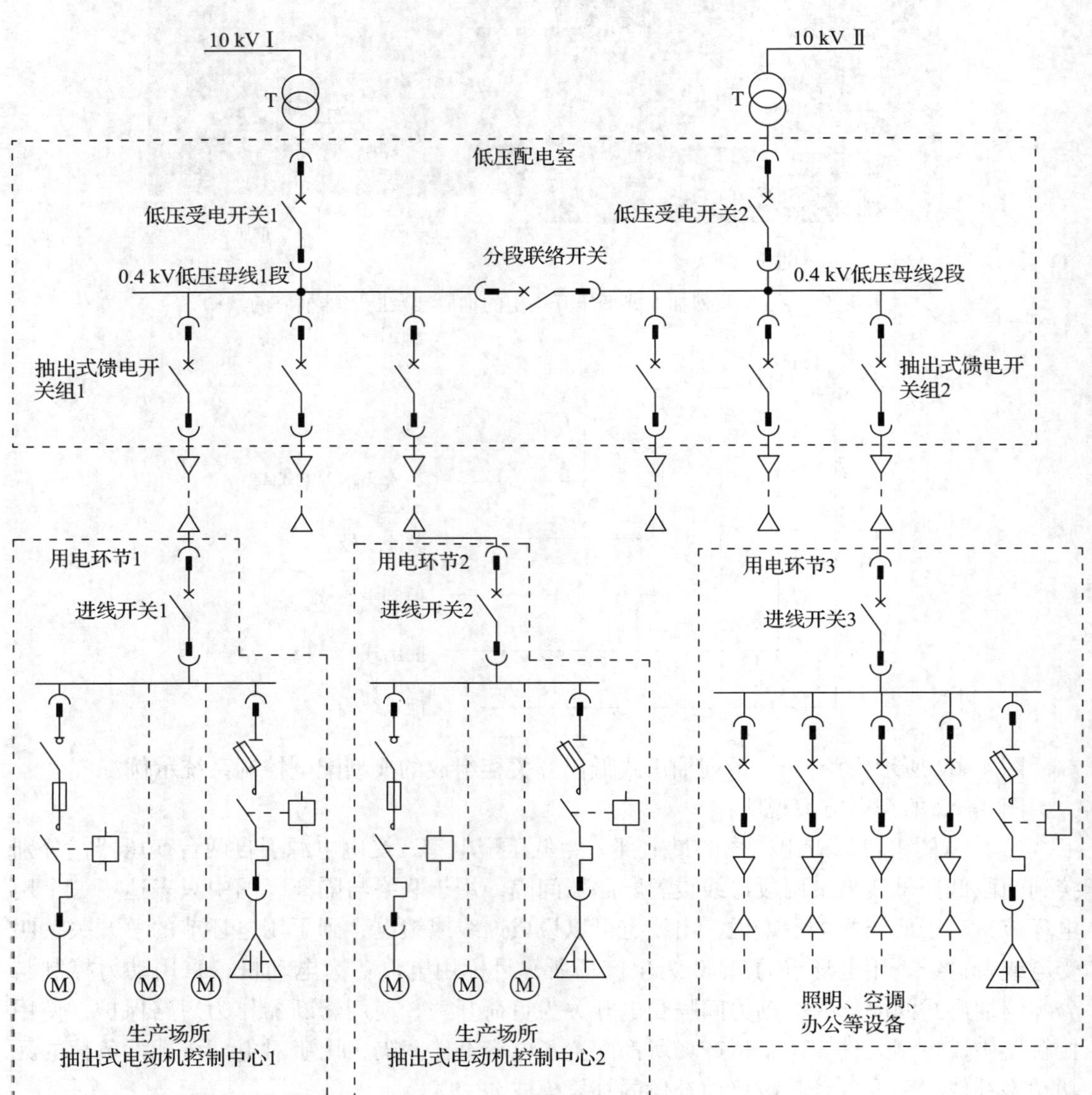

图 4-62　用 GCK 系列抽出式低压开关柜组成的典型配电控制系统示例

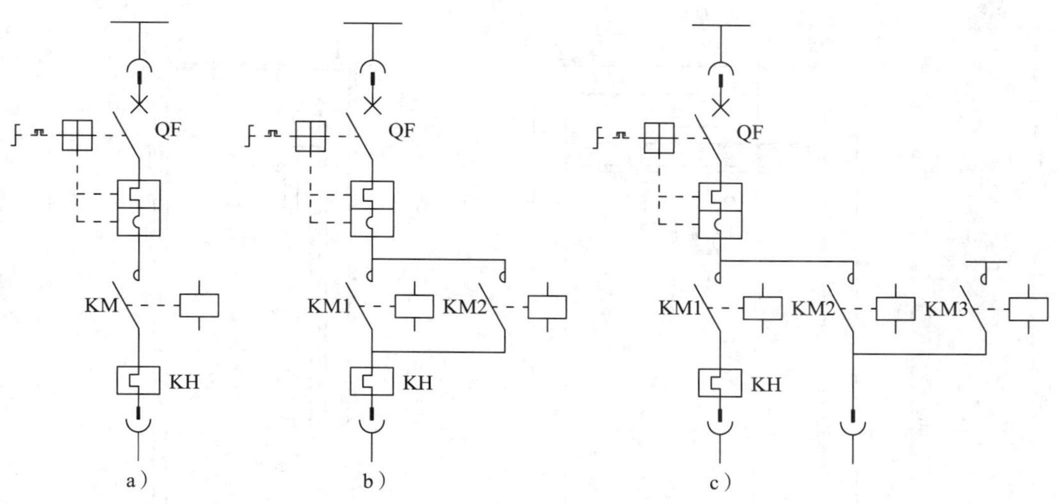

图 4-63　电动机控制抽出式组件的典型接线方案
a）电动机启停控制模式　b）电动机正反转控制模式
c）电动机星—三角启动模式

四、动力和照明配电箱

在配电系统的末端，即设备端，可以使用成套的动力和照明配电箱向动力和照明设备配电。照明配电箱主要用于照明配电，但也可配电给一些小容量的实验设备和家用电器。工程上，动力配电箱标示为 AP，照明配电箱标示为 AL。配电箱的类型很多，按安装方式可分为落地式、靠墙式、挂墙式、嵌入式；按功能可分为动力配电箱、照明配电箱、消火栓泵控制箱、计量箱、家用信息箱、施工井架控制箱等。

图 4-64 为落地式动力配电箱结构示意图。

图 4-65 为挂墙式动力配电箱装配示意图。

图 4-66 为图 4-65 所示挂墙式动力配电箱系统图。

图 4-65、图 4-66 所示动力配电箱的受电元件为接触器，并配置启停按钮进行控制。接触器具有零压保护的作用，运行中如遇系统意外停电，接触器释放，所控制设备全部退出运行。但来电之后需要有人按动启动按钮来让设备继续运行，可以防止在没有人看管的情况下来电后设备自主运行。

该动力配电箱受电元件为接触器，不能作为隔离元件，停电检修时需手动断开具有隔离功能的三相断路器。受电电源为 TN-S 系统，进入配电箱的除了三根相导体，还有中性导体和保护导体。其中三根相导体直接接接触器的下口，接触器上口接总断路器的上口，这样做是为了接线方便和节省导线。

本动力配电箱共配置了 20 只断路器，其中总开关为三相塑壳式断路器，出线开关中共有 8 只三相普通微型断路器，2 只单相漏电断路器和 8 只单极普通断路器。出线回路还配置了两路熔断器，用于弱电设备的出线短路保护。

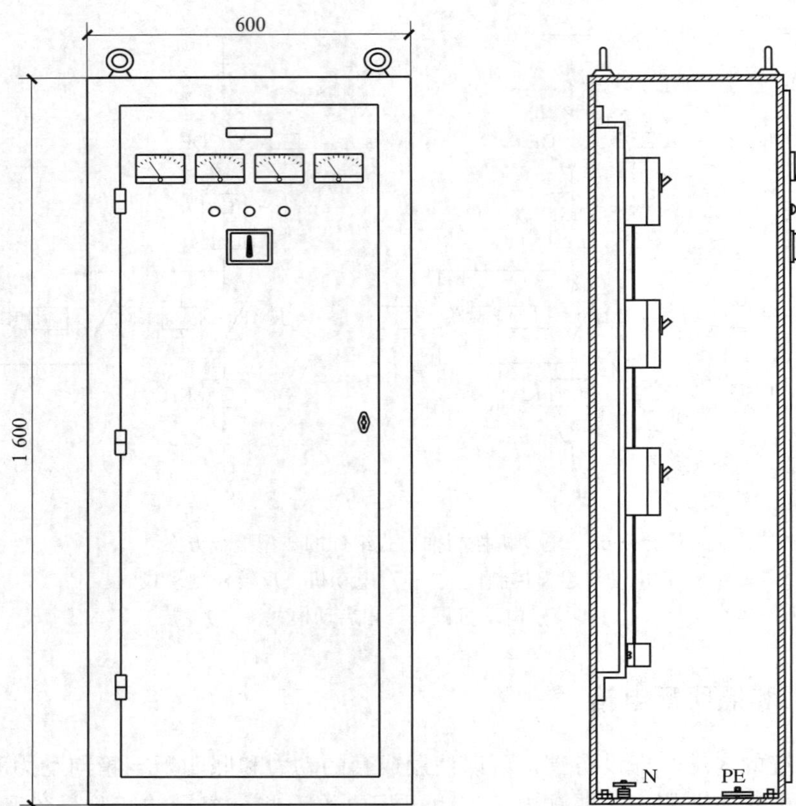

图 4-64　落地式动力配电箱结构示意图

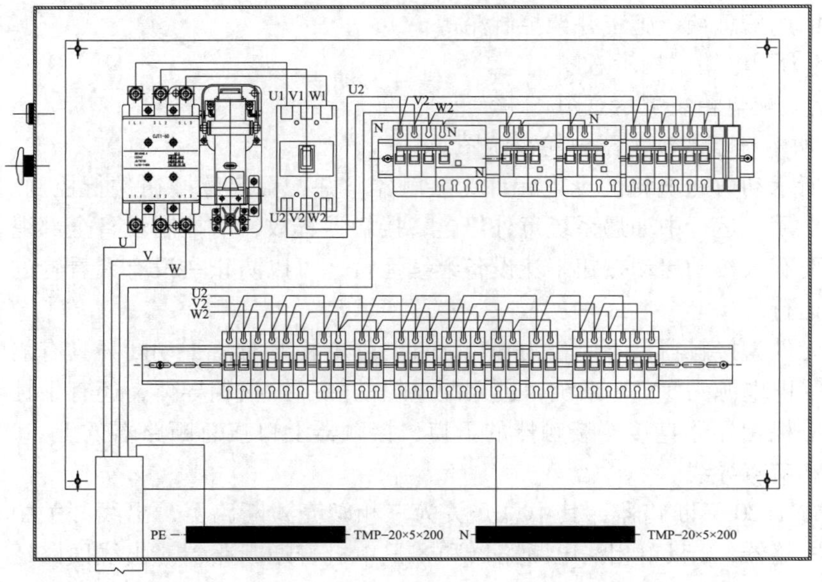

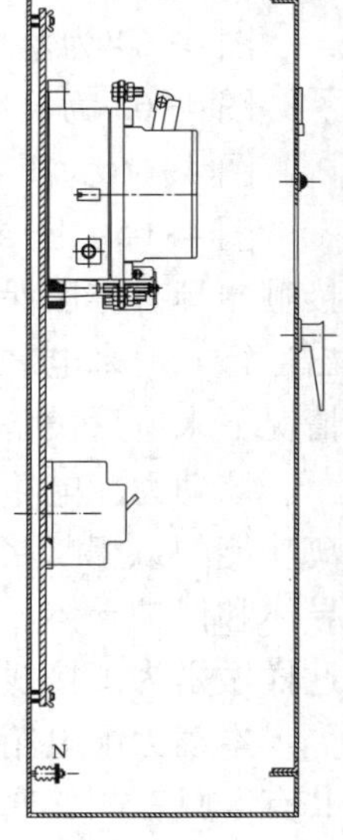

图 4-65　挂墙式动力配电箱装配示意图

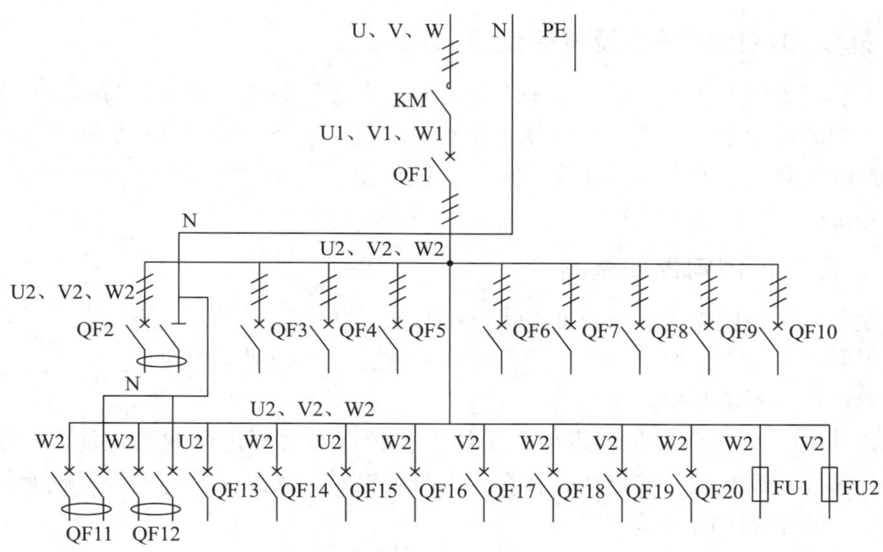

图 4-66　挂墙式动力配电箱系统图

照明配电箱通常采用塑料面板，既美化环境，又便于拆装。照明配电箱内增加接地、接零端子，以方便用户接线和走线。它适用于交流 50 Hz，额定电压 220 V、380 V 的模数化终端电路中。

知识拓展与应用：工厂变配电所高压电气设备的操作

电气设备的状态可分为运行、备用（冷备用及热备用）、检修三种。电气设备由一种状态转换到另一种状态或改变电力系统的运行方式时，需要进行一系列的操作，这就是通常所说的倒闸操作。

倒闸操作是指拉开或合上某些断路器和隔离开关，拉开或合上直流操作回路，切除或投入某些继电保护装置和自动装置，拆开或装设临时接地线和检查设备绝缘。

在倒闸操作过程中应严格遵守规定，不能任意操作。若发生操作事故，可能导致设备损坏、人身伤亡。因此，倒闸操作时必须执行安全规程的要求，以确保操作的安全。

一、严肃调度操作命令

1. 调度员在下达调度操作命令时，必须事先填写“调度操作命令票”。对于单项操作，可下达口头令，但必须做好记录，并做好交接。

2. 填写调度操作命令票时，需履行审批手续，一般由上一班拟写，下一班审核下达。填写临时调度操作命令票时，应经另一调度员或有关调度所领导审批。

3. 下达和接受调度操作命令时，应使用录音电话，有关双方必须互通姓名，同时要做详细记录。需要注意，在下达调度操作命令时，要做到操作目的明确，操作步骤清楚，受令人复诵无误。

二、确认调度操作任务及设备运行状况

值班人员接受调度预发令后，应根据调度员所发布任务的要求，填写操作任务票和倒闸操作票。调度员发布操作任务和操作命令时，由正值接令，并按填写好的操作票中的任务向发令调度员复诵，经双方确认无误后，在操作票上记录“发令时间和发令人”。没有接受“操作命令”，不得进行操作。

三、认真执行倒闸操作票制度

电气设备的倒闸操作将涉及改变电力系统一次设备的运行方式，直接影响着电网的安全运行。因此，值班人员要认真执行倒闸操作票制度，以确保电网安全。

以下操作可以不填写操作票。

1. 事故处理（为了迅速处理事故，不使事故延伸扩大而进行的紧急处理和切除故障点以及将有关设备恢复运行的操作；在发生人身触电时，紧急断开有关设备电源的操作）。

2. 拉、合断路器的单一操作。

3. 拉开全所（厂）仅有的一组已合上的接地开关（接地刀闸）或拆除全所（厂）仅有的一组接地线。

4. 投入或退出一套继电保护的一块连接片。

5. 使用隔离开关拉、合一组避雷器；拉、合一组电压互感器（不包括取下、装上熔断器的操作）。

6. 拉、合一台消弧线圈（不包括调整分接头的操作）。

7. 选择性查找直流接地故障或寻找线路接地故障的操作。

除此之外，其他在变电所高压设备上的倒闸操作都必须填写操作票。

四、倒闸操作的一般原则

1. 在执行停电操作时，必须先用断路器切断负荷，然后再拉开隔离开关。如果反其道而行之，则在拉隔离开关时会产生严重的电弧而发生短路事故，这种事故通常被称为“带负荷拉隔离开关”，属于严重的误操作事故。

2. 在执行送电操作时，必须先合上隔离开关，再合断路器。如果先合断路器，再合隔离开关，则在合隔离开关时会同样产生电弧而发生短路事故，这种事故通常被称为“带负荷合隔离开关”，同样属于严重的误操作事故。

五、倒闸操作的安全规程

1. 倒闸操作必须执行操作票制度。操作票是值班人员进行操作的书面命令，是防止误操作的安全组织措施。10 kV 以上的电气设备在正常运行的情况下，进行任何倒闸操作，均应填写操作票。每张操作票只能填写一个任务。

2. 倒闸操作必须由两人进行（单人值班的变电所可以由一个人执行，但不能登杆操作及进行重要和特别复杂的操作）。一人唱票、监护，另一人复诵命令、操作。监护人的安全等级（或对设备的熟悉程度）要高于操作人。特别重要和复杂的操作，由熟练的值班员操作，值班负责人或班长监护。

3. 严禁带负荷拉、合隔离开关。为了防止带负荷拉、合隔离开关，在进行倒闸操作时应遵循下列顺序。

（1）执行停电操作时，必须先操作断路器，切断电源，在检查断路器确在断开位置后，先拉负荷侧隔离开关，后拉母线侧隔离开关。

（2）送电时，先合母线侧隔离开关，后合负荷侧隔离开关，最后合断路器。

4. 严禁带接地线合闸。

5. 操作者必须使用必要的、合格的绝缘安全用具和防护安全用具。用绝缘杆拉、合隔离开关以及经传动机构拉、合隔离开关或断路器时，均应戴绝缘手套。雨天在室外操作高压设备时，要穿绝缘胶鞋，绝缘杆应有防雨罩。接地网的接地电阻不符合要求时，晴天也要穿绝缘胶鞋。装卸高压熔断器时，应戴护目镜和绝缘手套，必要时使用绝缘夹钳，并站在绝缘垫或绝缘台上。登高进行操作应戴安全帽，并使用安全带。

6. 在电气设备或线路送电前，必须收回并检查所有操作票，拆除安全措施，拉开接地刀闸或拆除临时接地线及警告牌，然后测量绝缘电阻，合格后方可送电。

7. 有雷雨时，禁止进行倒闸操作和更换熔断器，高峰负荷时避免进行倒闸操作。

六、电气设备的正确操作

1. 隔离开关的正确操作

（1）在手动操作隔离开关时，应迅速果断，碰刀要稳，不可用力过大，以防止损坏支持绝缘子。合闸时如发现弧光（误合闸），应将隔离开关迅速合好。隔离开关一经合上，不得再强行拉开，因带负荷拉开隔离开关会引起更大的弧光，有可能引起短路。这时，只能用断路器切断该电路后，才允许将误合的隔离开关拉开。

（2）在手动拉开隔离开关时，要缓慢谨慎，看清是否为要拉开的隔离开关。在触头刚分开时看有无电弧产生，若有电弧，应立即合上，若无电弧，应迅速拉开。在切断小容量变压器的空载电流、一定长度的架空线路和电缆线路时，也会有电弧产生，此时应与上述情况相区别，应迅速将隔离开关断开，以利于灭弧。

（3）隔离开关经过操作后，必须检查其“开”“合”位置，防止因操作机构有缺陷致使隔离开关没有完全分开或没有完全闭合的现象发生。

2. 高压跌落式熔断器的正确操作

（1）一般情况下，不允许带负荷操作，而对容量在 200 kV · A 及以下的配电变压器，允许高压侧的熔断器分、合负荷电流。

（2）停电操作时，先拉中间相，再拉边相；送电操作时，先合边相，再合中间相。如遇刮风天气，停电操作时，应先拉背风相，再拉中间相，最后拉迎风相；送电操作顺序与停电操作顺序相反，先合迎风相，再合中间相，最后合背风相。

（3）尽量避免在下雨或打雷时进行操作。

七、操作票制度及其执行

1. 操作票的填写及其注意事项

操作票应用钢笔或圆珠笔填写，票面应清楚整洁，不得任意涂改。操作票要按编号顺序使用，作废的操作票应盖上“作废”字样的图章。操作任务栏中应填写设备的双重名称，即填写设备的名称及其编号。操作项目完毕，操作票下方仍有空格时，应盖上“以下空白”字样的图章。

2. 操作票操作项目的内容

（1）应拉、合的断路器和隔离开关。

（2）检查断路器和隔离开关的实际位置。

（3）装拆临时接地线，应注明接地线的编号。

（4）送电前应收回并检查所有工作票，检查接地线是否拆除。

（5）装上、取下控制回路或电压互感器的熔断器。进行断路器检修、在二次回路及保护装置上工作、倒母线过程中以及断路器处于冷备用时，都要取下操作回路的熔断器。电压互感器的停运、检修等也要取下其熔断器。

（6）切换保护回路压板。在运行方式改变时，继电保护装置试验、检修、保护方式变更等情况，均需要切换（即启用或停用）压板。

（7）测试电气设备或线路是否确无电压。

（8）检查负荷分配。在并列、解列，用旁路断路器取代送电，倒母线时，均应检查负荷分配是否正确。

3. 操作票使用的技术术语

（1）断路器、隔离开关的拉、合操作用“拉开”“合上”。

（2）检查断路器、隔离开关的实际位置用“确在合位”“确在开位”。

（3）拆装接地线用“拆除”“装设”。

（4）检查接地线拆除用“确已拆除”。

（5）装上、取下控制回路和电压互感器的熔断器用“装上”“取下”。

（6）保护压板切换用“启用”“停用”。

（7）检查负荷分配用“负荷指示正确”。

（8）验电用“三相验电，验明确无电压”。

4. 特殊情况下的操作票填写

单人值班的变电所，操作票由发令人口头向值班员传达。值班员按令填写操作票，并向发令人复诵，经双方核对无误后，将双方姓名填写在各自的操作票上（“监护人”签名处填写发令人的姓名）。

5. 倒闸操作执行步骤

（1）倒闸操作前由值班员或值班负责人发布操作命令，发布命令应准确、清晰，使用正规操作术语和设备双重名称。发令人与受令人应互报姓名。受令人应复诵命令内容，核对无误后填写操作票。对于重要的操作命令，发令与受令（包括复诵命令）的全程应该进行录音或录像并做好记录。倒闸操作由操作人填写操作票。

（2）操作人填写的操作票内容（操作项目），由操作人和监护人共同到模拟板上进行预演，逐项核对，并分别在操作票上签名，然后经值班负责人审核签名。对重要的或复杂的操作，还应由值班长审核签名。

（3）经审核后的操作票，由监护人持票，会同操作人现场共同执行操作。由监护人唱票（每次只准唱一项，并将操作票指给操作人看），操作人复诵命令，并对照设备的位置、名称、编号及拉或合的方向。在两人一致认为无误后，监护人发出“对，执行”的命令，操作人方可执行操作。监护人监护操作人操作的安全性及准确性，并记录操作的开始时间。

（4）每操作完一项内容，两人同时在现场检查操作的正确性后，由监护人用红笔做个“√”记号，以示该项目操作完毕，然后继续进行下一步操作，以防误操作及漏项。

（5）操作完毕，操作人在监护人的监护下，检查操作结果，包括表针的指示、闭锁装置及各项信号指示是否正常。复查无误后，监护人应记录操作终了时间。

（6）操作票全部项目操作完毕，监护人向发令人汇报操作结束及起终时间，发令人认可后，由操作人在操作票上盖“已执行”图章。已执行操作票保存三个月。

6. 倒闸操作中的注意事项

操作过程中如产生疑问，不准擅自更改操作票，应立即停止操作，并向值班员或值班负责人报告，弄清情况后，再进行操作。

八、倒闸操作实例

执行某一项操作任务，首先要掌握电气主接线的运行方式、保护的配置、电源及负荷的功率分布情况，然后依据命令的内容填写操作票。操作项目要全面，顺序要合理，以保证操作的正确、安全。

现以某工厂 110/10 kV 变电所的部分倒闸操作实例实施倒闸操作，该变电所的一次系统图如图 4-67 所示。

该系统 110 kV 部分的接线方式为双电源单母线分段接线，目前分段运行，分段开关处于断开状态，只引入一路电源甲。10 kV 部分也是两条回路供电，单母线分段分为Ⅰ段和Ⅱ段。目前状态为 T1 主变压器运行，向 10 kV 母线Ⅰ、Ⅱ段供电，10 kV 母线的分段联络开关处于接通状态，即一台主变压器供 10 kV 两段母线。图中的开关状态就是该系统操作前的运行状态。

下面进行该系统 WL1 线路停电操作票的填写。如图 4-67 所示，进行 WL1 线路的停电操作，即欲停 101QF 断路器，其停电操作票见表 4-7。

表 4-7　WL1 线路停电操作票

操作开始时间 2023 年×月×日 8 时 30 分，终了时间×日 8 时 45 分		
操作任务：10 kV Ⅰ段 WL1 线路停电		
	顺序	操　作　项　目
√	1	拉开 WL1 线路 101QF 断路器
√	2	检查 WL1 线路 101QF 断路器确在开位，开关盘表计显示 0 A
√	3	停用受电 101QF 断路器保护压板
√	4	取下 WL1 线路 101QF 断路器控制回路熔断器
√	5	拉开 WL1 线路 $101QS_{甲}$ 隔离开关

续表

	顺序	操 作 项 目
√	6	检查 WL1 线路 101QS$_{甲}$ 隔离开关确在开位
√	7	拉开 WL1 线路 101QS$_{乙}$ 隔离开关
√	8	检查 WL1 线路 101QS$_{乙}$ 隔离开关确在开位
√	9	在 WL1 线路 101QF 断路器至 101QS$_{乙}$ 隔离开关间三相验电，验明确无电压
√	10	在 WL1 线路 101QF 断路器至 101QS$_{乙}$ 隔离开关间装设 1#接地线一组
√	11	全面检查
		以下空白

备注：

操作人：×××　监护人：×××　值班负责人：×××　值班长：×××

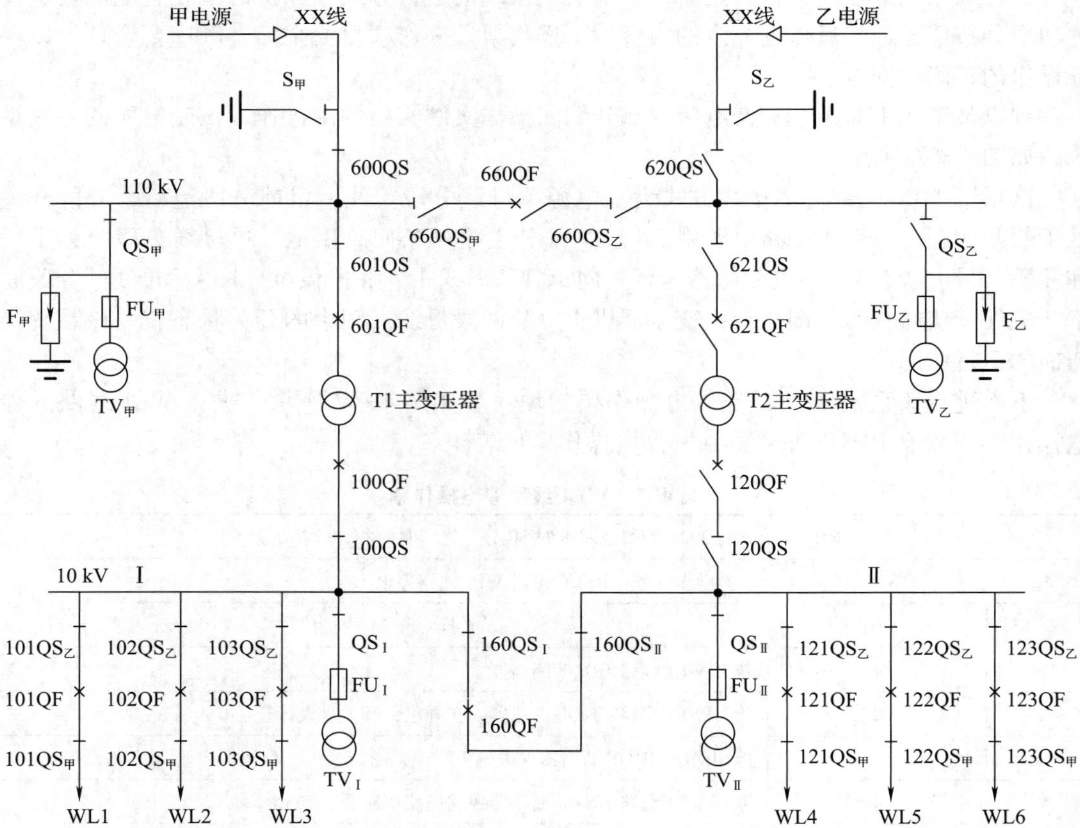

图 4-67　某工厂 100/10 kV 变电所的一次系统图

操作完成的一次系统图如图 4-68 所示。

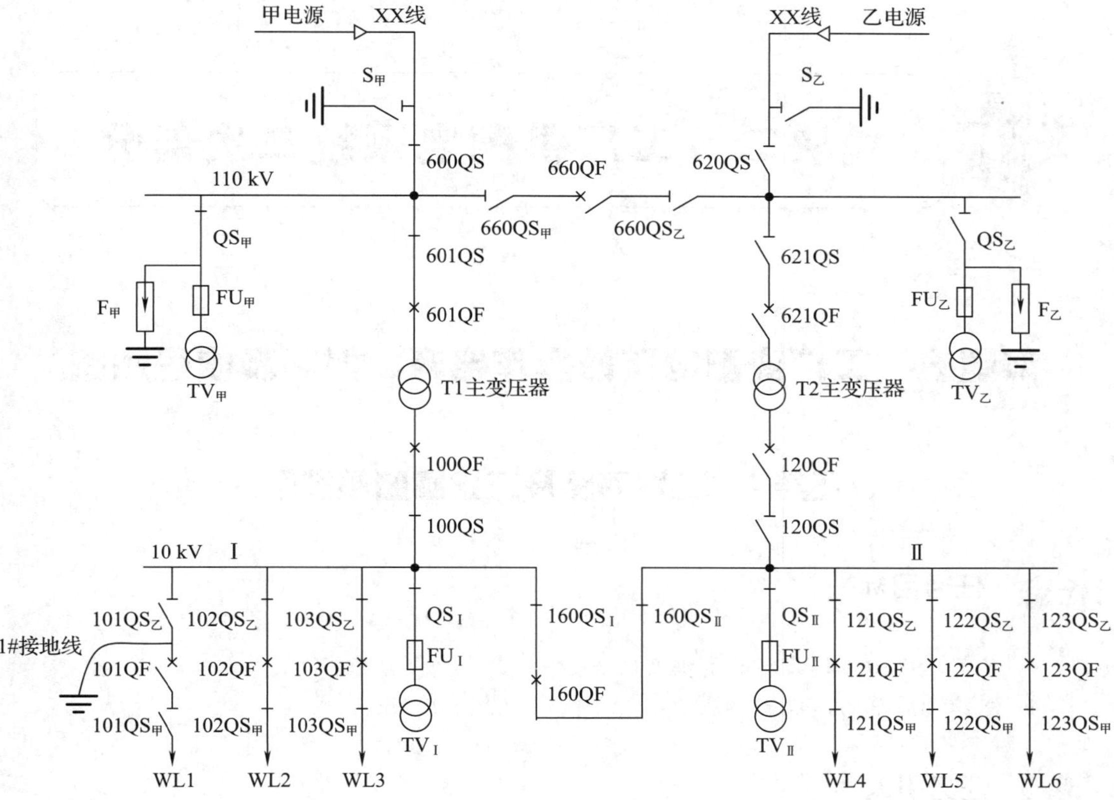

图 4-68　操作完成的一次系统图

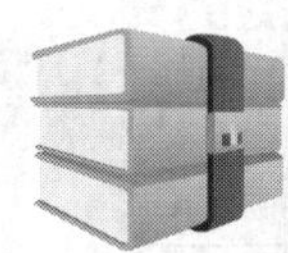

模块二 工厂供配电系统二次部分

课题五 工厂变配电所的操作电源、控制及信号回路

任务1 二次回路及二次回路接线图

任务目标

- 了解二次回路接线图的类型及特点。
- 能读懂简单的二次回路原理图。

任务引入

二次回路是对一次回路起控制、调节、测量和保护作用的回路，是实现变配电所安全、经济、稳定运行的重要保障。随着变配电所自动化水平的提高，二次回路将起到越来越大的作用。二次回路以二次回路接线图形式绘制出来，是现场工作人员进行安装、调试、检修、试验、维护等工作的重要技术资料。图 5-1 所示为 10 kV 线路过电流保护原理图（原理接线图，属于二次回路接线图的一种）。本任务将学习二次回路的基本知识。

任务分析

从图 5-1 可以看到，当主回路负载侧发生过电流事故时，串联在主回路的检测元件 TA_U、TA_W 的二次侧电流将大幅度增加，使二次回路中的电流继电器 KA1、KA2 因超过整定值而发生动作。与其联动的继电器常开触点闭合，接通定时器 KT，当 KT 延时结束后，其常开触点闭合，接通断路器的跳闸线圈 YR，使断路器跳闸。断路器跳闸后，与其联动的常开触点 QF 断开，使得跳闸线圈 YR 断电。这就是一种定时限继电保护动作方式的二次系统原理接线图。

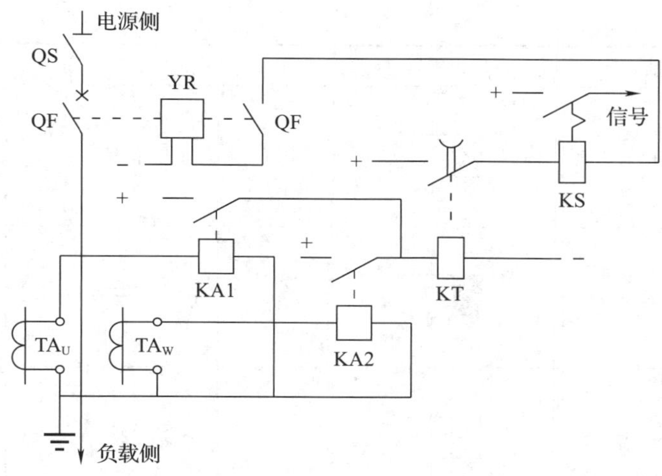

图 5-1　10 kV 线路过电流保护原理图

相关知识

一、二次回路的类型

二次回路的任务是反映一次系统的工作状态，控制和调整一次设备，并在一次系统发生事故时使故障部分退出运行。

二次回路按照功能可分为控制回路、信号回路、测量回路、保护回路以及自动装置等回路；按照电路类别分为直流回路、交流电流回路和交流电压回路。

二、二次回路接线图

反映二次回路工作原理及设备连接关系的图样称为二次回路接线图。

1. 二次回路接线图的基本知识

二次回路接线图中的元件和设备都应用国家统一规定的图形符号表示。表 5-1 和表 5-2 所列为二次回路接线图中常用的图形符号及文字符号。

表 5-1　二次回路接线图中常用的图形符号

序号	名称	图形符号	序号	名称	图形符号
1	继电器线圈一般符号		3	交流继电器线圈	
2	具有两个独立绕组的线圈		4	机械保持继电器线圈	

续表

序号	名称	图形符号	序号	名称	图形符号
5	缓慢释放继电器线圈	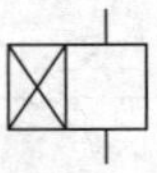	15	信号灯	
6	缓慢吸合继电器线圈	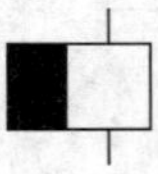	16	电铃	
7	快吸快放继电器线圈	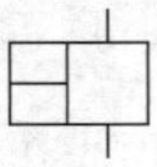	17	动合（常开）触点	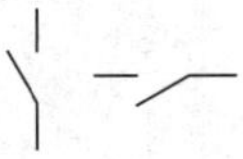
8	气体（瓦斯）继电器	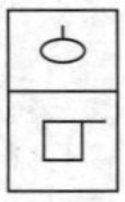	18	动断（常闭）触点	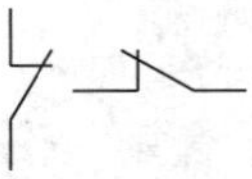
9	反时限电流继电器	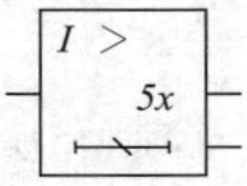 $I>$ 5x	19	延时闭合的动合触点	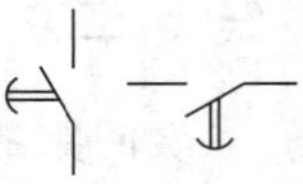
10	差动继电器	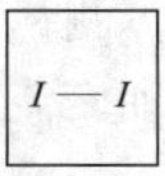 $I-I$	20	延时断开的动合触点	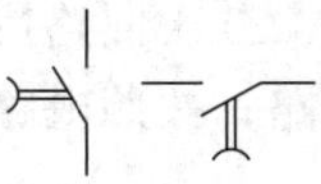
11	自动重合闸继电器	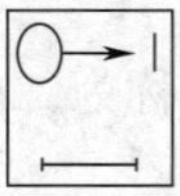	21	延时闭合的动断触点	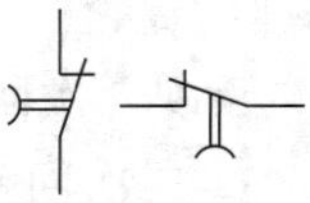
12	热继电器	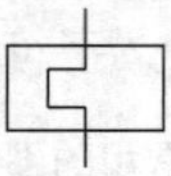	22	延时断开的动断触点	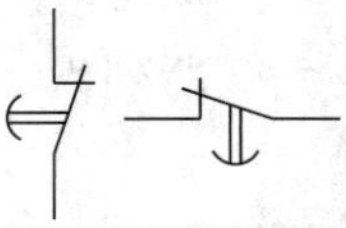
13	扬声器		23	先断后合的转换触点	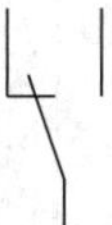
14	蜂鸣器	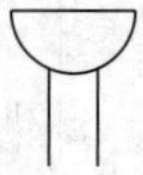	24	热继电器动断触点	

续表

序号	名称	图形符号	序号	名称	图形符号
25	按钮（动合）		28	电阻器	
26	连接片	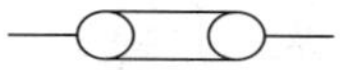	29	熔断器	
27	切换片	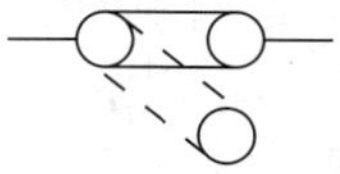	30	电容器	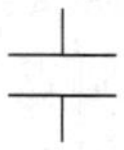

表 5-2　二次回路接线图中常用的文字符号

序号	名称	文字符号	序号	名称	文字符号
1	电流继电器	KA	21	按钮	SB
2	电压继电器	KV	22	电阻器	R
3	时间继电器	KT	23	连接片	XB
4	中间继电器	KM	24	转（切）换片	XT
5	信号继电器	KS	25	刀开关	QK
6	热继电器	KH	26	直流控制回路电源小母线	+WC、-WC
7	瓦斯继电器	KG	27	直流信号回路电源小母线	+WS、-WS
8	差动继电器	KD	28	直流合闸电源小母线	+WO、-WO
9	自动重合闸装置	APR	29	预告信号小母线	WW
10	绝缘监察继电器	KVI	30	事故音响信号小母线	WAS
11	合闸线圈	YC	31	电压小母线	WV
12	跳闸线圈	YR	32	闪光小母线	WF
13	重合闸继电器	KRC	33	预告信号小母线	WSD、WFS
14	红灯	HR	34	控制回路断线监察电源	WCO
15	绿灯	HG	35	电流表	PA
16	蜂鸣器、电铃	HA	36	电压表	PV
17	光字牌	HP	37	电能表	PJ
18	合闸接触器	KMC	38	逆变器、整流器	U
19	备用电源自动投入装置	AAT	39	二极管、三极管	V
20	控制开关	SA	40	保护	P

2. 二次回路接线图的分类

二次回路接线图按用途分为原理接线图、展开接线图和安装接线图。

（1）原理接线图。原理接线图简称原理图，是用来表示二次回路各元件之间的连接关系及工作原理的图样，如图 5-1 所示。

在原理图中，二次回路及一次回路有关的部分画在一起，各元件以整体形式绘出。原理图能够清楚地表明二次设备中各元件形式、数量、电气联系和动作原理，有整体概念；缺点是对一些细微的部分并未表示清楚，对直流操作电源也仅表明极性，尤其当线路支路数多、二次回路比较复杂时，对回路中的缺陷更不易发现和寻找。因此，仅有原理图不能对二次回路进行安装和布线，需有展开接线图和安装接线图配合使用。

（2）展开接线图。展开接线图简称展开图，展开图以回路为基础，将二次回路元件的线圈和触点分画在不同的回路中。为了避免混淆，属于同一元件的触点和线圈应标注相同的文字符号。图 5-2 所示为 10 kV 线路过电流保护展开图。从图中可以看到，主回路断路器跳闸方式分为速断和延时断开两种，这主要是为了应对不同的过电流方式。对于严重过电流事故，应立刻跳闸，将巨大的故障电流迅速切断；对于一般过负荷事故，比如严重的过载称之为过负荷，则可以通过时限的整定进行监测或者实现上、下级的选择性，以提高供电可靠性。

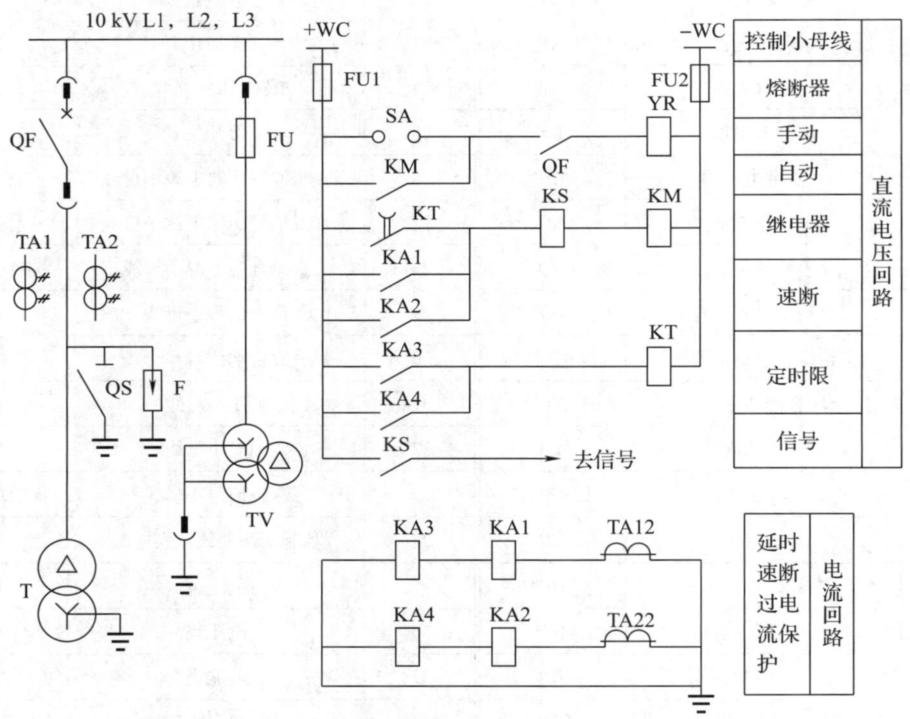

图 5-2　10 kV 线路过电流保护展开图

展开图中各独立回路是按照回路性质进行划分的，分为交流电流回路、交流电压回路、直流操作回路和信号回路等几部分。绘制展开图应遵循下列原则。

1）按照回路的排列次序，一般是先交流电流回路、交流电压回路，后直流操作回路和信号回路，分别进行绘制。

2）每一回路又分成许多行，各行的排列顺序：对于交流回路，按 U、V、W 的相序排列；对于直流回路，按动作顺序自左至右、自上而下排列。

3）每一行中各元件的线圈和触点是按实际连接顺序排列的。

阅读展开图应遵循“自左往右看，自上往下看”“先看交流回路，后看直流回路以及分、合闸回路”等原则。

比较图 5-1、图 5-2 可见，展开图层次分明，便于阅读，对照很方便。在生产实践中，展开图应用广泛。

（3）安装接线图。安装接线图简称安装图，它是施工用图样，也是检修、运行、试验等工作的主要参考图样。安装图包括柜面布置图、端子排图和柜背面接线图。

1）柜面布置图。柜面布置图是柜面开孔安装设备时用的，因此柜面布置图中设备尺寸及设备间距离都要按比例准确地绘出。图 5-3 所示为某保护柜的外形，图 5-4 所示为某保护柜的柜面布置图。

图 5-3　某保护柜的外形

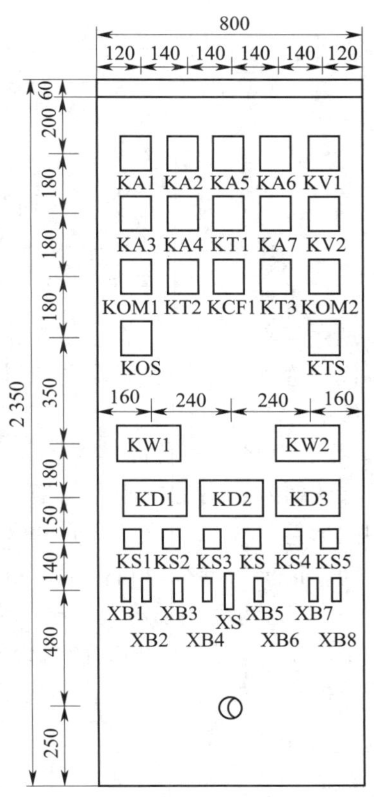

图 5-4　某保护柜的柜面布置图

2）端子排图。端子排是由专门的接线端子组合而成的，用于配电柜之间的连接或配电柜与外部设备的连接。接线端子分为普通端子、连接端子、试验端子和终端端子等形式。

①普通端子。供一个回路的两端导线连接用，是用得最多的端子，其导电接片如图 5-5a 所示。

②连接端子。通过绝缘座上部的中间缺口，用导电接片把两个端子连在一起，使各种回路并头或分头，其外形如图 5-5b 所示，其导电接片如图 5-5c 所示。

③试验端子。用于接入电流互感器的回路中，可不必松动原来的接线就能接入试验仪表，保证电流互感器的二次侧在工作过程中不会开路，其导电接片如图 5-5d 所示。

④终端端子。用于固定或分离不同安装单元的端子。

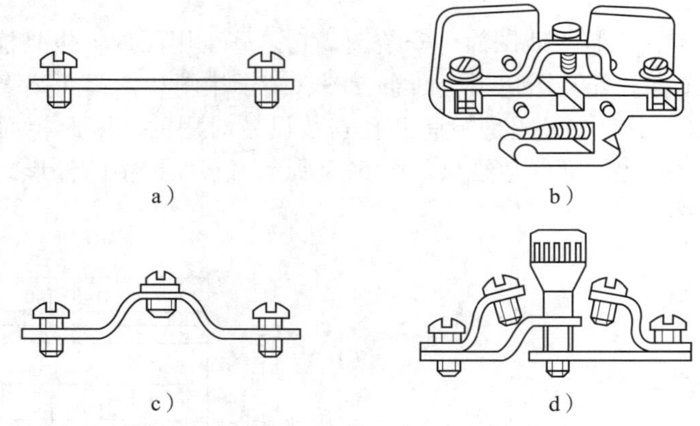

图 5-5　不同类型的接线端子导电接片

a）普通端子导电接片　b）连接端子外形

c）连接端子导电接片　d）试验端子导电接片

图 5-6 所示是端子排图。在接线图中，端子排中各种类型端子的符号如图中所示。端子排的文字代号为 X，端子的前缀符号为“:”。按规定，接线图上端子的代号应与设备上端子标记一致。

3）柜背面接线图。柜背面接线图是安装施工时的用图。应注意的是，柜背面接线图为背视图，看图时左、右方向刚好与柜面布置图相反。柜上的元件、器件等设备，一般用简化外形的图形符号表示。设备之间的端子是通过导线连接的，在接线图中，为了便于识别导线的去向，需要对导线进行标记，目前广泛采用的是“相对标号法”。所谓“相对标号法”，就是甲、乙两个端子需要连接起来，则在甲端子上标注乙端子的编号，在乙端子上标注甲端子的编号。如 P1、P2 两台设备，现 P1 设备的 3 号端子要与 P2 设备的 1 号端子相连，相对标号法如图 5-7 所示。保护柜背面接线实物图如图 5-8 所示。

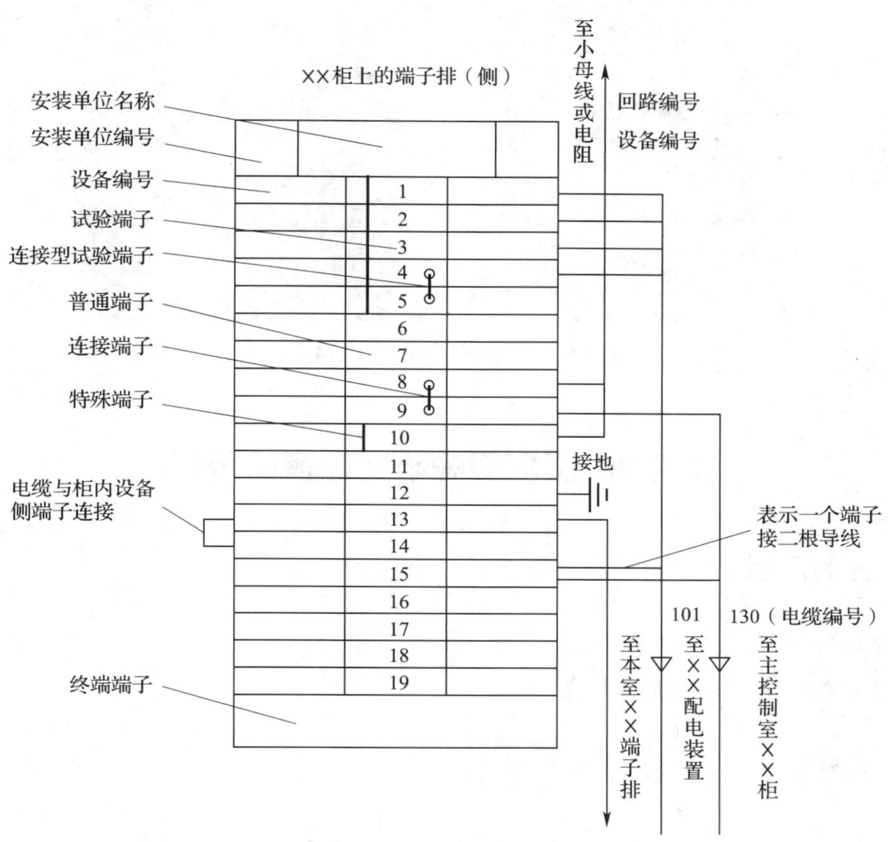

图 5-6　端子排图

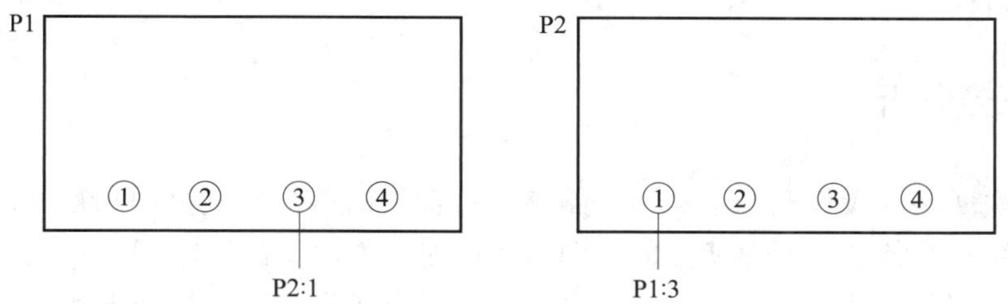

图 5-7　相对标号法

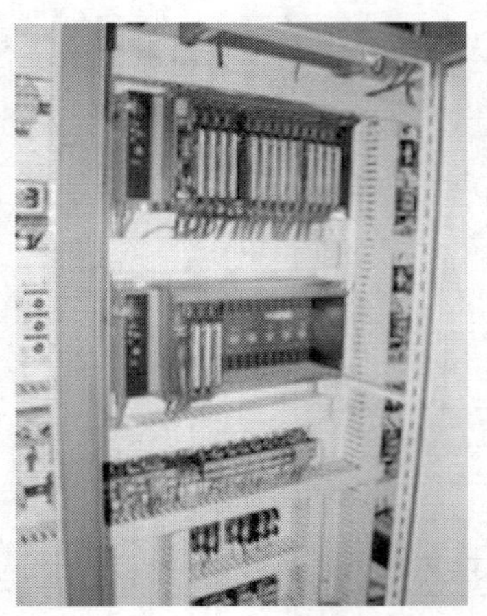

图 5-8　保护柜背面接线实物图

任务 2　工厂变配电所的操作电源

任务目标

- 了解操作电源的作用。
- 了解操作电源的类型及特点。

任务引入

工厂变配电所为工厂的用电设备提供的交流供电电源称为动力电源；变配电所自身的开关设备的控制、继电保护、自动装置和信号装置所使用的电源则称为操作电源。由于操作电源专门供给二次设备使用，因此也称其为二次回路操作电源。本任务主要了解操作电源的类型及特点。

任务分析

由于二次回路的操作电源是高压断路器分、合闸回路，继电保护和自动装置，信号回路，监测系统及其他二次回路所需的电源，因此对操作电源的要求很高，无论变配电所的运行状况如何变化，即使发生严重短路事故，母线电压降到零，操作电源也不允许出现中断，仍应保持足够的电压和足够的容量，尽可能不受系统运行的影响。操作电源可分为两大类：对于容量相对较小、接线方式简单的变配电所，常采用交流操作电源；对于较为重要、容量较大的变配电所，一般采用配有后备蓄电池的储电式直流操作电源。

交流操作电源的电压等级可分为 220 V、110 V、48 V、24 V。

交流操作电源由互感器二次侧输出或直接由所用变压器提供，其中电压动作型经短路保护后送到交流操作母线，因此当系统发生严重短路，母线电压严重降低时，此交流操作电源的电压也会随着一起严重下降，无法保证操作的可靠性；储电式直流操作电源可以使用蓄电池将直流电能储存，储存的电能正常时不投入，只作备用，一旦系统整流的直流电源出现严重事故，储存的电能将自动投入，仍能保证在一定时间内可靠供给预设的操作电压，对相关开关设备进行跳闸操作，并提供应急照明电源。

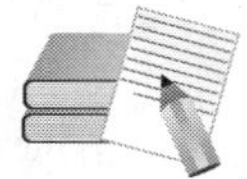

相关知识

一、储电式直流操作电源

这是一种与电力系统运行方式无关的独立电源系统，在变配电所完全停电的情况下，仍能在一定的时间内（通常为 2 h）可靠供电，因此它具有很高的供电可靠性。以往大中型变配电所多采用铅酸蓄电池作为操作电源和事故照明电源，其可靠性高，放电能力强。传统铅酸蓄电池的缺点是装置庞大，占地面积大，施工周期长，充电时有腐蚀性气体产生，需装设在单独的通风耐酸的蓄电池室内，运行维护复杂。近年来，封闭式免维护铅酸蓄电池的出现，使得铅酸蓄电池直流操作电源的性能大大提高，已广泛应用于 10 kV 以下的变配电所中。图 5-9 所示为封闭式免维护铅酸蓄电池直流操作电源。

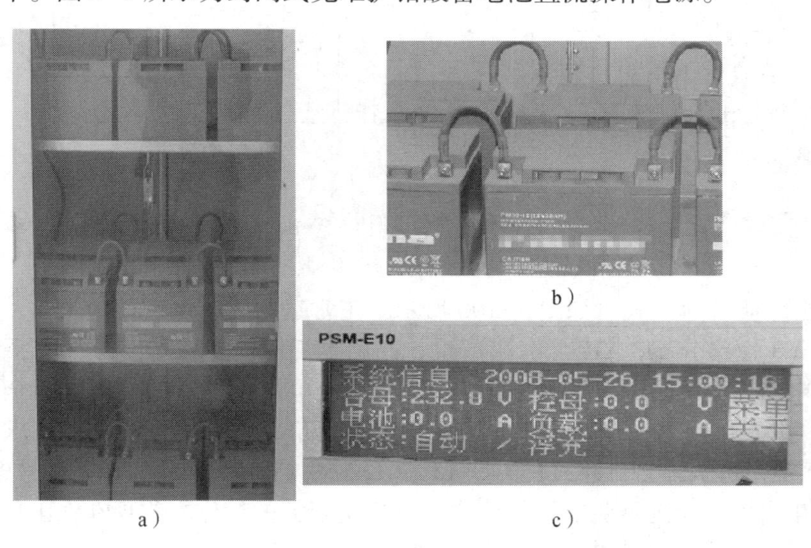

a)　b)　c)

图 5-9　封闭式免维护铅酸蓄电池直流操作电源

a）直流操作电源柜　b）柜内免维护蓄电池　c）电池组存电状态显示

二、交流操作电源

交流操作电源直接使用交流电源作为二次回路的工作电源，分为电流源和电压源两种。电流源取自电流互感器，主要供给继电保护和跳闸回路；电压源取自变配电所的所用变压器或电压互感器，因互感器容量小，通常以所用变压器为正常电源，供电给控制与信号设备。交流操作电源接线简单、维护方便、投资少，但其技术性能尚不能完全满足大中型变配电所的要求，主要用于小型变配电所。

交流操作电源供电的继电保护装置主要有以下两种操作方式。

1. 电流互感器供给操作电源

当电气设备发生短路事故时，短路电流经电流互感器的一次绕组，在电流互感器的二次绕组端子上产生一个很大的电流，这个电流可以供给二次回路作为操作电源。按动作方式不同，操作方式可分为直接动作式和“去分流跳闸”式。

（1）直接动作式。如图 5-10a 所示，利用断路器手动操作机构内的过电流脱扣器（跳闸线圈）YR，直接动作于断路器 QF 跳闸。这种操作方式简单经济，但保护灵敏度低，实际上较少应用。

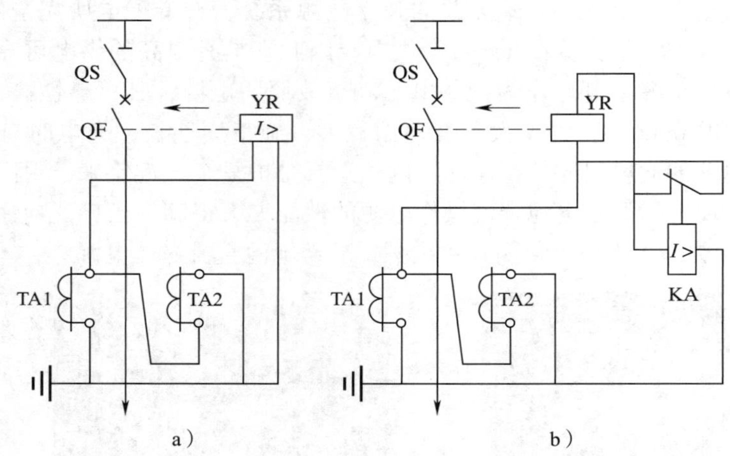

图 5-10　操作方式

a）直接动作式　b）“去分流跳闸”式

（2）“去分流跳闸”式。如图 5-10b 所示，正常运行时，电流继电器 KA 的常闭触点将跳闸线圈 YR 短路分流，YR 无电流通过，断路器 QF 不会跳闸；当一次系统发生故障时，电流继电器 KA 动作，其常闭触点断开，从而使电流互感器的二次电流全部通过 YR，致使断路器 QF 跳闸。这种操作方式的接线也比较简单，且灵敏可靠，但要求电流继电器 KA 触点的容量足够大。现在生产的 GL-15、GL-16、GL-25、GL-26 等型号电流继电器，其触点容量相当大，能满足要求。这种“去分流跳闸”的操作方式现在在工厂供电系统中应用相当广泛。

2. 电压互感器或所用变压器供给操作电源

和电流互感器供给操作电源相反，电压互感器或所用变压器供给操作电源只适用于正常运行或接近正常运行的情况，不适合发生短路特别是严重短路事故的情况。因为当短路发生时，母线电压下降，由电压互感器或所用变压器提供的操作电源电压降低，使开关操作困难，短路故障不能被及时切除，从而引发更大的事故。因此其被限制使用，在 10 kV 的小型工厂中，电流互感器供电的方式采用得比较多。

任务 3　高压断路器的控制及信号回路

任务目标

- 了解断路器控制回路的基本要求。
- 掌握 LW 系列控制开关的使用方法。
- 会分析断路器控制回路的动作过程。
- 掌握变电所信号回路的类型、作用及基本要求。

任务引入

断路器的控制回路就是控制断路器跳闸、合闸的电路。工厂变配电所小容量的断路器可采用就地手动操作的方式，但大多数的高压断路器采用远距离控制的方式，即在控制室利用控制开关进行操作。为了实现对断路器的控制，首先必须有发出控制信号的控制元件，由它们发出断路器的跳、合闸命令，如控制开关、按钮或继电保护与自动装置等；再经传递跳、合闸命令的中间传送机构，如继电器、接触器触点，控制电缆等；最后传递给执行跳、合闸命令的断路器操作机构，如机械传动部分等。其中，合闸操作的操作功率较大，需要功率放大。典型的采用电磁操作机构的断路器控制回路，可用图 5-11 所示的框图表示其构成情况。

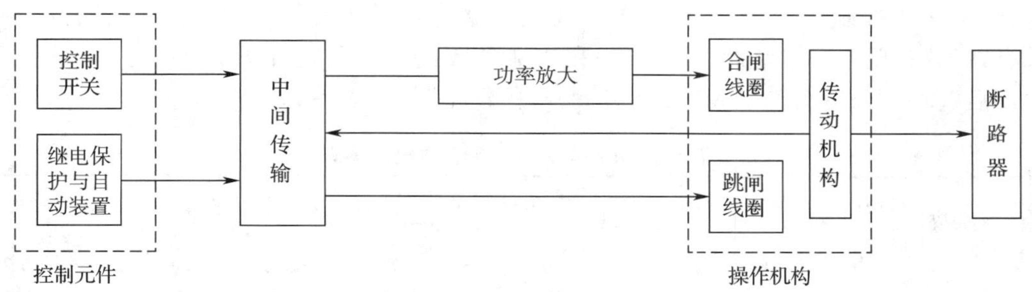

图 5-11　断路器控制回路框图

任务分析

当电力系统发生严重过电流事故（一般指短路）时，应使故障回路的断路器立即跳闸，并发出事故信号，此所谓动作于跳闸；当电气设备出现不正常的运行状态时，并不使断路器立即跳闸，但要发出预警信号，提示值班人员及时地发现故障及隐患，以便采取适当的措施加以处理，以防故障扩大，此所谓动作于信号。其中动作于跳闸就是靠对断路器的有效控制来实现的，它是保证电力系统正常运行的最重要的控制任务。

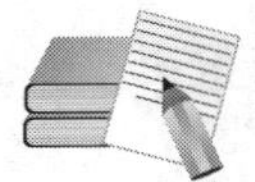

相关知识

一、断路器控制元件

1. 断路器的控制开关

在断路器的控制信号发出部分里有一种手动控制方式，其控制元件就包括手动操作的控制开关，文字符号为 SA。控制开关是控制回路中的主要元件，一般多采用带有操作手柄的控制开关。运行人员通过手动转动控制开关，就能发出操作命令，对断路器进行合闸或跳闸的操作，当然，对于断路器的合闸或跳闸操作，转动控制开关的方向是相反的。常用的控制开关有两种类型，一种是开启式，如 LW1 系列；另一种是封闭式，如 LW2 系列。这里只介绍 LW2-Z 型的控制开关，其外形如图 5-12 所示。

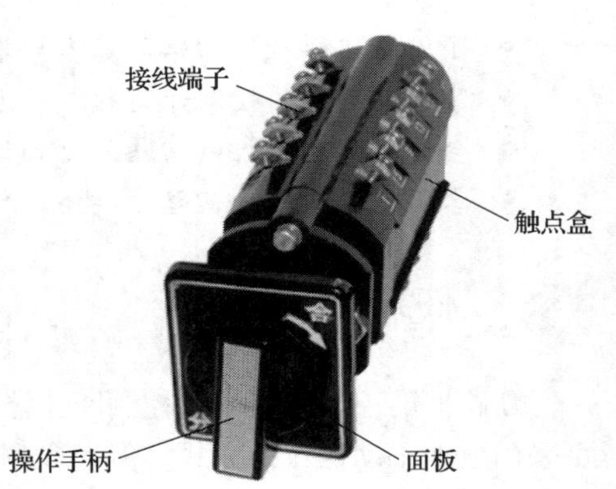

图 5-12　LW2-Z 型控制开关外形

图 5-12 中控制开关正面是一个面板和操作手柄，安装在柜的正面，与操作手柄轴相连的有数个触点盒，安装在柜面板背后，每个触点盒有四个定触点和两个动触点。由于动触点的凸轮和簧片形状不同，转动手柄时，每个触点盒内定触点接通与断开的状态各不相同。每对定触点随手柄转动时的工作状态，可采用控制开关的触点图表表示。

LW2-Z 型控制开关手柄转动挡数一般为 6 挡，包括两个预备位置：“预备合闸”和“预备跳闸”；两个操作位置：“合闸”和“跳闸”，这两个位置自动复归；两个固定位置：“合闸后”和“跳闸后”。LW2-Z 型控制开关触点图表见表 5-3。

表 5-3　LW2-Z 型控制开关触点图表

合/分 ×接通触点 -断开触点																	
触点编号		1—3	2—4	5—8	6—7	9—10	9—12	11—10	13—14	14—15	13—16	17—19	17—18	18—20	21—23	21—22	22—24
跳闸后		–	×	–	–	–	–	×	–	×	–	–	–	×	–	–	×
预备合闸		×	–	–	–	×	–	–	×	–	–	–	–	–	–	×	–
合闸		–	–	×	–	–	×	–	–	–	×	×	–	–	×	–	–
合闸后		×	–	–	–	×	–	–	–	–	×	×	–	–	×	–	–

续表

合/分　×接通触点 -断开触点		1 2 3 4		5 6 7 8		9 10 11 12			13 14 15 16			17 18 19 20			21 22 23 24		
预备跳闸		–	×	–	–	–	–	×	×	–	–	–	×	–	–	×	–
跳闸		–	–	–	×	–	–	×	–	×	–	–	–	×	–	–	×

注：“×”表示手柄在该位置时，对应的定触点是接通的；“-”表示断开。

在断路器的控制电路中，表示触点通断状况的图形符号如图 5-13 所示，其中水平线是开关的接线端子引线，六条垂直虚线表示手柄六个不同的操作挡位，即 PC（预备合闸）、C（合闸）、CD（合闸后）、PT（预备跳闸）、T（跳闸）和 TD（跳闸后）。水平线下方的黑点表示该对触点在此位置时是闭合的。

2. 控制开关的操作

参看图 5-13 及图 5-14。

（1）合闸操作。参看图 5-12 和表 5-3，先将操作手柄于跳闸后位置顺时针旋转 90°，使手柄处于预备合闸位置，再将手柄顺时针旋转 45°，发出合闸操作信号，合闸后手立即松开，手柄在弹簧的作用下回弹，处于合闸后位置，合闸完毕。

（2）跳闸操作。先将操作手柄逆时针旋转 90°，使操作手柄处于预备跳闸位置，再将手柄逆时针旋转 45°，发出跳闸信号，跳闸后手立即松开，手柄在弹簧的作用下回弹，处于跳闸后位置，跳闸完毕。

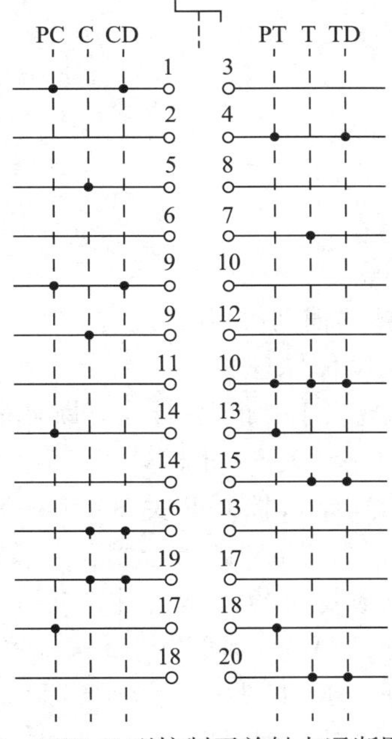

图 5-13　LW2-Z 型控制开关触点通断图形符号

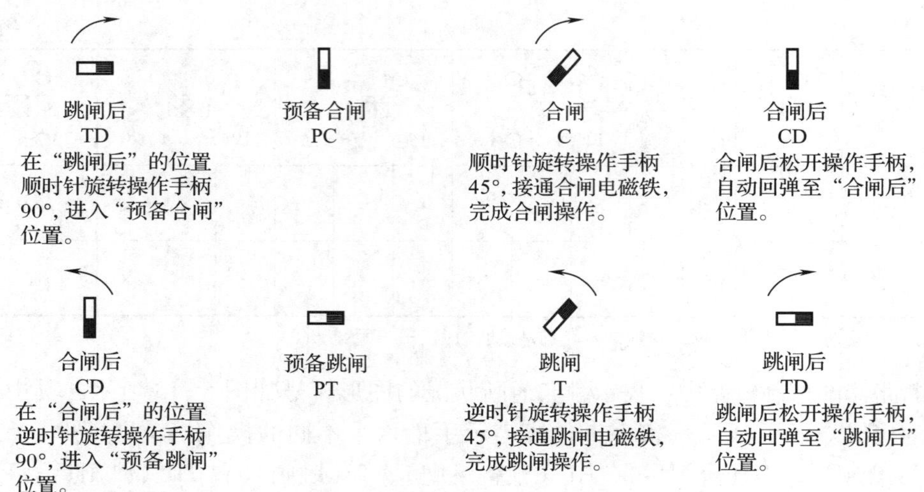

图 5-14　断路器控制开关的操作

二、断路器的控制电路

因断路器的操作机构不同，其控制回路也不尽相同，但基本接线是相似的。中小型发电厂和变电所多采用灯光监视的控制回路；大型发电厂和变电所多采用音响监视的控制回路。

1. 断路器的基本控制电路

图 5-15 所示为断路器的基本控制电路，其操作方式分为自动、手动两种。

（1）电路中各元件介绍。图 5-15 所示电路中的各元件功能如下。

+WC、-WC——控制电源小母线。

+WO、-WO——合闸电源小母线。

KMC——合闸接触器。

YR——跳闸线圈。

YC——合闸线圈。

SA——控制开关。

K1、K2——继电保护自动触点。

QF1、QF2——被操作断路器的辅助触点。

（2）断路器基本控制电路的动作原理

1）手动合闸。合闸前的起始状态：断路器处于跳闸状态，其辅助动断触点 QF1 接通，辅助动合触点 QF2 断开；控制开关 SA 手柄处于“跳闸后”位置。

合闸操作时，先顺时针转动断路器控制开关 SA 手柄 90°，使 SA 手柄处于“预备合闸”位置。再将 SA 手柄继续顺时针转 45°到“合闸”位置，触点 SA（5—8）接通。KMC 得电吸合，其常开触点接通，合闸线圈 YC 得电，操作机构使断路器合闸。这时可听到合闸操作的动作声响，此时手松开，SA 手柄回弹到垂直位置，即“合闸后”位置。合闸后断路器的辅助动断触点 QF1 断开，KMC 失电，合闸线圈失电；辅助动合触点 QF2 接通，为下次跳闸做准备，合闸结束。自动合闸时通过自动触点 K1 完成。

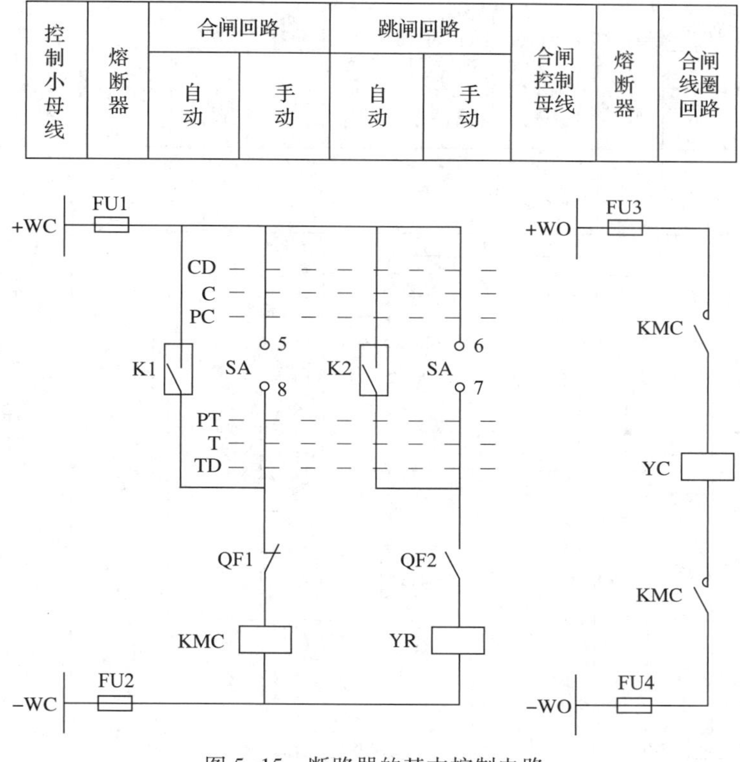

图 5-15 断路器的基本控制电路

2）手动跳闸。跳闸前的起始状态：断路器处于合闸状态，其辅助动断触点 QF1 断开，辅助动合触点 QF2 接通；SA 手柄处于“合闸后”位置。

跳闸操作时，先逆时针转动断路器控制开关 SA 手柄 90°，使 SA 手柄处于“预备跳闸”位置。再将 SA 手柄继续逆时针转 45°到“跳闸”位置，触点 SA（6—7）接通，跳闸线圈 YR 得电，操作机构使断路器跳闸。这时可听到跳闸操作的动作声响，此时手松开，SA 手柄回弹到水平位置，即“跳闸后”位置。跳闸后断路器的辅助动断触点 QF1 接通，为下次合闸做准备；辅助动合触点 QF2 断开，跳闸线圈失电，跳闸结束。自动跳闸时通过自动触点 K2 完成。

2. 具有电磁操作机构用灯光监视并具“防跳”功能的断路器控制电路

在上述断路器基本控制电路中，如果控制开关 SA 或自动触点 K1 被粘连，而断路器又合闸于永久性设备或线路上，则继电保护动作使断路器跳闸时，断路器辅助动断触点 QF1 闭合，合闸回路接通，断路器又合闸，QF2 又导通。由于故障一直存在，断路器再次跳闸。这样多次发生的“跳合”现象称为“跳跃”，这是绝对不允许的，因此控制电路须具有防跳措施。

现以变配电所常用的带电磁操作机构用灯光监视并具“防跳”功能的断路器控制电路为例，说明控制电路各元件作用及控制电路的动作原理，如图 5-16 所示。

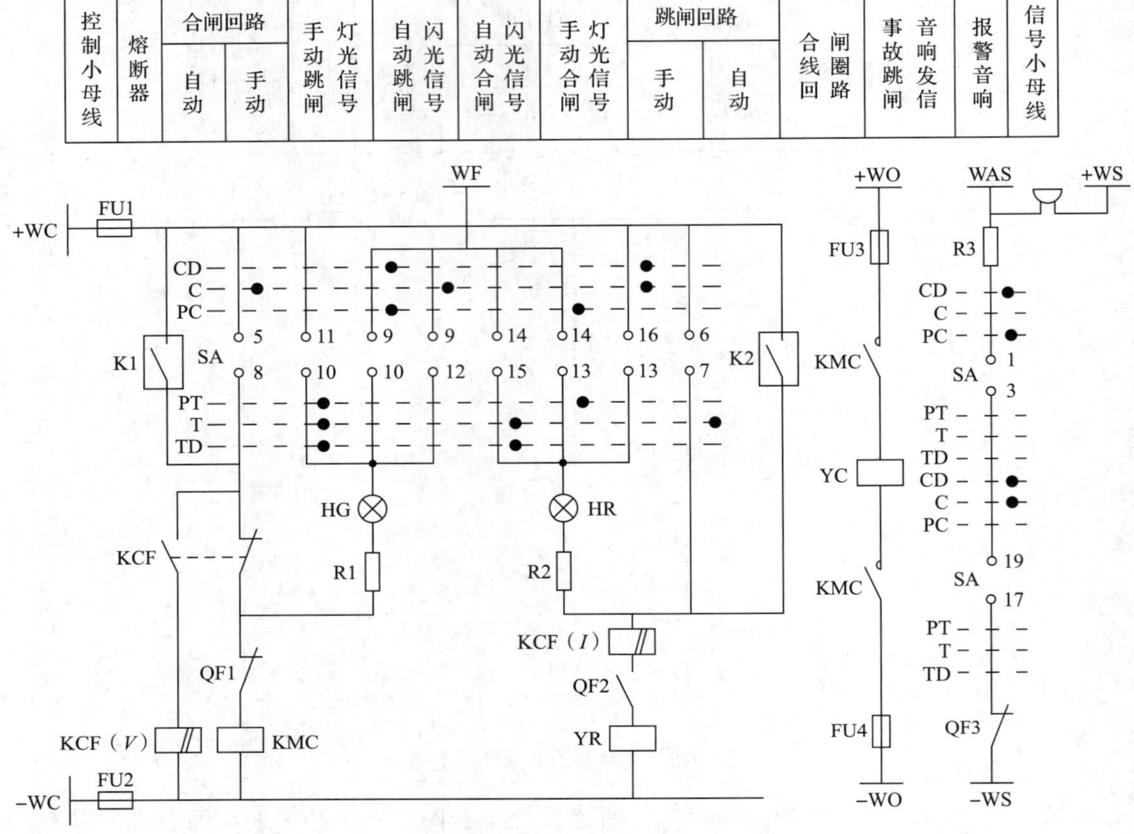

图 5-16 带电磁操作机构用灯光监视并具“防跳”功能的断路器控制电路

（1）电路中各元件介绍。图 5-16 所示电路中各元件的功能如下。

+WC、-WC——控制电源小母线。

+WO、-WO——合闸电源小母线。

WAS——事故音响信号小母线。

+WS、-WS——信号电源小母线。

WF——闪光信号小母线。

KMC——合闸接触器。

KCF——防跳继电器，其作用是防止断路器的“跳跃”。

YR——跳闸线圈。

YC——合闸线圈。

SA——控制开关。

K1、K2——继电保护自动触点。

QF1、QF2、QF3——被操作断路器的辅助触点。

（2）断路器控制电路的动作原理

1）手动合闸。合闸前的起始状态：断路器处于跳闸状态，其辅助动断触点 QF1、QF3

接通，辅助动合触点 QF2 断开；控制开关 SA 手柄处于“跳闸后”位置，触点 SA（10—11）、SA（14—15）是接通的。绿灯 HG 发平光，表明断路器在跳闸位置，同时说明合闸回路完好。这时，合闸接触器 KMC 线圈两端虽有一定的电压，但由于回路中电阻 R1 和绿灯 HG 的分压作用，该电压不足以使合闸接触器 KMC 动作。

①预备合闸。将 SA 手柄顺时针方向旋转 90°到“预备合闸”位置，此时 SA（9—10）接通，将绿灯 HG 接于闪光信号小母线下，绿灯发闪光，提醒运行人员核对操作是否正确。如核对无误，进行下面操作。

②合闸。将 SA 手柄顺时针方向旋转 45°到“合闸”位置，SA（5—8）、SA（16—13）接通，回路中的电阻 R1 和绿灯 HG 被短接，合闸接触器 KMC 加上全电压励磁并动作，其常开触点接通，使 YC 励磁动作，操作机构使断路器合闸；同时 QF1、QF3 断开，HG 熄灭；QF2 闭合，红灯 HR 发平光，表明断路器已合闸。

③操作人员看到红灯亮平光后，松开 SA 手柄，SA 手柄返回“合闸后”位置，此时 SA（16—13）仍通，红灯发平光，表明断路器在合闸位置，同时说明跳闸回路完好。此时，断路器的跳闸线圈 YR 两端虽有一定的电压，但由于回路中电阻 R2 和红灯 HR 的分压作用，电压达不到 YR 使断路器跳闸的数值，断路器不会跳闸。

2）手动跳闸。跳闸前的起始状态：断路器处于合闸状态，其触点 QF1、QF3 断开，触点 QF2 接通；SA 手柄处于“合闸后”位置，触点 SA（9—10）、SA（13—16）、SA（17—19）是接通的。红灯发平光。

①预备跳闸。将 SA 手柄逆时针方向旋转 90°到“预备跳闸”位置，此时触点 SA（14—13）接通，红灯发闪光，提醒运行人员核对操作是否正确。如核对无误，进行下面操作。

②跳闸。将 SA 手柄逆时针方向旋转 45°到“跳闸”位置，此时触点 SA（6—7）、SA（11—10）接通，回路中电阻和红灯被短接，全电压加到 YR 上，使 YR 励磁动作，操作机构使断路器跳闸；同时 QF2 断开，红灯熄灭，QF1、QF3 闭合，绿灯发平光，表明断路器已跳闸。

③操作人员看到绿灯亮平光后，松开 SA 手柄，SA 手柄返回“跳闸后”位置，此时触点 SA（10—11）仍接通，绿灯发平光，跳闸完成。

3）自动跳闸。自动跳闸前的起始状态：断路器处于合闸状态，其触点 QF1、QF3 断开，触点 QF2 接通；SA 手柄处于“合闸后”位置，触点 SA（9—10）、SA（13—16）、SA（17—19）是接通的。

当一次系统发生故障时，相应的保护动作后，K2 闭合，红灯 HR 和电阻 R2 被短接，全电压加到 YR 上，使 YR 励磁动作，操作机构使断路器跳闸；同时 QF2 断开，红灯 HR 熄灭，QF1、QF3 闭合，此时断路器处于跳闸状态，而 SA 手柄处于“合闸后”位置，触点 SA（9—10）、SA（1—3）、SA（19—17）是接通的，启动中央事故信号装置中的蜂鸣器发出音响，警告运行人员断路器事故跳闸。这说明事故信号是利用断路器与控制开关手柄“不对应”关系启动的，从图 5-16 右边的报警回路可以看到，控制开关合闸后的闭合触点 SA（1—3）、SA（19—17），与断路器跳闸后断路器的常闭辅助触点串联启动事故信号，就是所谓的“不对应”。同时由于触点 SA（9—10）接通，绿灯发出闪光，指明该断路器自动跳闸。为了不影响运行人员处理事故，可按下中央事故信号装置中音响解除按钮，解除音响，但要保留绿灯闪光。直到事故处理完毕，再将控制开关 SA 手柄旋转到“跳闸后”位置，触点 SA（10—11）接通，绿灯发平光，恢复到正常的跳闸后状态。

4）自动合闸。自动合闸前的起始状态：断路器处于手动跳闸状态，其触点 QF1、QF3 接通，触点 QF2 断开；SA 手柄处于“跳闸后”位置，触点 SA（10—11）、SA（14—15）是接通的。

自动装置动作，K1 闭合，电阻 R1 和绿灯 HG 被短接，合闸接触器 KMC 加上全电压励磁并动作，其触点接通，合闸回路接通，使 YC 励磁动作，操作机构使断路器合闸。同时触点 QF1、QF3 断开，HG 熄灭；QF2 闭合，由于此时控制开关 SA 手柄在“跳闸后”位置，触点 SA（14—15）是接通的，HR 发闪光。中央事故信号装置中的电铃发出音响，同时点亮光字牌。电铃响，光字牌亮，表明断路器自动合闸。红灯发闪光指明该台断路器自动合闸。运行人员可以将控制开关 SA 手柄旋转到“合闸后”位置，红灯发平光，恢复到正常运行状态。

5）防止跳跃。为消除“跳跃”，在该电路中使用了防跳继电器 KCF，它有两个线圈，一个是电流启动线圈 KCF（I），串联在跳闸回路中；另一个是电压自保持线圈 KCF（V），经自身的动合触点并联在合闸接触器 KMC 上。当利用触点 SA（5—8）或自动装置触点 K1 合闸时，若合闸于故障线路上，继电保护动作，K2 触点闭合，启动 YR，使断路器跳闸，同时跳闸电流流过 KCF 电流启动线圈，使其启动，一方面 KCF 动断触点断开，切断 KMC 的启动回路，使其不能合闸；另一方面 KCF 动合触点闭合，接通 KCF 电压自保持线圈，使其自保持，保证 KCF 动断触点处于断开状态，切断断路器的合闸回路。即使触点 SA（5—8）仍接通或自动装置触点 K1 粘连，也不会使断路器合闸。只有当触点 SA（5—8）断开或自动装置触点 K1 断开时，KCF 电压自保持线圈失电，整个电路才恢复正常。这样就防止了“跳跃”现象的发生。

三、变电所的信号回路

1. 作用与要求

当电气设备出现不正常运行状态或发生故障时，信号装置应能及时反应并通知运行人员进行判断和处理。对信号回路的要求如下。

（1）开关发生事故跳闸时，应能及时发出音响信号（蜂鸣器），并通过光字牌或显示器显示事故的性质。

（2）出现不正常运行状态时，应能发出另一种音响信号（电铃），并通过光字牌或显示器显示不正常状态的性质。

（3）应能手动复归音响信号而保留灯光信号，音响信号应能重复动作。

（4）应能进行回路是否完好的试验。

基本思想就是有了故障和异常，信号要能可靠地发出，并在人的回应前保持。

2. 中央信号装置

中央信号装置由事故信号装置和预告信号装置两部分组成。两者的回路基本相同，不同的是前者装蜂鸣器，后者装电铃。下面介绍一种工厂变电所中常用的中央事故信号回路，其电路如图 5-17 所示。本电路中运行着两只断路器，分别为 QF1 和 QF2，其控制开关分别为 SA1 和 SA2。正常运行时，SA1、SA2 均处于“合闸后”位置，因此两只开关的触点（1—3）和（17—19）均处于接通状态，但辅助触点 QF1 和 QF2 处于断开状态。

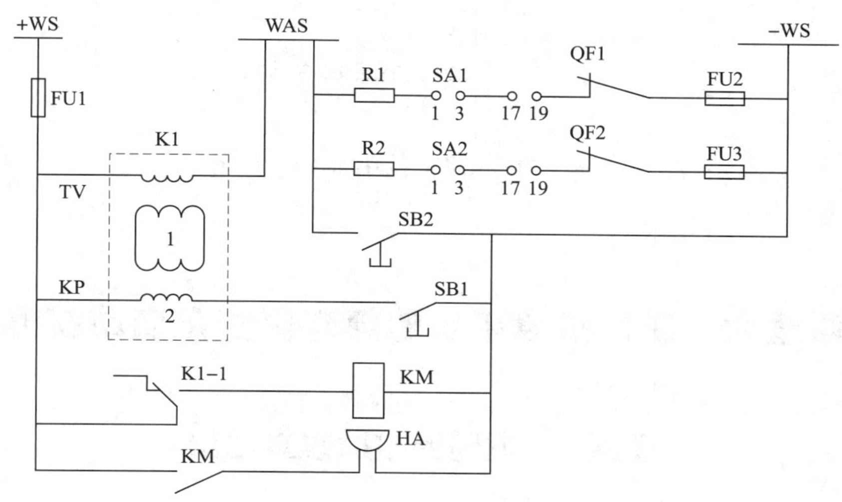

图 5-17　中央事故信号回路的电路

为了使信号装置能重复动作，回路中采用了具有两个绕组的脉冲继电器 K1。它由一只电压互感器 TV 和一只极化继电器 KP 构成。当有电流通过 K1 的绕组 1 时，其触点接通；电流通过绕组 2 时，其触点断开。这样，当断路器 QF1 事故跳闸时，QF1 的常闭辅助触点 QF1 闭合，回路+WS→K1 的 TV→WAS→R1→SA1→QF1→FU2→-WS 接通。电压互感器的一次绕组通过的是变化的电流，二次绕组感应出电动势，使 K1 的绕组 1 中通过电流，常开触点 K1-1 闭合，启动中间继电器 KM，KM 常开触点闭合，接通蜂鸣器的电路，发出事故信号。运行人员按下解除按钮 SB1 后，K1 的绕组 2 中通过电流，事故信号停止。SA1 并未恢复，如果此时另一断路器 QF2 又因事故跳闸，电压互感器的一次绕组通过的电流增大，二次绕组再次感应出电动势，则 K1 的绕组 1 中再次有电流流过，K1-1 触点再次闭合，启动 KM，蜂鸣器又一次发出事故信号，实现重复动作。SB2 为试验按钮，按下 SB2 同断路器跳闸类似，蜂鸣器可以发出音响信号。

3. 简单变配电所的信号装置

容量比较小的工厂变配电所，由于断路器较少，同时发生事故的机会也少，因此可以采用集中复归、不重复动作的信号装置。这种信号装置只有音响信号，无光字牌。音响信号可集中复归，但不重复动作。继电保护装置或断路器的状态可从信号继电器的掉牌或断路器的红、绿指示灯来判别。图 5-18 所示为集中复归、不能重复动作的事故信号装置电路，图中 SB1 为试验按钮，SB2 为音响解除按钮。

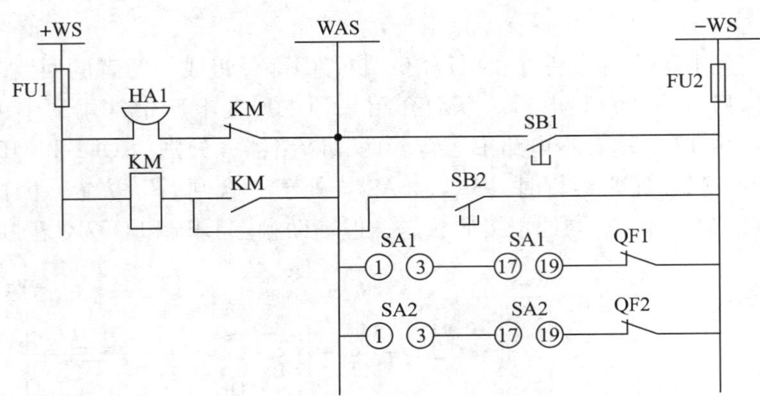

图 5-18　集中复归、不能重复动作的事故信号装置电路

课题六　工厂供电系统的继电保护及自动装置

任务 1　继电保护的基本知识

任务目标

- ◆ 掌握继电保护装置的任务和对继电保护的基本要求。
- ◆ 熟悉继电保护装置的组成、基本工作原理以及分类。

任务引入

继电保护及自动装置是二次回路的重要组成部分，作用是监视一次系统和设备的运行状态，一旦发生故障或出现不正常工作状态便能自动进行处理，并发出信号。在供配电系统中，继电保护及自动装置对保证电力系统和工厂用电安全是十分重要的，本任务将学习继电保护的基本知识。

任务分析

工厂供电系统和电气设备在运行时，由于受自然或人为原因影响，如绝缘老化、外力破坏、雷击、设备制造上的缺陷及工作人员误操作等，不可避免地会发生各种形式的故障或出现不正常工作状态。最常见的故障是各种形式的短路，短路会使电气设备承受很大的短路电流，并因由此产生的电动力及热效应而损坏，同时使供电电压下降，严重时会破坏

系统的稳定性，造成大面积停电。最常见的不正常工作状态（是指运行参数偏离了允许值）有过负荷、变压器油温过高等，这些不正常工作状态如不及时发现和正确处理，便会发展成为故障。

所以，系统一旦发生故障或出现不正常工作状态，应及时发现并处理，迅速切除故障部分，以保证非故障部分的正常运行，并发出信号，提醒运行人员注意采取必要的措施。目前，工厂供电系统采用的保护装置有熔断器保护装置、低压断路器过电流保护装置和继电保护装置。低压断路器过电流保护装置只适用于低压供配电系统，而熔断器保护装置接线简单，价格便宜，所以在工厂的高低压配电系统中得到广泛应用，但是由于熔断器断流能力较小，且熔体熔断与更换需要一定的时间，因此，对于供电可靠性要求较高的大容量、高电压线路及变电所，不宜采用熔断器保护装置，而是广泛采用继电保护装置。图 6-1 所示为线路过电流保护基本原理接线图。

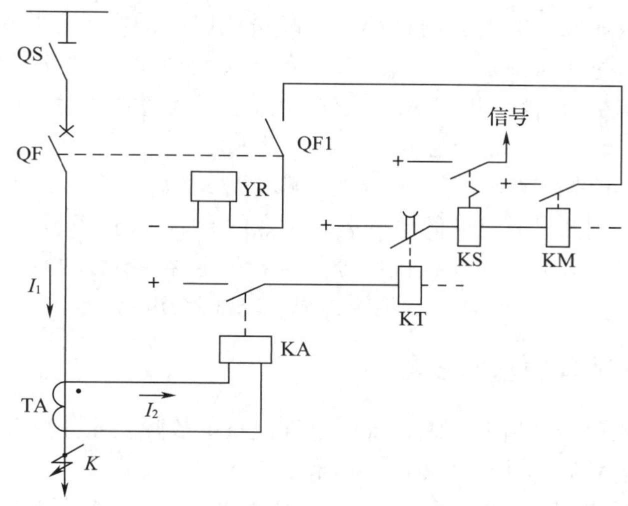

图 6-1　线路过电流保护基本原理接线图

TA—电流互感器　KA—电流继电器　KT—时间继电器

KS—信号继电器　YR—断路器的跳闸线圈　KM—中间继电器

相关知识

一、继电保护装置的组成与工作原理

1. 组成

继电保护装置的组成框图如图 6-2 所示。

（1）参数测量部分。参数测量部分测量被保护设备的某些运行参数，与整定值进行比较，以判断被保护设备是否发生故障，保护装置是否应该启动。

（2）逻辑处理部分。逻辑处理部分接受参数测量部分发来的信号后，按照预定的逻辑程序工作，进行判断，并将判断的结果传给动作执行部分。

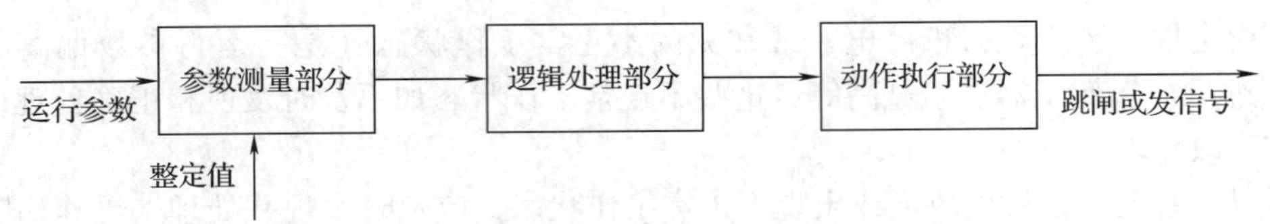

图 6-2　继电保护装置的组成框图

（3）动作执行部分。动作执行部分根据逻辑处理部分的结果，动作于跳闸或发信号。

2. 基本工作原理

系统发生故障时，一些参数与正常值相比较会发生变化。人们利用这些变化，制造了基于不同原理的继电保护装置。例如，反映电流变大而动作的过电流保护、反映电压降低而动作的低电压保护、反映电流与电压之间相位角变化的方向保护等。下面以图 6-1 所示电路的过电流保护为例，说明继电保护的基本工作原理，各元件的功能如下。

（1）TA、KA 构成保护的参数测量部分，测量线路中的电流，反映线路的运行状态。正常运行时，线路流过正常的负荷电流，KA 不动作；当被保护线路发生短路（如 K 点短路）时，线路的电流 I_1 突然增大，TA 二次侧的电流 I_2 也随之增大，当 I_2 大于 KA 整定值时，电流继电器 KA 动作，其动合触点闭合，启动 KT。

（2）KT 构成保护的逻辑处理部分。时间继电器 KT 启动后，经预先设定的延时时间做出保护动作的逻辑判断，其延时闭合的动合触点闭合，接通 KS 及 YR 的启动回路。

（3）KS、YR 构成保护的动作执行部分。信号继电器 KS 启动后发出信号，同时断路器的跳闸线圈 YR 启动，使断路器 QF 跳闸，将故障线路切除。

二、继电保护装置的基本任务

所谓继电保护装置，是指能反映系统中电气设备的故障及不正常工作状态，并能作用于断路器跳闸或发信号的一种自动装置。其基本任务如下。

（1）系统发生故障时，能快速、自动、有选择性地作用，使断路器跳闸，将故障部分切除，保证非故障部分的正常运行，减小停电范围。

（2）系统出现不正常工作状态时，发出信号，提示运行人员注意，以便采取措施。

三、继电保护装置的分类

继电保护装置种类很多，按不同的形式分有不同的类型。

（1）按所反映的物理量分，有电流保护、电压保护、差动保护、瓦斯保护、距离保护等。

（2）按所反映的故障类型分，一般有相间短路保护和接地保护等。

（3）按所保护的对象分，有输电线路保护、发电机保护、变压器保护、电动机保护等。

（4）按结构形式及组成元件分，分为电磁型、晶体管型、集成电路型及计算机型四大类。

（5）按操作电源的性质分，分为直流操作电源型和交流操作电源型两种。

四、对继电保护的基本要求

对继电保护的基本要求，归纳起来主要有四个方面，即通常所说的“四性”——可靠性、速动性、选择性及灵敏性。

1. 可靠性

可靠性是指继电保护装置的动作要可靠，包含两方面的含义：当被保护设备发生故障或出现不正常工作状态时，保护装置应可靠地动作，不应拒动；当被保护设备正常运行时，保护装置应可靠地不动作，不应误动。否则，该动作时拒动，保护装置如同虚设；不该动作时误动，保护装置本身非但起不到保护作用，反而成为事故的根源。

2. 速动性

速动性是指继电保护装置的动作速度要快，即当系统发生故障时，为减小短路电流对电气设备的损害程度，及提高系统运行的稳定性，应以尽可能短的时间将故障部分切除。

3. 选择性

选择性是指继电保护装置的动作是有选择的，即只切除故障部分，保证非故障部分继续运行，尽可能地减小停电范围。如图 6-3 所示，*K* 点发生短路故障时，按照选择性的要求，应由保护[4]动作，并作用于断路器 QF4 跳闸，将故障切除，保证其他无故障部分继续运行。特别应指出的是，当保护[4]或断路器 QF4 拒动时，应由保护[1]动作，作用于断路器 QF1 跳闸，将故障切除。此时，虽然停电范围扩大了，但这是由故障线路的保护或断路器拒动所引起的，保护[1]的动作及断路器 QF1 跳闸是正确的，也是有选择性的动作。保护[1]是保护[4]的后备保护。

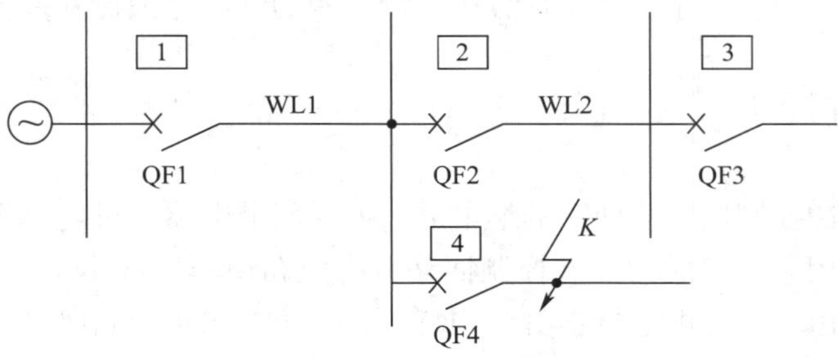

图 6-3　继电保护选择性的说明

4. 灵敏性

灵敏性是指继电保护装置对其保护范围内不正常工作状态或故障的反应能力。灵敏性一般由灵敏系数 K_{sen} 来衡量，不同的继电保护对灵敏系数的要求不同，校验的方法也不同。例如，对于过电流保护为

$$K_{sen} = \frac{I_{k \cdot min}}{I_{op}} \tag{6-1}$$

式中　K_{sen}——灵敏系数，规程规定不小于 1.2~2；

$I_{k \cdot min}$——保护区末端发生导电性短路时的最小短路电流；

I_{op}——能够使继电保护装置动作的最小电流。

以上这四个基本要求，是相互关联、对立统一的。例如，强调继电保护的速动性，可能会影响继电保护的可靠性及选择性；强调继电保护的选择性，对于线路末端的保护，会使保护动作时限延长，影响继电保护的速动性；四项基本要求均满足的话，其造价一定昂贵。所以，在具体实施时，要全面考虑。

任务2　基于计算机控制技术的继电保护控制系统

任务目标

了解基于计算机控制技术的继电保护控制系统的基本概念。

任务引入

前面所讨论的变配电所的二次回路应当属于传统的二次回路，在过去一个相当长的历史时期，继电保护与自动装置一直是电力系统二次控制回路的主流，目前也仍然有工厂还在使用。但近年来，由于计算机技术的发展和普及，一种基于计算机控制技术的继电保护控制系统渐渐兴起，已经基本取代传统的电磁继电器控制方式的二次控制回路，成为目前电力系统继电保护控制的主要发展方向，由此技术制作的电力系统继电保护综合控制仪得到了广泛应用。本任务将要了解基于计算机控制技术的继电保护控制系统。

任务分析

传统方式的二次控制回路所使用的继电器，如时间继电器、过电流继电器等，均属传统的电磁继电器，用它们组成的二次控制回路具有电路简单、成本低、便于维护等特点。但同时也应看到，由于电磁继电器本身结构特点，传统的二次控制回路存在以下不足。

（1）动作可靠性不高。传统电磁继电器在继电保护电路中，是工作在随时准备动作状态，也就是说，当电力系统运行正常时是不动作的，只有当被保护回路的某项参数超过其整定值时，回路中的相关继电器才会动作。动作的结果有时是动作于跳闸，有时是动作于信号。然而，正是由于电磁继电器的结构和动作机理，使其在经过长时间的准备动作后，当动作信号超过其整定值而需要动作时，不能做到每次动作都成功。有时会出现继电保护中所说的“拒动”，这时就会扩大事故范围，造成被保护电路的越级跳闸。

（2）动作整定值精度不高。电力系统二次回路的一个最重要的功能就是继电保护，在对继电保护的要求中，除了继电保护动作的可靠性和灵敏性外，还应有良好的选择性。当电力系统中的某条回路发生过电流事故时，希望继电保护电路只切断故障线路，而保证其他非故障线路的正常供电。为满足继电保护选择性的要求，在进行参数整定时，一方面通过不同的动作值进行整定，让继电保护电路作出选择。如图 6-4 所示，当 *A* 点发生短路故障时，可以通过动作值的整定，只希望 QF3 动作于跳闸，切断故障线路，而不希望 QF2 也一同跳闸。但有时不能保证，特别是当电力系统中的 *A* 点和 *B* 点离得比较近、线路阻抗较小时，因为在这种情况下，*A* 点短路与 *B* 点短路在 QF2 回路中形成的故障电流几乎相等，传统的电磁继电器很难精确地作出选择。另一方面，还可以通过上、下级之间动作时间的整定来让继电保护电路作出选择，如在图 6-4 的例子中，当 *A* 点发生短路时，由于短路电流较大，QF1、QF2、QF3 都有动作的可能。这时在进行继电保护的时间整定时，QF3 的动作时间最短，其次是 QF2，最长的是 QF1。所以当 *A* 点发生短路时，首先希望 QF3 动作于跳闸，如果在规定的时间内 QF3 没跳闸，也就是出现了“拒动”，那么 QF2 应当动作于跳闸，最后是 QF1。从上面的分析可以看出，在电力系统发生短路故障时，要保证有良好的选择性，用于继电保护的各类继电器，应能整定出精确的动作值和时间值，但传统的电磁继电器很难满足此要求。因此，在目前采用传统电磁继电器作继电保护控制元件的供电线路中，由于某一电力用户的高压短路故障而造成越级跳闸，直接将整条供电线路顶掉的事故屡见不鲜，这就严重影响了供电可靠性。特别是对一、二级负荷的电力用户，如出现随意的停电，有时会造成巨大的经济损失和人员伤亡。因此，寻求一种新的控制方式来保证电网的供电可靠性是历史发展的必然趋势。

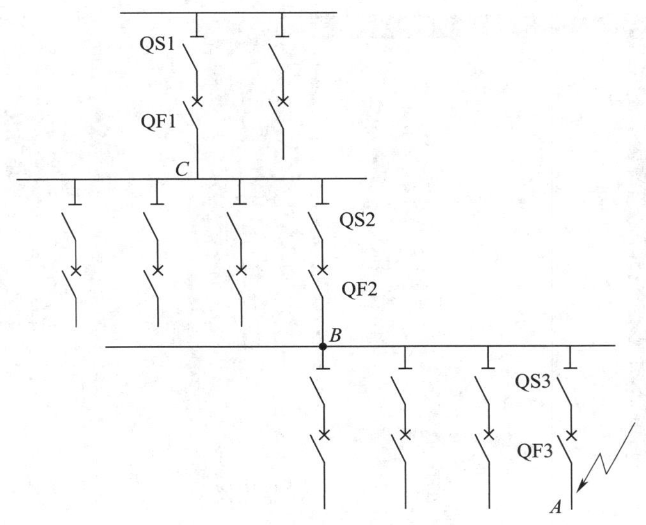

图 6-4　继电保护选择性示意图

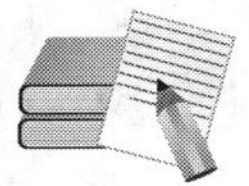

相关知识

一、计算机二次回路专用监控仪组成的二次回路控制系统概述

近年来，计算机技术、网络技术、控制技术、传感器技术、通信技术、显示技术的发展和广泛应用，带动了变电站综合自动化系统在广阔的工业技术领域和服务行业中的

应用。由于技术的成熟和实际需求，各类变电站的自动化管理和控制系统已经进入智能化监控管理时代。这类智能型变电站综合自动化监控系统既是现代化电力用户实施电力运行科学管理的有力工具，也是企业网络化、信息化建设的重要组成部分。它具有高可靠性、高精度动作整定、安全、经济、可扩展等特点，可组成高、低压供配电系统计算机监控系统。它采用面向对象的分层、分布式智能一体化结构，应用计算机控制自动化、网络化、单元化、组态化的新一代电力监控管理系统，具有电气参数实时监测、事故异常报警、事件记录和打印、统计报表的整理和打印、电能计量成本管理和负荷监控等综合功能。总之，计算机二次回路控制技术不仅有效弥补了传统二次回路控制电路的不足，在功能上和技术上也有较大的发展和完善，将会在不远的将来完全取代传统电磁继电器控制方式。

目前，此类产品大致可分为两类，第一类是依托单片机技术的单元式监控仪。这种单元式监控仪一般不组成网络，常用于单个开关柜的监测与控制，能进行数据采集与显示，可取代传统仪表，并具有设定、数据存储、分析、报警、继电保护等功能。单元式监控仪动作参数设定精度高，动作可靠性高，可完全取代传统电磁继电器。此类监控仪也分两种，一种是成品型，用于开关柜厂家制作计算机监控仪型开关柜；另一种是改造型，用于传统型开关柜的升级改造，其外形、安装尺寸和安装方式与一般传统安装式仪表相似，改装非常方便。单元式监控仪如图 6-5 所示。

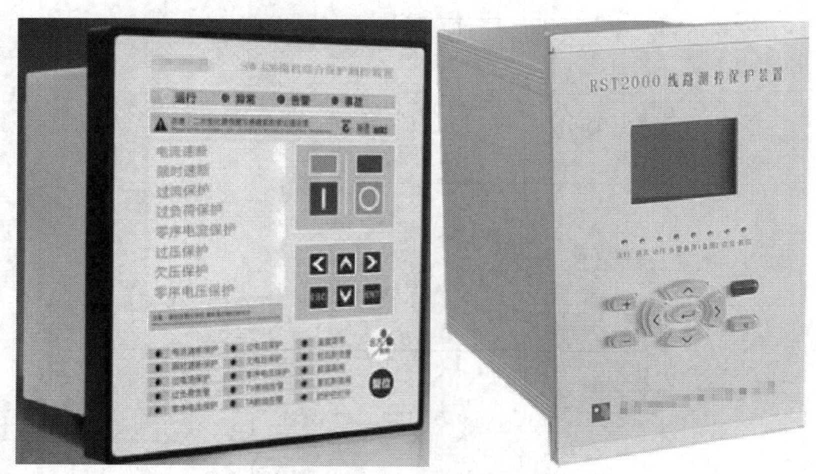

图 6-5　单元式监控仪

第二类是依托计算机的组合式监控仪，由现场控制单元与上位计算机组成计算机监控系统，使用专门开发的电力组态软件进行控制与显示，并可组成计算机网路进行远端监控。现在电力系统的大电网控制技术就属于此类控制方式。组合式监控仪如图 6-6 所示。

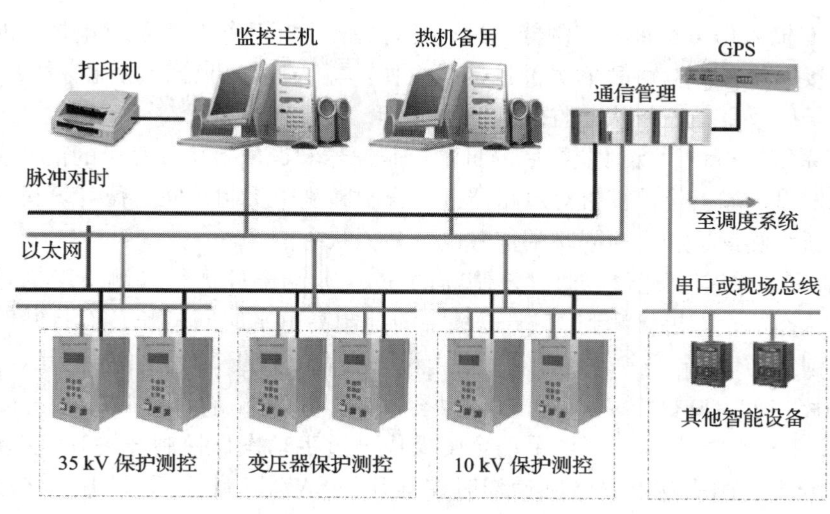

图 6-6　组合式监控仪

二、计算机二次回路专用监控仪的基本特点

1. 可靠性高

一种计算机保护单元可以完成多种保护与监测功能，代替了多种保护继电器和测量仪表，简化了开关柜与控制屏的接线，从而减少了相关设备的故障环节，提高了可靠性。计算机保护单元采用高集成度的芯片，软件有自动检测与自动纠错功能，提高了保护的可靠性。

2. 精度高、速度快、功能多

测量部分的数字化，大大提高了其精度。CPU 运算速度的提高，可以使各种事件以毫秒来计时。软件功能不断完善，可以通过各种复杂的算法完成多种保护功能。

3. 灵活性高

通过软件可以很方便地改变保护与控制特性，利用逻辑判断实现各种互锁，一种类型的硬件可利用不同的软件，构成不同类型的保护。

4. 维护调试方便

硬件种类少，线路统一，外部接线简单，大大减少了维护工作量。保护调试与整定利用输入按键或上位计算机下传来进行，调试简单方便。

5. 经济性好，性价比高

计算机保护的多功能性，使变配电站测量、控制与保护部分的综合造价降低。高可靠性与高速度可以减少停电时间，节省人力，提高了经济效益。

图 6-7 所示为计算机二次回路专用监控仪组成的二次回路实例。

三、电路介绍与控制原理分析

从图 6-7 可以看到以下几点。

（1）所有输入信号均输入控制器中进行处理，排除了传统过电流继电器和时间继电器以及相关连接电路，使电路简单明了且接线方便。输入信号可分为电流信号、电压信号、控制反馈信号以及手动控制状态监控信号。

（2）该系统运行中，实时监控后的自动控制信号和返回上位计算机的信号也由控制器的不同端子发出。如上位计算机对断路器进行合闸和跳闸控制，向上位计算机发回过电流状态下的速断跳闸信号和定时限跳闸信号以及开关状态信号等。

（3）“防跳”控制功能可以通过控制器的35、18端子处进行检测。无论是自动状态下还是手动状态下，如果检测到35端子维持的控制高电平时间较长，而且断路器已经完成合闸，控制器的18端子高电平有效，可由计算机做出判断并发出报警信号。

（4）断路器的合闸操作，分为现场手动合闸操作和远端遥控合闸操作。

1）现场手动合闸操作。现场手动合闸操作通过手动操作控制开关SA实现，假设操作前断路器处于跳闸后状态，合闸操作时控制开关SA处于跳闸后（TD）状态，顺时针转动控制开关SA操作手柄进入预备合闸（PC）状态。合闸开始，继续顺时针转动操作手柄使SA进入合闸状态（C），开关触点SA（5—8）接通，引入一个高电平，通过103线先经接线端子X29接到控制器的35端子，为防跳控制做准备，再由35端子跳线到36端子，引到接线端子X39后连接合闸控制回路。之后串联的第一个元件为SQ，为断路器手车位置开关，即断路器手车必须摇进合闸位置（SQ闭合）时才能启动合闸操作；之后串联了断路器自身的辅助常闭触点QF1，断路器在分断状态时QF1闭合；之后就是动作执行元件KM的控制线圈，通电后KM吸合。在合闸操作小母线有电，即电源电压正常，并且熔断器有效的情况下，KM常开触点接通，合闸线圈得电动作，启动合闸。合闸完毕，松开控制开关SA，开关操作手柄回弹，开关处于合后（CD）状态，SA（5—8）断开。

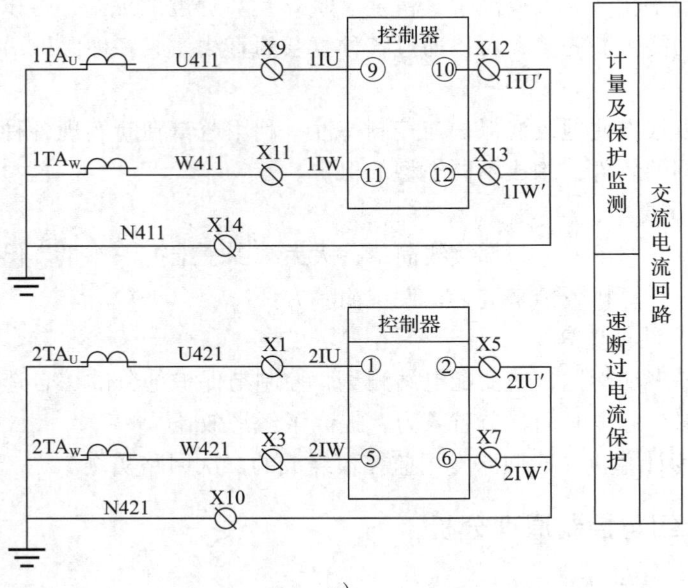

a）

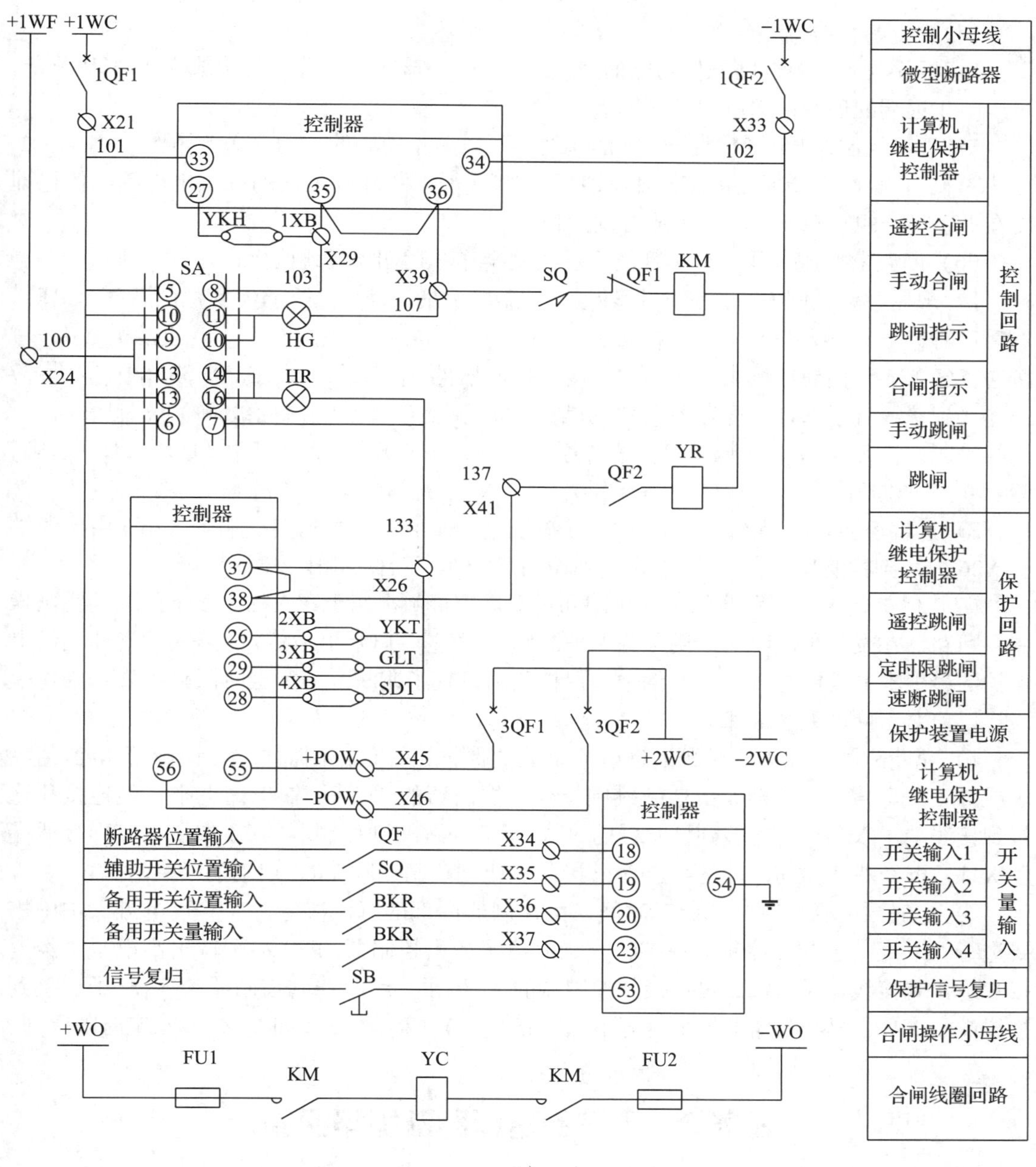

b）

图 6-7 计算机二次回路专用监控仪组成的二次回路实例
a）实例之一 b）实例之二

2）远端遥控合闸操作。控制器的 27 端子通过连接片连接到接线端子 X29 并同时连接控制器 35 端子，经跳线连接到控制器 36 端子，再连接到接线端子 X39，经位置开关 SQ、断路器辅助常闭触点 QF1 接通合闸继电器 KM。KM 吸合后，常开触点接通，合闸线圈 YC 启动合闸。

（5）防误合闸控制

1）拆除具有遥控合闸操作功能的连接片，使控制器的 27 端子与接线端子 X29 断开，可以防止远端的遥控误送电。

2）拆除控制器 35、36 端子之间的跳线，可以防止现场的手动误送电操作。

3）取下合闸线圈回路的熔断器 FU1 和 FU2，可以断开合闸线圈的供电电源，使得即便在 KM 吸合的状态下也不能完成合闸操作。

（6）断路器跳闸操作，分为现场手动跳闸操作和远端遥控跳闸操作。

1）现场手动跳闸操作。逆时针转动 SA 操作手柄，使 SA 处于预备跳闸状态（PT），然后逆时针继续转动 SA 操作手柄进行跳闸，此时 SA 处于跳闸（T）状态，SA（6—7）接通，经 133 线接到接线端子 X26，先接到控制器的 37 端子，再跳线到 38 端子，经 137 线连接到接线端子 X41，再经断路器的辅助常开触点 QF2 启动跳闸线圈 YR，触发跳闸。跳闸完成，松开控制开关 SA，开关操作手柄回弹，控制开关 SA 处于跳闸后（TD）状态，SA（6—7）断开。

2）远端遥控跳闸操作。控制器的 26 端子通过连接片连接到接线端子 X26，由接线端子 X26 连接到控制器 37 端子，再跳线到控制器 38 端子启动跳闸控制。

（7）保护跳闸。断路器的手动跳闸和远端遥控跳闸都属于在人的干预下的主动跳闸操作，断路器在发生事故时的跳闸称为保护跳闸，而保护跳闸切断故障线路或设备才是继电保护的最根本的功能体现。在本例中，保护跳闸设置了速断跳闸和定时限跳闸两种动作模式，以应对不同的系统故障。

1）速断跳闸。此为应对严重过电流事故的保护，一旦控制器检测到输入的电流值大于或等于一定值，控制器发出速断跳闸指令。控制器的 28 端子输出高电平，经连接片连接到接线端子 X26，再连接到控制器的 37 端子，经跳线到控制器的 38 端子连接到接线端子 X41，再经断路器辅助常开触点（已接通）驱动跳闸线圈 YR，启动速断跳闸。

2）定时限跳闸。跳闸的延时时间，由控制器内部的算法决定，应对过电流保护中需要进行上下级的选择性控制的保护，当延时终了后由控制器的 29 端子输出高电平，经连接片连接到接线端子 X26，再连接到控制器的 37 端子，经跳线到控制器的 38 端子连接到接线端子 X41，再经断路器辅助常开触点（已接通）驱动跳闸线圈 YR，启动定时限跳闸。

任务 3 工厂高压线路的继电保护

任务引入

由于工厂内的高压供电线路不很长，电压等级为 10 kV，且多采用单侧电源供电的放射式供电方式，因此，工厂高压供电线路的继电保护方式通常比较简单。根据国家继电保护和自动装置设计规范规定，对此应装设相间短路保护、单相接地保护和过负荷保护。本任务主要熟悉工厂高压供电线路的继电保护，重点是线路的过电流保护。

任务分析

线路发生短路时，线路中的电流会突然增大，电压会突然降低。利用电流突然增大这一特征，当流过被保护元件的电流超过预先整定值时，就使断路器跳闸或发出报警信号，来构成线路的电流保护。图 6-8 所示为由定时限过电流保护、电流速断保护构成的电流保护原理接线图。

由图 6-8 可以看到，本电路属于传统继电保护电路形式，有定时限过电流保护和电流速断保护两种保护方式。

电流的测量采用的是两相电流和的接线方式，电流互感器二次回路串联了两组电流继电器，其中 KA1、KA2 检测定时限过电流保护方式的电流值，KA3、KA4 则检测电流速断保护方式的电流值。当线路发生严重过负荷故障后，KA1、KA2 的电流测量值到阈值，并带动其触点动作，而 KA3、KA4 未达到电流阈值，不动。KA1、KA2 动作后，其触点首先驱动时间继电器 KT，延时时限结束后由 KT 经由信号继电器 KS1 的电流线圈驱动继电器 KM，KM 得电吸合，驱动跳闸线圈完成跳闸。当出现线路严重短路导致所有电流继电器动作时，KA3、KA4 动作后，触点闭合，经过信号继电器 KS2 的电流线圈直接驱动继电器 KM，KM 触点闭合，驱动跳闸线圈完成跳闸。速断跳闸动作时，同样动作的定时限跳闸动作还在延时中，速断跳闸动作完成后，电流信号即可消失，KT 的驱动条件也失去，未完成的定时限跳闸动作结束。两种保护动作后都能发出报警信号，KS1 发出过电流跳闸信号，KS2 发出速断跳闸信号。

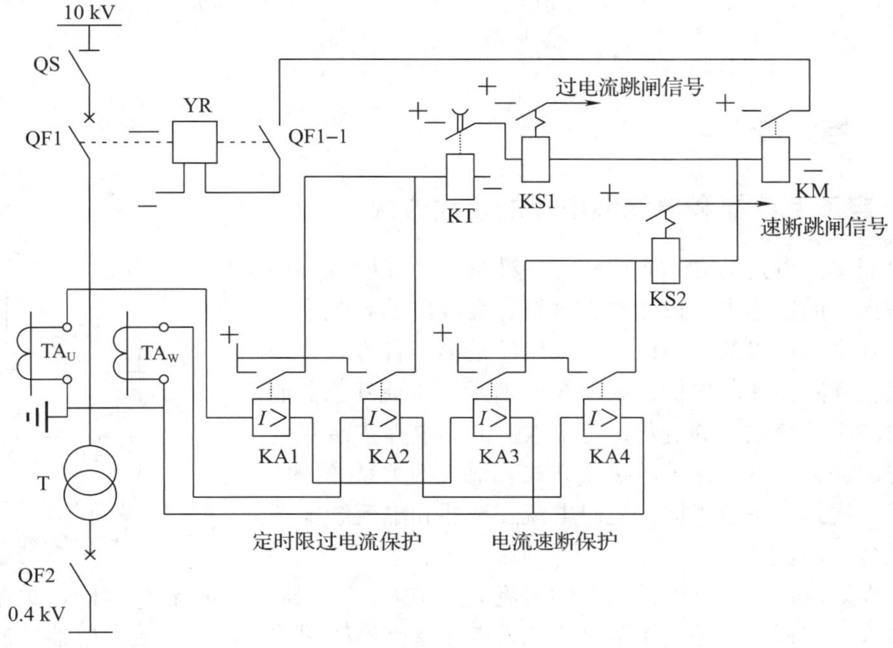

a）

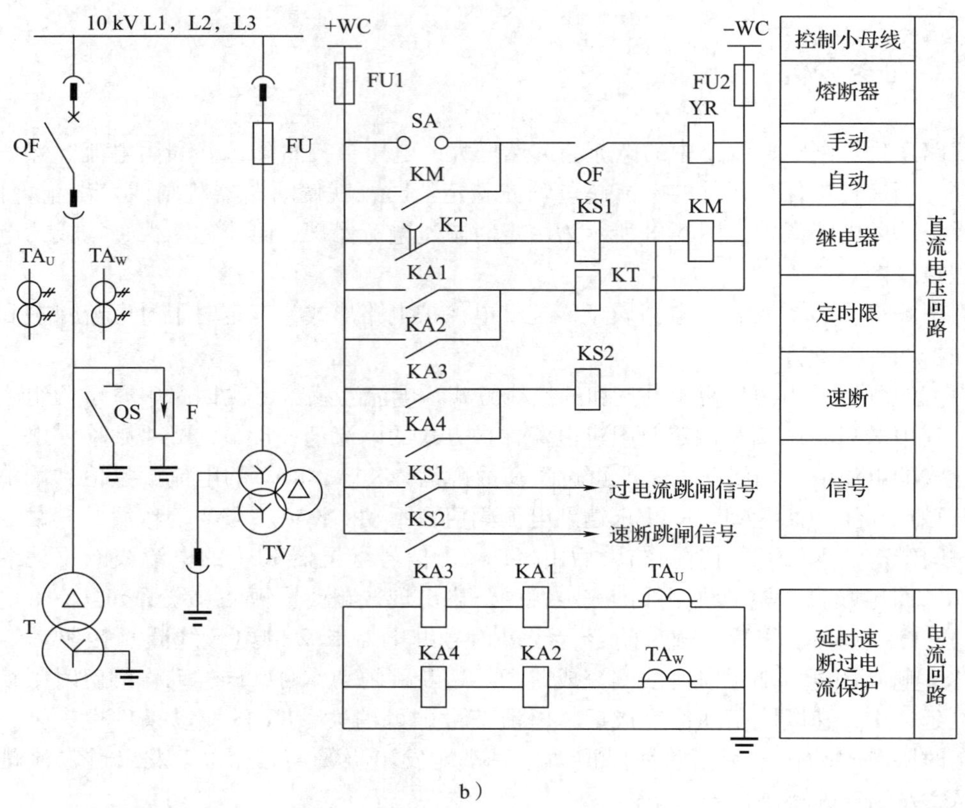

b）

图 6-8　由定时限过电流保护、电流速断保护构成的电流保护原理接线图
a）原理图　b）展开图

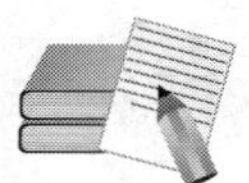

相关知识

一、电流互感器和电流继电器的接线方式

继电器接入电路的方式有两种，一种是将其线圈直接接到被保护元件的回路中，显然在大容量、高电压的系统中采用这种方式是不可以的，所以广泛采用的是第二种方式，即继电器接在互感器的二次侧，如图 6-9 所示。电流互感器能正确反映一次系统电流的变化，是二次侧的继电保护装置可靠动作的前提，与电流保护的接线方式有很大的关系。因此在讨论工厂线路保护装置前，先对电流互感器和电流继电器的连接进行讨论。

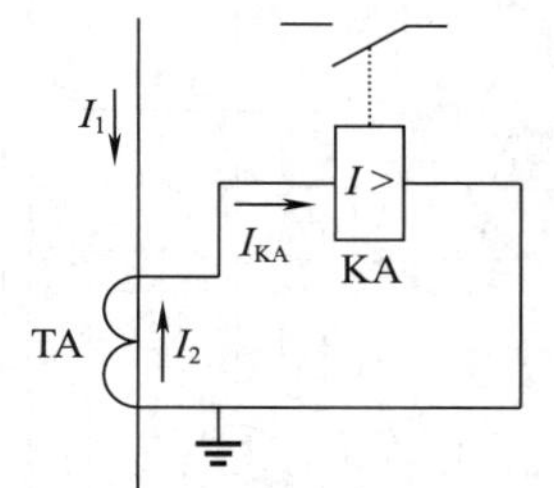

图 6-9　电流互感器及过电流继电器接线图

为了表征流过电流继电器线圈的电流 I_{KA} 与电流互感器二次电流 I_2 之间的关系，引入接线系数 K_{con} 的概念。接线系数是指流入电流继电器线圈的电流与电流互感器二次电流的比值，即

$$K_{con}=\frac{I_{KA}}{I_2} \tag{6-2}$$

1. 三相完全星形接线

三相完全星形接线如图6-10所示。这种接线方式又称为三相三继电器式接线。其接线的特点：三个电流继电器的触点并联，其中任意一个电流继电器动作，都可启动整套保护装置，所以此接线能反映各种类型的故障；电流互感器的二次电流与流入电流继电器线圈的电流相等，即接线系数 $K_{con}=1$，在一次回路发生任何类型的短路时，其保护的灵敏度都相同。此接线方式适用于大接地电流系统，在工业企业供电系统中应用较少。

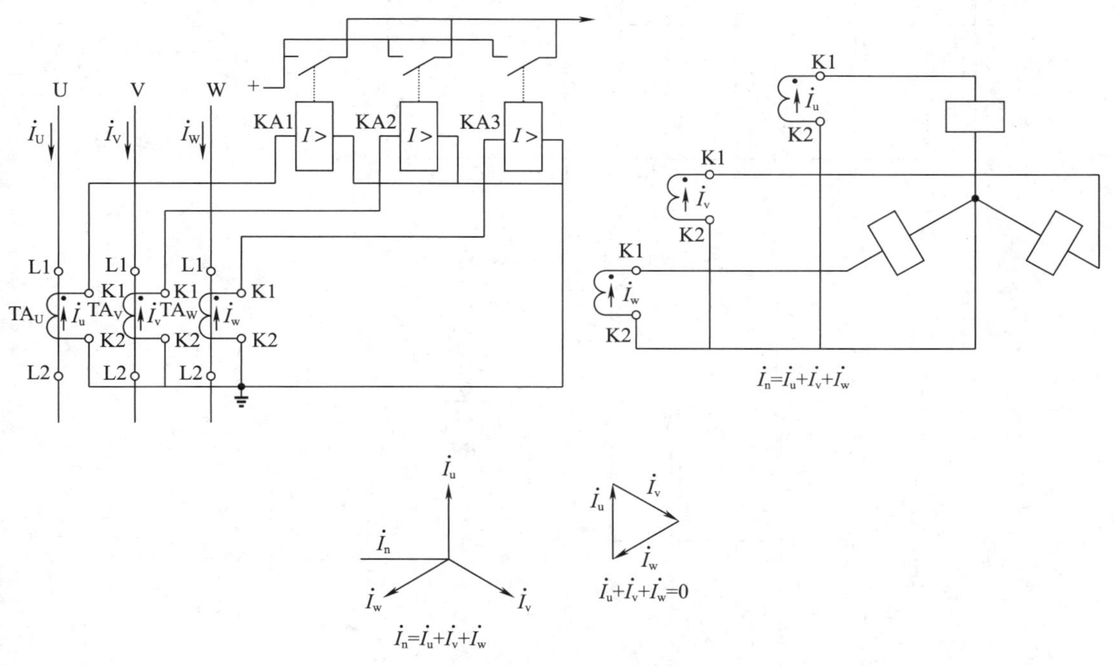

图6-10　三相完全星形接线

2. 两相不完全星形接线

两相不完全星形接线也称为两相电流和接线，如图6-11所示。它由两只电流互感器及两只电流继电器构成，通常装设在U相和W相上。

其接线的特点：能反映各种相间故障，但V相发生接地故障时不能反映；电流互感器的二次电流与流入电流继电器线圈的电流相等，即 $K_{con}=1$，在一次回路发生任何类型的相间短路故障时，其保护的灵敏度都相同。此接线方式广泛应用在小接地电流系统中，作为相间短路保护用。

3. 两相电流差接线

两相电流差接线如图6-12所示。它由两只电流互感器和一只电流继电器构成，所以这种接线方式又称为两相一继电器式接线。

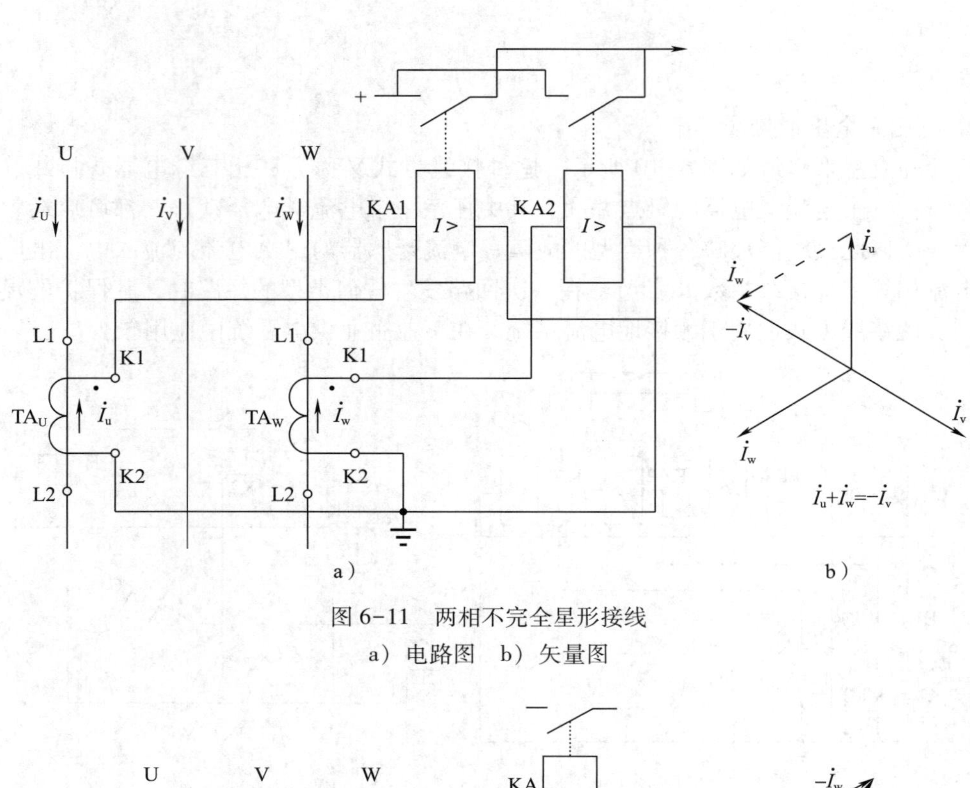

图 6-11　两相不完全星形接线

a）电路图　b）矢量图

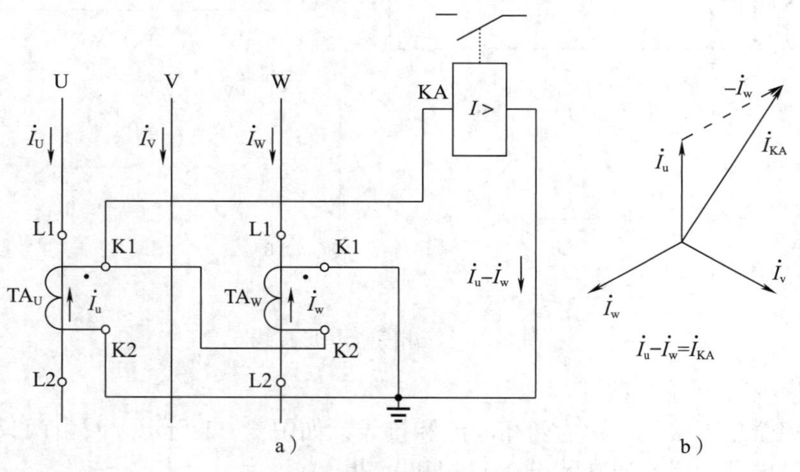

图 6-12　两相电流差接线

a）电路图　b）矢量图

从图 6-12 可以看出：这种接线方式流入电流继电器的电流为两只电流互感器二次电流的矢量差，即 $\dot{I}_{KA}=\dot{I}_u-\dot{I}_w$，在正常运行和发生不同形式的故障时，流入电流继电器的电流也有所不同。

在对称运行和发生三相短路时，三相对称短路，则各相电流遵循原向量规律，$I_{KA}=\sqrt{3}I_u=\sqrt{3}I_w$，$K_{con}=\sqrt{3}$，如图 6-13a 所示。

U、W 两相短路时，短路的两相不遵循原向量关系，$\dot{I}_u$ 与 $\dot{I}_w$ 大小相等，方向相反，

$I_{KA}=2I_u$，则 $K_{con}=2$，如图 6-13b 所示。U、V 或 V、W 两相短路时，由于此时只测量了一相电流，因此 $I_{KA}=I_u$ 或 $I_{KA}=I_w$，则 $K_{con}=1$，如图 6-13c 所示。

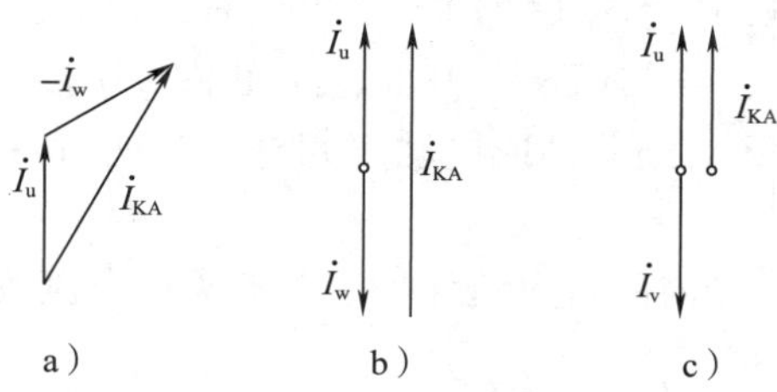

图 6-13　两相电流差接线在不同短路情况下电流矢量图
a）三相短路　b）U、W 相短路　c）U、V 相短路

由以上分析可知，这种接线的特点：能反映各种相间短路故障；在不同的短路形式下 K_{con} 是不同的，即在不同短路故障形式时，保护具有不同的灵敏度。这种接线方式与两相不完全星形接线相比，可少用一个继电器，较为简单经济，主要用于中性点不接地系统的变压器、电动机及线路的相间保护。

二、传统继电保护控制系统的过电流保护

传统继电保护控制系统是指在完成电流采样和其他控制信号采样后，由传统继电器组成的控制逻辑对电流异常或其他信号异常进行保护动作的控制电路，应当说整体整定精度和可靠性不高，但它的基本控制理念仍然是现代继电保护基本控制思想的基础，目前仍然有一定范围的应用。

1. 定时限过电流保护

定时限过电流保护装置的动作时限由时间继电器的整定时限决定，是固定不变的，与通过它的短路电流大小无关，故称为定时限过电流保护。其原理接线图如图 6-14 所示。它由电流继电器 KA1、KA2，时间继电器 KT，中间继电器 KM 和信号继电器 KS 组成。

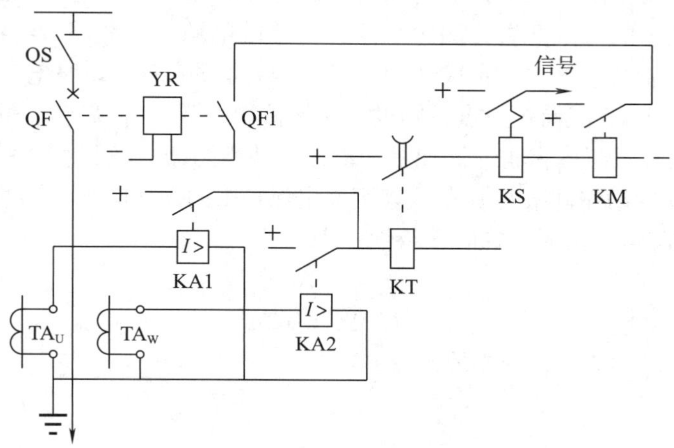

图 6-14　定时限过电流保护的原理接线图

定时限过电流保护工作原理：当被保护的线路上发生短路时，电流增大→电流继电器KA1或KA2动作，其动合触点闭合→启动时间继电器KT，经过预先整定的时限后，其延时闭合的动合触点闭合→启动信号继电器KS发出信号，提醒运行人员注意；同时还启动中间继电器KM，其触点闭合→将断路器QF的跳闸线圈YR接通→使QF跳闸，将故障线路切除。故障切除后，除KS必须手动或电动复归外，其他所有继电器均可自动返回到起始状态。

（1）动作电流的整定。定时限过电流保护装置的动作电流按躲过线路的最大负荷电流$I_{L\cdot max}$来整定，即

$$I_{op}=\frac{I_{re}}{K_{re}}=\frac{K_{rel}}{K_{re}}I_{L\cdot max} \tag{6-3}$$

式中　K_{re}——返回系数，取0.85；

K_{rel}——可靠系数，过电流保护通常取1.15~1.25；

I_{op}——保护装置动作时所对应的电流互感器一次侧的电流值，A；

I_{re}——保护装置返回时所对应的电流互感器一次侧的电流值，A；

$I_{L\cdot max}$——最大负荷电流，A。

考虑电流互感器的变流比K_i和接线系数K_{con}，得出电流继电器的动作电流为

$$I_{op\cdot k}=\frac{I_{op}}{K_i}K_{con}=\frac{K_{rel}K_{con}}{K_{re}K_i}I_{L\cdot max} \tag{6-4}$$

式中　K_{con}——接线系数；

K_i——电流互感器变流比；

$I_{op\cdot k}$——电流继电器的动作电流。

（2）动作时限的整定。装于单端电源供电线路的定时限过电流保护装置，其动作时限必须按选择性的要求加以确定，即离电源较近的前一级保护的动作时限应比相邻的离电源较远的后一级保护的动作时限要长（一般长一个时限级差Δt）。将各级保护的整定时限特性画于图中，好似一个阶梯，这就是通常所说的阶梯时限特性。例如，图6-15所示为定时限过电流保护装置的时限配置，图中线路为一单端电源供电线路，各线路WL1、WL2、WL3分别装设过电流保护1、2和3。当K点发生短路故障时，短路电流将从电源经线路WL1、WL2和线路WL3流向短路点，则过电流保护1、2和3均启动。但按照选择性的要求，应该由距短路点最近的保护，即保护3动作，使断路器QF3跳闸，故应使保护2的动作时限t_2比保护3的动作时限t_3长；同理可推出保护1的动作时限t_1也应比保护2的动作时限t_2长，即$t_1>t_2>t_3$。按照阶梯时限特性，则有

$$t_2=t_3+\Delta t$$

$$t_1=t_2+\Delta t=t_3+2\Delta t$$

式中，Δt一般为0.3~0.7 s，通常取0.5 s。

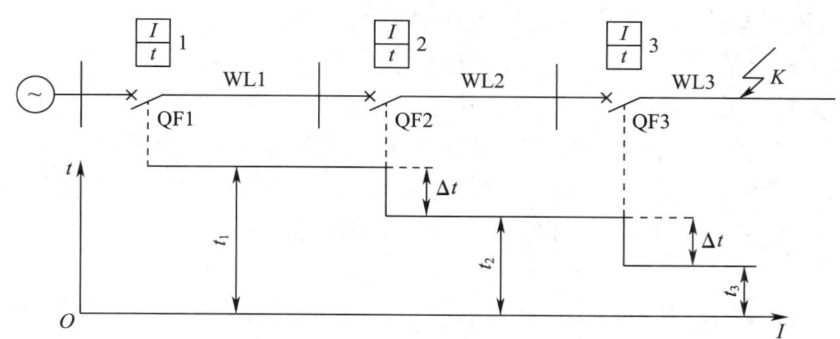

图 6-15 定时限过电流保护装置的时限配置

过电流保护的整定值要求在线路出现最大负荷电流时，保护不应误动；当线路流过最小短路电流时，保护不应拒动。所以，必须对保护装置进行灵敏度的校验，过电流保护的灵敏度必须满足的条件为

$$K_{sen}=\frac{I_{k\cdot min}}{I_{op}}\geqslant 1.5 \tag{6-5}$$

式中 $I_{k\cdot min}$——保护区末端短路时，流入保护装置的最小短路电流。一般取最小运行方式下本线路末端两相短路时的短路电流 $I_{k\cdot min}^{(2)}$；如果过电流保护是作为相邻线路的后备保护，其校验点设在相邻线路的末端，其保护灵敏度 $K_{sen}\geqslant 1.2$ 即可。

2. 反时限过电流保护

（1）原理接线图。利用反时限电流继电器构成的过电流保护称为反时限过电流保护。这种保护的特点是在同一线路不同地点发生短路时，由于短路电流不等，保护具有不同的动作时限。线路上短路点越靠近电源侧，短路电流越大，反时限过电流保护动作时限就越短。图 6-16 所示为反时限过电流保护的原理接线图。

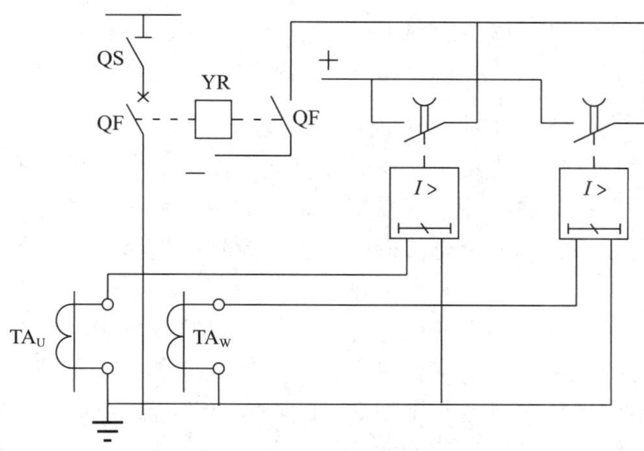

图 6-16 反时限过电流保护的原理接线图

（2）反时限过电流保护动作电流及动作时限的整定

1）其动作电流的整定计算与定时限过电流保护相同。

2）其动作时限的整定同样应按“阶梯原则”进行，所不同的是由于感应式电流继电器的动作时限与线路电流的大小有关，所以相邻线路之间时限配合就比较复杂。

如图 6-17a 所示，在下一线路首端 K_1 点发生短路时，上一级保护的动作时限 t_1 应比下一级保护中最长的动作时限 t_2 都要大一个时限级差 Δt，即

$$t_1 = t_2 + \Delta t \tag{6-6}$$

考虑 GL 型电流继电器有一定的惯性误差，动作时限的误差较大，可取 $\Delta t = 0.7$ s。

在图 6-17c 中，n_1 和 t_1 的坐标交点为 b，n_2 和 t_2 的坐标交点为 a，由过 b 点的特性曲线①可得到线路其他各点短路时，保护装置 1 继电器 KA1 的时间特性。从图 6-17a 还可看出，K_2 点短路时，时限级差为 $\Delta t'$，且 $\Delta t' > \Delta t$，短路点离电源越远，时限级差越大，所以只要在 K_1 点短路时满足时限配合要求，则在 WL2 的其他各点短路时均能满足选择性的要求。

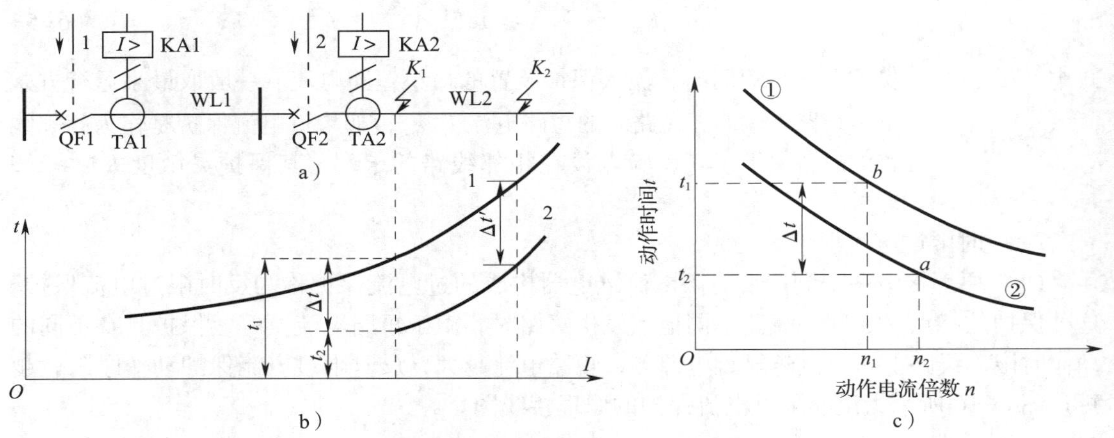

图 6-17　反时限过电流保护的动作时限的配合

a）接线图　b）短路点距离与动作时间的关系　c）继电器动作特性曲线

3. 定时限过电流保护与反时限过电流保护的比较

定时限过电流保护装置的优点是动作时限整定简便，不会因短路电流小而使故障时间延长，且在上、下级保护的选择性上容易配合。它的缺点是所需继电器数量较多，接线复杂，继电器触点容量较小，不能用交流操作电源。此外，越靠近电源处的保护装置，其动作时间越长。

反时限过电流保护装置最突出的优点是所需的继电器数量少，接线简单，继电器本身既是启动元件又是时间元件，且触点容量大，可实现直接跳闸。另外，继电器还带有机械掉牌信号装置，可不用信号继电器，用一套 GL 系列的继电器便可实现瞬时电流速断保护和时限过电流保护；继电器还可以用交流操作电源，且故障离电源越近，动作时间越短。其缺点是在整定动作时限的配合上比较复杂，而且误差较大，当短路电流小时，其动作时间可能相当长，延长了故障持续时间。反时限过电流保护主要应用在 6~10 kV 中小型用户

的线路保护及电动机保护上。

前面两种过电流保护的明显缺点就是越靠近电源的线路过电流保护，动作时间越长，而短路电流则是越靠近电源越大，危害也更加严重。因此规程规定，在过电流保护动作时间超过 0.5~0.7 s 时，应装设电流速断保护。

三、电流速断保护

电流速断保护是一种瞬时动作的过电流保护，其动作时限仅为继电器本身的固有动作时间，不必加延时。电流速断保护的组成相当于将定时限过电流保护抽去时间继电器，其原理接线图如图 6-18 所示。

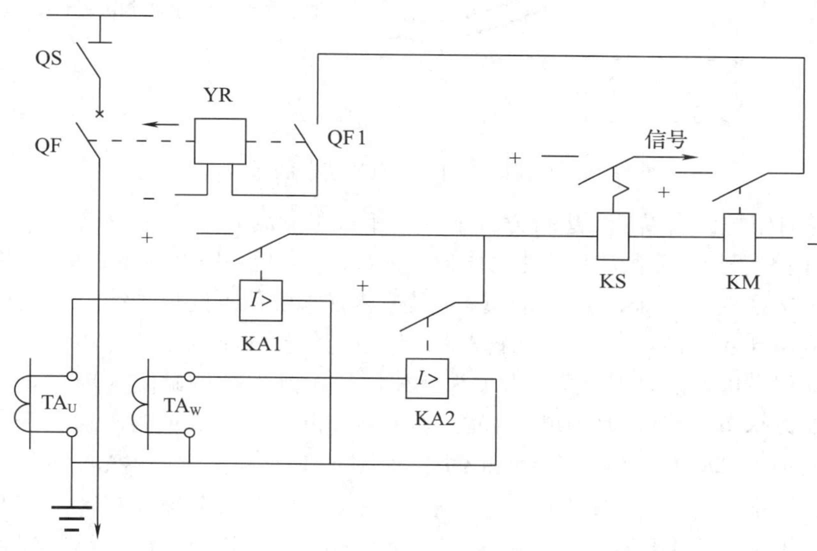

图 6-18　电流速断保护原理接线图

电流速断保护动作的选择性，是靠动作电流的整定来实现的。在被保护线路上发生短路时，流过保护装置安装处的短路电流值除了与短路点的位置有关外，还与该系统的运行方式及故障类型有关。如图 6-19 中的曲线 1 及曲线 2 所示，线路 WL1 末端短路点 K_1 与下一级线路首端短路点 K_2 很近，实际上 K_1 点的短路电流与 K_2 点的短路电流几乎相等，如果要求在被保护线路末端 K_1 点发生短路时，保护装置能够动作，则在下一级线路首端 K_2 点发生短路时，保护装置也将不可避免地动作，这样就不能保证动作的选择性。为了防止在相邻的下一级线路首端发生短路时保护的误动作，严格地将保护范围限制在本线路以内，其动作电流应按躲过它所保护线路的末端的最大短路电流（通常是最大运行方式下的三相短路电流）$I_{KB\cdot max}$ 来整定，即

$$I_{op1}=K_{rel}I_{KB\cdot max} \tag{6-7}$$

式中　K_{rel}——可靠系数，一般取 1.2~1.3；

$I_{KB\cdot max}$——线路 WL1 末端的最大短路电流（即最大运行方式下的三相短路电流），A。

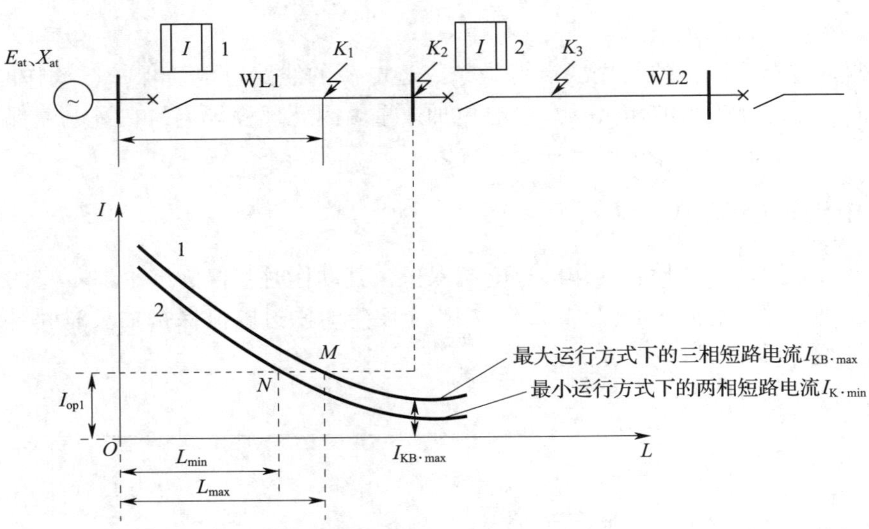

图 6-19　短路电流曲线及电流速断的保护范围

因为线路有阻抗，当以最大运行方式下的三相短路电流 $I_{KB \cdot max}$ 进行整定时，从图 6-19 看出，K_2 点短路时达不到速断保护的动作值，所以 K_2 点短路时系统的速断保护不能动作。这样虽然有了选择性，但对处于线路首端的保护装置来说就不能保护线路的全长。

虽然电流速断保护简单可靠，动作迅速，但不能保护线路的全长，以致在线路末端会出现一段不能保护的区域“死区”。为了弥补死区得不到保护的缺陷，要求既能保护线路的全长，又能以尽可能短的时限切除故障，通常将速断保护与其他时限保护配合使用，速断保护为主保护，其他时限保护为后备保护，如图 6-8 所示。图中 KA3、KA4、KS2 构成第Ⅰ段保护，即电流速断保护；KA1、KA2、KT、KS1 构成第Ⅱ段保护，即定时限过电流保护。KM 为出口中间继电器。任何一段保护动作时，均有相应的信号继电器掉牌，从掉牌指示可知道哪段保护动作，从而分析故障范围。

电流速断保护的灵敏度按其安装处（即线路首端）在系统最小运行方式下的两相短路电流来校验，则该保护的灵敏度必须满足的条件为

$$K_{sen} = \frac{I_{K \cdot min}}{I_{op1}} \geqslant 2 \tag{6-8}$$

四、单相接地保护

单相接地是最常见的故障，而工厂 10 kV 电网一般为小接地电流系统。在小接地电流的电力系统中，发生单相接地故障时，只有很小的接地电容电流，而线电压仍是对称的，对接于线电压上的电气设备没有影响，规程规定可暂时继续运行（不超过 2 h）。但由于非故障相的对地电压要升高$\sqrt{3}$倍，对线路的绝缘是一种威胁，为防止非故障相的对地绝缘击穿而发展成两相接地短路，造成线路停电，对中性点不接地系统，应装设绝缘监察装置或单相接地保护装置，以便在发生一点接地故障后，及时发信号，提示运行人员注意并采取相应措施。

1. 绝缘监察装置

利用中性点不接地系统发生单相接地故障后会出现零序电压这一特性，可装设无选择性的绝缘监察装置。在工厂变电所中，常采用三只三绕组单相电压互感器或者一只三相五柱式电压互感器接成如图 6-20 所示的电路。

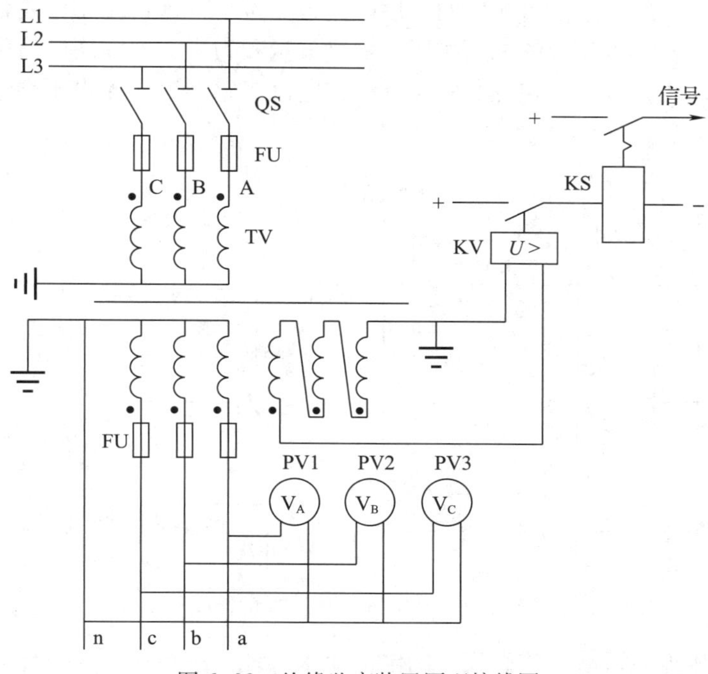

图 6-20　绝缘监察装置原理接线图

在图 6-20 中，电压互感器 TV 一次绕组中性点接地，二次侧有两个绕组，一组接成星形，其绕组上接有三只电压表，以测量各相对地电压；另一组二次绕组接成开口三角形，接入电压继电器。

正常运行时，三相电压对称，没有零序电压，电压继电器不动作，三只电压表读数均为相电压。

当一次系统发生单相（如 A 相）接地故障时，TV 一次侧 A 相对地电压降为零，其他两相的对地电压升高$\sqrt{3}$倍，反映到三只电压表中，A 相电压指示零，另两相指示线电压，由此得知一次系统 A 相接地。同时开口三角形两端电压由正常时的零伏升高到 100 V，使电压继电器动作，发出接地故障信号。

由以上分析可知，虽然运行人员根据三只电压表上的电压指示能判断出故障相，但不能判断是哪一条线路，却可通过逐一短时断开线路来寻找，故此绝缘监察装置是无选择性的。这种方法只适用于引出线不多，又允许短时停电的供电系统中。我国规程规定，对 3～66 kV 中性点非直接接地的线路，宜装设有选择性的接地保护来判别接地故障线路。

2. 零序电流保护

单相接地保护是利用系统发生单相接地时所产生的零序电流来实现的。

对于架空线路，一般采用由三个单相电流互感器同极性并联构成的零序电流滤过器。如图 6-21 所示，在正常运行时，虽然三相不平衡也会有零序电流，但由于系统基本上是三相平衡的，出现小的不平衡时测出的零序电流也非常小，远远小于整定值。发生三相对称短路时，由于三相电流矢量的抵消作用，最终矢量和为零，即零序电流为零；发生相间短路时，短路的两相电流大小相等方向相反，在电流互感器二次侧也不会感应出电流，即也测不到零序电流。

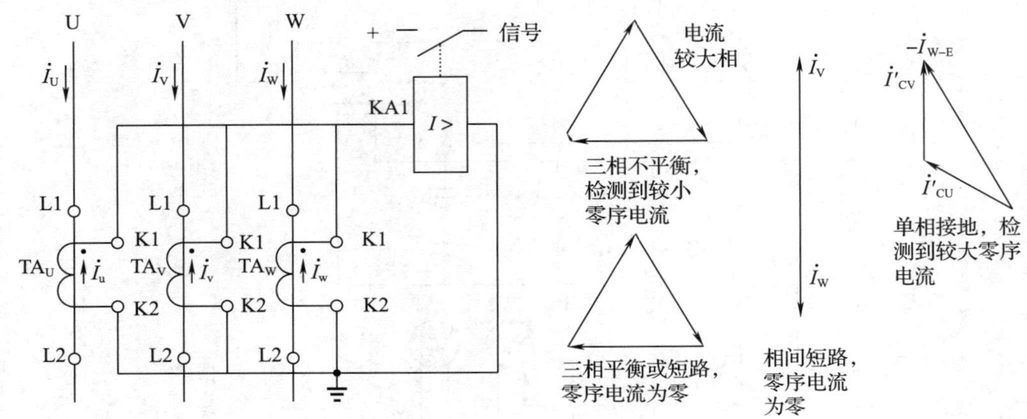

图 6-21　零序电流滤过器的接线

当发生单相接地时，故障相有较大的电流流入大地，系统越大，分布电容越大，接地电流就越大。此接地电流造成故障相与正常相之间有了较大的电流值的差异，而且这个接地电流对于测量装置来说没有相反的量与其抵消，于是就产生了较大的零序电流，在互感器二次侧感应出的电流远远大于整定值，使继电器 KA1 动作并发出信号。

通常通过判断零序电流的大小来判断是否发生了单相接地，三相的不平衡运行产生的零序电流非常小，比起单相接地产生的零序电流不是一个数量级，所以，一般认为只要出现了大的零序电流即可判断系统发生了单相接地故障。

对于电缆，都采用专门的零序电流互感器，套在电缆头处。二次绕组绕在铁心上，并接到过电流继电器（零序电流继电器）上，如图 6-22 所示。应注意的是，电缆头的接地线必须穿过零序电流互感器后接地，否则将会使保护装置误动或拒动。电缆线路零序电流测量应用的现场如图 6-23 所示。

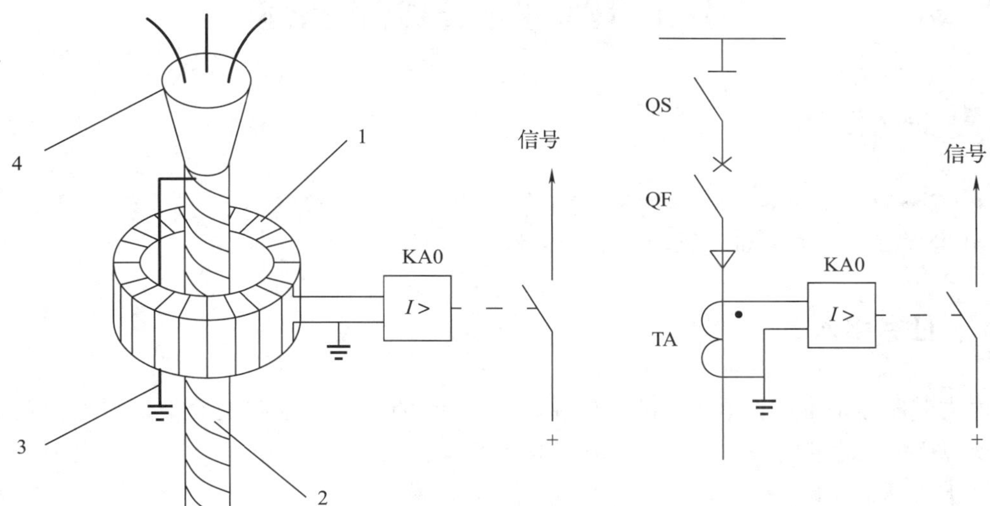

图 6-22　零序电流互感器接线及保护原理示意图
1—零序电流互感器（其环形铁心上绕二次绕组，环氧浇注）
2—电缆　3—接地线　4—电缆头　KA0—零序电流继电器　TA—零序电流互感器

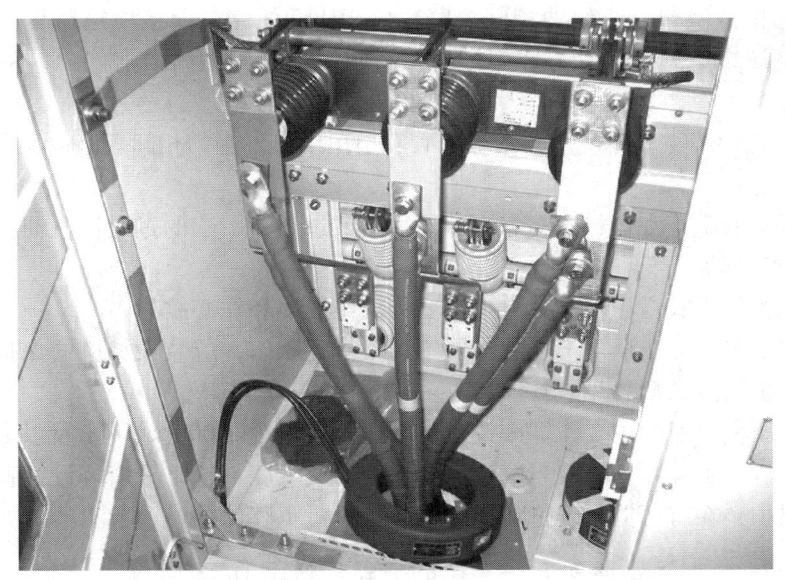

图 6-23　电缆线路零序电流测量应用的现场

任务4　电力变压器的继电保护

任务目标

- 了解电力变压器的故障和不正常运行状态。
- 了解工厂变压器继电保护的配置和各种保护接线原理。

任务引入

电力变压器是工厂供电系统的重要设备，一旦发生故障，会影响企业的供电及正常生产，所以必须装设性能良好、动作可靠的保护装置。通过本任务的学习，了解电力变压器继电保护的基本知识。

任务分析

变压器的故障形式跟变压器的类型有关，对于油浸变压器，其故障类型主要有油箱内故障和油箱外故障。

（1）油箱内故障包括绕组的相间短路、单相匝间短路以及接地短路等。这些故障将产生电弧，烧坏绕组绝缘及铁心，引起绝缘材料及变压器油的强烈气化，甚至造成油箱的爆炸。

（2）油箱外故障主要是变压器绝缘套管和引出线上发生的相间短路以及引出线单相接地短路等。

油浸变压器的不正常运行状态有由外部短路或过负荷引起的过电流、油箱内部的油面降低、油温的升高等。

对于免维护的干式变压器，其故障主要为绕组故障和铁心故障。

规程规定，对于变压器的上述故障及不正常运行状态，应装设相应的保护装置。中小容量变压器保护装置的配置见表6-1。

对于总降压变电所的主变压器来说，单台运行容量为1 000 kV·A及以上，并列运行容量为6 300 kV·A及以上，或当电流速断保护的灵敏度不够时，应装设纵差动保护来代替电流速断保护；在有可能出现过负荷时也应装设过负荷保护。

表6-1　中小容量变压器保护装置的配置

变压器容量/（kV·A）	保护装置				
	过电流保护	电流速断保护	瓦斯保护	单相接地保护	油温信号装置
<400	一般多采用熔断器保护				

续表

变压器容量/（kV·A）	保护装置				
	过电流保护	电流速断保护	瓦斯保护	单相接地保护	油温信号装置
400~800	一次侧采用断路器时装设	一次过电流保护时限大于0.5 s时装设	油浸变压器装设	联结组别为Y，yn0的变压器装设	油浸变压器装设
1 000~1 800	装设	一次过电流保护时限大于0.5 s时装设	油浸变压器装设		油浸变压器装设

相关知识

一、变压器的瓦斯保护

它是较大容量油浸变压器油箱内故障的主保护，通过专用的保护元件瓦斯继电器，反映油面的降低和气流的涌动，并可根据故障的严重程度，由继电保护系统判断动作于信号或跳闸。电力变压器利用油作为绝缘和冷却介质，当变压器油箱内部发生故障时，短路电流产生的电弧，将使变压器油和绝缘材料分解，产生大量气体。瓦斯保护就是反映这种气体变化的保护。

1. 瓦斯继电器

构成瓦斯保护的主要元件是瓦斯继电器（又称“气体继电器”），它安装在变压器油箱和油枕之间的连接管道中，如图6-24所示。为了使油箱内的气体都能顺利地通过瓦斯继电器而流向油枕，在安装变压器时，要求其顶盖与水平面间有1%~1.5%的坡度，安装瓦斯继电器的连接管有2%~4%的坡度，均朝油枕的方向向上倾斜。这样，当变压器发生内部故障时，就可以防止由于气泡积聚在变压器的顶盖内，而影响瓦斯继电器的正确动作。

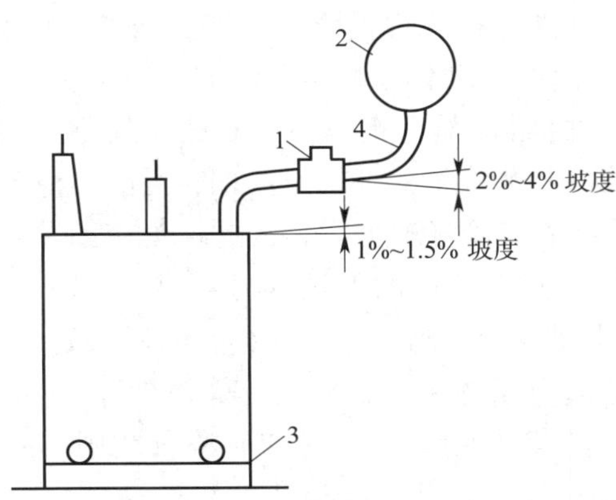

图6-24 瓦斯继电器在变压器上的安装位置示意图

1—瓦斯继电器 2—油枕 3—变压器油箱 4—连接管

瓦斯继电器主要有浮筒式和开口杯挡板式两种结构。浮筒式目前已淘汰，现在一般采用开口杯挡板式。图 6-25 所示为 FJ3-80 型开口杯挡板式瓦斯继电器的结构。

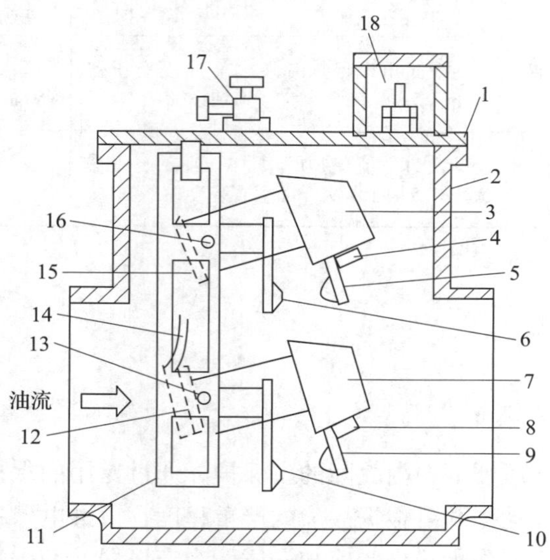

图 6-25　FJ3-80 型开口杯挡板式瓦斯继电器的结构

1—盖　2—容器　3—上油杯　4—永久磁铁　5—上动触点　6—上静触点　7—下油杯　8—永久磁铁　9—下动触点　10—下静触点　11—支架　12—下油杯平衡锤　13—下油杯转轴　14—挡板　15—上油杯平衡锤　16—上油杯转轴　17—放气阀　18—接线盒

由于排出气体的数量和速度直接反映了变压器故障的性质和严重程度，所以瓦斯继电器有两对触点，分别作用于发出信号或使断路器跳闸。当故障情况较轻微或漏油时，其上动触点 5 闭合，发出轻瓦斯信号；当故障情况比较严重时，则下动触点 9 闭合，发出重瓦斯信号，并作用于断路器跳闸。

2. 瓦斯保护的接线

图 6-26 所示为变压器瓦斯保护原理接线图。当变压器内部发生轻微故障时，瓦斯继电器 KG 的上触点（1—2）闭合，动作于发信号。当变压器内部发生严重故障时，KG 的下触点（3—4）闭合，经中间继电器 KM 作用于断路器的跳闸线圈 YR，使断路器跳闸，同时 KS 发出跳闸信号。由于挡板在油流冲击下的偏转可能不稳定，致使重瓦斯触点［KG 的触点（3—4）］时通时断造成接触不可靠，因此，为使断路器可靠跳闸，采用中间继电器 KM 的 1、2 触点实现自保持。KG 的下触点（3—4）一闭合，KM 就动作，并借其上触点（1—2）的闭合而使其处于自保持状态，这样，即使 KG 的下触点（3—4）由于油流不稳定断开时，KM 仍能通过自保持使回路接通。KG 的下触点（3—4）闭合后断路器 QF 跳闸，断路器 QF 跳闸后，其辅助触点 QF（1—2）断开跳闸回路，QF（3—4）则断开中间继电器 KM 的自保持回路，使中间继电器返回。

为了防止运行中对瓦斯继电器进行试验时造成误跳闸，在重瓦斯保护的出口回路中设有切换片 XT，以便在试验时将回路切换至电阻 R 上，只发信号。

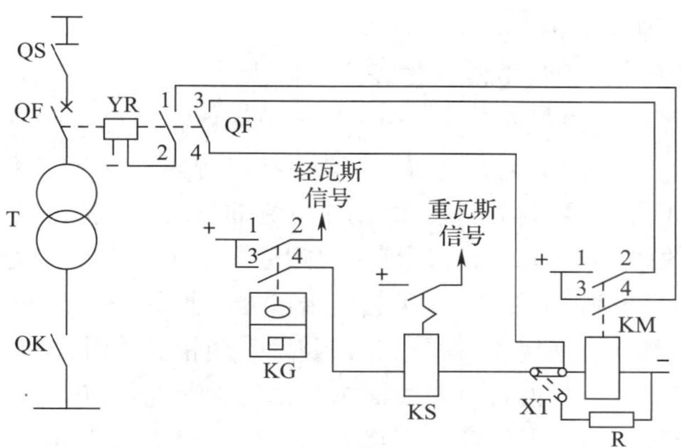

图 6-26　变压器瓦斯保护原理接线图

瓦斯保护能全面地反映变压器油箱内部各种类型的故障，特别是发生轻微故障时（如匝间短路且匝数很少），具有较高的灵敏度。此外，瓦斯保护还具有动作迅速、接线简单等优点。但是它不能反映变压器绝缘套管及引出线的故障，所以不能作为变压器内部故障的唯一保护。

二、变压器的过电流保护、电流速断保护及过负荷保护

图 6-27 所示为变压器的过电流保护、电流速断保护及过负荷保护原理接线图。

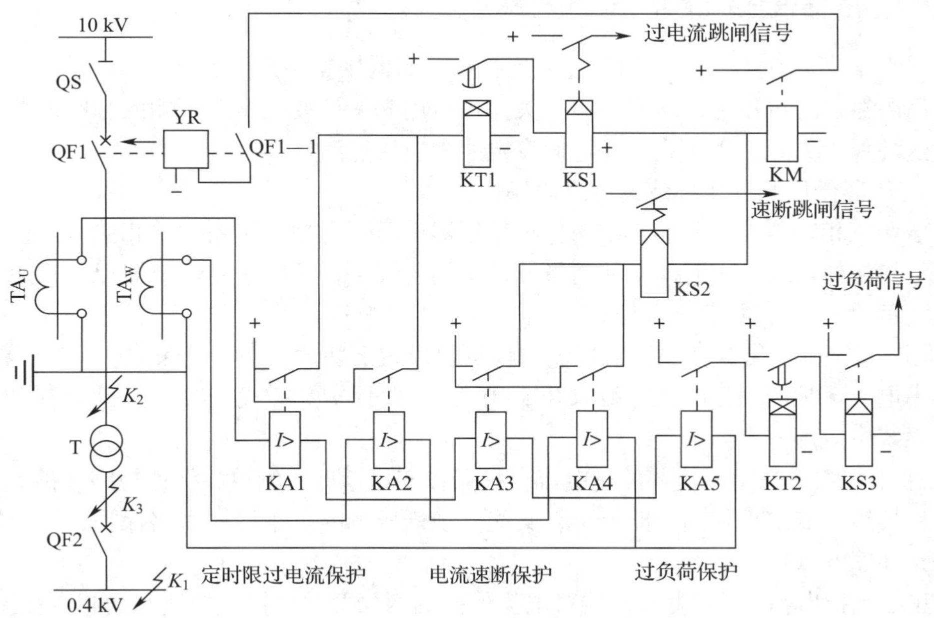

图 6-27　变压器的过电流保护、电流速断保护及过负荷保护原理接线图

1. 变压器的过电流保护

为了反映变压器外部短路引起的过电流，并作为变压器内部故障的后备保护，变压器应装设过电流保护。其动作电流及动作时限的整定计算原则均与线路过电流保护相同。

2. 变压器的电流速断保护

对于中小容量变压器，当过电流保护动作时限大于 0.5 s 时，还应装设电流速断保护，用以快速反映油箱外部电源侧绝缘套管及引出线的故障，它与瓦斯保护互相配合，构成中小容量变压器的主保护。变压器的电流速断保护装设在电源侧，对于 35 kV 及以下的小接地电流系统，通常采用两相不完全星形接线，其动作电流的整定与电力线路的电流速断保护基本相同，应按躲开系统最大运行方式下变压器二次侧母线短路时的最大短路电流来整定。

电流速断保护的灵敏度，可按其保护安装出口处（见图 6-27 中的 K_2 点）在系统最小运行方式下的两相短路电流来校验。要求在该处发生两相短路时，其灵敏度系数不小于 2。

变压器的电流速断保护虽然具有接线简单、动作迅速的优点，但它与电力线路电流速断保护一样，也有死区，只能保护变压器绕组的一部分而不是全部，这是它的缺点。弥补此缺点的措施是配备带时限的过电流保护。例如，图 6-27 中的 K_3 点发生故障时，只能靠过电流保护动作于跳闸，结果延长了动作时间。

3. 变压器的过负荷保护

有可能出现过负荷的变压器应装设过负荷保护，延时发信号。因变压器过负荷电流多为三相对称，所以过负荷保护只装在一相上。为防止在大电动机启动等短时冲击电流或外部短路故障时发出不必要的信号，过负荷保护的动作时限一般整定为 10～15 s；动作电流整定值要按躲过变压器的额定电流来整定。

三、变压器低压侧的单相接地保护

1. 变压器低压侧装设三相均带过电流脱扣器的低压断路器保护

低压断路器既可作为低压侧的主开关，也可用来保护变压器低压侧的相间短路和单相接地。这种保护方式在工矿企业和车间变电所中应用广泛。

2. 变压器低压侧三相均装设熔断器保护

低压侧三相均装设熔断器，用来保护变压器低压侧的相间短路和单相接地。但熔断器熔断后更换熔体需要一定时间，从而影响供电的连续性，所以采用熔断器保护只适用于供给不重要负荷的小容量变压器。

3. 在 Y，yn0 联结的变压器低压侧中性点引出线上装设零序电流保护

零序电流保护的动作时间一般取 0.5～0.7 s。此保护灵敏度较高，但投资较多，工厂供配电系统中应用较少。

4. 采用三相完全星形接线的过电流保护兼作变压器低压侧单相接地短路保护

这种接线既能实现相间短路保护，又能实现低压侧的单相接地短路保护，且保护灵敏度较高，如图 6-28 所示。

这里必须指出：通常作为变压器过电流保护的两相两继电器式接线和两相电流差接线，均不宜作为低压侧的单相接地短路保护。如图 6-29a 所示，当低压侧 v 相发生单相接地短路时，在变压器高压侧两相两继电器式接线的继电器中，只能反应 1/3 的单相接地短路电流，灵敏度很低，因此两相两继电器式接线不适于作低压侧的单相接地短路保护；在图 6-29b 中，当未装电流互感器的 V 相所对应的低压侧 v 相发生单相接地短路时，高压侧的电流继电

器中根本无电流通过，因此，两相电流差接线根本不能作低压侧的单相接地短路保护。

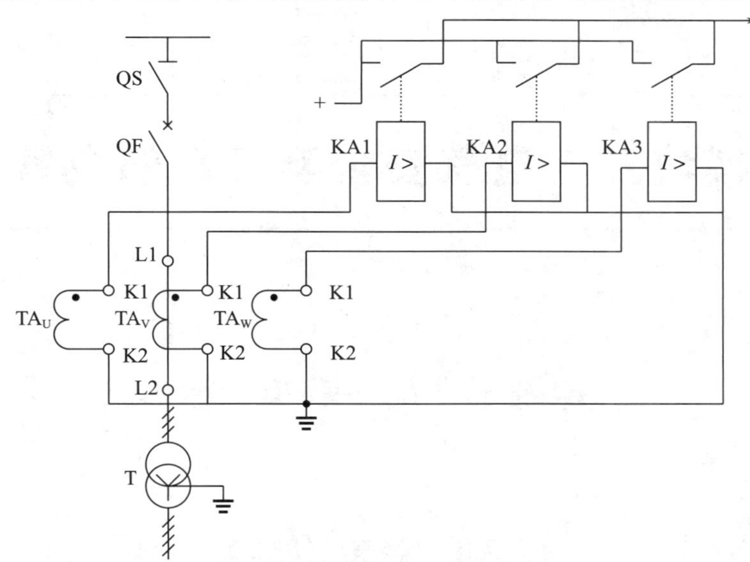

图 6-28 三相完全星形接线的过电流保护兼作变压器低压侧单相接地短路保护

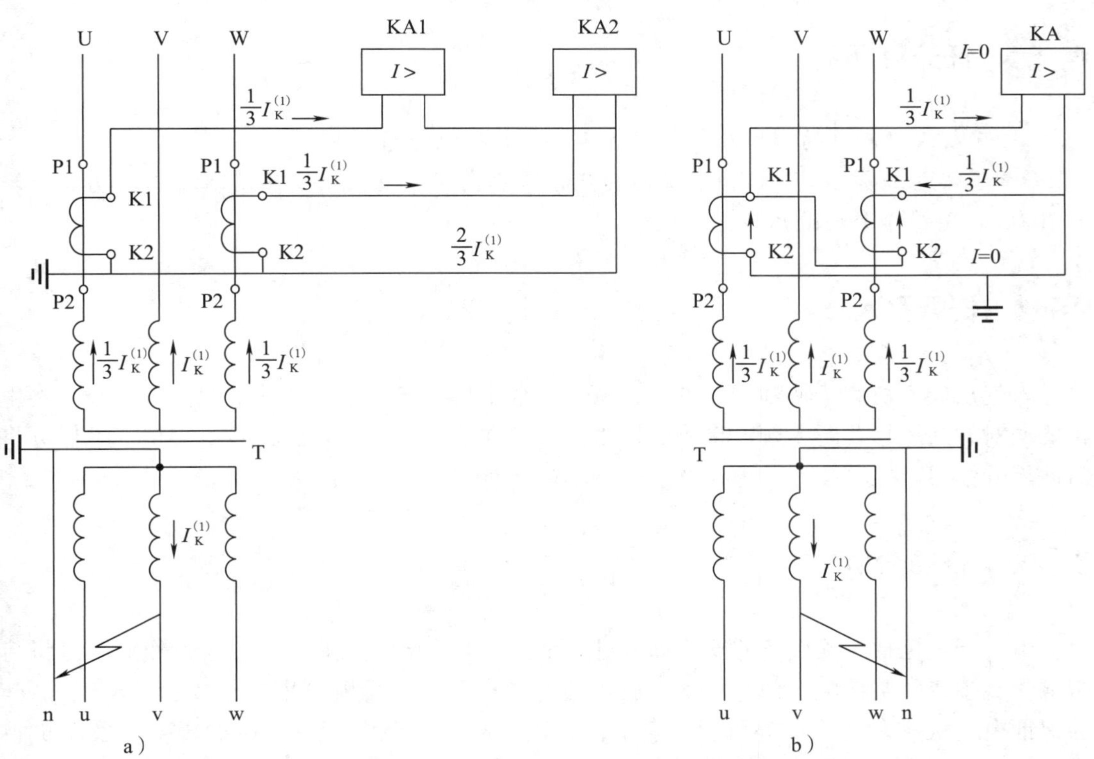

图 6-29 变压器（Y，yn0 联结）过电流保护的两相两继电器式接线和两相电流差接线

a）采用两相两继电器式接线的变压器低压侧 v 相接地时电流的流向

b）采用两相电流差接线的变压器低压侧 v 相接地时电流的流向

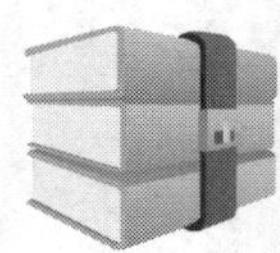

模块三　电气安全及工厂的电气照明

课题七　电 气 安 全

任务1　触电与防护

任务目标

◆ 了解人身触电的形式及其危害，了解触电防护的基本方式。

◆ 了解电工安全工具的种类及其功能，掌握高压验电器、高压绝缘杆以及高压绝缘靴（鞋）、绝缘手套的使用规范。

任务引入

电气从业人员属于特种作业人员，电气安全将是电气从业人员整个职业生涯甚至终生都要面对的问题，要防止触电事故的发生，就必须掌握触电与防护的基本知识，本任务将对此展开学习。

任务分析

电气安全包括电气设备的安全和人身安全两方面。电气从业人员在进行作业时，将与带电体直接或间接接触，稍有麻痹，就可能造成严重的人身触电事故，或引发电气火灾。为保证电气从业人员的安全和设备安全，必须了解人身触电事故发生的规律性及防护技术，掌握电工安全用具的正确使用方法。

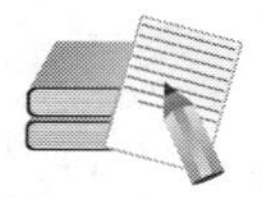

相关知识

一、有关触电的基本知识

1. 触电

触电是指电流流过人体时对人体产生的生理及病理伤害，包括电击和电伤两种。生理伤害是指当电流流过人体的肢体和器官时，这些肢体和器官的生理功能受到严重损伤甚至缺失，如肢体不能自主伸缩，呼吸、心跳等生理功能缺失。病理伤害是指当电流流过人体时，电流的热效应对人体的某些部位造成的器质性损坏产生的病理改变，如烧焦等。电击是指电流流过人体时所造成的内伤，多造成生理伤害。电流通过心脏会引起心室颤动，导致血液循环停止；电流通过中枢神经系统的呼吸控制中心可使呼吸停止。电伤是指电流的热效应、化学效应或机械效应对人体外表造成的局部伤害，多造成病理伤害。电伤常常发生在人体的外部，在肌体表面留下伤痕。电流的热效应会造成电灼伤；电流的化学效应会造成电烙印和皮肤金属化。人体触电时电击与电伤常常同时发生。另外，人体触电时往往还伴随着高空坠落、物体打击及火灾烧伤等间接伤害。

对于高压触电事故，一般病理伤害和生理伤害都比较严重；低压触电事故中则主要以生理伤害为主，同时可伴随轻微的病理伤害。

2. 决定人体触电伤害程度的因素

人触电时对人体伤害的严重程度，与通过人体的电流的大小、电流通过的持续时间、电流通过的路径、电流的频率及人体的状况等多种因素有关。通过人体的电流越大，通电时间越长，对人体的伤害程度越大。资料表明，25~300 Hz 的交流电对人体的伤害最大，人触电后能自主摆脱电源的电流一般为 10~16 mA，当超过 50 mA（通电时间在 1 s 以上）时，对人有致命危险。电流通过心脏、呼吸系统和中枢神经等要害部位时，触电的伤害最为严重。从左手到胸部以及从左手到右脚是最危险的电流途径，从脚到脚一般危险性最小，但触电后可能由于双足剧烈痉挛而摔倒，导致电流流过全身或二次事故。人体电阻的大小对触电后果也会产生一定的影响。影响人体电阻的因素很多，如皮肤的角质外层厚度，皮肤表面干、湿、污、洁程度，接触电压、接触面积、接触压力等，人体电阻因人而异，可在数百欧至数万欧变化。从人身安全的角度考虑，人体电阻可按 1 000~2 000 Ω 考虑，一般取 1 700 Ω。应该指出的是，人体电阻只对低压触电有限流作用，而对高压触电，人体电阻几乎不起作用。

3. 人体安全电流与安全电压

（1）安全电流。安全电流是指人体触电后最大的摆脱电流，各国规定不同。我国一般取 30 mA（交流 50 Hz）为人体的安全电流值，但触电时间不能超过 1 s。在空中、水面等可能因电击导致摔死、淹死的场合，人体的安全电流应按不引起强烈痉挛的 5 mA 考虑。

（2）安全电压。为了防止触电事故，由特定电源供电的电压系列称为安全电压。由于人体的安全电流取 30 mA，而人体电阻取 1 700 Ω，因此一般人体允许持续接触的安

全电压为

$$U_{sef} = 30\ \text{mA} \times 1\ 700\ \Omega \approx 50\ \text{V}$$

50 V 规定为这个电压系列的上限值，即在任何情况下，两导体间或任一导体与地之间电压都不得超过交流 50~500 Hz 有效值 50 V。

我国规定安全电压额定值的等级分别为 42 V、36 V、24 V、12 V、6 V。当电气设备采用了超过 24 V 的安全电压等级时，必须有防止直接接触带电体的保护措施。一般环境下采用的安全电压为 36 V；机床照明或手提式照明灯，一般都采用 24 V 安全电压；在特别潮湿的环境中，或在金属容器、隧道、矿井内使用的手提式或插卡式照明灯，均应采用 12 V 及以下的安全电压。

4. 触电形式

人体触电类型多种多样，但最常见的主要有以下两种形式。

（1）人体直接接触或过分靠近带电导体而发生的触电（称为直接接触触电）。

直接接触触电如图 7-1 所示。这时电流经过人体，会给触电者造成致命危险。其中图 7-1b 所示的两相触电，由于电压较高（这时作用于人体的电压是 380 V），危险性更大。另外，当人体过分靠近高压带电导体时，气体间隙被强电场击穿，发生电弧放电，会对人体造成电弧伤害，这种电弧伤害往往是致命的。如带负荷分断、闭合刀开关，会产生弧光短路，对人身及设备都造成伤害。

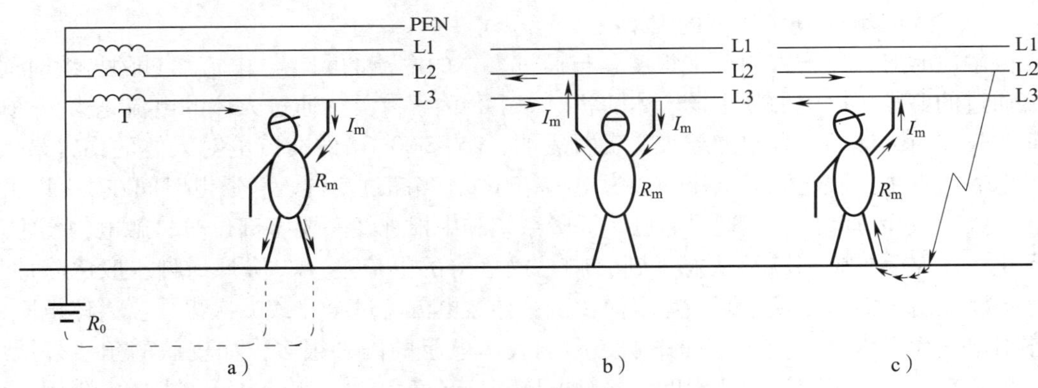

图 7-1　直接接触触电

a）中性点直接接地电网的单相触电　b）、c）两相触电

由上可知，直接接触触电时，通过人体的电流较大，触电危险性也较大，所以要尽可能地避免直接接触触电的发生。

（2）人触及“漏电”设备的金属外壳或结构而发生的触电（称为间接接触触电）。

电气设备在正常运行时，其金属外壳或结构是不带电的。但当电气设备绝缘损坏而发生接地故障时（俗称“碰壳”或“漏电”），其金属外壳或结构便带有一定电压，此时人触及就会发生触电。图 7-2 所示为间接接触触电。

从图 7-1、图 7-2 看到，不论是直接接触触电还是间接接触触电，如果操作者脚下穿一双绝缘靴（鞋），就能减少甚至避免触电伤害，而穿绝缘靴（鞋）正是触电防护的有效措施之一。

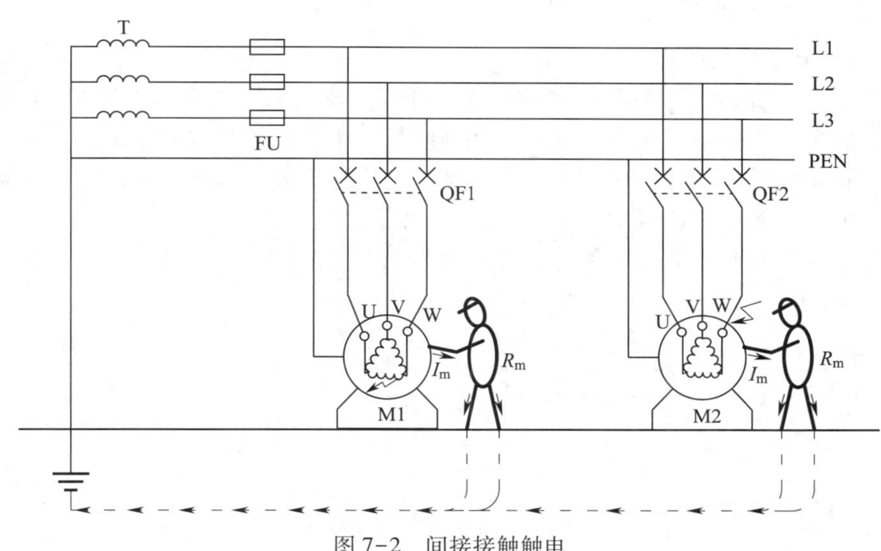

图 7-2　间接接触触电

二、触电防护

1. 防止直接接触触电的技术措施

防止直接接触触电的技术措施主要有对带电导体加装绝缘防护或加装屏护，将带电导体封护或隔离起来，设置安全距离、挂安全标志等。

2. 防止间接接触触电的技术措施

防止间接接触触电的技术措施主要有保护接地、保护接零、装设剩余电流动作保护装置等。

三、电工安全用具的分类

电工安全用具分为绝缘安全用具和一般防护安全用具两大类。

1. 绝缘安全用具

绝缘安全用具又分为基本安全用具和辅助安全用具。

（1）基本安全用具。基本安全用具的绝缘强度高，能长时间承受电气设备的工作电压，并能在该电压等级内产生过电压时，保证作业人员的安全。如绝缘杆、绝缘夹钳、验电器等。

（2）辅助安全用具。辅助安全用具的绝缘强度低，不能承受电气设备的工作电压，只能用来加强基本安全用具的保护作用，能防止接触电压、跨步电压和电弧伤害。如绝缘手套、绝缘靴（鞋）、绝缘台或绝缘垫等。

2. 一般防护安全用具

一般防护安全用具是指那些主要用来进一步加强基本安全用具绝缘的用具，有携带型接地线、标示牌及临时隔离遮拦等。

四、电工安全用具的正确使用

1. 基本安全用具及使用

（1）绝缘杆。绝缘杆也称操作棒或绝缘拉杆，主要用来操作 35 kV 及以下电压等级的隔离开关、跌落式熔断器以及安装或拆除接地线等，绝缘杆的结构如图 7-3 所示。绝缘杆不宜太重，应能满足单人操作的要求。工作部分、绝缘部分、握手部分的连接应牢固，以防在操作中脱落。绝缘杆必须放在干燥通风的地方，并宜悬挂或垂直放在特制的木架上。使用时操作者应配用辅助安全用具，如穿绝缘靴（鞋），戴绝缘手套。为了保证足够的绝缘安全距离，绝缘杆的绝缘部分长度不得小于表 7-1 所列数值。

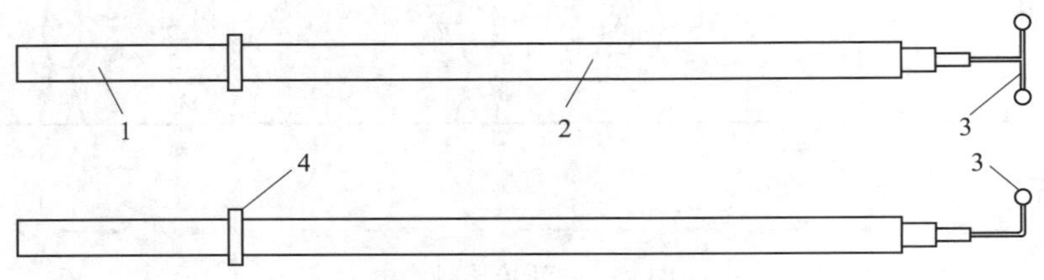

图 7-3 绝缘杆的结构

1—握手部分 2—绝缘部分 3—工作部分 4—护环

表 7-1 绝缘杆的绝缘部分长度

电压等级/kV	绝缘部分长度/m	电压等级/kV	绝缘部分长度/m
10 以下	0.7	110	1.3
35	0.9	154	1.7
60	1.0	220	2.1

图 7-4 所示为绝缘杆实物。

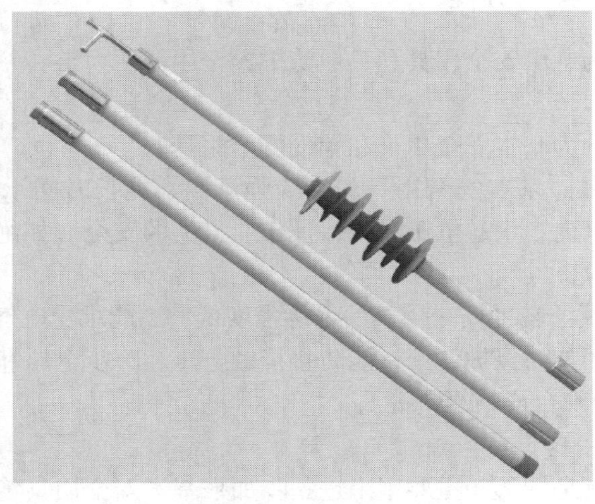

图 7-4 绝缘杆实物

带电使用高压绝缘杆进行操作时，应当戴绝缘手套，穿绝缘靴（鞋），并且必须一人操作一人监护。

现行规程规定：10 kV 绝缘杆的试验周期为每年做一次预防性试验，试验合格并在有效期内方可使用。

（2）绝缘夹钳。绝缘夹钳主要在 35 kV 及以下电压等级的电气设备上进行拆装熔断器等工作时使用，如图 7-5 所示。其钳口（工作部分）必须能保证夹紧熔断器的熔丝管。绝缘夹钳绝缘部分和握手部分的最小长度见表 7-2。

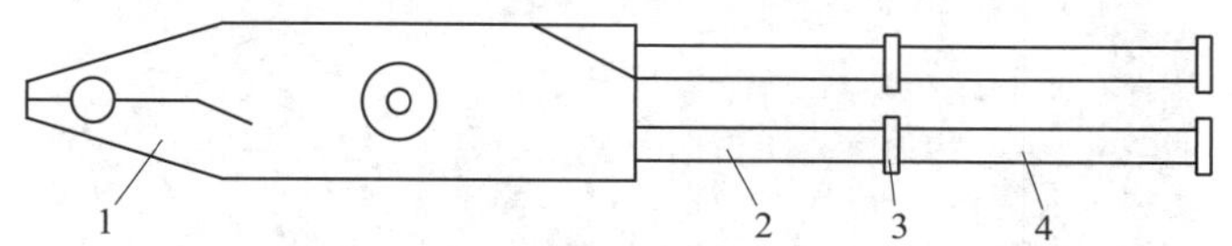

图 7-5　绝缘夹钳

1—钳口　2—绝缘部分　3—护环　4—握手部分

表 7-2　绝缘夹钳绝缘部分和握手部分的最小长度

电气设备的额定电压/kV	绝缘部分长度/m		握手部分长度/m	
	户内设备	户外设备	户内设备	户外设备
10	0. 45	0. 75	0. 15	0. 20
35	0. 75	1. 2	0. 20	0. 20

图 7-6 所示为目前常见的绝缘夹钳实物。

带电使用高压绝缘夹钳进行操作时，应当戴绝缘手套，穿绝缘靴（鞋），并且必须一人操作一人监护。

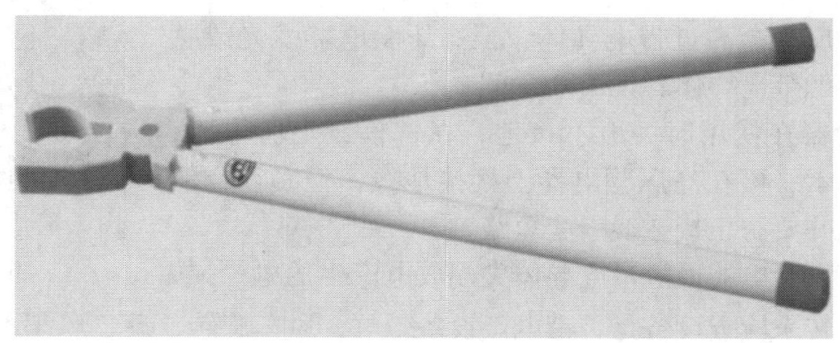

图 7-6　目前常见的绝缘夹钳实物

现行规程规定：10 kV 绝缘夹钳的试验周期为每年做一次预防性试验，试验合格并在有效期内方可使用。

（3）验电器。验电器是检验电气设备是否带电的一种安全用具，分高压验电器和低压验电器两种。

目前使用比较普遍的高压验电器一般为具有声、光报警功能的感应式验电器。过去那种氖灯发光式验电器已基本淘汰，主要因其指示元件为氖灯，发光亮度较低，不易判断。图 7-7 所示为目前使用较为普遍的感应式验电器。

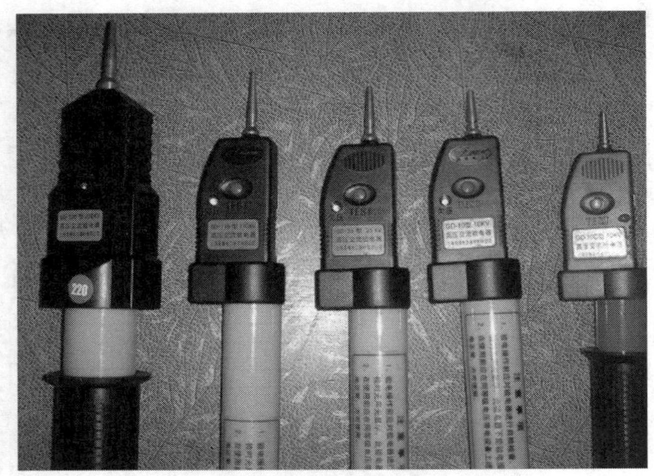

图 7-7　目前使用较为普遍的感应式验电器

图 7-8 所示为风车式高压验电器前端探头。

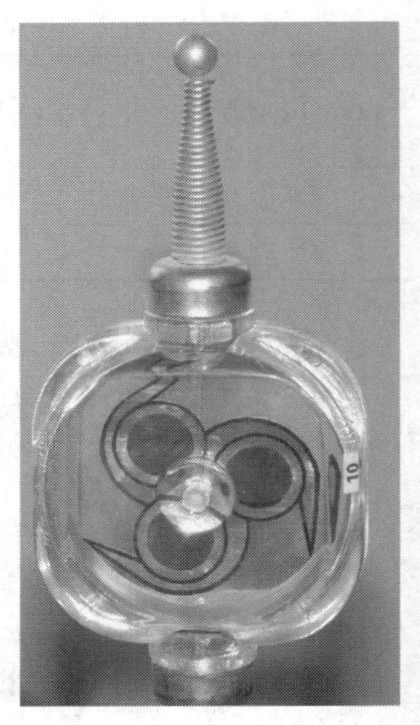

图 7-8　风车式高压验电器前端探头

在使用高压验电器时应注意以下几点。

①使用高压验电器时，其额定电压和被检验电气设备的电压等级应相适应。

②使用高压验电器时，操作人员应戴绝缘手套，手握护环以下的握手部分。

③在使用高压验电器前，应先在有电的地方验证，检查验电器是否完好，防止因高压验电器损坏而造成误判断，引起触电事故。

④验电时，应渐渐靠近带电导体，至高压验电器发光或发声，不能直接接触带电导体。

⑤高压验电器在使用时一般不接地，在木框架上验电时，如不接地不能指示，可在高压验电器上接接地线，但必须经值班负责人许可，并要防止接地线引起短路。

⑥风车式高压验电器通过带电导体尖端放电产生的电晕风，驱动金属叶片旋转来检查设备是否带电。设备带电，风车旋转，反之风车不旋转。但在雨雪等环境下，禁止使用风车式高压验电器。图 7-9 所示为高压验电器使用样例。

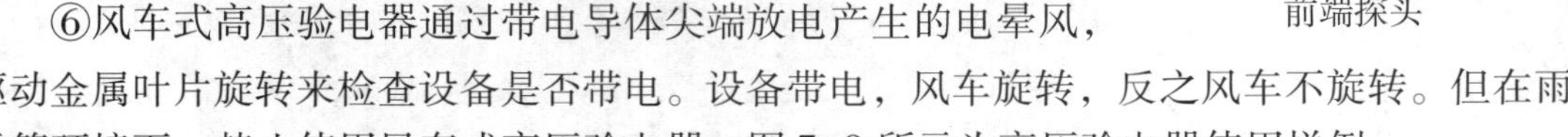

现行规程规定：10 kV 验电器的试验周期为每 6 个月做一次预防性试验，试验合格并在有效期内方可使用。

目前应用广泛的低压验电器仍是发光式验电器，利用电容电流经氖灯发光的原理制成。在使用低压验电器时应注意以下几点。

①使用前应在确认有电的设备上进行试验，确认低压验电器良好后方可进行验电。

②低压验电器可区分火线和地线，接触时氖灯发光的线是火线（相线），氖灯不发光的线为地线（中性线或零线）。

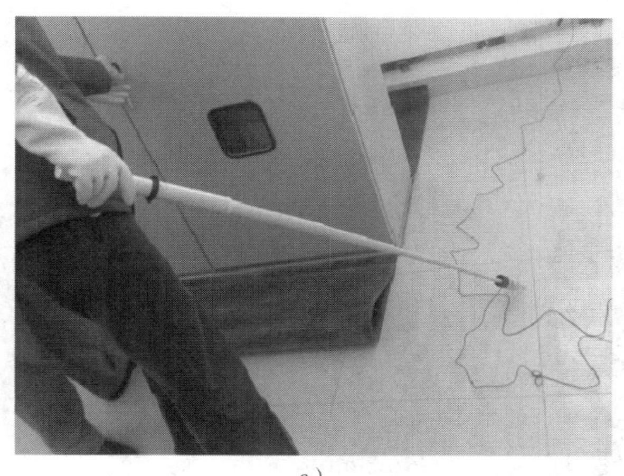

a）

b）

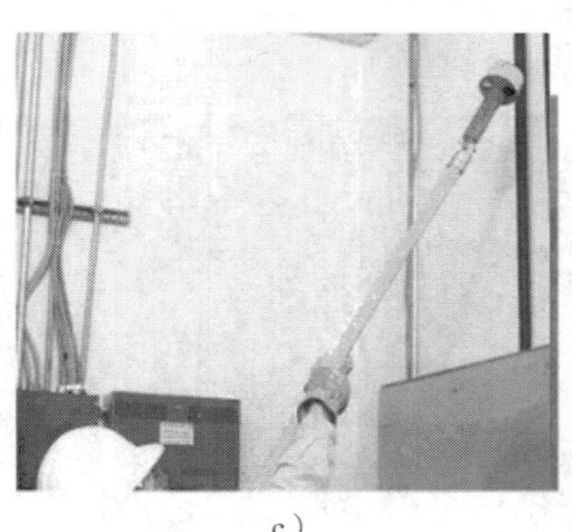

c）

图 7-9　高压验电器使用样例

a）使用前先将伸缩杆拉出，戴绝缘手套，如需接地，连好接地线　b）室外验电　c）室内验电

③低压验电器可区分交流电和直流电，氖灯两极发光的是交流电；一极发光的是直流电，且发光的一极是负极。

2. 辅助安全用具及使用

（1）安全带和安全腰绳。安全带和安全腰绳是防止坠落的安全用具，用皮革、帆布或化纤材料制成。安全带和安全腰绳应保持良好的机械强度，并应定期进行机械性能试验。安全带使用后要做全面检查，并做1%的抽样试验。抽样试验不合格再做1%重复试验，如仍不合格，则此批安全带应全部停止使用。图 7-10 所示为登高作业安全带的使用样例，图 7-11 所示为杆上作业安全带的使用样例。

（2）绝缘手套与绝缘靴（鞋）。绝缘手套与绝缘靴（鞋）用特殊橡胶制成，两者均为在高压设备上操作时的辅助安全用具。绝缘手套在 1 kV 以下电气设备上使用时可作为基本安全用具，绝缘靴（鞋）可作为防跨步电压的基本安全用具。在选用时，应根据作业电压的高低选择其绝缘强度。绝缘手套应有足够的长度，戴上后，应超过手腕 100 mm，使用前应检查是否有破损及漏气现象。平时绝缘手套应放在干燥、阴凉处；在作业现场应放在特制的木架上。绝缘靴（鞋）不得当作雨靴使用，若发现受潮或磨损严重，应禁止使用。图 7-12 所示为绝缘手套、绝缘靴（鞋）。

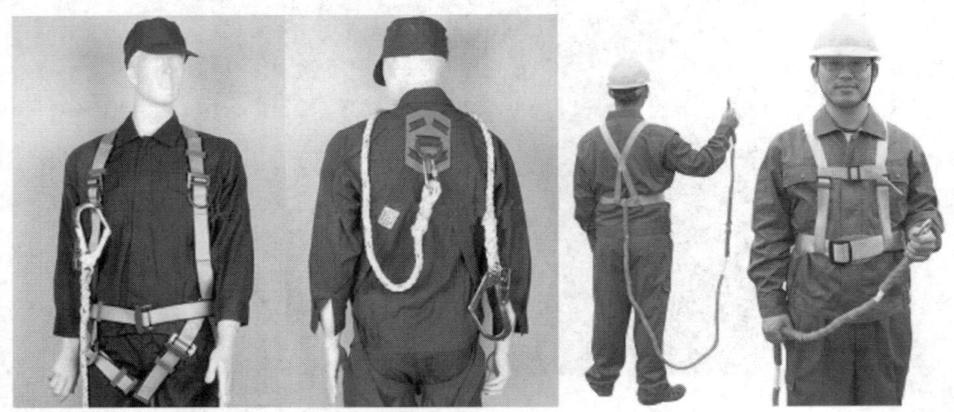

图 7-10　登高作业安全带的使用样例

图 7-11　杆上作业安全带的使用样例

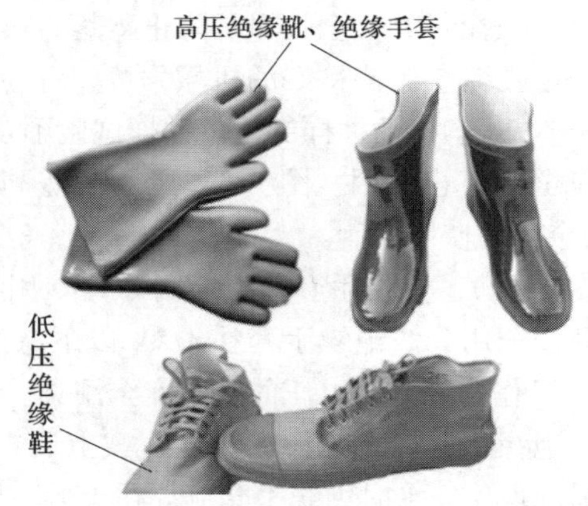

图 7-12　绝缘手套、绝缘靴（鞋）

现行规程规定：10 kV 绝缘手套、绝缘靴（鞋）的试验周期为每 6 个月做一次预防性试验，试验合格并在有效期内方可使用。

（3）绝缘台和绝缘垫。绝缘台、绝缘垫在任何情况下都只作为辅助安全用具，使工作人员在操作电气设备时增加对地绝缘，防止触电。绝缘台由绝缘材料制成，分为平台和多步台，室内外带电操作时，供操作者作绝缘支持和高度支持。过去的木质绝缘台由于性能不稳定已经基本被淘汰。图 7-13 所示为绝缘台。

a）　　　　b）

图 7-13　绝缘台

a）两步台　b）平台

3. 一般防护安全用具及使用

（1）携带型接地线。携带型接地线是线路或电气设备停电检修时临时接地的安全用具，主要由连接导线和连接夹头组成，如图 7-14 所示。携带型接地线使用多股软铜线，截面应不小于 25 mm²。接地端要求接地可靠，故接地端应采用固定夹具与接地网相连接，或用铜钎插入地中，不得用缠绕方法与接地网相连。使用携带型接地线时应注意以下几点。

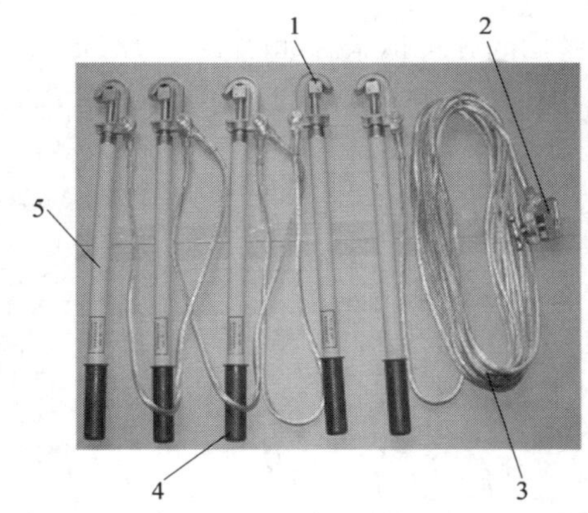

图 7-14　携带型接地线

1—停电后的带电体连接夹头　2—接地极连接夹头　3—连接导线　4—握手部分　5—绝缘杆

1）装设或拆除接地线时，应使用绝缘杆或戴绝缘手套，且必须一人操作一人监护。

2）装设接地线时，应验明导电体确无电压后，先装接地端，后装导电体端。拆除时顺序与装设时相反。

3）带有电容设备或电缆线路在装设接地线时，应先放电再装接地线。

（2）标示牌。常用标示牌规格及悬挂处所见表 7-3。除标准标示牌外，还可根据现场需要制作一些非标准化的标示牌，可制成携带型的也可制成固定型的，其字样和式样最好与标准标示牌一致，可因地制宜制作，一般对此不作统一规定。

表 7-3 常用标示牌规格及悬挂处所

类型	名称	尺寸/mm	式样	悬挂处所
禁止类	禁止合闸，有人工作！	200×100 或 80×50	白底红字	一经合闸即可送电到施工设备的开关和刀开关的操作把手上
	禁止合闸，线路有人工作！	200×100 或 80×50	红底白字	线路开关的把手上
	禁止攀登，高压危险！	250×200	白底红边黑字	工作人员上下的铁架临近可能上下的另外铁架上，运行中变压器的梯子上
允许类	在此工作！	250×250	绿底，中有直径 210 mm 的白圆圈，圈内写黑字	室外和室内工作地点或施工处
提示类	从此上下！	250×250	绿底，中有直径 210 mm 的白圆圈，圈内写黑字	工作人员上下的铁架、梯子上
警告类	止步，高压危险！	250×200	白底红边，黑字，有红色箭头	施工地点临近带电设备的遮拦上；室外工作地点的围栏上；禁止通行的过道上；高压试验地点；室外构架上；工作地点临近带电设备的横梁上

常用的几种标示牌如图 7-15 所示。

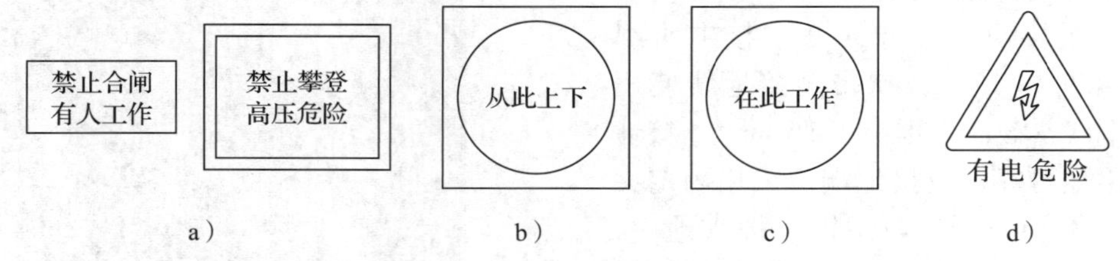

图 7-15 常用的几种标示牌

a）禁止类 b）提示类 c）允许类 d）警告类

图 7-16 所示为实际工作中使用的电气安全标示牌。

（3）临时隔离遮栏。配合线路停电，实施电工作业的四项技术措施为停电、验电、装设接地线，最后一项就是设置临时隔离遮栏。其作用是在实施各种电工作业时，用它将工作区与其他带电设备以及非工作区隔开，防止作业人员和其他人员误走间隔，或误闯入工作区而意外触电。另外，也可用作检修时，安全距离不够时的安全隔离装置。临时隔离遮栏可用木材、橡胶或其他坚韧绝缘材料制成，要求高度不小于 1.7 m，下部边缘离地不大于 100 mm。临时隔离遮栏与带电部分的距离应满足：10 kV 以下不得小于 0.35 m；20～35 kV 不得小于 0.6 m；60 kV 及以上不得小于 1.5 m。在临时隔离遮栏上悬挂“止步，高压危险！”的标示牌。

图 7-17 所示为伸缩式隔离遮栏。

禁止合闸 有人工作

禁止攀登 高压危险

止 步 高压危险

图 7-16　实际工作中使用的电气安全标示牌

图 7-17　伸缩式隔离遮栏

任务 2　接地电阻及其测量

任务目标

◆ 掌握接地电阻测量的基本技能。

任务引入

由触电与防护等任务已知，保护接地与保护接零是间接接触触电防护的技术措施，但要使得这种防护措施有效，其接地、接零系统的接地电阻必须合乎要求，本任务将学习接地电阻的要求及其测量技能。

任务分析

除了防护的需要，接地还是电力系统运行的需要，如在我国低压配电系统中，普遍运行中性点接地的系统。因此，规范的接地装置和合格的接地电阻都是电力系统安全运行的基础。

相关知识

一、接地装置

1. 接地装置的组成

接地装置由接地体和接地线组成。

（1）接地体。接地体是埋入大地中并直接与大地土壤接触的金属导体。接地体可分为自然接地体和人工接地体，自然接地体是指利用埋入地下的管道、建筑物的金属基础结构件等金属构件兼作接地装置。在设计与选择接地体时，为了节省钢材，减少投资，应尽可能利用自然接地体。人工接地体是指采用钢管、角钢、圆钢、扁钢等特意制作而埋入地下的导体。

（2）接地线。接地线是指将电气设备需要接地的部分与接地体相连的金属导线，包括接地干线和接地支线两部分。应尽可能利用金属构件作为自然接地线，用作自然接地线的有金属管道、起重机轨道、建筑物的金属结构（如钢梁、钢柱）等。

2. 对接地电阻的要求

接地装置的接地电阻由三部分组成，即接地体的电阻、接地线的电阻和接地体的对地流散电阻。接地体、接地线的电阻很小，接地装置的接地电阻主要是指对地流散电阻。对接地装置接地电阻的要求，是由电气设备或电网的电压等级、中性点的运行方式、接地短路电流的大小及接地用途等因素决定的。各种接地装置的接地电阻要求见表 7-4。

表 7-4　各种接地装置的接地电阻要求

电力设备名称	接地装置的使用条件	接地电阻/Ω
1 000 V 以上大电流接地系统	仅用于该系统的接地装置	$\leqslant\frac{2\,000}{I_K^{(1)}}$ 当 $I_K^{(1)}$ >4 000 A 时 ≤0.5

续表

<table>
<tr><th>电力设备名称</th><th colspan="2">接地装置的使用条件</th><th>接地电阻/Ω</th></tr>
<tr><td rowspan="2">1 000 V 以上小电流接地系统</td><td colspan="2">仅用于该系统的接地装置</td><td>$\leqslant \frac{250}{I_E}$（且不大于 10 Ω）</td></tr>
<tr><td colspan="2">与 1 000 V 以下系统共用的接地装置</td><td>$\leqslant \frac{120}{I_E}$（且不大于 10 Ω）</td></tr>
<tr><td rowspan="4">1 000 V 以下系统</td><td colspan="2">总容量在 100 kV · A 以上的发电机或变压器接地装置</td><td>≤4</td></tr>
<tr><td colspan="2">总容量在 100 kV · A 及以下的发电机或变压器接地装置</td><td>≤10</td></tr>
<tr><td rowspan="2">重复接地</td><td>总容量在 100 kV · A 及以下的发电机或变压器接地装置</td><td>≤30，重复接地不少于 3 处</td></tr>
<tr><td>总容量在 100 kV · A 以上的发电机或变压器接地装置</td><td>≤10</td></tr>
<tr><td rowspan="3">防雷设备</td><td colspan="2">独立避雷针</td><td>≤10</td></tr>
<tr><td colspan="2">杆上避雷器或保护间隙（在电气上与旋转电动机无联系者）</td><td>≤10</td></tr>
<tr><td colspan="2">同上（在电气上与旋转电动机有联系者）</td><td>≤5</td></tr>
</table>

二、接地电阻的测量

接地装置投入使用前和使用中都需要测量接地电阻的实际值，以判断其是否符合要求。目前常用的测量方法主要有电流-电压表法和接地电阻测量仪测量法两种。

电流-电压表法需配备隔离变压器，使用不便。而接地电阻测量仪（俗称接地摇表）自身能产生交变的接地电流，无须外加电源，且电流极和电压极也是配套好的，再加上接地电阻测量仪操作简单，携带方便，而且抗干扰性能好，工程上已被广泛采用。

接地电阻测量仪的外形及附件如图 7-18 所示，接地电阻测量仪的测量接线如图 7-19 所示。测量仪有 P1、C1 和 P2、C2 四个端子，测量时其中的 P2、C2 端子连接后，接被测接地体目标测量点，图 7-19 中 E 就是被测接地体。测量仪的 P1 端子连接测量极近极（电压极）P，C1 端子连接测量极远极（电流极）C。

测量时，先将测量仪放到水平位置，检查检流计的指针是否指在中心线上，如不在中心线上，应调整到中心线上；然后将测量仪的“倍率标度”置于合适倍数，一般有 0.1、1、10 三个倍数。慢慢转动摇柄，同时旋转“测量标度盘”，使检流计指针平衡，即指针慢慢向中心位置偏转；当指针接近中心线时，加快摇柄的转速，使其达到 120 r/min，再调整“测量标度盘”，使指针指于中心线上；用“测量标度盘”的读数乘以“倍率标度”的倍数，即为所测的接地电阻。要求测三次取平均值。例如，如果测量倍率选择为 0.1，测量调节中，指针已经稳定在中心位置，此时指针在表盘上所指的数字乘以 0.1 就是接地电阻，比如指针指示 2，接地电阻就为 0.2 Ω。

在使用小量程接地电阻测量仪测量小于 1 Ω 的接地电阻时，应将四端子中的 C2 与 P2 间的连接片打开，且分别用导线连接到被测接地体上，如图 7-20 所示。这样，可以消除测量时连接导线电阻和接触电阻引起的误差影响。

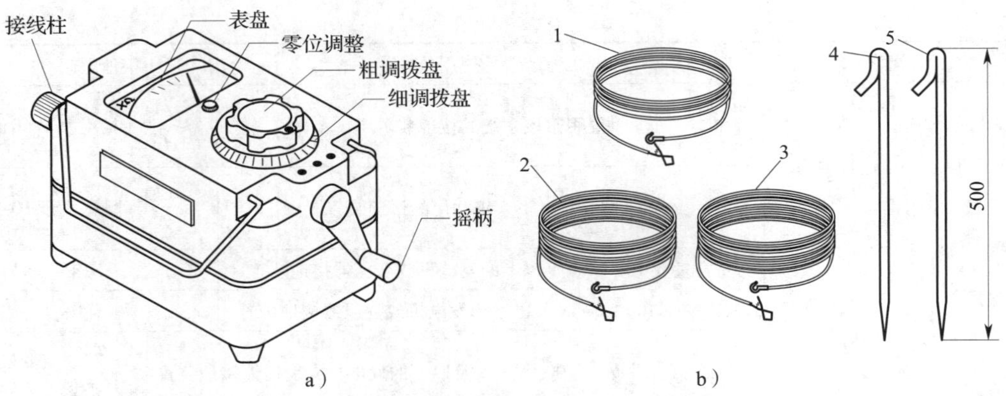

图 7-18　接地电阻测量仪的外形及附件

a）外形　b）附件

1—长 5 m 导线　2—长 20 m 导线　3—长 40 m 导线　4—电位探测针（试探极或电压极）

5—电流探测针（辅助电极或电流极）

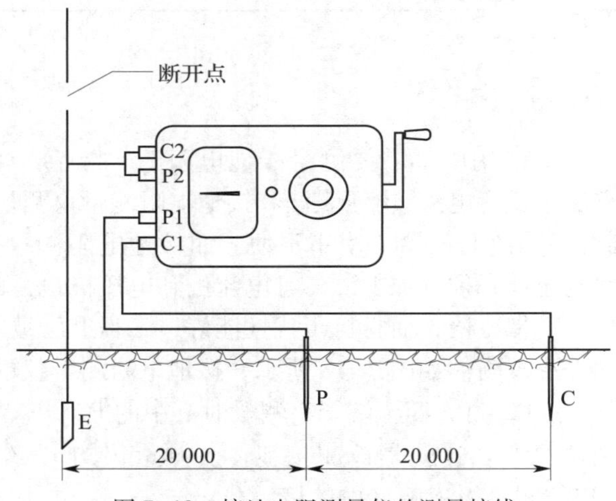

图 7-19　接地电阻测量仪的测量接线

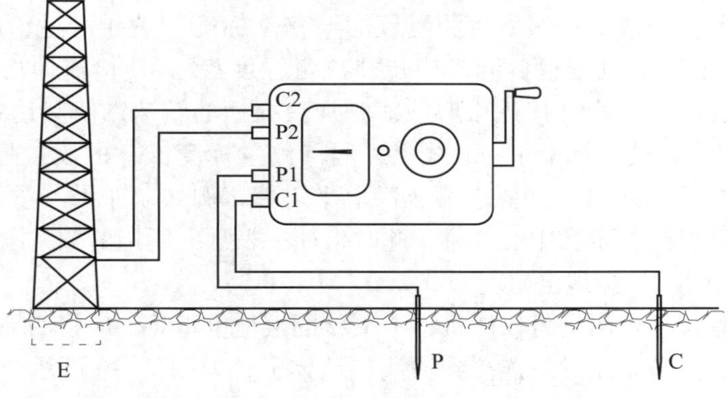

图 7-20　测量小于 1 Ω 接地电阻时的接线

使用接地电阻测量仪时，测量极与被测接地体间的距离及布置对测量误差影响很大。测量极的布置有直线和三角形两种，如图 7-21 所示。

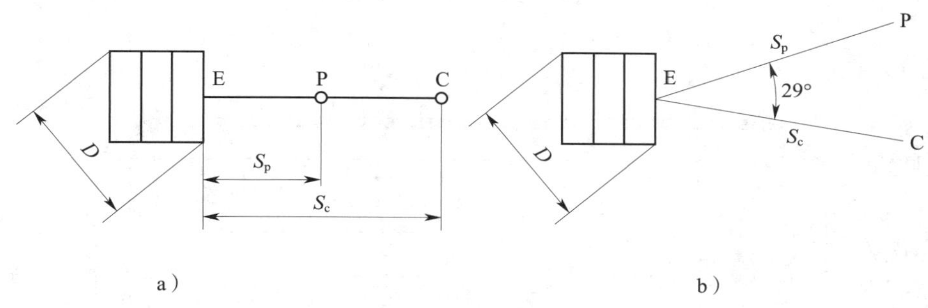

图 7-21　测量极的布置
a）直线布置　b）三角形布置

采用直线布置时，对于垂直埋设的单管接地体，S_c 可取 40 m，S_p 可取 20 m；对于网络接地体（接地网），S_c 可取 80 m，S_p 可取 40 m。测量中应按 S_c 的 5%左右移动电压极两次，如三次测量的电阻值相近，则取平均值即可。对于网络接地体，以往一般用所谓“5D-40 m”法，即 S_c 取 5D 且大于 40 m（D 为接地网最大对角线长度或圆形接地网直径）。有困难时可减为 3D。电流极 C 与电压极 P 的距离可取 20～40 m。现时还采用“0. 618 布极法”（也称补偿法），即取 $S_p=0.618S_c$。实践证明该法较为准确，但该法易受土壤电阻不均匀的影响。

采用三角形布置时，可取 $S_c=S_p$，S_c 与 S_p 端点之间的距离应大于 20 m，且其间夹角以 29°左右为宜。

近年来，数字式接地电阻表逐渐得到了广泛应用，由于数字式接地电阻表检测信号的方式有了根本变化，所以，其测量的便利性和准确性均有了一定程度的提高。传统接地电阻测量仪使用的是传统电磁式检流计，由于其灵敏度较低，测量的电压比较高，所以均采用手摇发电机作为测量电源，也是由于这个原因，测量极之间的距离就要求比较远，有时会使得测量无法实施。数字式接地电阻表采用数字采样与显示，其测量的灵敏度大大提高，测量用的电源采用仪表电池，其测量极的距离可以比较近，这就改善了测量的便利性和可操作性。图 7-22 所示为某品牌数字式接地电阻表的结构。

图 7-23 所示为某品牌数字式接地电阻表的测量接线。

接地电阻的测量，除在工程交接时进行外，一般每 1～3 年测量一次。对于变电所和电气设备的接地装置，应每年进行一次测试。接地装置凡重新装设或经整理检修后，也要进行接地电阻测量。必须指出，测量接地电阻应在土壤导电率最低时进行，一般选择在每年三四月。应避免在雨后立即测量接地电阻。对接地装置外露部分的检查，应每年至少进行一次。

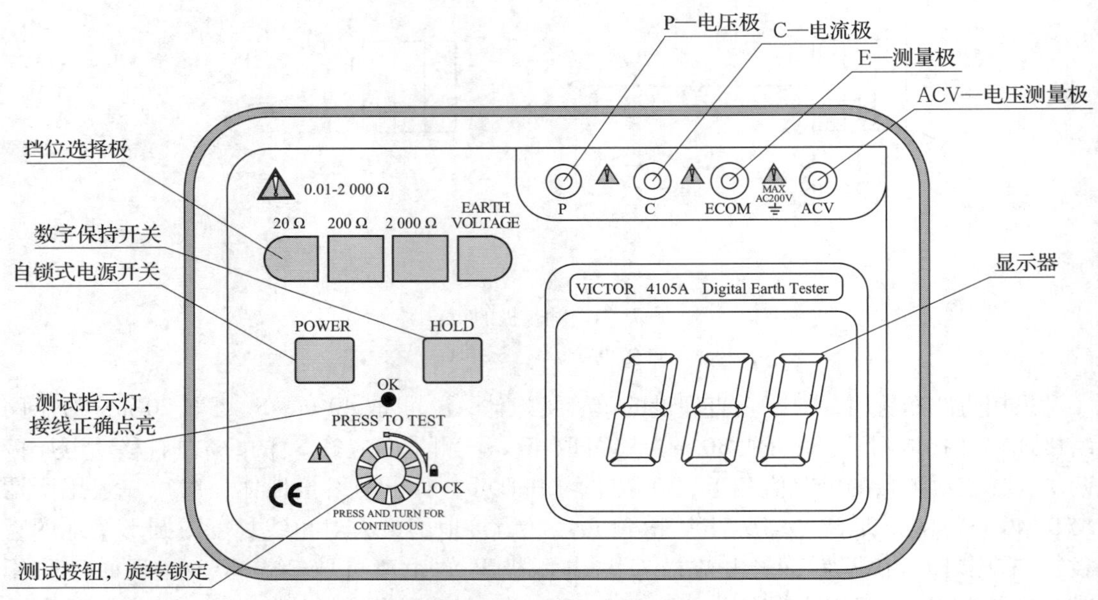

图 7-22　某品牌数字式接地电阻表的结构

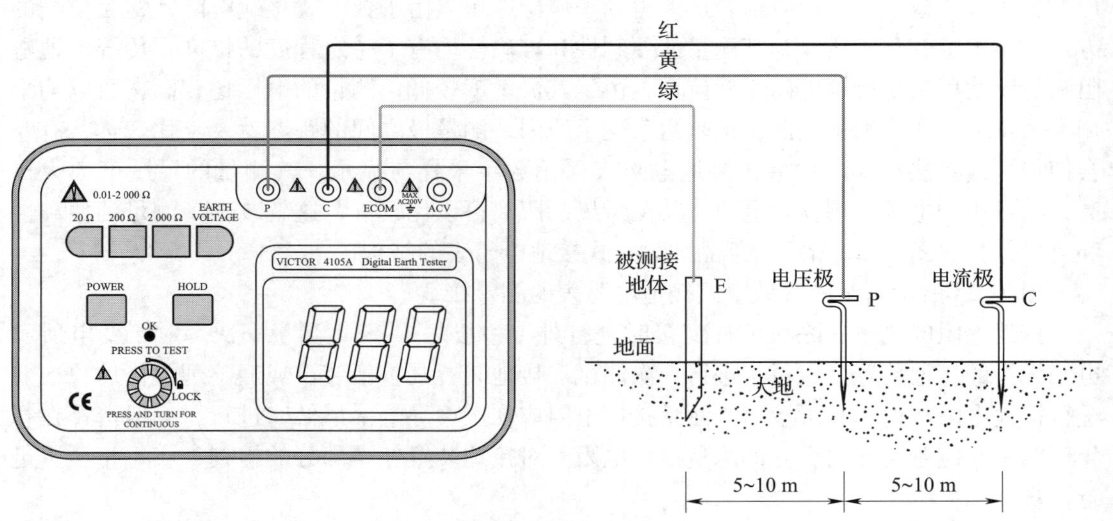

图 7-23　某品牌数字式接地电阻表的测量接线

课题八　工厂变配电所的防雷保护

任务 1　防雷设备及防雷措施

任务目标

- 了解雷电的形成及危害。
- 了解各种防雷设备以及工厂变配电所的防雷措施。

任务引入

在电力系统各种事故中，相当一部分是设备遭受雷击引起的。设备遭受严重雷击，将造成工厂停电，威胁用电安全，影响生产，因此工厂变配电所的防雷保护很重要。图 8-1 所示为落雷击中电力设施的情景。本任务将学习工厂变配电所防雷保护的基本知识。

图 8-1　落雷击中电力设施的情景

相关知识

一、雷电的形成及危害

1. 雷电的形成

雷电是雷云与大地间或带异号电荷的雷云间的放电现象。雷雨季节里，在太阳的照射下，地面水分部分蒸发，蒸发的水汽在高空中遇到冷空气凝结成水滴，许多的水滴在空中聚集形成积云。云中的水滴受强烈的气流吹袭，会分裂成为一些小水滴和较大些的水滴。

水滴受上升气流的摩擦而带上不同电荷，当这些带有正电荷和负电荷的雷云聚积到一定程度时，正雷云对负雷云，或雷云对大地产生强烈的放电现象，并伴随产生强烈的闪光和轰鸣，从而出现雷电现象。雷电的发生可有多种形式，其中云地闪电是危害地面建筑物、人员以及电力设施的主要形式。当云地闪电出现时，地面上安装避雷针对雷电进行引导，就可以大大降低甚至避免雷电的危害。图 8-2 所示为不同的雷电现象。

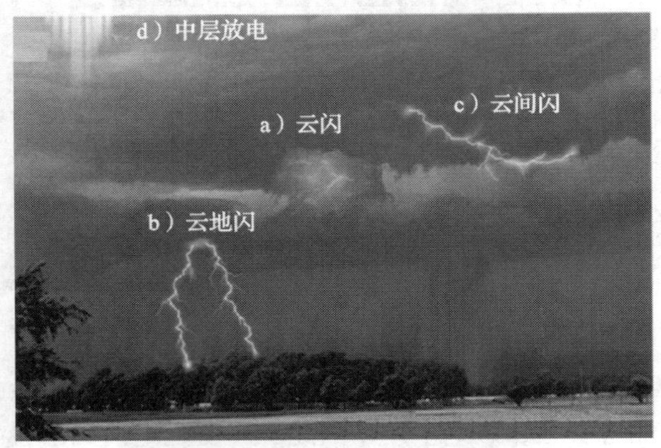

图 8-2　不同的雷电现象

2. 雷电的危害

雷电的电流幅值可达数百千安，其电压幅值可达几千伏到上万千伏甚至更高，造成所谓的“过电压”。雷电的危害主要通过直击雷和感应雷两种形式实现。

（1）直击雷。它是指雷电直接对地面建筑物或设备放电，强大的雷电流将通过这些物体放电入地，一刹那产生大量的热，使物体烧坏。另外，雷电流通过这些物体产生较高的电压，同时，由于雷电放电极快，通过这些物体的电流变化剧烈，形成变化率很大的磁场，这些物体与大地间感应出电压。以上两种电压的叠加，构成了直击雷过电压，简称直击雷，这种情况很危险，它能破坏电气绝缘，产生火花，引起燃烧或爆炸，并伤害人畜或破坏建筑。直击雷的危害如图 8-3 所示。

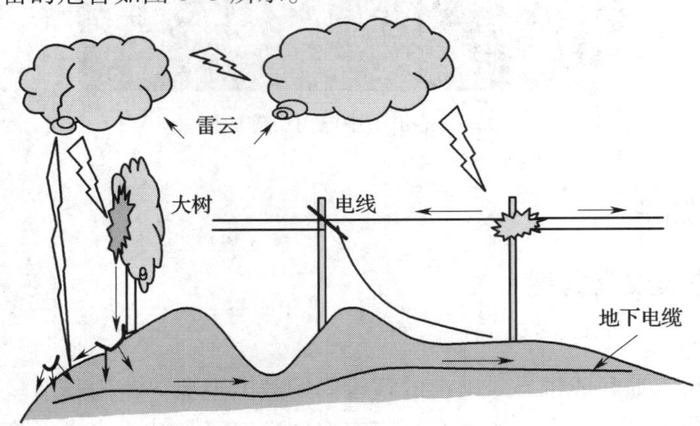

图 8-3　直击雷的危害

（2）感应雷。雷电对设备附近的物体或大地放电，会在设备上产生感应雷过电压，简称感应雷。感应雷过电压可高达几万伏至几十万伏，它常会使绝缘较低的电气设备发生闪络事故。图 8-4 所示为架空线路上的感应雷过电压。

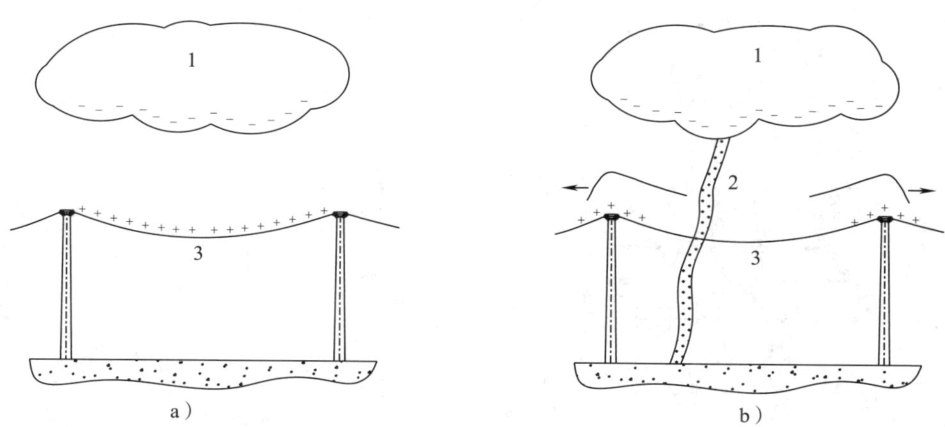

图 8-4 架空线路上的感应雷过电压

a）雷云在线路上方时，线路上感应产生束缚电荷 b）雷云放电后，自由电荷在线路上形成过电压波

1—雷云 2—放电通道 3—架空线路

除了上述两种形式，另外还有一种是雷电波侵入，是指雷电过电压波沿线路侵入变配电所，导致电气设备绝缘击穿或烧毁。据统计，城市的雷害事故，有 50%～70%为雷电波侵入引起的，因此对其的防护应给予足够重视。

二、防雷设备

为避免电气设备遭受雷击的侵害，可以装设避雷针、避雷线、避雷器等进行防护，这些设备统称为防雷设备。

1. 避雷针

装设避雷针、避雷线、避雷网和避雷带是保护电气设备防止直击雷过电压的有效措施。这些防雷设备都由接闪器、接地引下线和接地装置三个部分构成，所不同的只是接闪器的形状，分为针、线、网、带几种。避雷针适用于保护集中的物体，如建筑物、构筑物及露天的电力设施；避雷线适用于保护狭长的物体，如架空线路；避雷网和避雷带主要适用于建筑物的防雷，一般沿屋顶周围装设。由于它们的保护原理相同，现以避雷针为例说明其结构及保护原理。

（1）避雷针的保护原理及结构

避雷针的功能实质上就是引雷，其接闪器比被保护对象高出许多，将原来可能向被保护对象的直击放电引到避雷针自身上，然后经接地引下线和接地装置，将雷电流泻放到大地中去，使被保护对象免受雷击，如图 8-5 所示。

避雷针上部的接闪器（针头）可用直径 10～12 mm，长 1～2 m 的钢棒制成；中部的接地引下线应保证雷击电流通过时不致熔断，可用直径 6 mm 的圆钢或截面不小于 35 mm^2 的镀锌钢绞线，也可以用厚度不小于 4 mm、宽度不小于 20 mm 的扁钢制成，还可以利用钢筋混凝土杆内的钢筋或钢塔（又称铁塔）本身作为引下线；下部的接地体为一金属电极。

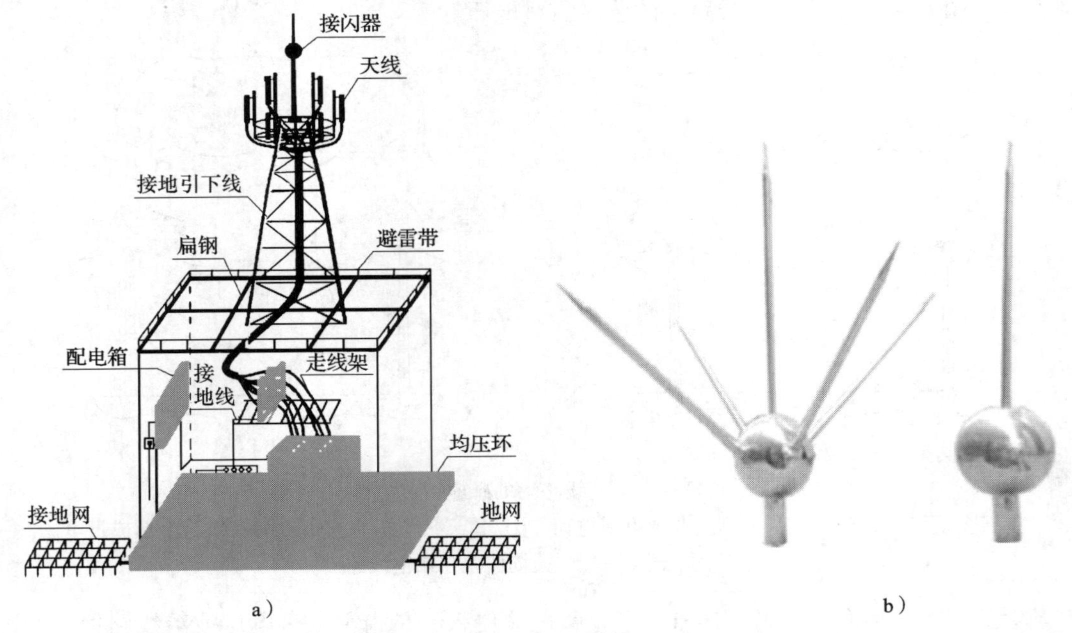

图 8-5 避雷针

a）避雷针的保护原理示意图 b）针式避雷针的外形

（2）避雷针的保护范围

所谓保护范围，一般是指在此空间范围内，被保护物遭受雷击的概率仅为 0.1%左右。保护范围和避雷针的高度有关，根据现行的国家标准《建筑物防雷设计规范》（GB 50057—2010），避雷针的保护范围采用 IEC 推荐的“滚球法”来确定。

所谓“滚球法”，就是假定有一个半径为 h_r 的球体，其高端接触避雷针，其下端接触大地。如此时球的边沿没有触及需要保护的对象，则该对象就在避雷针的保护范围内。图 8-6 所示为单只避雷针的保护范围。

图中上部的斜线所标定的区域是该避雷针的保护范围，下部的斜线所标定的圆表示在某一高度的保护面积。从图中可以看出，离避雷针越近，被保护对象允许的高度越高，在离避雷针较远的地方，被保护对象允许的高度下降非常多。

2. 避雷器

当架空线路或管道遭到雷击时，如果雷电荷不能就地导入大地中，高电压将以波的形式沿线路或管道传到与之相连的设备上，危及设备和人身安全。避雷针（线）等只能对直击雷起防护作用，而对于雷电波侵入的限制，就要靠安装避雷器了。

避雷器装设在被保护设备的引入端，如图 8-7 所示。其上端接在线路上，下端接地。正常时，避雷器中无电流流过，避雷器保持高度绝缘状态。当线路上传来危及设备绝缘的雷电过电压波时，避雷器因过电压击穿而接地，将过电压电荷泄入大地，从而有效切断冲击波。这时，能够进入被保护设备的电压，仅为雷电流流过避雷器及引下线和接地装置的所谓残压。当雷电过电压波消失后，避雷器又能恢复高度绝缘状态，以使系统正常运行。

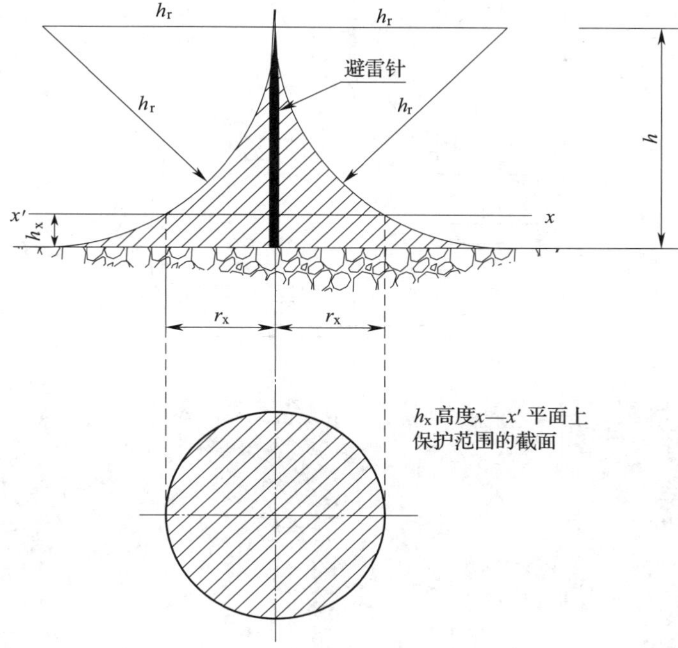

图 8-6　单只避雷针的保护范围

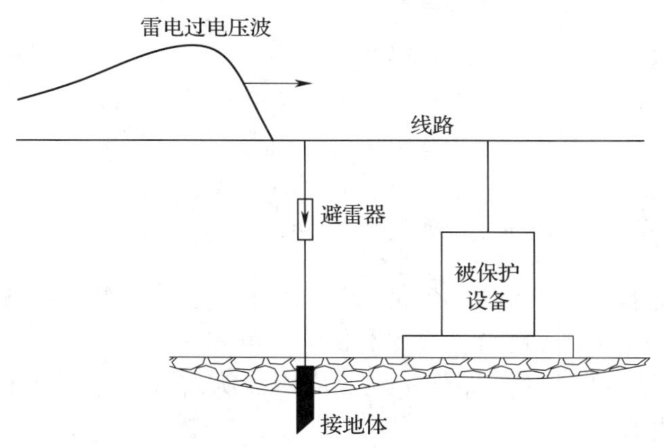

图 8-7　避雷器的装设位置

避雷器主要有管型避雷器、阀型避雷器、保护间隙（或称为角型避雷器）及氧化锌避雷器等类型。

（1）保护间隙

保护间隙是一种最简单的避雷器，保护间隙与被保护设备并联于线路上，其结构如图 8-8 所示。电极做成角形是为了使工频电弧在自身电动力和热气流作用下易于上升被拉长而自行熄灭。当雷电波侵入时，间隙先击穿，线路接地，避免被保护设备上的电压升高，从而保护设备。为了防止主间隙被外物短接，通常在其接地引下线中串联一个辅助间隙。

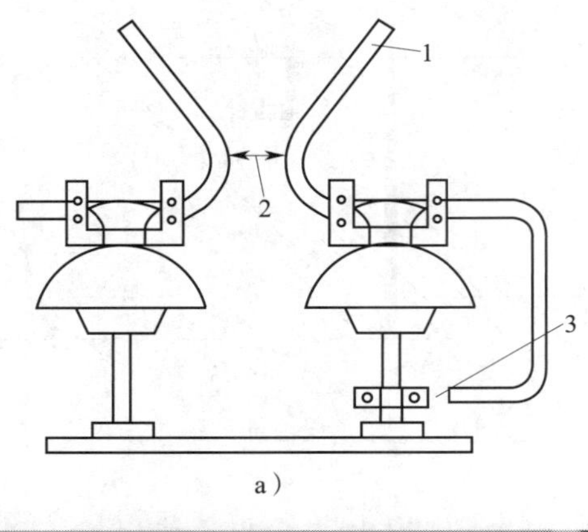

a）

穿刺式　　非穿刺式　　应用样例

b）

图 8-8　保护间隙

a）保护间隙的结构　b）10 kV 电力线路保护间隙应用样例

1—角形电极　2—主间隙　3—辅助间隙

保护间隙结构简单，维护方便，但是灭弧能力低，易造成断路器跳闸，这是其主要缺点，因此常与自动重合闸装置配合，以提高供电的可靠性。

图 8-8b 所示为 10 kV 电力线路保护间隙应用样例，当雷电过电压波侵入时，保护间隙击穿放电，防止线路过电压。

（2）氧化锌避雷器

氧化锌避雷器是电力系统过电压保护的新型产物，20 世纪 70 年代末在我国开始应用。由于其优越的保护性能，有逐步取代其他类型避雷器的趋势。氧化锌避雷器是一种几乎无间隙的结构，内部由多个氧化锌压敏电阻串联组成，每一个压敏电阻从制成时就有确定的阈值电压，在正常的工作电压下，施加的电压小于压敏电阻的阈值电压，压敏电阻呈现高阻抗状态，相当于绝缘状态。但在雷电冲击电压高于压敏电阻的阈值电压时，压敏电阻立即呈击穿低阻状态，相当于短路状态。然而压敏电阻被击穿状态是可以恢复的，当高于压敏电阻阈值电压的电压消失后，它又恢复高阻抗状态。其优越性能取决于它的无间隙结构和氧化锌压敏电阻良好的非线性，在正常工作电压时流过避雷器的电流极小（微安或毫安级）；当过电压作用时，电阻急剧下降，泄放过电压的能量，起到保护线路和设备的作用。图 8-9 所示为各种氧化锌避雷器的外形。

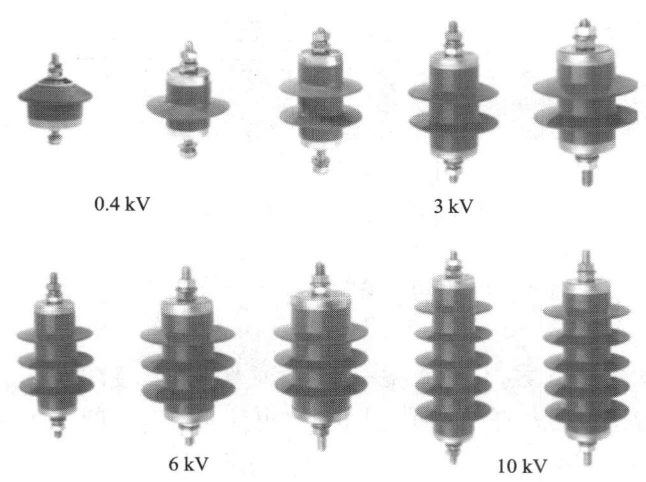

图 8-9　各种氧化锌避雷器的外形

（3）氧化锌避雷器的试验规定

避雷器要安全有效地完成防范雷电过电压的侵害，运行前或到周期后必须进行安全试验，合格后方可运行。氧化锌避雷器是目前大范围应用的电气防雷电过电压的元件，特点是动作可靠、试验周期长，它不必像过去的阀片电阻避雷器一样，每年冬季拆下来，第二年春天雨季到来之前做好试验再装上，影响供电的可靠性。氧化锌避雷器不用每年试验，一般 10 kV 电压等级的避雷器，装之前试验合格就可以在室外的电线杆上运行五年不用试验，到周期后重新购置，试验合格后安装运行，又可以运行五年。

三、变配电所的防雷措施

1. 装设避雷针或避雷线

为了防止变配电所的电气设备和建筑遭受直接雷击，需要安装避雷针或避雷线，并要求被保护物体处于避雷针（线）的保护范围之内。

2. 装设氧化锌避雷器

避雷器应尽量靠近变压器安装，其接地线应与变压器低压侧接地中性点及金属外壳连在一起接地。

我国 60 kV 及以下电网中的变压器中性点不直接接地，另外出于继电保护的要求，中性点直接接地系统中的部分变压器中性点也是不接地的。这些变压器中性点的绝缘水平一般比较低（多数变压器的中性点按半绝缘设计），当三相雷电波侵入时，理论上中性点电位是绕组首端电位的 2 倍，这样极易造成变压器的损坏。所以对这类变压器应采用避雷器保护，限制中性点过电压。图 8-10 所示为 10 kV 变配电所对雷电波侵入的防护。

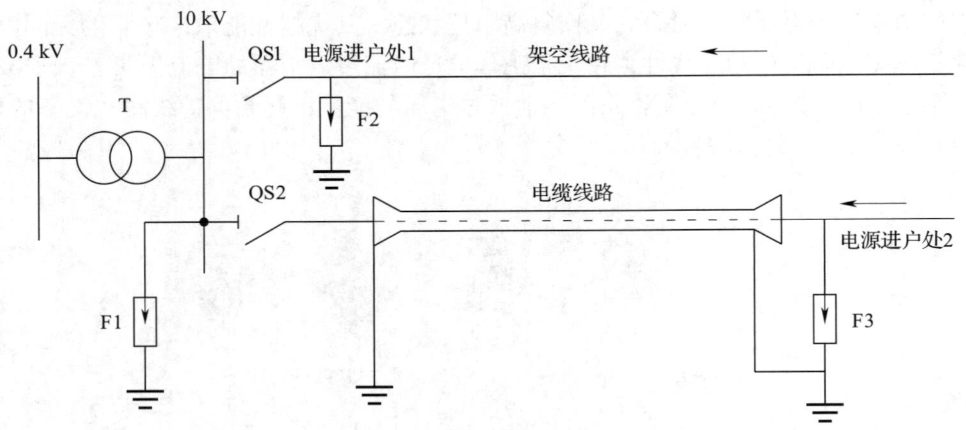

图 8-10　10 kV 变配电所对雷电波侵入的防护

3. 进线段保护

未沿全线架设避雷线的 35~110 kV 架空线路，应在距目标变配电所 1~2 km 进线段架设避雷线，并同氧化锌避雷器及杆上保护间隙一起构成变配电所的进线段保护，如图 8-11 所示。

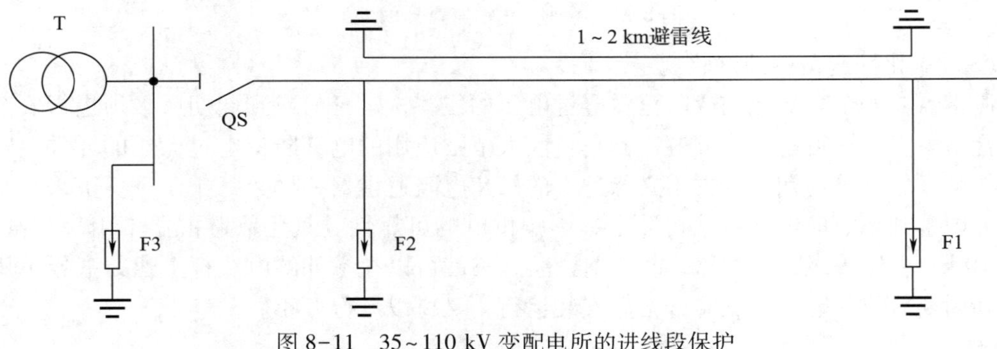

图 8-11　35~110 kV 变配电所的进线段保护

对于较小容量的变配电所或根据其重要程度，可简化进线段保护，如可以考虑采用长度仅为 500~600 m 避雷线的进线段保护。

四、高压电动机的防雷措施

高压电动机的耐压水平较低，因此对雷电波侵入的防护，一般采用磁吹阀式避雷器或金属氧化物避雷器。对定子绕组中性点能引出的高压电动机，在中性点处装设金属氧化物避雷器。对定子绕组中性点不能引出的高压电动机，可以采用图 8-12 所示接线。为降低雷电过电压波波头的陡度，可在电动机前面加一段 100~150 m 的引入电缆，并在电缆头处安装一组避雷器，在电动机入口前母线上安装一组有并联电容器的 FCD 型磁吹阀式避雷器。

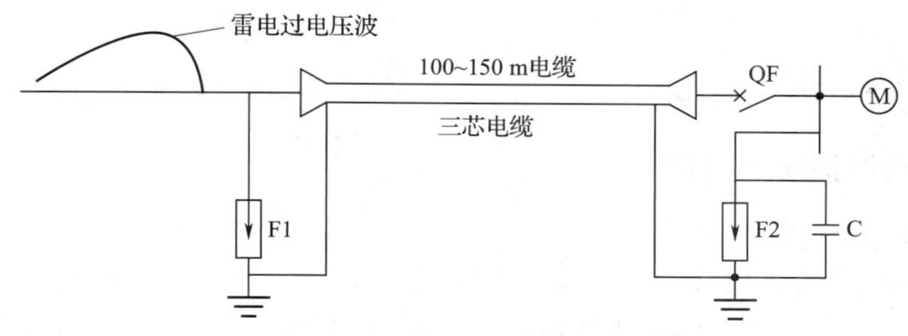

图 8-12　高压电动机的防雷保护接线

任务 2　室内低压配电线路的过电压防护

任务目标

- 熟悉浪涌保护器的基本性能。
- 掌握室内低压配电线路的过电压防护。

任务引入

由于雷电及其他过电压可能会造成低压配电线路的严重损坏，威胁到用电安全，所以近年来对一些重要的线路和用户，如计算机机房、重要的通信枢纽、各类学校的学生公寓等用电地点，应当采用浪涌保护器进行雷电及其他过电压防护，以保护线路、设备及人员的安全。本任务将学习使用浪涌保护器进行过电压防护的基本知识。

任务分析

由任务 1 可知，一个用电单位的雷电过电压防护主要靠装置各种避雷针、避雷器，它对主要的电力设施和线路的防护是有效的，但它的防护范围也是有限的。当距离防护点较远的室内低压配电线路、重要用电地点和设备遭遇雷电及其他过电压侵害时，就要采用更为直接和有效的防护方式。浪涌保护器（Surge Protection Device，SPD）是目前雷电及其他过电压防护中不可缺少的一种装置，又称防雷器，其作用是把窜入电力线路、信号传输线路的瞬时过电压限制在设备或系统所能承受的电压范围内，或将强大的雷电流泄流入地，使被保护的线路及设备不受过电压冲击。随着相关设备和用户对防雷电及其他过电压要求的日益严格，安装浪涌保护器抑制线路上的浪涌和瞬时过电压、泄放线路上的过电流成为现代防雷技术的重要环节之一。

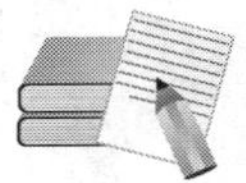

相关知识

一、浪涌保护器的分类

1. 按工作原理分类

按工作原理分类，SPD 可以分为电压开关型、限压型及组合型三种。

（1）电压开关型 SPD。其工作原理是当没有瞬时过电压时，为高阻抗状态，但一旦响应雷电瞬时过电压，其阻抗就突变为低值，允许雷电流通过。用作此类装置的器件有放电间隙、充气放电管、闸流晶体管等。

（2）限压型 SPD。其工作原理是当没有瞬时过电压时，为高阻抗状态，但随浪涌电流和电压的增加，其阻抗会不断减小，其电流、电压特性为强烈非线性。用作此类装置的器件有氧化锌压敏电阻、抑制二极管、雪崩二极管等。

（3）组合型 SPD。由电压开关型组件和限压型组件组合而成，可以显示为电压开关型或限压型或者两者兼有的特性，这取决于所加电压的特性。

2. 按用途分类

按用途分类，SPD 可以分为电源线路 SPD 和信号线路 SPD 两种。

（1）电源线路 SPD 的作用是向供配电线路及用电设备提供安全电源。电源线路 SPD 适用于配电室、配电柜、开关柜、交直流配电屏，建筑物内有室外输入的配电箱、建筑物层配电箱，以及低压（AC 220/380 V）工业电网和民用电网等系统的电源保护。

（2）信号线路 SPD 适用于网络设备的雷击和雷电电磁脉冲造成的感应过电压保护，如网络机房网络交换机防护，网络机房服务器防护，网络机房其他带网络接口设备防护。

二、浪涌保护器的基本参数

（1）10/350 μs 波是模拟直击雷的波形，波形能量大；8/20 μs 波是模拟雷电感应和雷电传导的波形。10/350 μs 和 8/20 μs 代表了不同的雷电流波形，10 μs 和 8 μs 指的是波头时间为 10 μs 和 8 μs，350 μs 和 20 μs 指的是半值时间为 350 μs 和 20 μs。图 8-13 所示为模拟雷电波。

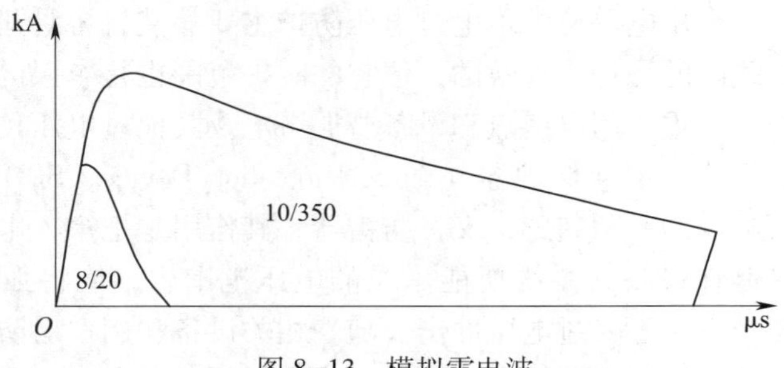

图 8-13　模拟雷电波

当电压增加持续三毫微秒（十亿分之一秒）或更长时间时，被称为浪涌；当电压增加仅持续一毫微秒或两毫微秒时，被称为尖峰。

（2）标称放电电流 I_n。标称放电电流是指流过 SPD 8/20 μs 电流波的峰值电流。

（3）最大放电电流 I_{max}。最大放电电流又称为最大通流容量，指使用 8/20 μs 电流波冲击 SPD 一次能承受的最大放电电流。

（4）最大持续耐压 U_c。最大持续耐压指可连续施加在 SPD 上的最大交流电压有效值或直流电压。

（5）残压 U_r。残压指在标称放电电流 I_n 下的残压值。

（6）保护电压 U_p。保护电压是表征 SPD 限制接线端子间的电压特性参数，其值可从优选值的列表中选取，应大于限制电压的最高值。

（7）电压开关型 SPD 主要泄放的是 10/350 μs 电流波，限压型 SPD 主要泄放的是 8/20 μs 电流波。

三、浪涌保护器的基本元器件

浪涌保护器的类型和结构按不同的用途有所不同，但它至少应包含一个非线性电压限制元件。浪涌保护器的基本元器件有放电间隙、充气放电管、压敏电阻、抑制二极管和扼流线圈等。

1. 放电间隙（又称保护间隙）

它一般由暴露在空气中的两根相隔一定间隙的金属棒组成，其中一根金属棒与所需保护设备的电源相线 L 或零线 N 相连，另一根金属棒与接地线 PE 相连，当瞬时过电压袭来时，间隙被击穿，把一部分过电压的电荷引入大地，避免被保护设备上的电压升高。这种放电间隙的两金属棒之间的距离可按需要调整，结构较简单，其缺点是灭弧性能差。

2. 充气放电管

它是由相互离开的一对冷阴板封装在充有一定的惰性气体的玻璃管或陶瓷管内组成的。为了提高放电管的触发概率，在放电管内还有助触发剂。

这种充气放电管有二极型的，也有三极型的。充气放电管的技术参数主要有直流放电电压 U_{dc}，一般情况下冲击放电电压 $U_p \approx (2\sim3)U_{dc}$，工频耐受电流 I_n，冲击耐受电流 I_p，绝缘电阻 R（>109 Ω），极间电容 C（1~5 pF）。充气放电管可在直流和交流条件下使用，其所选用的直流放电电压 U_{dc} 分别如下。

在直流条件下使用：$U_{dc} \geqslant 1.8U_0$（U_0 为线路正常工作的直流电压）；在交流条件下使用：$U_{dc} \geqslant 1.44U_n$（U_n 为线路正常工作的交流电压有效值）。

3. 压敏电阻

它是以 ZnO 为主要成分的金属氧化物半导体非线性电阻，当作用在其两端的电压达到一定数值后，压敏电阻对电压十分敏感。它的工作原理相当于多个半导体 P-N 的串并联。压敏电阻的特点是非线性特性好，通流容量大，常态泄漏电流小，残压低，对瞬时过电压响应时间短，无续流。

压敏电阻的技术参数主要有压敏电压（即阈值电压）U_N，参考电压 U_{lma}，残压 U_{res}，残压比 K（$K=U_{res}/U_N$），最大通流容量 I_{max}，泄漏电流，响应时间。

压敏电阻的使用条件如下。

（1）压敏电压 $U_N \geqslant [(\sqrt{2}\times1.2)/0.7]U_0$（$U_0$ 为工频电源额定电压）。

（2）最小参考电压 $U_{RE\cdot min} \geqslant (1.8\sim2)U_{dc}$（直流条件下使用）；$U_{RE\cdot min} \geqslant (2.2\sim2.5)U_{ac}$（在交流条件下使用，$U_{ac}$ 为交流工作电压）。压敏电阻的最大参考电压应由被保护设备的耐受电压来确定，应使压敏电阻的残压低于被保护设备的受损电压，即 $U_{RE\cdot max} \leqslant U_b/K$，上式中 K 为残压比，U_b 为被保护设备的受损电压。

除以上三种用于电源线路保护的 SPD 外，还有用于信号线路的抑制二极管和扼流线圈。

图 8-14 所示为浪涌保护器应用实物接线。

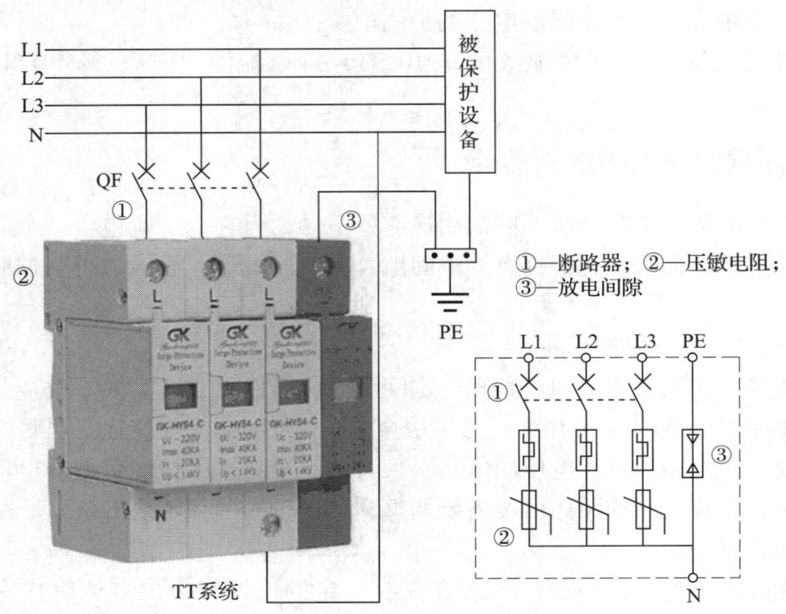

图 8-14　浪涌保护器应用实物接线

图 8-15 所示为不同保护方式下浪涌保护器配置。

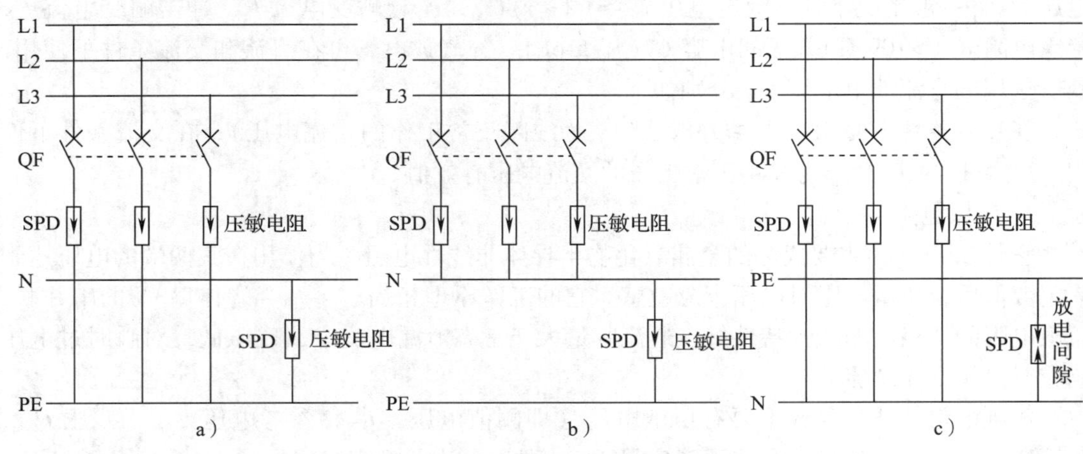

图 8-15　不同保护方式下浪涌保护器配置

a）对地保护模式　b）N-PE 保护模式 1　c）N-PE 保护模式 2

四、浪涌保护器的分级防护

雷击的能量是非常巨大的，需要通过分级泄放的方法，将雷击能量逐步泄放到大地。第一级防雷器可以对直接雷击电流进行泄放，或者对电源线路遭受直接雷击时传导的巨大能量进行泄放。第二级防雷器是针对前级防雷器的残余电压以及区内感应雷的防护设备，前级防雷器对较大雷击能量进行泄放时，仍会有一部分对设备或第三级防雷器而言相当巨大的能量传导过来，需要第二级防雷器进一步泄放。同时，经过第一级防雷器的线路也会感应雷击电磁脉冲辐射，当线路足够长时，感应雷的能量就变得足够大，需要第二级防雷器进一步对雷击能量进行泄放。第三级防雷器对电磁脉冲辐射和通过第二级防雷器的残余雷击能量进行泄放。

1. 雷电防护区域的定义

（1）直击雷非防护区（LPZ0A）。电磁场没有衰减，各类物体都可能遭到直接雷击，属完全暴露的不设防区。

（2）直击雷防护区（LPZ0B）。电磁场没有衰减，各类物体很少遭受直接雷击，属充分暴露的直击雷防护区。

（3）第一防护区（LPZ1）。由于建筑物的屏蔽措施，流经各类导体的雷电流比直击雷防护区（LPZ0B）小，电磁场得到初步衰减，各类物体不可能遭受直接雷击。

（4）第二防护区（LPZ2）。进一步减小所导引的雷电流或电磁场而引入的后续防护区。

（5）后续防护区（LPZn）。需要进一步减小雷电电磁脉冲，以保护第三度水平高的设备的后续防护区。

2. 第一级防护

目的是防止浪涌电压直接从 LPZ0 区传导进入 LPZ1 区，将数万伏至数十万伏的浪涌电压限制到 2 500~3 000 V。入户电力变压器低压侧安装的电源防雷器作为第一级防护时，应为三相电压开关型电源防雷器，其雷电通流容量应不低于 60 kA。该级电源防雷器应是连接在用户供电系统入口进线各相和大地之间的大容量电源防雷器。一般要求该级电源防雷器具备每相 100 kA 以上的最大冲击容量，要求的限制电压小于 1 500 V，称为 CLASS Ⅰ级电源防雷器。这些电源防雷器是专为承受雷电和感应雷的大电流以及吸收高能量浪涌而设计的，可将大量的浪涌电流分流到大地。它们仅提供限制电压（冲击电流流过电源防雷器时，线路上出现的最大电压称为限制电压）为中等级别的保护，因为 CLASS Ⅰ级电源防雷器主要对大浪涌电流进行吸收，仅靠它们是不能完全保护供电系统内部的敏感用电设备的。第一级电源防雷器可防范 10/350 μs、100 kA 的雷电波，达到 IEC 规定的最高防护标准。其技术参数：雷电通流容量大于或等于 100 kA（10/350 μs）；残压值不大于 2.5 kV；响应时间小于或等于 100 ns。

3. 第二级防护

目的是进一步将通过第一级电源防雷器的残余浪涌电压限制到 1 500~2 000 V，对 LPZ1—LPZ2 实施等电位连接。

分配电柜线路输出的电源防雷器作为第二级防护时，应为限压型电源防雷器，其雷电通流容量应不低于 20 kA，应安装在向重要或敏感用电设备供电的分路配电处。这些电源防雷器对通过了用户供电入口处电源防雷器的剩余浪涌能量进行更完善的吸收，对瞬时过电压具有极好的抑制作用。该处使用的电源防雷器要求的最大冲击容量为每相 45 kA 以上，要求的限制电压应小于 1 200 V，称为 CLASS Ⅱ级电源防雷器。一般用户供电系统做到第二级防护就可以达到用电设备运行的要求了。第二级电源防雷器与 C 型曲线断路器配合进行相—中、相—地以及中—地的全模式保护，主要技术参数：雷电通流容量大于或等于 40 kA（8/20 μs）；残压峰值不大于 1 000 V；响应时间不大于 25 ns。

图 8-16 所示为某厂区办公楼照明总配电箱第二级防护使用 SPD 样例，此配电箱进线电源引自厂区变电所出线，在此处设置 SPD，所选型号为 TUR T1 3+N-50-385P，即每相最大冲击容量达 50 kA，为其所分配的照明负荷提供冲击过电压保护。

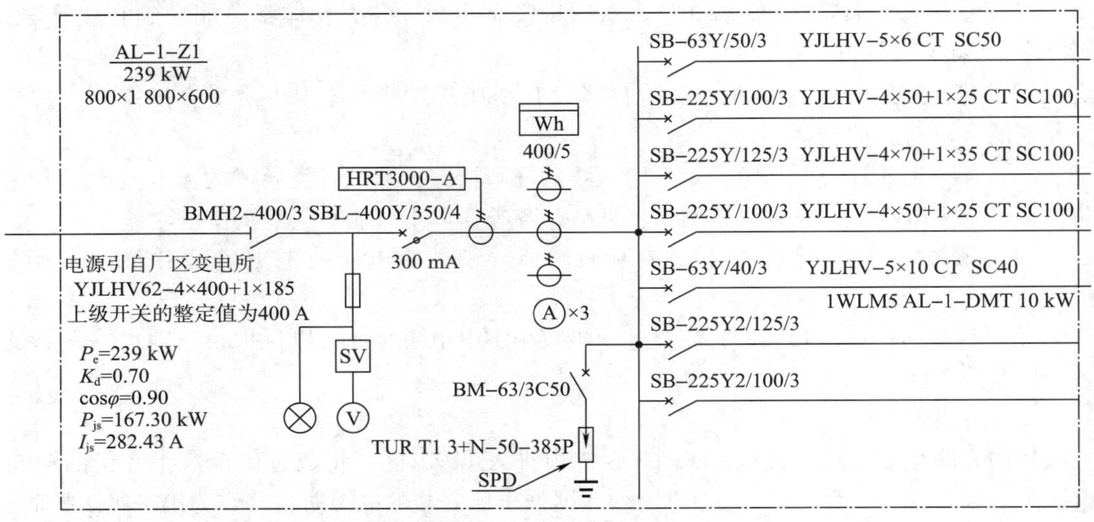

图 8-16 某厂区办公楼照明总配电箱第二级防护使用 SPD 样例

4. 第三级防护

直接对设备进行保护，将残余浪涌电压降低到 1 000 V 以内，使浪涌能量不致损坏设备。

如在电子信息设备交流电源进线端安装电源防雷器作为第三级防护，则应安装串联式限压型电源防雷器，其雷电通流容量应不低于 10 kA。

最后的防线可在用电设备内部电源部分采用一个内置式的电源防雷器，以达到完全消除微小的瞬时过电压的目的。该处使用的电源防雷器要求的最大冲击容量为每相 20 kA 或更低一些，要求的限制电压应小于 1 000 V。对于一些特别重要或特别敏感的电子设备，设置第三级防护是必要的，同时也可以保护设备免受系统内部产生的瞬时过电压的影响。

对于微波通信设备、移动基站通信设备及雷达设备等使用的整流电源，宜视其工作电压的保护需要分别选用工作电压适配的直流电源防雷器作为末级保护。

图 8-17 所示为办公楼会议室配电箱 SPD 的使用样例，其供电关系属于总配电箱的二级箱，属于终端保护，所选型号为 TUR T2 3+N-40-385P，即每相最大冲击容量为 40 kA，为本会议室的照明与设备提供冲击过电压保护。

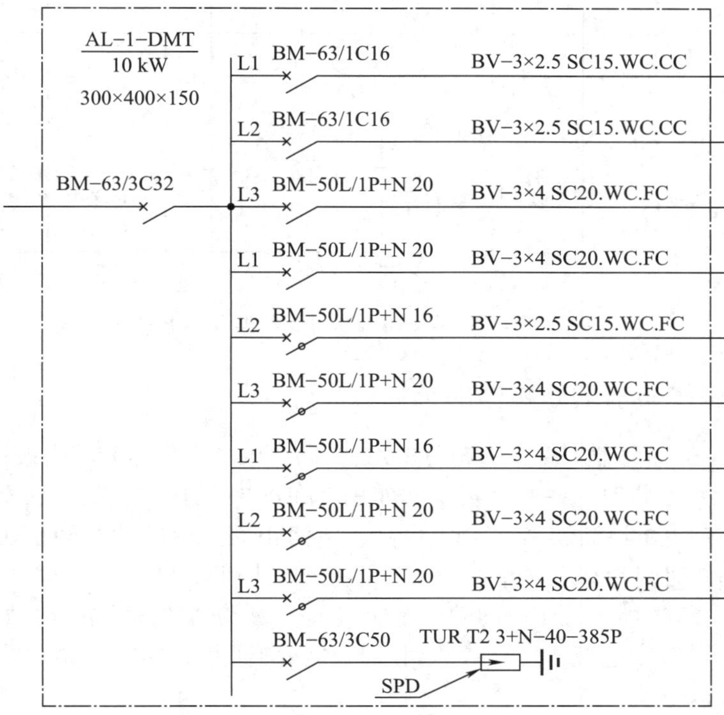

图 8-17　办公楼会议室配电箱 SPD 的使用样例

5. 第四级及四级以上防护

根据被保护设备的耐压等级，假如两级防护就可以做到限制电压低于设备的耐压水平，就只需要做两级防护；假如设备的耐压水平较低，可能需要四级甚至更多级的防护。第四级防护的雷电通流容量应不低于 5 kA。

电源线路分级防护的 SPD 基本参数见表 8-1。

图 8-18 所示为 TN-C-S 系统浪涌保护器分级防护。

表 8-1　电源线路分级防护的 SPD 基本参数

防护级别	SPD 类型	对应波形/μs	放电电流/kA	安装位置	保护电压 U_p/kV
第一级	电压开关型	10/350	>120	总配电处	<25
第一级	限压型	8/20	>80	建筑物总配电处	<25
第二级	限压型	8/20	>40	楼层分配电处	<18
第三级	限压型	8/20	>10	设备端	<12

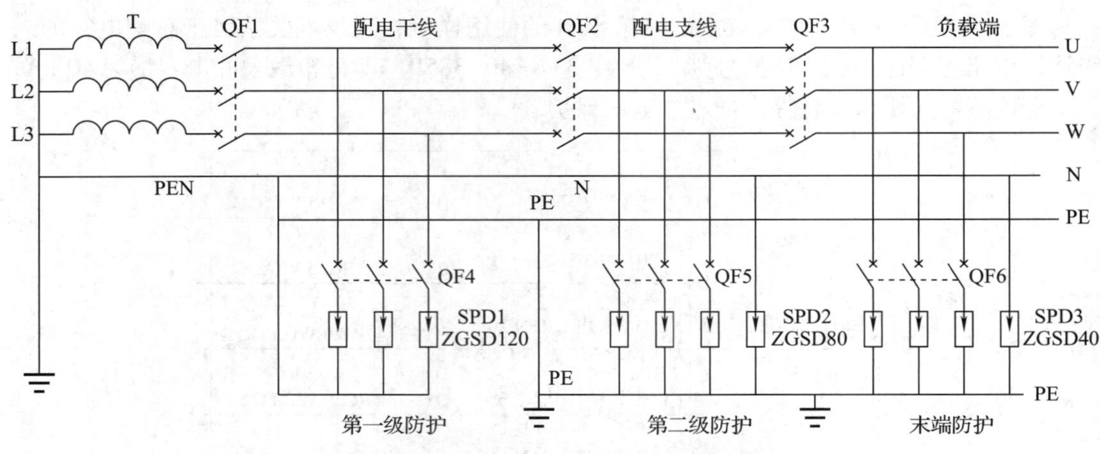

图 8-18　TN-C-S 系统浪涌保护器分级防护

五、浪涌保护器前端断路器的选择

在图 8-18 中的断路器 QF4、QF5、QF6 是为防止浪涌保护器元件失效短路所设的短路保护，在 SPD 元件正常时这些断路器不起作用，在 SPD 动作时，也不会引起其前端断路器保护跳闸，这是由于浪涌波虽然电压很高、电流很大，但持续时间很短，为微秒数量级，而断路器动作时间为毫秒数量级，所以不动作。因此，断路器 QF4、QF5、QF6 属后备保护。选择时，其额定电流应当小于其前端主保护断路器的额定电流，如 QF4 的额定电流应当小于 QF1 的额定电流，另外考虑到应与其保护回路的 SPD 的放电电流相匹配，其选择参照表 8-2。

表 8-2　浪涌保护器前端断路器选择参照

放电电流	断路器额定电流	断路器特性曲线
5 kA（8/20 μs）	6 A	C
15 kA（8/20 μs）	10 A	C
20 kA（8/20 μs）	16 A	C
30 kA（8/20 μs）	25 A	C
40 kA（8/20 μs）	40 A	C
60 kA（8/20 μs）	100 A	C
25 kA（10/350 μs）	推荐使用塑壳式断路器	C
35 kA（10/350 μs）	推荐使用塑壳式断路器	C

注：当运行 3+N+PE 时，N-PE 保护时无须后备保护。

六、浪涌保护器接地线截面的选择

当雷电或其他过电压发生时，SPD 迅速对地放电，将过电压形成的强大电流迅速通过接地线泻放到大地，因此其用于放电的接地线必须具备一定截面。一般可以根据被保护地点的配电线路的截面情况进行选择，当相线截面小于 16 mm^2 时，SPD 接地线截面$S\geq$

16 mm²；当相线截面大于 35 mm² 时，SPD 接地线截面 S 不能小于相线截面的一半。

课题九　工厂的电气照明系统

工厂电气照明是工厂供电的一个重要组成部分。良好的照明是保证安全生产、提高劳动生产率和产品质量、保障职工视力健康的必要前提。本课题主要介绍工厂电气照明系统的组成，照明灯具的配电方案与控制。

任务1　认识工厂电气照明系统

任务目标

◆ 了解电气照明的照明方式和照明种类。

任务引入

图 9-1 所示为某工厂电气照明系统示意图。从图中可知，电气照明系统由电源进线、配电系统、配电线路以及照明灯具组成。而在工厂电气照明中，根据灯具的安装位置或使用功能，照明可以分为不同的方式和种类。本任务就是了解电气照明的照明方式和照明种类。

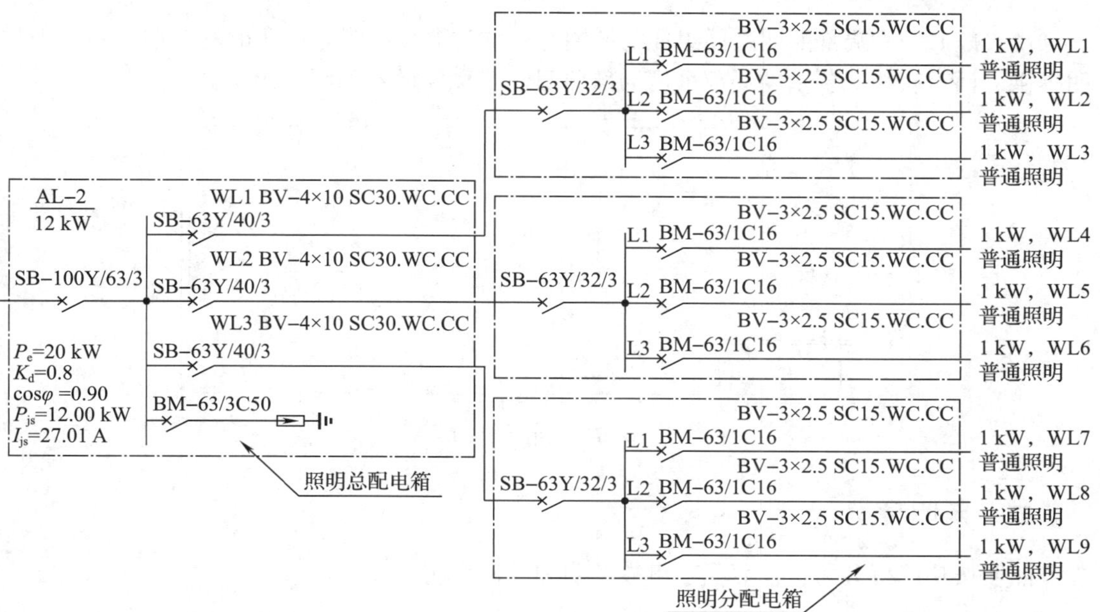

图 9-1　某工厂电气照明系统示意图

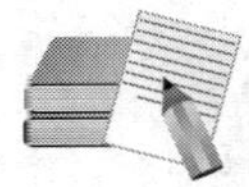

相关知识

一、照明方式

工厂的照明方式一般分为一般照明、局部照明和混合照明。

1. 一般照明

一般照明是指在工作场所内不考虑局部的特殊需要，为照亮整个场所而设置的照明，也称为广泛照明，例如生产车间的顶灯等。图 9-2 所示为一般照明。

2. 局部照明

局部照明是为了满足工作场所内某些部位的特殊需要而设置的照明，例如局部操作场所的照明以及机床的局部照明等。在一个工作场所内，不允许只使用局部照明（例如只配置车床的照明灯），必须与一般照明配合使用。图 9-3 所示为局部照明。

图 9-2　一般照明

图 9-3　局部照明

3. 混合照明

由一般照明和局部照明共同组成的照明方式称为混合照明。场所的均匀照明由一般照明提供，而对有特殊要求的局部采用局部照明。图 9-4 所示为混合照明。

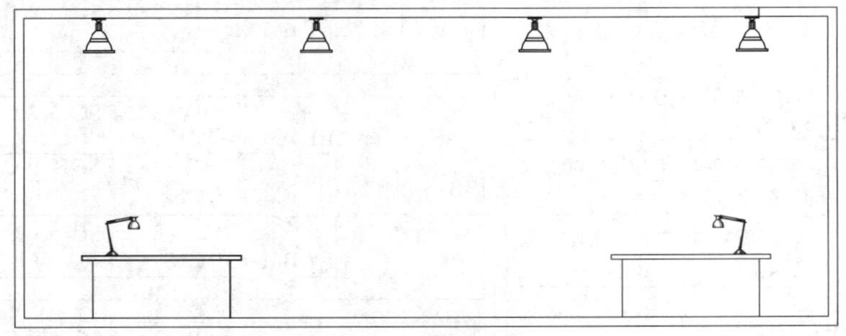

图 9-4　混合照明

二、照明种类

照明按功能可分为工作照明、事故照明和其他照明。

1. 工作照明

在正常工作时，要求能顺利地完成作业、保证安全通行和看清周围东西而设置的照明。

2. 事故照明

当工作照明因故障熄灭后，在将会造成爆炸、火灾或人身伤亡等严重事故的场所，必须设置事故照明，以保证能继续工作或疏散人员。图 9-5 所示为事故照明灯具。

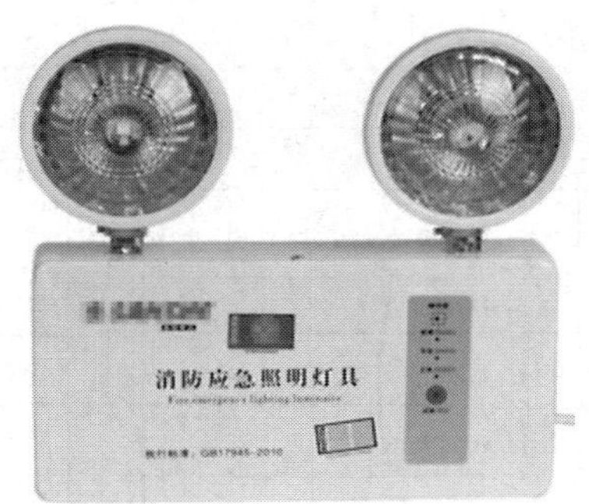

图 9-5　事故照明灯具

3. 其他照明

其他照明包括值班照明、警卫照明以及障碍照明等。

任务 2　照明灯具的配电方案与控制

任务目标

- 了解照明负荷的配电方案，了解照明灯具的分类。
- 熟悉照明负荷的分配与控制。

任务引入

在工厂的电力负荷中，照明负荷大约占总用电负荷的 15%，虽然照明负荷不是太大，而且每盏灯具均为单相负荷，但根据三相平衡分配的原则，照明负荷的电力分配还是以三相配电方式为主导。保护方式以普通断路器为主；控制方式较为灵活，可以分组直接用断路器控制，也可以对大功率的灯组使用断路器加接触器构成的控制系统，对小功率的单灯和灯组直接采用控制开关进行控制。

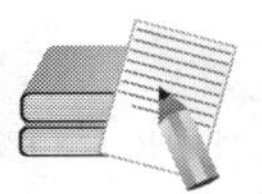

相关知识

一、照明负荷的配电方案

从图 9-1 可以看出，虽然目前照明灯具绝大多数都是单相负荷，但是在工厂或其他场所，照明负荷的前端还是以三相电源作为主要配电方案，这主要是为了三相负荷的平衡。

由于照明灯具多数均采取高位安装和应用，一般在运行中人员触及不到，所以其配电与控制开关均为普通断路器，一般不选用漏电断路器进行分配与控制。照明配电箱的插座回路与空调回路应设置漏电断路器作为保护元件。图 9-6 所示为某工厂车间照明总配电箱 AL-1-Z3 与分配电箱 AL-5 配电系统图。

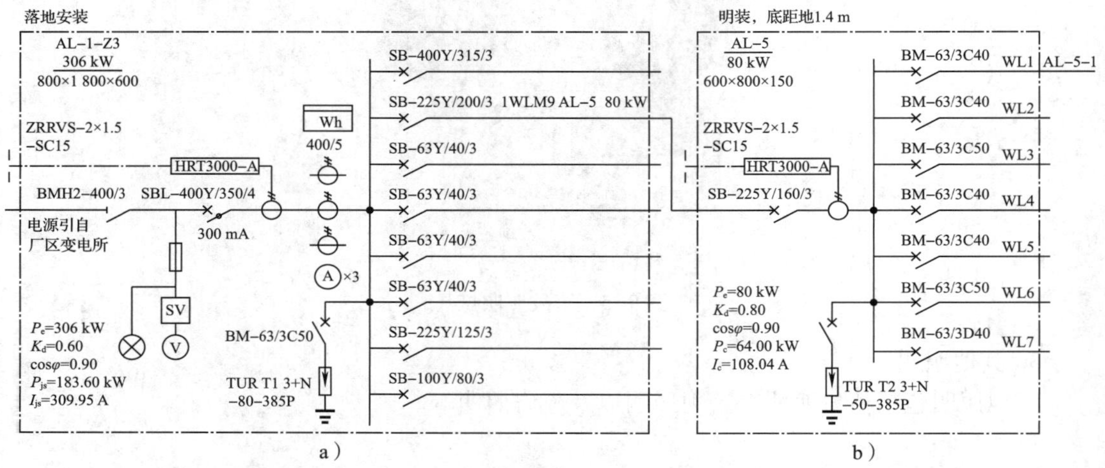

图 9-6　某工厂车间照明总配电箱 AL-1-Z3 与分配电箱 AL-5 配电系统图

图 9-6a 所示为车间照明总配电箱 AL-1-Z3 配电系统图，完成车间照明回路的受电与分配，其受电开关为三相隔离开关，主保护为三相+N 漏电断路器，剩余动作电流值为 300 mA，主要用于检测漏电，防止电气火灾。其中 1WLM9 为分配至车间照明分配电箱 AL-5 的出线回路。

图 9-6b 所示为车间照明分配电箱 AL-5 配电系统图，其配电功能为中间配电箱，不直接接负载，继续向每个功能房间分配电能。

图 9-7 所示为末端照明配电箱配电系统图，直接向各类负载供电，分别为普通照明、普通插座、电风扇插座以及空调插座等。其中，普通照明选择普通断路器，普通插座、空调插座以及电风扇插座均选择漏电断路器。所有照明负荷在分配时一般应均匀分配到三相电源，尽量做到三相负荷的平衡。

照明总配电箱和分配电箱均配置了检测漏电防止电气火灾的剩余电流互感器，其输出与车间防火控制单元连接，如果出现异常，防火控制单元会接收信号并做出反应。根据过电压保护需求，在照明总配电箱和分配电箱里还配置了浪涌保护器。

二、照明灯具的分类

根据现行国家标准规定，目前我国的照明灯具分为 0、Ⅰ、Ⅱ、Ⅲ四类。其中 0 类灯具在 2009 年禁止生产了，因为其生产标准中灯具上没有设置保护线 PE 的接线端子。

Ⅰ类灯具可以接 PE 线，金属底壳，有外露的可导电部分，电压 220 V；Ⅱ类灯具有双重绝缘，没有外露的可导电部分，电压 220 V；Ⅲ类灯具为特低电压供电的安全灯具，没有外露的可导电部分。所以在供电方面，0、Ⅱ、Ⅲ类灯具由两根线供电，分别

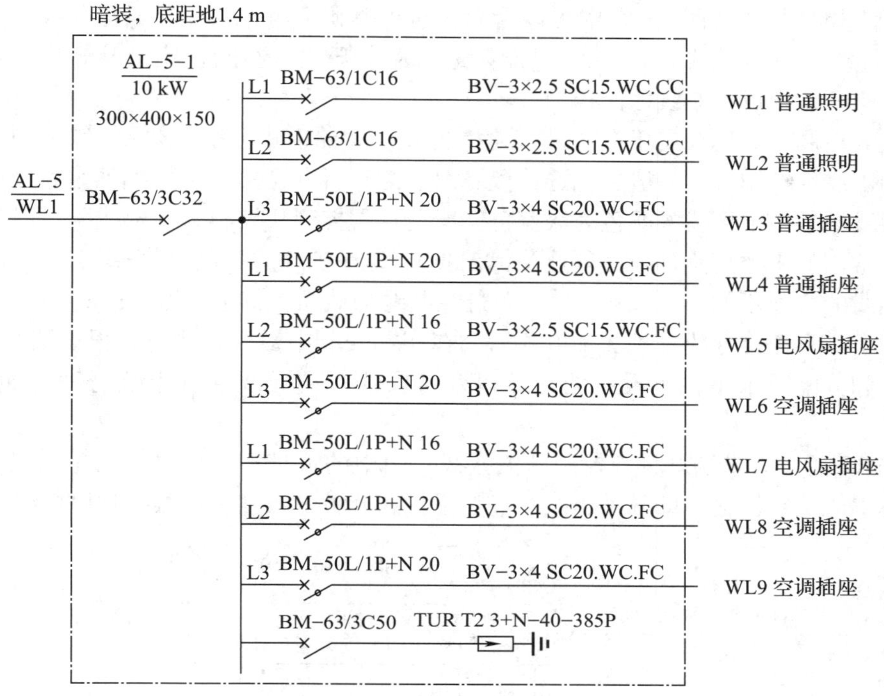

图 9-7　末端照明配电箱配电系统图

是 N 线和控制线；Ⅰ类灯具由三根线供电，分别是 N 线、控制线和 PE 线。常用的是Ⅰ类灯具。

目前工厂多数的广泛照明选择Ⅰ类灯具，因此配电时必须配置保护线 PE，接线时将保护线 PE 连接至每个Ⅰ类灯具的 PE 接线端。所以，Ⅰ类灯具必须对每盏灯配出三根线，分别为控制线、中性线以及保护线。图 9-8 所示为某工厂广泛照明灯具控制与分配。

三、照明负荷的分配与控制

1. 大容量照明负荷的控制方案

对于较大容量的照明负荷，比如工厂车间的广泛照明灯具，除了在分配上采用三相电源分配外，其控制的执行元件一般会选择接触器，以达到安全和自动化控制的要求。例如，在图 9-8 中，就采取了灯具控制器和接触器组合的方式进行灯具通断控制。

对于工厂中的路灯照明配电与控制，由于一般负荷较大和自身运行的规律性，除了三相分配外，路灯控制一般采取自动控制方式，图 9-9 所示为某工厂厂区内路灯照明控制与分配方案。

2. 小容量局部照明灯具的控制方案

对于小容量局部照明灯具的控制，比如局部的工作场所和办公场所的灯具控制，一般选择断路器作为通断和保护元件，完成对灯具的分组控制和保护。对于更小容量的单个灯具或多个灯具，一般采用灯具控制开关完成灯具的通断控制。图 9-10 所示为某工厂小容量一般照明分相分配与控制接线方案，灯具选择Ⅰ类灯具。

对于Ⅰ类灯具，从图 9-10 中可以看出，对于每相负荷，共配出三根导线，分别是相线 L、中性线 N 和保护线 PE。相线只能先进入控制开关，不能直接接触灯具，只能经过灯具的控制开关变成控制线才能接到灯具。

灯具的控制开关进线属于电源线，为相线 L，其导线颜色为黄、绿、红中的一根。控制开关的出线为控制线，一般颜色选择黑、白。对于所有灯具，中性线 N 是直接接到灯具的相应接线端的，中性线的颜色为淡蓝色。所谓灯具控制只控制“一根线”，即控制相线。对于工厂常用的Ⅰ类灯具，还必须连接保护线 PE，保护线的颜色为黄-绿双色。国家标准规定，相线的截面不能小于 2.5 mm^2，单灯控制线的截面不得小于 1.5 mm^2。

明确了灯具连接导线的种类和方式后，在实际安装中敷设导线时，根据图 9-10 所要求的控制和分配需求，各类导线的连接以及每段线管的导线穿管根数与种类如图 9-11 所示。

图 9-12 所示为末端灯具与控制开关接线。图中的符号不是相线的相序标识，是按照开关的标识规定绘制的，即开关出线一般加下标，开关一级加一位数字顺序标识。

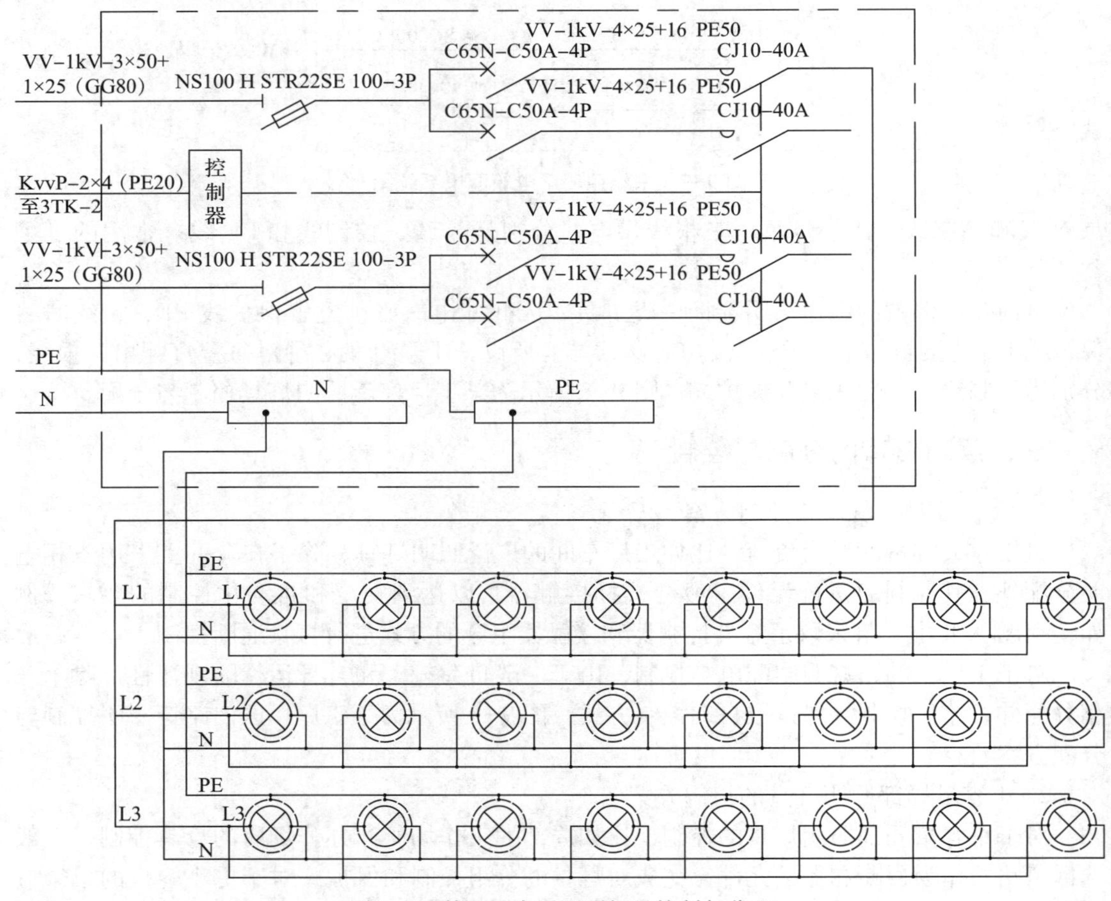

图 9-8　某工厂广泛照明灯具控制与分配

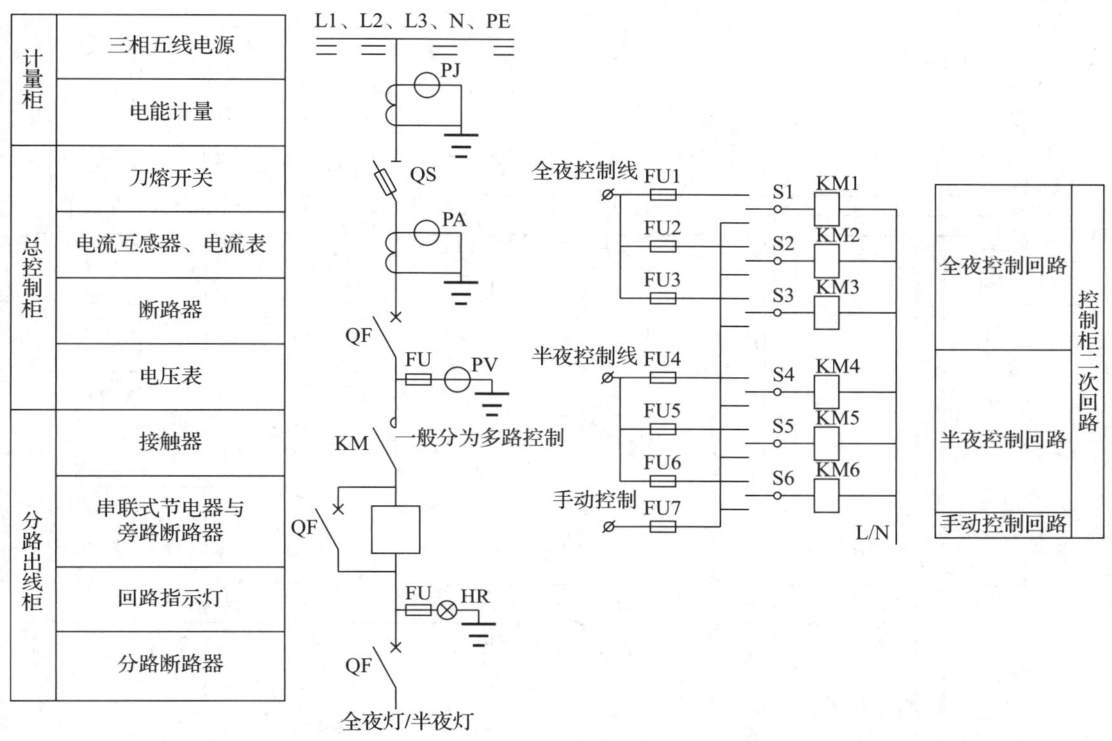

图 9-9　某工厂厂区内路灯照明控制与分配方案

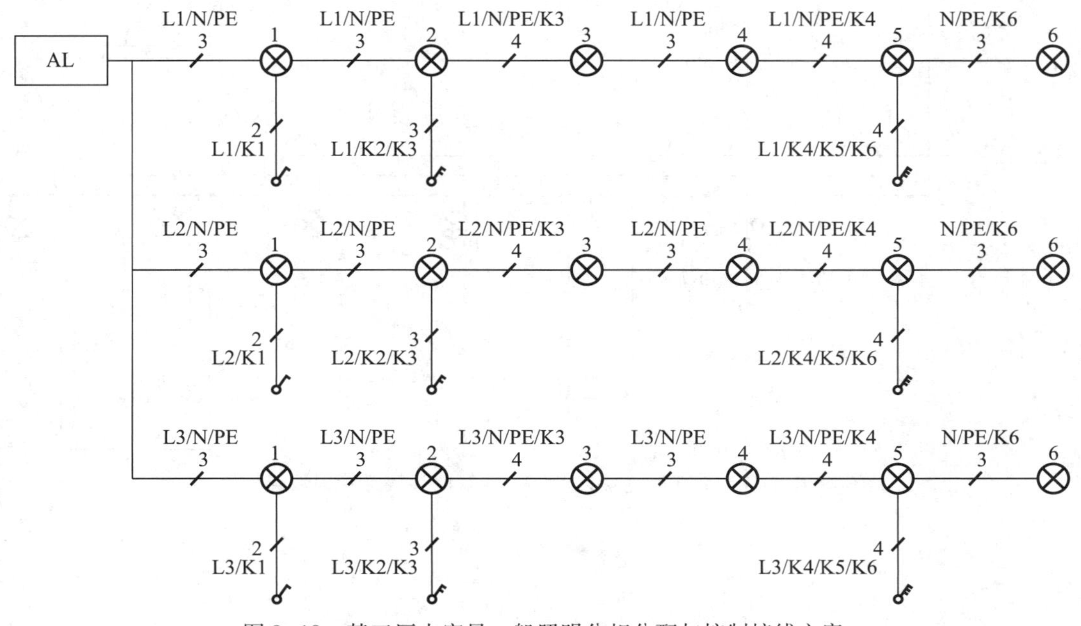

图 9-10　某工厂小容量一般照明分相分配与控制接线方案

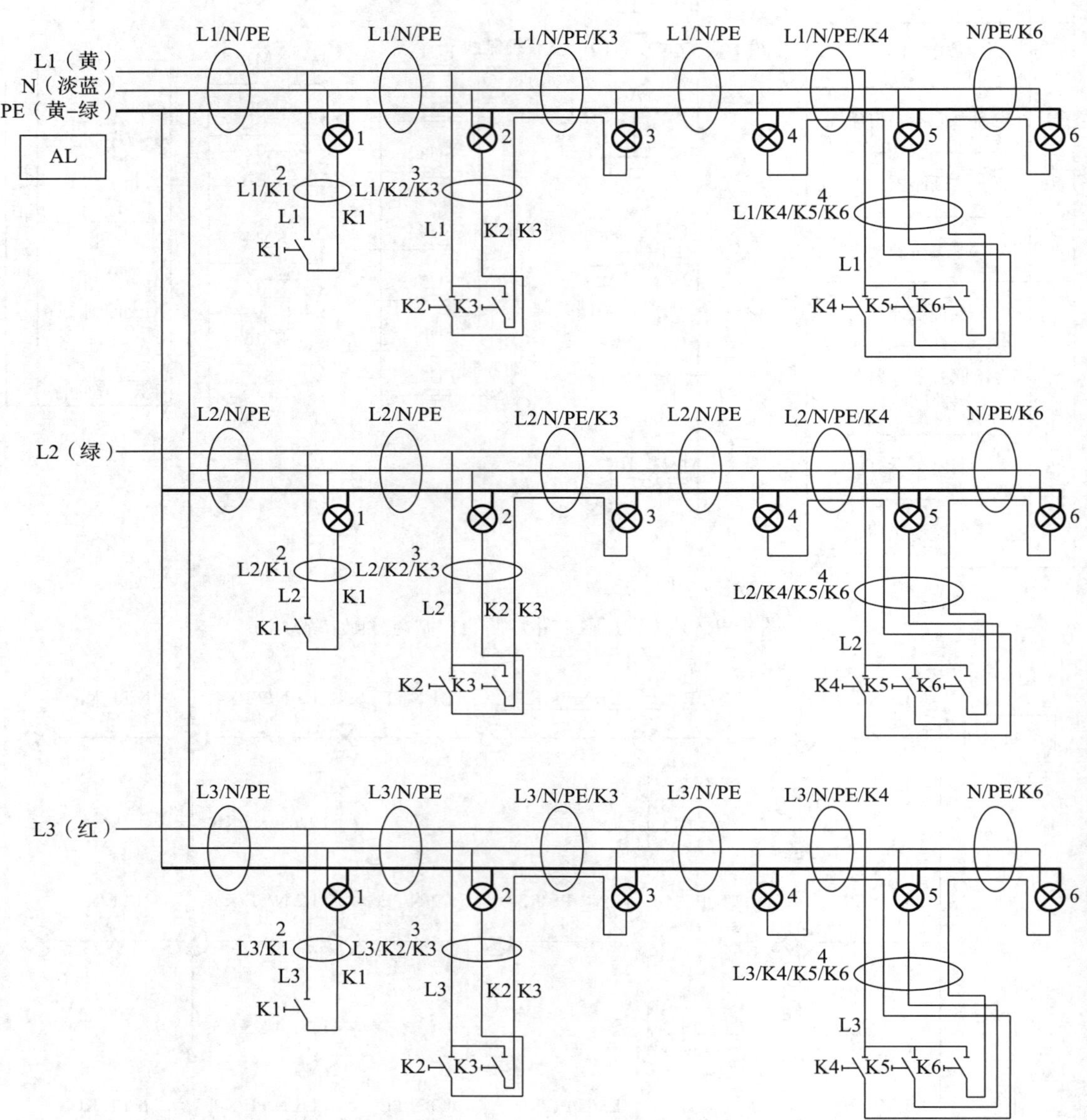

图 9-11　各类导线的连接以及每段线管的导线穿管根数与种类

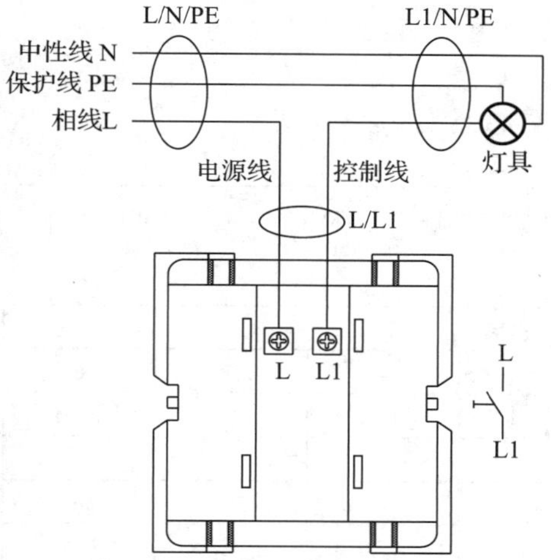

一开单控开关接线方式

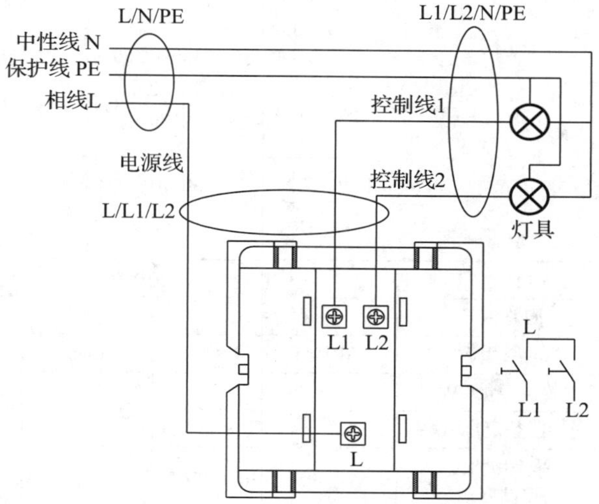

双开单控开关接线方式

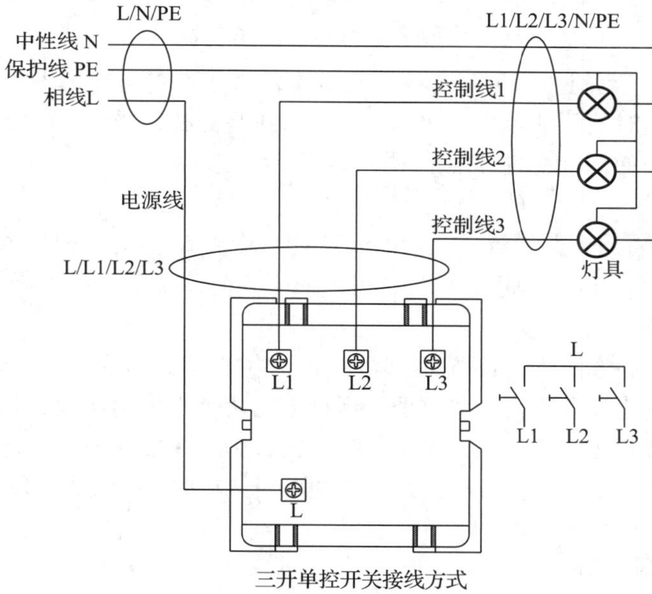

三开单控开关接线方式

图 9-12 末端灯具与控制开关接线

知识应用

在本教材课题二中曾经对一个工厂的车间进行了负荷计算，但当时仅进行了机械设备的负荷计算，对车间照明的负荷计算和分配并未进行。因此在本课题的最后，将该车间照明负荷的计算与分配进行实施，作为对已学过的知识点的一次应用与实践。图 9-13 所示为车间总配电柜 AP0 的系统图。

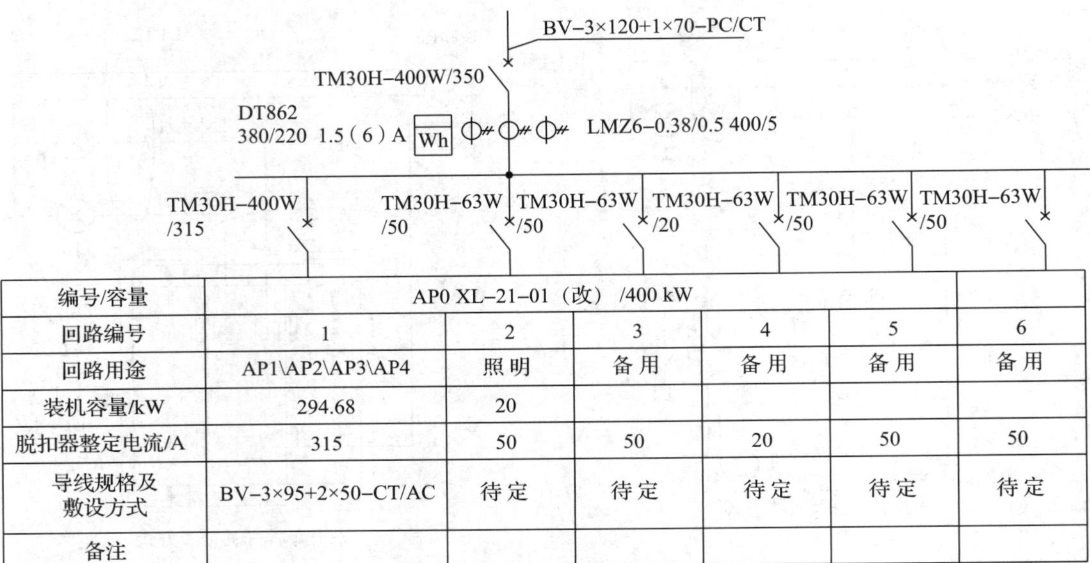

编号/容量	AP0 XL−21−01（改）/400 kW					
回路编号	1	2	3	4	5	6
回路用途	AP1\AP2\AP3\AP4	照明	备用	备用	备用	备用
装机容量/kW	294.68	20				
脱扣器整定电流/A	315	50	50	20	50	50
导线规格及敷设方式	BV−3×95+2×50−CT/AC	待定	待定	待定	待定	待定
备注						

图 9−13　车间总配电柜 AP0 的系统图

从图 9−13 中看出，车间照明负荷的控制与分配放在了总配电柜 AP0，回路 2 即为照明回路的控制输出，当时的预估容量为 20 kW，预估断路器脱扣器整定电流为 50 A。根据车间的设备布置，拟定的灯具配置方案如图 9−14 所示。

1. 照明灯具的选用

从图 9−14 中可以看出，共布置了七行四列灯具，总共 28 盏灯，根据场地的尺寸和厂家灯具的数据，选用 150 W 的 LED 工矿灯，得出照明负荷总功率为 4. 2 kW。

2. 照明负荷的分配

观察目标车间的设备布置，车间左边部分为两大类机床，分别是车工工段和磨工工段，分别分布在车间的南北两跨内，将这两个区域分为两个大的照明段，每段分配电源的一相。车间的右边部分均为铣工工段，整个铣加工区域为一个照明段，分配一相。分配方式为 L1 八盏灯，L2 八盏灯，L3 十二盏灯，根据以上规划，车间照明负荷分配方案如图 9−15 所示。

3. 照明负荷的控制

选用 LED 灯，单只功率 150 W，每组负荷分别为 L1 相，1. 2 kW；L2 相，1. 2 kW；L3 相，1. 8 kW。总负荷 4. 2 kW，总的来说负荷不大，单组最大功率 1. 8 kW，所以直接使用微型断路器进行分配与控制即可。

4. 照明负荷的计算与断路器选择

总开关已经选择完成，在 AP0 回路 2，预估的 20 kW 容量主要应对传统照明灯具，目前的主流灯具均为 LED 节能灯具。拟新增三只微型断路器，作为控制和保护，AP0 原来的照明回路断路器作为后备保护，并作总开关或停电隔离之用。由于灯具是单相控制的，其负荷为单相负荷，功率因数按 0. 9 计算，需要系数 $K_d = 1$，$P_{30} \approx P_N$，则每个回路的计算电流为

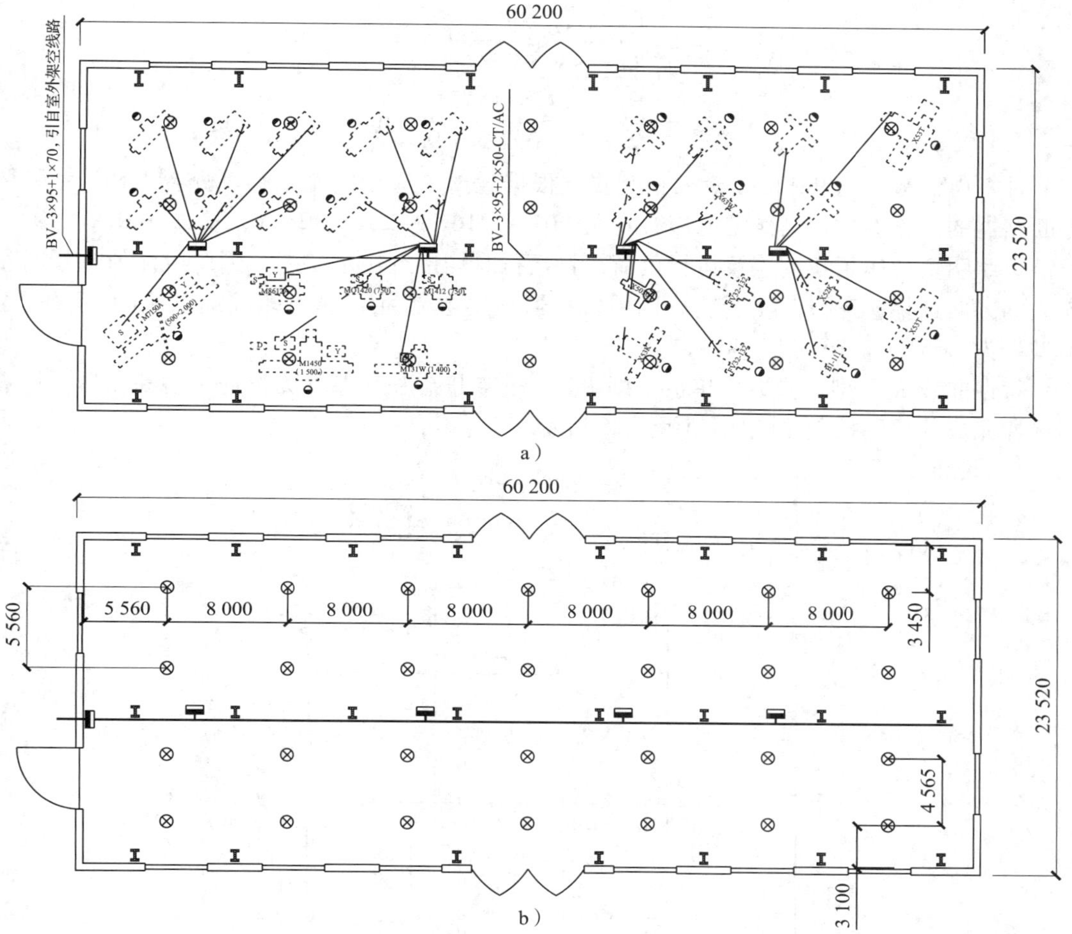

a）

b）

图 9-14　拟定的灯具配置方案

a）机械设备与灯具配置对比方案　b）灯具配置方案

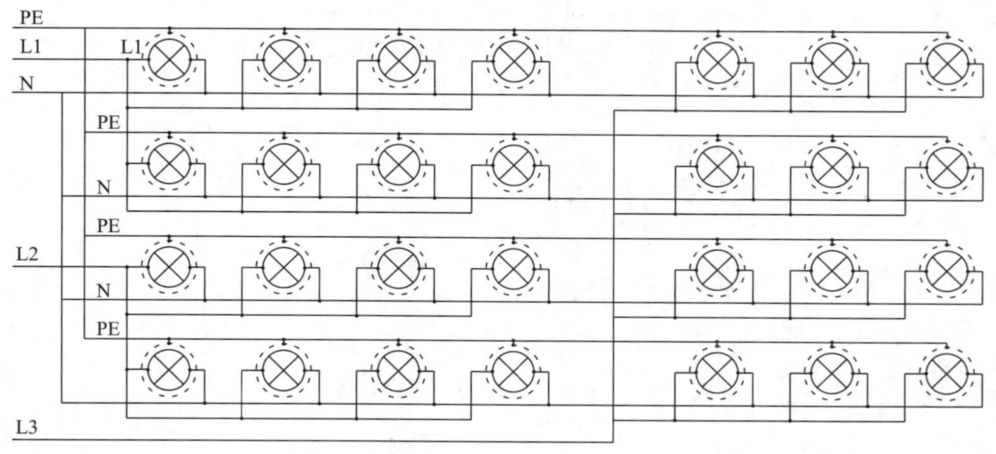

图 9-15　车间照明负荷分配方案

$$I_{30(L1\setminus L2)}=\frac{P_{30(L1\setminus L2)}}{U_N\cos\varphi}=\frac{1.2}{0.22\times0.9}\approx6(A)$$

$$I_{30(L3)}=\frac{P_{30(L3)}}{U_N\cos\varphi}=\frac{1.8}{0.22\times0.9}\approx9(A)$$

计算电流最大为9 A，按最大相配置，根据教材中应用的施耐德断路器C65N系列微型断路器的电流参数，其额定电流有6 A、10 A、16 A、20 A、25 A、32 A、40 A、50 A、63 A。照明负荷属于长期连续运行负荷，且运行时均接近额定状态，因此电流值选择时稍向大的方向选择，三只断路器统一选用脱扣器整定电流为16 A，即额定电流为16 A，选择型号为C65N-C-16/1P。

特性曲线为C型，极数为单极，即1 P，额定电流为16 A，为普通微型断路器。计算与选择完成的照明控制系统图如图9-16所示。

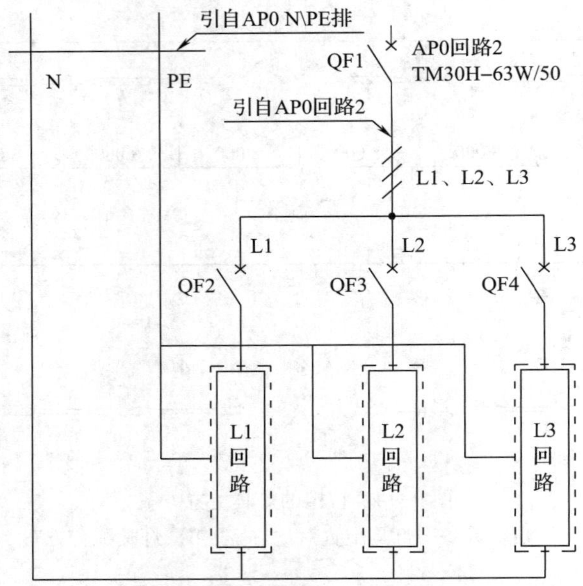

图9-16　计算与选择完成的照明控制系统图